有機與塑膠太陽能電池

張正華　李陵嵐　葉楚平　楊平華　◎編著
馬振基　◎校訂

Organic Solar Cells and Plastics Solar Cells

五南圖書出版公司　印行

校訂序

能源、環保與智慧權是二十一世紀世界各國人們所面臨的最重要的三大民生與科技課題。

由於人類在近代二百多年的歷史中，對石化能源的大量使用，在可預知的未來，石化能源終將有消耗殆盡的一天。

事實上，自二十世紀的七十年代開始，人類已開始體認到「能源危機」所帶來嚴重後果，因此，如何開發「可永續發展」的新能源，成為全球各國最主要的科技研發項目。

「可再生能源」包括太陽能、風能、生質能、水能、地理能、地熱能、海洋能等等，這些能源課題皆為目前科學家與科技工作者致力研究的頂尖科研方向。

但，如何滿足人類對能源的需求，並可達到「取之不盡，用之不竭」之理想？這些問題與社會經濟，人類生活品質，環境保護與清潔管理等有著密不可分的關聯。科研工作者更應懷著人文關懷的情感，創新思維，尋找與自然合協的地球新能源。

自有天地以來，「日月運轉」上天賜給人類「生命與能量的來源」—太陽能。但如何有效使用「太陽能」則是千百年來人們思考的問題，直到一百七十年前科技界才開始有系統研究「太陽能電池」；從三十年前，世界各國也才開始正視它的重要性。在這段期間，台灣的學術界與研究機構有大量科學家與學者積極投入相關的研究，這幾年產業界更察覺到它的無限商機，開始投入「矽太陽能電池」的技術研究工作。

有機太陽能電池與塑膠太陽能電池是另類具有高效率、價廉、易加工，有極大潛力與應用價值的太陽能電池。本書內容相當豐富兼具理論與實務的佳作，願與讀者分享此書，相信將會獲益良多。

國立清華大學化學工程系所教授

國立清華講座特聘教授

馬振基

2007 年

前　言

開發新能源和可再生清潔能源是 21 世紀世界經濟發展中最具決定性影響的五項技術領域之一。充分開發利用太陽能是世界各國政府可持續發展的能源戰略決策，其中太陽光發電則最受矚目。太陽光發電，遠期將大規模應用，近期可解決特殊應用領域的需要。到 2030 年，光伏（Photovotac）發電在世界總發電量中將占到5%～20%。太陽電池發電獨具許多優點，如安全可靠、無噪音、無污染、能量隨處可得不受地域限制，無需消耗燃料，無機械轉動物件，故障率低，維護簡便，可以無人值守，建設周期短，規模大小隨意，無需架設輸電線路，可以方便地與建築物相結合等。這些優點都是常規發電和其他發電方式所不及的。近幾年國際上光伏發電快速發展美國、歐洲及日本制定了龐大的光伏發電發展計劃，國際光伏市場開始由邊遠農村和特殊應用向并網發電和與建築結合供電的方向發展，光伏發電已由補充能源向替代能源過渡。

雖然單晶矽（Single Crystal Silicon）太陽能電池已經進入實用化但其製程技術複雜、價格昂貴、材料要求苛刻，限制了它在地面上的推廣應用；非晶矽電池雖然成本較低，但其光電轉換效率較低且穩定性較差因而難以普及。人們從 20 世紀 70 年代開始關注新型太陽能電池的開發研製典型的代表是有機太陽電池與塑膠太陽電池。其中染料敏化（Dye Sensitized）太陽電池的光電轉換效率超過了 10%，極具潛在的應用價值，而塑膠太陽電池是廉價、方便的太陽電池的發展方向。

全書共分 4 章。前兩章用少量篇幅對太陽能的基本特點、太陽電池的發展狀況和半導體基本知識進行了介紹，第 3 章針對目前有機太陽電池的發展現狀分別對有機肖特基、有機 p-n 結太陽電池和染料敏化太陽電池進行了介紹。特別是對具有應用前景的染料敏化太陽電池的原理、結構、所使用的電極、敏化劑和電解質等方面進行了詳細論述。第 4 章主要介紹了近年來發展迅速的塑膠（聚合物）太陽電池從原理、組件、聚合物等方面分別論述塑膠太陽電池的未來展望。

本書在編寫的過程中參閱了大量的相關資料，他們的研究成果為本書的編寫提供了有力的保證。肖衛東教授、王念貴教授為本書的編寫提出了很多有益的建議，劉含茂先生對本書編輯工作的辛勞在此一並致以誠摯的謝意。由於知識面與編著水平的限制，疏漏之處在所難免，敬請廣大同行和讀者批評指正。

目　錄

Chapter 2　半導體基本知識

Contents

Chapter 1

太陽能電池基本知識

Basic Concepts of Solar Cells

1.1 太陽能[1]

世界能源結構中，人類目前所利用的能源主要是石油、天然氣和煤炭等化石能源。1998 年世界一次能源（包括生物質能）消費總量為 140.50 億噸標準煤〔1 噸標準煤發出熱量為 2926×10^7J(700×10^7cal)〕，其消費構成為：石油占 33.9%，天然氣占 19.6%，煤炭占 22.7%，核電占 6.1%，大中型水電占 3.9%，新可再生能源占 2.0%，傳統生物質能占 11.8%。隨著經濟的發展，人口的增加，社會生活的提高，預計未來世界能源消費量將以每年 3%的速度增長，到 2020 年，世界一次能源消費總量將達到 200 億～250 億噸標準煤以上。

根據 2003 年英國石油公司對世界能源統計分析報告「BP Statistical Review of World Energy, June 2003」的統計，2002 年世界一次能源消費量為 94.05 億噸石油當量。截至 2002 年底，世界石油可採儲量為 1427 億噸，可採 40.6 年；天然氣為 155.78×10^4 億立方米，可採 60.7 年；煤炭為 9844.5 億噸，可採 204 年。

同時，近年來全球氣候變遷（Global Climate Change）是當前國際社會普遍關注的重大全球問題。它主要是發達國家在其工業化過程中燃燒大量化石燃料（Fossil Fuel）產生的 CO_2 等溫室氣體（Green House Gas）的排放所造成的。因此，限制和減少化石燃料燃燒產生的 CO_2 等溫室氣體的排放，已成為國際社會減緩全球氣候變化的重要組成部分。

自從工業革命以來，約 80%的溫室氣體造成的附加氣候變化是人類活動引起的，其中，CO_2 的作用約占 60%。可見，CO_2 是大氣中的主要溫室氣體類型，而化石燃料的燃燒是能源活動中 CO_2 的主要排放源。1990 年全世界一次能源消費量 114.76 億噸標準煤，其中煤炭、石油、天然氣分別占到 27.3%、38.6%和 21.7%。1990 年全球化石燃料向大氣排放了大約 60 億～65 億噸碳。隨後，在 1998 年的調查約為 61 億噸碳。

觀測資料表明，在過去的 100 年中，全球平均氣溫上升了 0.3～0.6℃，全球海平面平均上升了 10～25cm。如果不對溫室氣體採取減排措施，在未來幾十年內，全球平均氣溫每 10 年將可升高 0.2℃，到 2100 年全球平均氣溫將升高 1～3.5℃。IPCC 預測，21 世紀全球平均氣溫升高的範圍可能在 1.4～5.8℃之間，實際上升多少，取決於 21 世紀化石燃料消耗量和氣候系統的敏感程度。

地球上的絕大部分能源最終來源在於太陽熱核反應釋放的巨大能量。由上面的碳排放率來看，以太陽能光伏發電也是比較清潔的能源。因此，以太陽能為動力的太陽電池是未來世界主要能源之一。

★ 1.1.1 太陽能的基本介紹[2~4]

太陽能作為一種能源，與煤炭、石油、天然氣、核能等比較，有其獨具的特點。

1.1.1.1 太陽能的優點

(1)普遍

太陽能分布廣闊，獲取方便。儘管由於地理和氣象條件的差異，各地可以利用的太陽能資源多少有所不同，但它既不需要開採和挖掘，又不需要運輸，可以就地利用。這對解決邊遠地區以及交通不便的鄉村、海島的能源供應，具有很大的優越性。

⑵無害

利用太陽能作為能源，沒有廢渣、廢料、廢水、廢氣排出，沒有噪音，不產生對人體有害的物質，因而不會污染環境，沒有公害。這是太陽能所獨有的優點，遠非其他能源可比擬的。

⑶長久

只要太陽存在，就有太陽能。根據恆星演化的理論，太陽按照目前的功率輻射能量的時間大約可以持續 10^{10} 年，也就是 100 億年。按照天文和地質觀測的結果，已知太陽系的生成年齡大約為 4.5×10^{9} 年，即 45 億年左右。因此可以說，太陽維持目前的輻射功率還能夠比太陽系已經生成的年齡大出不少。因此，利用太陽能作能源，可以說是取之不盡、用之不竭的。

⑷巨大

地球每年接受來自太陽的能量為 1.68×10^{24} cal／年（1cal =4.182J）或為 1.51×10^{18} 度／年的電力。這個能量比全世界每年所消耗的總能量還多 3 萬倍。

1.1.1.2　太陽能的缺點

⑴強度弱

雖然到達地球大氣層、到達地球表面、或到達陸地表面上的太陽能都十分巨大，但它的強度卻是相當弱的，也就是說，在單位時間內投射到單位面積上的太陽能是相當少的。從到達地球大氣層的太陽能來說，地球大氣外每平方米垂直於太陽光線的面積上接收到的太陽能功率只有1353W。而垂直投射到地球表面每平方米面積上的太陽輻射功率就只有1367 × 47% = 643W，相當於在 $1m^2$ 的面積上放一只643W的電爐。

⑵間歇性

太陽能的一個最大弱點就是它的間歇性。到達地面的太陽直接輻射能隨晝夜的交替而變化。這就使大多數太陽能設備在夜間無法工作。為克服夜間沒有太陽直接輻射、散射輻射也很微弱所造成的困難，就需要研究和配備儲能設備，以便在晴天時把太陽能收集並儲存起來，供夜間或陰雨天使用。

⑶不穩定

同一個地點在同一天內日出和日落時的太陽輻射強度遠遠不如正午前後；而在同一個地點的不同季節，如冬季的太陽輻射強度顯然又遠遠比不上夏季。也就是說，太陽直接輻射能受氣候、季節等因素的影響極大，這將使大規模的利用增加了許多困難。

1.1.1.3 太陽的構成

太陽實質上是一個由其中心發生的核聚變反應所加熱的氣體球。一般太陽可分為大氣和核心兩大部分。太陽大氣的結構有3個層次，最裡層為光球層，中間為色球層，最外面為日冕層（見圖1-1）。

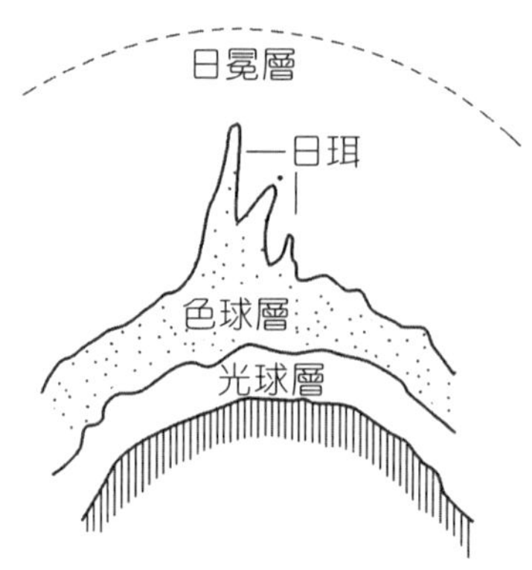

圖 1-1　太陽大氣結構示意圖

(1)光球層

人們平常所見的那個光芒四射、平滑如鏡的圓面，就是光球層。它是太陽大氣中最下的一層，也就是最靠近太陽內部的那一層，厚度約為 500km 左右，僅占太陽半徑的萬分之七左右，非常薄。其溫度在 5700K 左右，太陽的光輝基本上就是從這裡發出的。它的壓力只有大氣壓力的 1%，密度僅為水的幾億分之一。

(2)色球層

在發生日全蝕時，在日輪的四周可以看見一個美麗的彩環，那就是太陽的色球層。它位於太陽光球層的外面，是稀疏透明的一層太陽大氣，主要由氫、氦、鈣等離子構成。厚度各處不同，平均約為 2000km 左右。溫度比光球層要高，從光球頂部的 4600K 到色球頂部，溫度可增加到幾萬度，但它發出的可見光的總量卻不及光球層。

⑶日冕層

在發生日全蝕時，我們可以看到在太陽的周圍有一圈厚度不等的銀色環，這便是日冕層。日冕層是太陽大氣的最外層，在它的外面，便是廣漠的行星際空間了。日冕層的形狀很不規則，並且經常變化，同色球層沒有明顯的界限。它的厚度不均勻，但很大，可以延伸到 500 萬～600 萬公里的範圍。它的組成物質特別稀少，只有地球高空大氣密度的幾百萬分之一。亮度也很小，僅為光球層的百萬分之一。可是它的溫度卻很高，達到攝氏 100 多萬度。根據高度的不同，日冕層可分為兩個部分：高度在 17 萬公里以下範圍的叫內冕，呈淡黃色，溫度在攝氏 100 萬度以上；高度在 17 萬公里以上的叫外冕，呈青白色，溫度比內冕略低。

太陽的核心由熱核反應產生的。太陽核心的結構，可以分為產能核心區、輻射輸能區和對流區三個範圍非常廣闊的區帶（見圖 1-2）。它實際上是一座以核能為動力的極其巨大的工廠，氫便是它的燃料。在太陽核心的深處，由於有極高的溫度和上面各層的巨大壓力，使原子核反應不斷進行。這種核反應是氫變為氦的熱核聚變反應。4 個氫原子核經過一連串的核反應，變成 1 個氦原子核，其虧損的質量便轉化成了能量向空間輻射。太陽上不斷進行著的這種熱核反應，就像氫彈爆炸一樣，會產生巨大能量。其所產生的能量，相當於一秒鐘內爆炸 910 億個 100 萬噸 TNT 級的氫彈，總輻射功率達 3.75×10^{26} W。

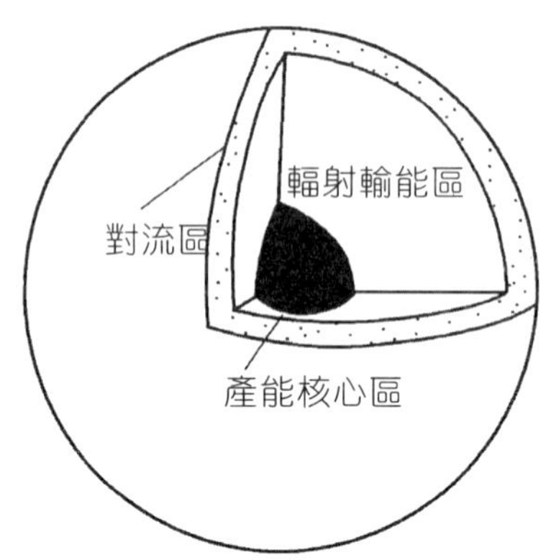

圖 1-2　太陽核心結構示意圖

在太陽內部的最外層，緊接著光球的是對流層。這一區域的氣體，經常處於升降起伏的對流狀態。它的厚度大約為幾萬公里。

科學家們從太陽光譜的吸收譜線中確定，目前在地球上存在的 92 種自然元素中，有 68 種已在太陽上先後發現。構成太陽的主要成分是氫和氦。氫的體積占到整個太陽體積的 78.4%，氦的體積占到整個太陽體積的 19.8%。此外，還有氧、鎂、氮、矽、硫、碳、鈣、鐵、鈉、鋁、鎳、鋅、鉀、錳、鉻、鈷、鈦、銅、釩等 60 多種元素，但它們所占的比重極小，僅為 1.8%。太陽的物質，幾乎全部集中在內部，大氣在太陽總質量中所占的比重極小，可以說是微不足道的。

太陽的表面溫度約為 6000K，越靠近中心，溫度就越高，中心處溫度約達 2×10^7 K，壓力高達 3×10^{16} Pa。在這樣的高溫高壓條件下，太陽物質的原子早已離子化了，形成了「等離子體」，並且發生劇烈的熱核聚變反應。根據推算估計，太陽每秒鐘向外發射的總能量高達 3.74×10^{20} J，相當於每秒鐘燃燒 1.28×10^{18} 噸標準煤所放出的能量。換句話說，太陽的總輻射功率高達 3.74×10^{26} W。如果以一個功率為百萬千瓦的發電廠作為標準的話，那麼太陽的總輻射功率就相當於 3.7×10^{17} 個這樣大型發電廠發出的功率。

太陽是距離地球最近的一顆恆星。地球與太陽的平均距離，最新測定的精確數值為 149,598,020km，一般可取為 1.5×10^{8} km。

太陽的直徑為 1,392,530km，一般可取為 139×10^{4} km，比地球的直徑大 109.3 倍，比月亮的直徑大 400 倍。太陽的體積為 1.4122×10^{18} 立方公里，為地球體積的 130 萬倍。

太陽的質量，據推算，約有 1.9892×10^{27} 噸，相當於地球質量的 333,400 倍。

太陽的密度是很不均勻的，外部小，內部大，由表及裡逐漸增大。太陽的中心密度為 160g/cm^3，為黃金密度的 8 倍，相當大；但其外部的密度卻極小。就整個太陽來說，它的平均密度為 1.41g/cm^3，比水的密度（在4℃時）大將近半倍，僅為地球平均密度 5.58g/cm^3 的 1/4。

太陽的表面溫度為 5770K（或 5497℃）。太陽的中心，溫度高達攝氏 1500 萬度，壓力高達 340 多億兆帕，密度高達 160g/cm^3。

太陽的總亮度大約為 2.5×10^{27} cd。

★ 1.1.2 太陽光譜

熱量的傳播有傳導、對流和輻射三種形式。太陽主要是以輻射的形式向廣闊無垠的宇宙傳播它的熱量和微粒。這種傳播的過程，就稱作太陽輻射。太陽輻射可分為兩種。一種是從光球表面發射出來的光輻射，因為它以電磁波的形式傳播光熱，所以又叫做電磁波輻射。這種輻射由可見光和人眼看不見的不可見光組成。另一種是微粒輻射，它是由帶正電荷的質子和大致等量的帶負電荷的電子以及其他粒子所組成的粒子流。微粒輻射平時較弱，能量也不穩定，在太陽活動極大期最為強烈，對人類和地球高層大氣有一定的影響。但是，一般來說，不必等到它輻射來到地球表面上來，便在遙遠的日地路途中逐漸消失了。所以不會給地球帶來什麼熱量。因此，一般的太陽輻射主要是指光輻射。

太陽實質上是一個由其中心發生核驟變反應所加熱的氣體球。熱物體發出電磁輻射，其波長或光譜分佈由該物體的溫度所決定。完全的吸收體，即「黑體」（Black Body），所發出的輻射的光譜分佈由普朗克（Planck）輻射定律確定，如圖 1-3 所示。此定律表明，當該物體被加熱時，不僅所發出的電磁輻射總能量增加，而且發射的峰值波長也變短。當金屬被加熱時，隨著溫度昇高，其顏色由紅變黃，這就是一個例證。

太陽中心的溫度十分高，但其表面的溫度約 6000K 左右。在這種環境條件下，太陽物質不可能是固體或液體，而是高溫氣體，它發射出連續光譜。所謂連續光譜，就是說它發射的光是由連續變化的不同波長的光混合而成。太陽的白光是由許多不同的單色光組合起來的。通常人們把太陽光的各色光按頻率或波長的長短的次序排列成的光譜圖，叫做太陽光譜。整個太陽光譜波長範圍是非常寬的，從幾個埃（萬分之一微米 Å, Angstrom, 10^{-10}m）到幾十米。太陽光譜基本上是連續的電磁輻射光譜，它和預期的黑體在此溫度下的輻射光譜很接近。

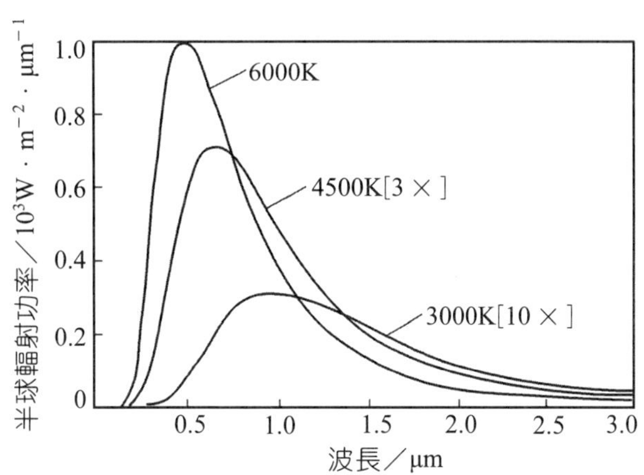

圖 1-3　不同黑體的普朗克黑體輻射分佈

根據波長，整個太陽光譜可分為紫外線光譜（波長約小於 0.40 μm）、可見光譜（波長約為 0.40～0.76μm）和紅外線光譜（波長約大於 0.76μm），其主要部分是由 0.3～3.0μm的波長所組成的。雖然太陽光譜的波長範圍很寬，但是輻射能的大小按波長的分配卻是不均勻的。如圖 1-4 所示。在地球大氣層外空間，可見光譜區能量約占 40.3%，紅外光譜區約占 51.4%，紫外光譜約占 8.3%。其中輻射能量最大的區域在可見光部分，能量分布最大值所對應的波長則是 0.475μm，屬於藍色光。輻射能從最大值處向長波方向減弱較慢，向短波方向減弱較快。人的眼睛只能看到可見光譜的光線。可見光部分又分為紅、橙、黃、綠、青、藍、紫七種單色光譜，其波長範圍見表 1-1。

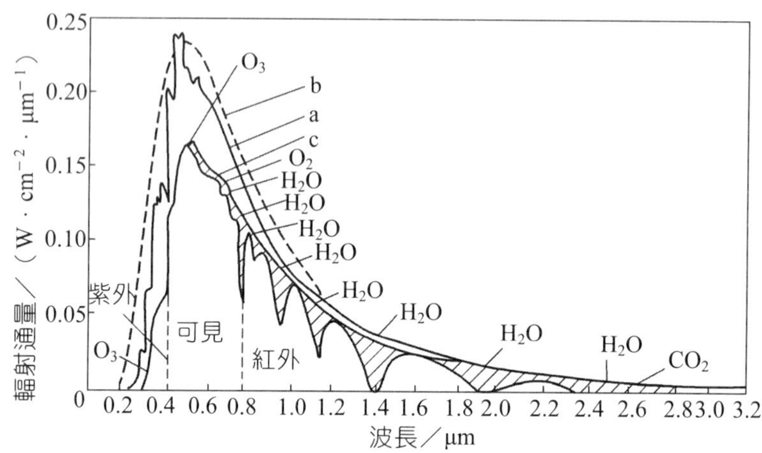

圖 1-4　太陽輻射光譜分佈

a—大氣層外；b—6000K 黑體輻射；c—海平面上

表 1-1　各種不同顏色光的波長

顏色	波長／nm	標準波長／nm	顏色	波長／nm	標準波長／nm
紫	390～455	430	黃綠	550～575	560
藍	455～485	470	黃	575～585	580
青	485～505	495	橙	585～620	600
綠	505～550	530	紅	620～750	640

太陽光中不同波長的光線具有不同的能量。在地球大氣層的外表面具有最大能量的光線，其波長大約為 0.48μm。但是在地面上，由於大氣層的存在，太陽輻射穿過大氣層時，紫外線和紅外線被大氣吸收較多，紫外區和可見區被大氣分子和雲霧等質點散射較多，所以太陽輻射能隨波長就比較複雜了。大體情況是：晴朗的白天，太陽在中午前後的 4～5 小時這段時間，能量最大的光是綠光和黃光部分；而在早晨和晚間這兩段時間，能量最大的光則是紅光部分。

可見，地面上具有最大能量的光線，其波長比大氣層外表面的波長要長。

1.1.3 太陽輻射和太陽常數

太陽直接輻射就是通過直線路徑從太陽射來的光線，它被物體遮蔽時，能在其後形成邊界清楚的陰影。而散射輻射則是經過大氣分子、水蒸氣、灰塵和其他質點的反射，改變了方向的太陽輻射，它似乎從整個天空的各個方向照射到地球表面，但大部分來自靠近太陽的天空，像在霧天或陰天那樣。它不能被物體遮蔽形成邊界清楚的陰影，也不能用透鏡或反射鏡加以聚焦。

太陽輻射的大小，一般都以某一平面上的輻射強度來表示，即以該平面上每平方米接收到的輻射功率瓦數來表示。在一般的氣象數據中，都以地平面上的輻射強度的形式來表示。以上所述直接輻射強度和散射輻射強度之和稱為總輻射強度。

直射輻射強度顯然與太陽的位置以及接收面的方位和對地平面的傾斜度有很大的關係，實際上就是入射線與接收面法線的夾角，即入射角有關。散射輻射通常以總輻射的比來表示，它隨地點的不同而有很大的差異。一般來說，晴朗的白天直接輻射占總輻射的大部分，陰雨天則散射輻射占總輻射的大部分，夜晚則完全是散射輻射。利用太陽能，實際上是利用太陽的總輻射。但是，對於大多數的太陽能設備來說，則主要是利用太陽輻射能的直接輻射部分。

太陽能的幾個常用單位如下。

①輻射通量。太陽以輻射形式發射出的功率稱為輻射功率，也叫做輻射通量，常用Φ表示，單位為W。

② 曝輻射量。從單位面積上接收到的輻射能稱曝輻射量，常用 H 表示，單位為 J/m^2。

③ 輻照度。投射到單位面積上的輻射通量叫做輻照度，常用 E 表示，單位為 W/m^2。

太陽輻照度可根據不同波長範圍的能量的大小及其穩定程度，劃分為常定輻射和異常輻射兩類。常定輻射，包括可見光部分、近紫外線部分和近紅外線部分 3 個波段的輻射，是太陽光輻射的主要部分，它的特點是能量大而且穩定，它的輻射占太陽輻射能的 90% 左右，受太陽活動的影響很小。表示這種輻照度的物理量，叫做太陽常數。在地球大氣層的上界，由於不受大氣的影響，太陽常數數值在太陽活動的極大期和極小期變化都很小，僅為 2%左右。異常輻射則包括光輻射中的無線電波部分、紫外線部分和微粒子流部分，它的特點是隨著太陽活動的強弱而發生劇烈的變化，在極大期能量很大，在極小期能量則很微弱。

太陽常數或稱為大氣質量為零（AM0）的輻射是指在「日地平均距離處」（這個平均距離大約為 1.5 億千米）地球大氣層外，垂直於太陽光線的平面上，單位面積、單位時間內所接收到的太陽輻射能。掌握太陽常數的精確值以及太陽輻射的光譜分布，不僅對地球物理學有重要意義，而且對太陽能利用技術的研究和開發，也有重要的意義。目前，在光伏（Photovotac）工作中採用的太陽常數值是（1.367 ± 0.007）kW/m^2。這個數值是由裝在氣球、高空飛機和太空飛船上的儀器的測量值加權平均而確定的。太陽常數雖然隨時間有所變化，但其變化是在測量精確度範圍以內的。對於太陽能利用技術的研究相開發來說，完全可以把它當作一個常數來處理。

由於大氣層的存在，真正到達地球表面的太陽輻射能的大小，則要受多種因素影響，一般來說，太陽高度、大氣質量、大氣透明度、地理緯度、日照時間及海拔高度是影響的主要因素。在某一具體地區的太陽輻照度的大小，是由這些因素的綜合所決定的。但總的說來，在地面上測得的最大垂直於太陽輻射的平面上的輻射強度大約是太陽常數的 80%，也就是說，被大氣吸收和散射的太陽輻射至少約占太陽常數的 20%左右。

★ 1.1.4 地面上的太陽輻射強度[3]

太陽輻射穿過地球大氣層時，由於受大氣的散射、反射和吸收的影響，到達地面的太陽輻射明顯地減少，光譜分布也發生了變化（見圖 1-4）。所以，了解大氣層的影響對研究地面的太陽輻射十分重要。

地球表面是被對流層、平流層和電離層這三層大氣緊緊地包圍著的，總厚度高達 1200km 以上。從地面到 10～12km 以內的一層空氣，叫對流層。從對流層之上到 50km 以內的一層大氣，叫平流層。從平流層之上到 950km 左右的一層大氣，叫電離層。

地球是個大磁體，在它周圍形成了一個很大的磁場。磁場控制的 1000km 以上、直到幾萬公里、甚至高達幾十萬公里的廣大區域，叫做地球的磁層。當太陽微粒輻射直奔地面而來時，磁層就有如一堵堅厚的牆壁一樣把它擋住，使其不能到達地面。即使會有少數微粒闖入，也往往被磁層內部的磁場當場「捕獲」。這可以說是地球對太陽輻射所設置的「第一道防線」。

在地球磁層下面的地球大氣層中，對流層、平流層和電離層都對太陽輻射有吸收、反射和散射作用。其中電離層不僅可以將太陽輻射中的無線電波吸收或反射出去，而且會將有害的紫外線部分和X射線部分在這裡被阻，不能到達地面。這就是「第二道防線」。

「第三道防線」是在平流層裏24km 左右的高空中，有一個臭氧特別豐富的層次，叫做臭氧層。它的作用很大，可以將進入這裡的絕大部分紫外線吸收掉。

另外，地球大氣層中的各種物質對太陽輻射的影響也比較重要。

大氣中的氧、臭氧、水、二氧化碳和塵埃等，對太陽輻射均有不同的吸收作用。其中：氧在大氣中的含量約占21%，它主要吸收波長小於0.2μm的太陽輻射波段，特別是對於0.155μm的輻射波段的吸收能力最強，所以在低層大氣內很難找到小於0.2μm的太陽輻射；臭氧主要吸收紫外線，它吸收的能量占太陽輻射總能量的21%左右；大氣中如果含水氣較多，太陽的位置又不太高，水氣可以吸收太陽輻射總能量的20%，液態水吸收的太陽輻射能量則更多；二氧化碳和塵埃吸收的太陽輻射能量則很少。

大氣中的水分子、小水滴以及灰塵等大粒子，對太陽輻射有反射作用。它們的反射能力約占平均太陽常數的 7%左右。特別是雲層的反射能力很大。但雲層的反射能力與雲量、雲狀和雲的厚度有關。3000m 厚的高積雲反射能力可達 72%，積雲層的反射能力為52%。據測算，以地球的平均雲量為 54%計，大約就有近 1/4 的太陽輻射能量被雲層反射回到宇宙空間去了。

當太陽輻射以平行光束射向地球大氣層時，會遇到空氣分子、塵埃和雲霧等質點的阻擋而產生散射作用。這種散射不同於吸收，它不會將太陽輻射能轉變為各個質點的內能，而只能改變太陽輻射的方向，使太陽輻射在質點上向四面八方傳出能量，從而使一部分太陽輻射變為大氣的逆輻射，射出地球大氣層之外，無法來到地球表面。這是太陽輻射能量減弱的一個重要的原因。

地面上某處某一時刻的太陽輻射強度，是由該處該時刻的太陽高度和大氣透明度決定的。太陽高度是太陽輻射測量和太陽能利用研究中的一個重要基本參數。而在某處某天的太陽輻射強度還由日照時間所決定，日照時間就是晝長的時數，也即從日出到日落的時間。測得當地的太陽輻射通量再根據當地一年中日照時效的多少，即可粗略估計出該地區一年中能獲得的總太陽輻射能。

大氣透明度是顯示大氣對於太陽光線透明程度的一個參數。由前所知，大氣的存在是使地面太陽輻射強度衰減的最主要原因。當陽光經過大氣層時，大氣中的氣體分子、水氣、冰雪及灰塵等雜質會吸收相當部分的太陽輻射能，並散射相當一部分輻射能，這種現象就是大氣衰減。大氣衰減與太陽光線經過大氣的路徑長短有關，路徑越長，衰減越厲害。隨著太陽在地面上方的不同高度，經過路徑長度也不同。

把垂直於海平面的整個大氣層的大氣稱為「1 個大氣質量」，通常寫為AM1。而在大氣層外，大氣質量為 0，通常寫為AM0。大氣質量越大，說明太陽光線經過大氣的路程就越長，受到衰減就越多，到達地面的能量也就越少。

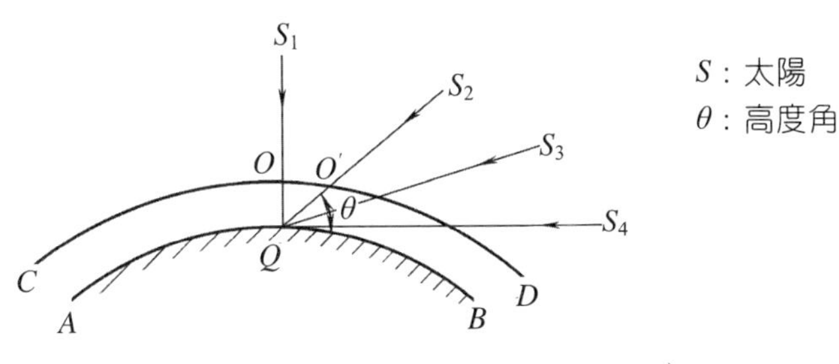

圖 1-5　大氣質量示意圖

由圖 1-5 可知，任意位置的大氣質量，可按下列公式求得：

$$m = \frac{O'Q}{OQ} = \frac{1}{\sin\theta}$$

設 $O'Q$ 等於 OQ 的 m 倍，則稱為「m 個大氣質量」。式中，θ 為太陽高度（角）。由此可算出不同 θ 時的「大氣質量」。表 1-2 列出不同太陽高度（角）的大氣質量。

表 1-2　不同太陽高度的大氣質量

太陽高度（角）θ	90°	60°	41.8°	30°	14.5°	8.3°	5.7°
大氣質量 m	1.0	1.2	0.5	2	4	7	10

估計大氣質量最容易的方法是測量一個高度為 h 的垂直立著的標杆的投影的長度 S，於是

$$m = \sqrt{1 + \left(\frac{S}{h}\right)}$$

到達地面的太陽光，除了直接由太陽輻射來的分量之外，還包括由大氣層反射引起的相當可觀的間接輻射或散射輻射分量，所以其成分更為複雜。甚至在晴朗無雲的天氣，白天裏散射輻射分量也能占水平面所接收的總輻射量的 10%～20%。

在陽光不足的天氣，水平面上的散射輻射分量所占的百分比通常要增加。對於特別缺少日照的天氣，大部分輻射是散射輻射。一般說來，如果一天中接收到的總輻射量低於一年相同時間的晴天所

接收到的總輻射量的 1/3，那麼，這種日子裏接收到的輻射則大部分是散射輻射。在介於前面提到的晴天和陰天之間，接收到的輻射約為晴天的一半的天氣，通常所接收到的輻射中有 50%是散射輻射。壞天氣不僅使世界上一些地區只能收到少量的太陽輻射能，而且其中相當大部分是散射輻射。

散射陽光的光譜成分通常不同於直射陽光的光譜成分。一般來說，散射陽光中含有更豐富的波長較短的光或「藍」波長的光，這使太陽電池系統接收到的光的光譜成分進一步變化。

在晴天，陽光通過大氣層的路程，即光學大氣質量是一個重要的參數。對不太晴朗的天氣，陽光的間接輻射，即散射輻射部分尤為重要。

假設一個大氣質量的透明度為 P_1，而在同樣天氣條件下，m 個大氣質量的透明度為 P_m，通過大量的觀測，P_m 與 P_1 有下述近似關係：

$$P_m = P_1^m$$

除了上述三個因素外，影響地面太陽輻射度的因素還很多，如地理緯度、海拔高度、地形、地勢等。但是某一具體地區的太陽輻射度的大小，則是綜合上述這些因素的所決定的。

到達地面的太陽光譜也由於大氣層的存在發生了相應的變化。在絕大部分太陽光譜範圍內，大氣對單色光束的衰減由對數衰減定律來確定。

$$E_\lambda = E_\lambda^0 e - C_\lambda m$$

式中 E_λ^0——大氣層外給定波長的輻射強度，$W \cdot m^{-1} \cdot \mu m^{-1}$；

E_λ——通過大氣層後給定波長的輻射強度，$W \cdot m^{-1} \cdot \mu m^{-1}$；

λ——波長，μm；

m——大氣質量；

C_λ——衰減係數，此係數是雷利散射係數 C_1、臭氧吸收係數 C_2 和大氣混濁係數 C_3 之和，而 $C_3 = \beta/\lambda^\alpha$，$\alpha$ 和 β 是變化的經驗數據。

太陽發射出來的總輻射能量大約為 3.75×10^{26} W，但是只有二十二億分之一到達地球。到達地球範圍內的太陽總輻射能量大約為 173×10^4 億千瓦。其中，被大氣吸收的太陽輻射能大約為 40×10^4 億千瓦，占到達地球範圍內的太陽總輻射能量的 23%；被大氣分子和塵粒反射回宇宙空間的太陽輻射能大約為 52×10^4 億千瓦，占 30%；穿過大氣層到達地球表面的太陽輻射能大約為 81×10^4 億千瓦，占 47%。在到達地球表面的太陽輻射能中，到達地球陸地表面的大約為 17×10^4 億千瓦，大約占到達地球範圍內的太陽總輻射能量的 10%。

★ 1.1.5 中國的太陽能資源

中國的國土面積，從南至北，自西至東，距離都在 5000km 以上，總面積達 960 萬平方公里，為世界陸地總面積的 7%，居世界第 3 位。在中國廣闊富饒的土地上，有著十分豐富的太陽能資源。全國各地太陽年輻射總量為 3340～8400MJ/m^2，中值為 5852MJ/m^2。太陽能資源的分布具有明顯的地域性。就中國而言，太陽輻射的年總量是從北向南減少，在長江流域達到最低值。這種分布特點反映了太陽能資源受氣候和地理等條件的限制。根據太陽年曝輻射量的大小，可將中國劃分為 4 個太陽能資源帶，如圖 1-6 所示。這 4 個太陽能資源帶的年曝輻射量指標如表 1-3 所列。

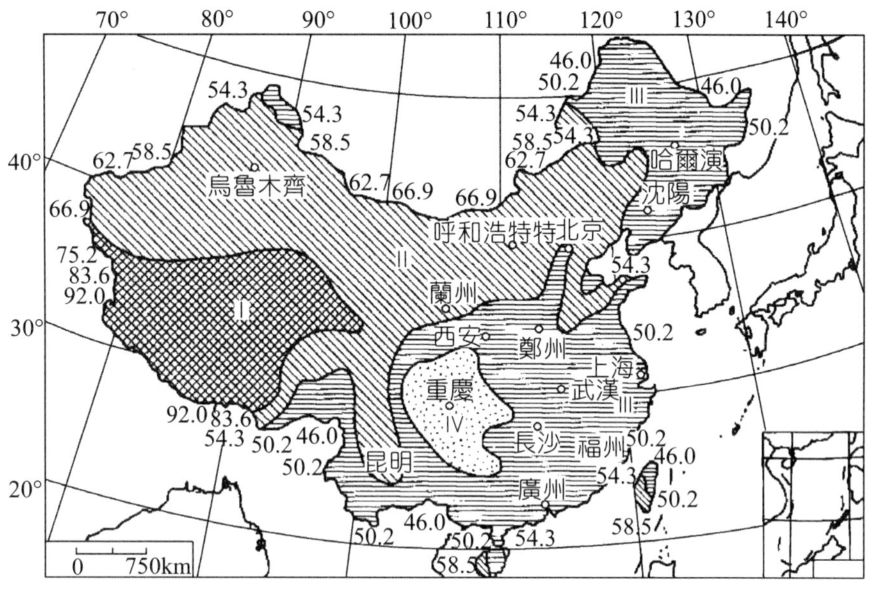

圖 1-6 中國太陽能資源分佈圖（100MJ/m²）

表 1-3 中國 4 個太陽能資源帶的年曝輻射量

資源帶號	資源帶分類	年曝輻射量／（MJ/m²）
Ⅰ	資源豐富帶	≥6700
Ⅱ	資源較豐富帶	5400～6700
Ⅲ	資源一般帶	4200～5400
Ⅳ	資源缺乏帶	<4200

1.2 太陽電池的定義與分類

太陽電池是太陽能光伏（Photovoltaic）發電的基礎和核心，是一種利用光（Photo, light）生伏打（Voltaic）效應把光能轉變為電能的器件，又叫光伏器件（Photovoltaic device）。用適當波長的光照射到某些物質上時，其吸收光能後兩端產生電動勢，稱為光生伏打效應。這種現象在液體和固體物質中都會發生。但是，只有在固體中，尤其是在半導體中，才有較高的能量轉換效率。所以，人們又常常把太陽電池稱為半導體太陽電池。它是一種物理電池，將光能轉換成電能可以分為 3 個主要過程：①吸收一定能量的光子後，產生電子—空穴（electron-hole）對（稱為「光生載流子」）；②電性相反的光生載流子被半導體中 p-n 結所產生的靜電場分離開；③光生載流子被太陽電池的兩極所收集，並在外電路中產生電流，從而獲得電能。

太陽電池最早於 1954 年由 Chapin 等人用 Si 的 p-n 結（Junction）製成，現在實際使用的太陽電池大都是以矽作原材料製成的。要利用光電效應將太陽光能有效的轉換為電能，元件內部必須存在勢壘。因此，太陽電池通常具有 p-n 結二極管、結二極管或者金屬—氧化物—半導體（Metal Oxide Semiconductor MOS）二極管的結構。

太陽電池發展至今，已種類繁多，形式各樣。

★ 1.2.1 按照結構分類

按照結構的不同，可分為如下幾類。

⑴同質結（Homojunction Solar Cell）太陽電池

由同一種半導體材料構成一個或多個p-n結的太陽電池。如矽太陽電池、砷化鎵太陽電池等。

⑵異質結太陽電池（Heterojunction Solar Cell）

用兩種不同禁帶寬度的半導體材料在相接的界面上構成一個異質 p-n 結的太陽電池。如氧化銦錫—矽太陽電池、硫化亞銅—硫化鎘太陽電池等。如果兩種異質材料的晶格結構相近，界面處的晶格匹配較好，則稱為異質面太陽電池。如砷化鋁鎵—砷化鎵異質面太陽電池等。

⑶肖特基太陽電池（Schottky Solar Cell）

用金屬和半導體接觸組成一個「肖特基勢壘（Schottky Potential Barrier）」的太陽電池，也叫做MS（Metal-Semiconductor）太陽電池。其原理是基於金屬—半導體接觸時在一定條件下可產生整流接觸的肖特基效應（Schottoky effect）。目前已發展成為金屬一氧化物—半導體太陽電池，即 MOS 太陽電池；金屬—絕緣體—半導體太陽電池，即 MIS 太陽電池。如鉑—矽肖特基太陽電池、鋁—矽肖特基太陽電池等。

★ 1.2.2 按照材料分類

按照材料的不同，可分為如下幾類。

⑴矽太陽電池

以矽材料作為基體的太陽電池。如單晶矽太陽電池、多晶矽太陽電池、非晶矽太陽電池等。製作多晶矽太陽電池的材料，用純度不太高的太陽級矽即可。而太陽級矽由冶金級矽用簡單的加工方法就可加工製成。多晶矽材料又有帶狀矽、鑄造矽、薄膜多晶矽等多種。用它們製造的太陽電池有薄膜和片狀兩種。

⑵無機化合物半導體太陽電池（Inorganic Compound Semiconductor Solar Cell）

包括：①硫化鎘太陽電池，以硫化鎘單晶或多晶為基體材料的太陽電池，如硫化亞銅—硫化鎘太陽電池、碲化鎘—硫化鎘太陽電池、硒銦銅—硫化鎘太陽電池等；②砷化鎵太陽電池，以砷化鎵為基體材料的太陽電池。如同質結砷化鎵太陽電池、異質結砷化鎵太陽電池等。

⑶敏化奈米晶太陽電池（Sensitized Narrocrystal Solar Cell）

以 TiO_2、ZnO、SnO_2 等寬禁帶的氧化物型奈米級半導體為電極，使用染料敏化（Dye Sensitized）、無機窄禁帶寬度半導體敏化、過渡金屬離子摻雜（doped）敏化、有機染料／無機半導體複合敏化以及 TiO_2 表面沉積貴重金屬等方法製成的太陽電池。

⑷有機化合物太陽電池（Organic Compound Solar Cell）

以酞菁、卟啉、芘、葉綠素等為基體材料的太陽電池。如有機 p-n 結太陽電池、有機肖特基型太陽電池等。

⑸塑膠太陽電池

如聚乙炔太陽電池、共軛（Conjugated）聚合物／C_{60} 複合體系太陽電池等。

1.2.3 按照光電轉換機理分類[5]

(1)傳統太陽電池

主要是指那些吸收光子產生電子—空穴對（electron-hole pair）（載流子）及載流子傳輸同時進行的太陽電池。如矽太陽電池、硫化鎘太陽電池、砷化鎵太陽電池等。

(2)激子太陽電池（Excitor Solar Cell）

主要是指那些吸收光子產生激發態，再發生電子轉移的太陽電池。此類太陽電池吸收光能和傳輸電荷分別由染料和半導體承擔。如有機太陽電池、塑膠太陽電池、量子井（Quantum Well）電池（僅理論上的）。

本書中主要討論有機太陽電池、塑膠太陽電池，但由於此二類電池的理論並不完善，大部分還是借鑒傳統太陽電池理論。

1.3 太陽電池的電池特性[2, 6]

太陽電池的理論及各模型研究比較多的還是傳統型電池。新型太陽電池的理論及特性一般借鑒這些成熟理論而來，所以在本節所介紹太陽電池的電池特性還是以傳統型太陽電池為例說明。

太陽電池的特性可大致分為作為光器件的特性即光譜特性、照度特性和作為半導體器件的特性即輸出特性、溫度特性、二極管特性。所以如要更深入地理解這些特性，必須掌握有關光學和半導體工程的知識。

★ 1.3.1 等效電路[7]

理想的太陽等效電路如圖 1-7 所示，由 1 個恆流發生器、1 個二極管及 1 個負荷 R 並聯而成。恆流發生器表示電池受光照時產生光電流 I_L 的能力，通過 p-n 結的結電流 Junction Current I_j 用二極管（diode）表示。這個等效電路的物理意義是：太陽電池受到光照後產生一定的光電流 I_L，其中一部分用來抵消結電流 I_j，另一部分為供給負載的電流 I_R。其端電壓 V、結電流 I_j 以及工作電流 I 的大小都與負載電阻 R 有關，但負載電阻並不是惟一的決定因素。這樣，I 的大小為：

$$I = I_L - I_j$$

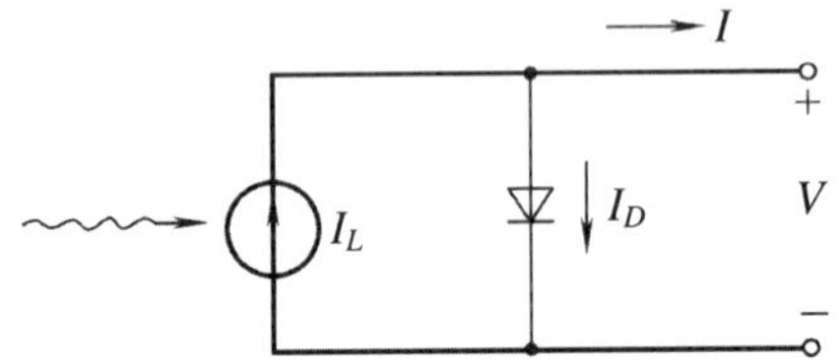

圖 1-7 理想太陽電池等效電路

根據 Shockloy 的擴散理論，二極管結電流 I_j 可以表示為

$$I_j = I_0(e^{\frac{qV_i}{kT}} - 1)$$

式中 q——電子電荷（1.6×10^{-19} C）；

V_j——結電壓；

T——絕對溫度；

k——波耳茲曼常數（Boltzmann Constant）；

I_0——反向飽和電流，指在黑暗中通過 p-n 結的少數載流子的空穴電流和電子電流的代數和。

將上兩式合並，得

$$I = I_L - I_0(e^{\frac{qV_i}{kT}} - 1)$$

光電流密度 J_L（光電流 I_L 除以光電池面積）可表示為

$$J_L = q\eta_c N(E_g)$$

式中　q——電子電荷；

η_c——收集效率；

$N(E_g)$——能量超過 E_g 的光子流，與入射總光強成正比，即光生電流與入射總光強成正比。

實際的太陽電池等效電路如圖 1-8 所示。在這種電路中，考慮了太陽電池本身的電阻，這種電阻有如下形式。

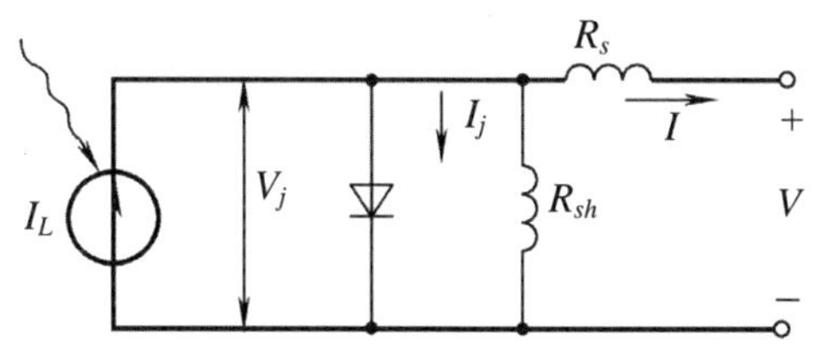

圖 1-8　實際的太陽電池等效電路

⑴串聯電阻 R_s

$$R_s = R_{s1} + R_{s2} + R_{s3} + R_{s4}$$

式中 R_{s1}——電池柵線電極本身所具有的電阻值；

R_{s2}——擴散層橫向電阻值；

R_{s3}——基體材料電阻值；

R_{s4}——上、下電極與基體材料的接觸電阻。

在這四個電阻值中，R_{s2} 是串聯電阻的主要形式，其大小直接影響 R_s 的大小。

⑵並聯電阻 R_{sh}

並聯電阻包括 p-n 結內漏電阻、電池邊緣漏電阻以及 p 型區和 n 型區各種導電膜或臟物的電阻等。並聯電阻也有稱為旁路電阻的。

R_s 和 R_{sh} 相比，R_s 為低阻值，小於一歐姆（1Ω）；而 R_{sh} 是高阻值，約為幾千歐姆。

考慮了電池本身的 R_s 和 R_{sh} 以後，工作電流 I 可表示為：

$$I = I_L - I_0\left[e^{\frac{q(V+IR_s)}{AkT}} - 1\right] - \frac{V - IR_s}{R_{sh}}$$

式中 I——工作電流；

A——曲線擬合常數；

V——端電壓。

★ 1.3.2 太陽電池的光譜回響(Response)特性[8~10]

光譜響應特性是指太陽電池對某些特定波長的光，能給出最大的電流，產生最佳的回響（Response）。也就是說，在陽光照射激發作用下，太陽電池所收集到的光生電流與到電池表面上的入射波長有著直接的關係。光譜特性的測量是用一定強度的單色光照射太陽電池，測量此時的短路電流 I_{sc}；然後依次改變單色光的波長，再重新測量電流。圖 1-9 是幾種太陽電池的光譜回響。

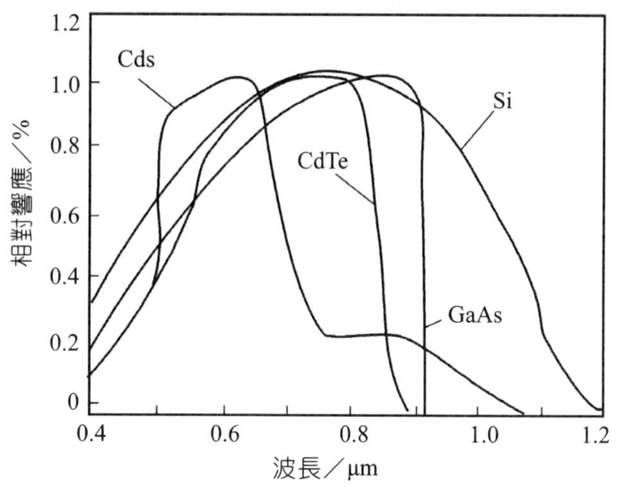

圖 1-9 幾種太陽電池的光譜回響曲線

光譜回響曲線有時候稱為量子效率（外量子效率）曲線，也可以用收集效率（內量子效率）曲線來表示。二者並不一致，一般來說，量子效率（外量子效率）是指入射多少光子數產生多少電子的比率，即入射到電池上的每個光子產生的電子空穴對或少數載流子的數目；而收集效率（內量子效率）是指吸收多少光子產生多少電子的比率，即在電池中被吸收的每個光子產生的電子空穴對或少數載流子的數目。能量轉換效率是多少輸入的光能產生多少電能的比率數。由於入射的光子不一定都被吸收，產生的電子不一定都產生電能，因此一般而言，內量子效率最高，而能量轉換效率最低，但它們都是可以測量或計算的。

在太陽電池中，只有那些能量大於其材料禁帶寬度的光子才能在被吸收時在材料中產生電子—空穴對，而那些能量小於禁帶寬度的光子即使被吸收也不能產生電子—空穴對（它們只是使材料變熱）。這就是說，材料對光的吸收存在一個截止波長（長波限）。表 1-4 列出了幾種用於太陽電池的材料。從表中可以看出，當禁帶寬度增加時，被材料吸收的總太陽能就越來越少。

對太陽輻射光線來說，能得到最好工作性能的半導體材料，其截止波長應在 0.8μm 以上，包括從紅色到紫色全部可見光。每種太陽電池對太陽光線，都有其自己的光譜響應曲線。它表示電池對不同波長的光的靈敏度（光電轉換能力）。矽的光譜響應在 0.4～1.1 μm的波長之間，它的最大值是在 0.85μm，能吸收的太陽光總能量為 76%。

表 1-4 幾種太陽電池材料

材　料	禁帶寬度／eV	截止波長／μm	可被太陽電池吸收的總太陽能／%
矽	1.1	1.1	76
磷化銦	1.25	0.97	69
砷化鎵	1.35	0.9	65
碲化鎘	1.45	0.84	61
硒	1.5	0.81	58
銻化鋁	1.55	0.78	57
硒化鎘	1.7	0.72	51
磷化鎵	2.3	0.53	28
硫化鎘	2.4	0.5	24

太陽電池的光譜回響（應）特性在很大程度上依賴於太陽電池的設計、結構、材料的特性、結的深度和光學塗層。使用濾光膜和玻璃蓋片可以進一步改善光譜回響（應）。太陽電池的光譜回響（應）隨著溫度和輻照損失而變化。以矽太陽電池為例，隨著溫度的升高，紅光響應增加，而藍光響應基本保持不變。紅光響應的增加是由於矽的截止波長「邊緣」（edge）1.1μm 向較長的波長移動和少數載流子壽命延長的緣故。因而，短路電流 I_{sc} 也增加。

1.3.3 太陽電池的溫度特性

圖 1-10 表示矽太陽電池的溫度特性。從圖中可知，溫度發生變化時，太陽電池的電壓、電流以及輸出功率發生變化的情況。太陽電池的開路電壓 V_{oc} 隨著溫度的上升而下降，大體上溫度每上升 1℃，電壓下降 2～2.3mV；短路電流 I_{sc} 則隨著溫度的上升而微微地上升；電池的輸出功率 P 則隨著溫度的上升而下降，每升高 1℃，

約損失 0.35%～0.45%。如果在溫度為 20℃時工作的矽太陽電池，它的輸出功率是 62.5mW，到 60℃時，則只有 54mW 左右。地面上應用的矽太陽電池的工作溫度範圍可在−100～125℃。市售的太陽電池通常是−65～120℃，實際運用中在−40～80℃。因此，太陽電池的溫度特性直接影響著它的使用壽命等。

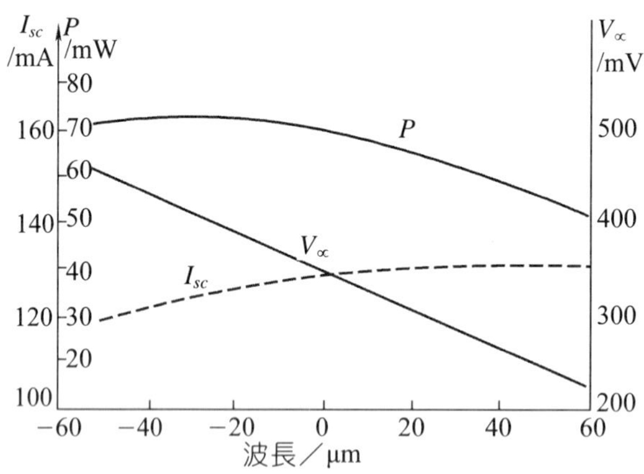

圖 1-10　矽太陽電池的溫度特性

1.3.4　太陽電池的輸出特性[11, 12]

通常用來描述太陽電池輸出特性的有伏安（Volt-Ampere）特性曲線（包括開路電壓、短路電流、填充因子）及光電轉換效率。

1.3.4.1　伏安特性曲線

太陽電池在短路條件下的工作電流稱為短路（Short Circuit, SC）光電流（I_{sc}）。而且，短路光電流等於光子（photon）轉換成電子—

空穴對的絕對數量。此時，電池輸出的電壓為零。太陽電池在開路條件下的輸出電壓稱為開路（Open Circuit, OC）光電壓（V_{oc}）。此時，電池的輸出電流為零。

具有p-n結的太陽電池在不受光照時，引起一個二極管的作用，外加電壓和電流之間的關係曲線叫做光電池的暗特性曲線，如圖1-11中的b曲線所示。在一定的光照下，可以得出端電壓和電路中通過負載的工作電流的關係曲線，叫做光電池的伏安特性曲線。如圖1-11所示的a曲線就是太陽電池的伏安特性曲線。在一定的光照下，光生電流I_L是一個常量。這兩條曲線在第四象限所包圍的區域就是太陽電池的輸出功率區域。把曲線上下翻轉，平移坐標軸位置，即可以得到圖1-12所示的通常所使用的伏安特性曲線。曲線在I軸上的截距為短路電流I_{sc}，在V軸上的截距為開路電壓V_{oc}。圖中的虛線表示在一定的負載電阻R時的$V-I$關係，稱為負載線（Negative Load）。負載電阻R為某一值時的直線與特性曲線的交點坐標為使用這個負載電阻時的端電壓V和電流I。

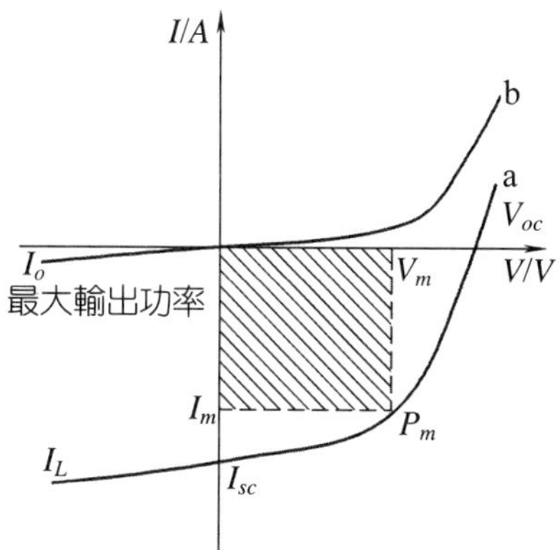

圖 1-11　太陽電池在無光照及光照下的電流—電壓曲線

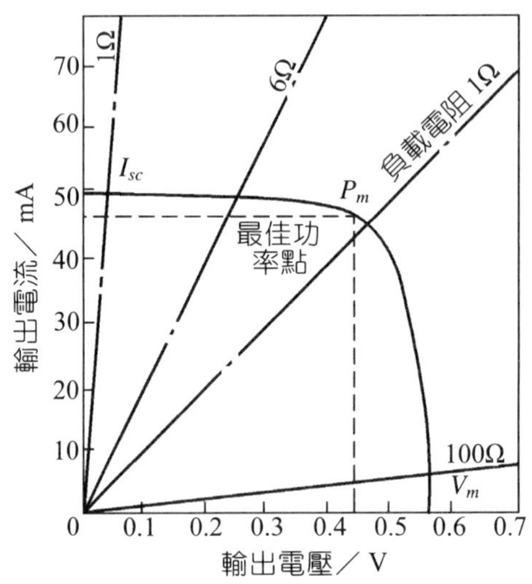

圖 1-12　太陽電池的伏安特性曲線

第四象限中任一工作點的輸出功率等於圖 1-11 所示的矩形面積。一個特定工作點（V_{mp}, I_{mp}）會使輸出功率（P_{max}）最大。填充因子 FF 定義為

$$FF = \frac{V_{mp} I_{mp}}{V_{oc} I_{sc}}$$

它是輸出特性曲線「方形」程度的量度，實用太陽電池的填充因子應該在 0.6～0.75。理想情況下，它只是開路電壓 V_{oc} 的函數。

1.3.4.2　光電轉換效率

太陽電池的光電轉換效率是太陽電池單位受光面積的最大輸出功率（P_{max}）與入射的太陽光能量密度（P_{light}）的百分比。

$$\eta=\frac{P_{\max}}{P_{\text{light}}}=\frac{FF\times I_{sc}\times V_{oc}}{P_{\text{light}}}$$

表 1-5 列出各種材料的太陽電池轉換效率。

表 1-5　各種材料的太陽電池轉換效率

材　料	理論效率／%	實際最大效率／%
矽	22	18
磷化銦	24	6
砷化鎵	26	≥6
碲化鎘	23	7
磷化鎘	19	1
硫化鎘	18	6～8

太陽電池的能量轉換效率，在理論上不超過 30%，另外，能夠實現 20%以上轉換效率的太陽電池，也不限於砷化鎵太陽電池等個別例子。太陽電池的轉換效率主要與它的結構、結的特性、材料性質、工作濕度、放射性粒子輻射情況和環境變化等有關。太陽電池光電轉換過程中的損失有兩種：一種是理論上不可避免的；另一種是通過提高元件製造技術可以消除的。理論上的損失，是由於太陽光的光譜分布和作為元件材料的半導體的光電特性等產生的。在由元件製造工藝引起的損失中，包括了元件設計不當、元件製造方法過程中熱處理引起結晶的電氣特性下降等。太陽電池工作時的損失大體上可以歸納為下面五點。

①投射到電池表面的光線，一部分被反射掉，沒有進入電池，這項損失的百分比是很大的。經過測算，純淨矽的表面在 0.4～1.0μm

的波長範圍內被反射掉的光線大約有30%左右。其他材料表面的反射率也相當高。補救的辦法是在矽表面加上一層氧化矽或其他減反射膜，這樣可以大大減少反射的損失。

②波長大於截止波長的光線，不能產生電子空穴對。在太陽電池運行使用中，經常遇到潮濕天氣，雖然光線還很強，但是電池輸出的電流很小。這是因為太陽光中較短波長的光線被雲中水蒸氣所吸收和其他氣體所散射掉，較長波長的光線、紅外光線到達電池表面，這些光線的能量不足，不能產生或只產生很少電子空穴對，即所變成的熱能只使矽太陽電池溫度升高。這一項的損失也是很大的。

③因光線激發所產生的電子—空穴對，有一部分在電池的表面或內部自己複合消失掉了。

④由於太陽電池的開路電壓小而造成的電壓損失。

⑤太陽電池的最大輸出功率與它的開路電壓 V_{oc} 和短路電流 I_{oc} 相乘積之比（即曲線因子）不理想。

1.3.5 影響太陽電池性能的因素

⑴負載電阻對太陽電池性能的影響

太陽電池的輸出電壓和電流都受到負載電阻的限制。負載電阻 R 越大，電流 I 越小，電壓 V 越大。若要使太陽電池的輸出功率最大及轉換效率最高，必須選擇最佳負載電阻值。

⑵太陽光強對電性能的影響

短路電流與光強成正比，而開路電壓與光強的對數成正比。圖 1-13 表示了開路電壓和短路電流隨光強的變化而變化的關係曲線。R_m 曲線表示在最大輸出功率時，負載電阻隨著光強而變化的關係，表明光強越大，要想獲得最佳輸出功率，所選擇的負載電阻必須越小。

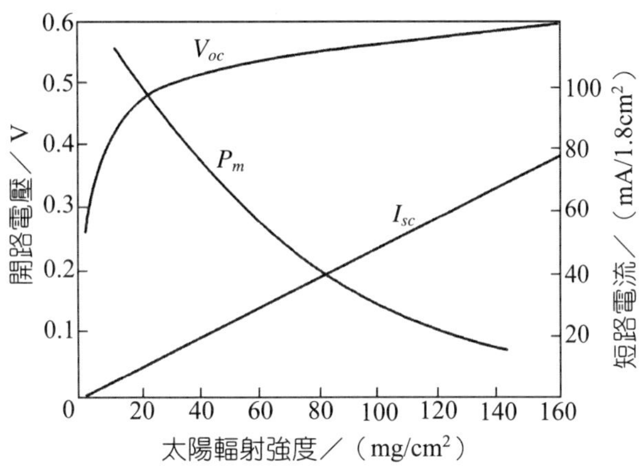

圖 1-13　V_{oc}、I_{sc} 及 R_m 與太陽光強的關係

1.3.6　太陽電池特性測量的基本方法[13]

對太陽電池特性的測量和計算基本順序按下面三個階段依次進行：①測量太陽電池的入射光強度；②測量太陽電池的輸出特性；③計算轉換效率的值。

通過用輻射強度計測定入射陽光的功率和測量電池在最大功率點產生的電功率的辦法來測量太陽電池的效率似乎是比較簡單的事情。使用這種方法存在的困難是，被測電池的性能在很大程度上取決於陽光光譜成分的精確程度，而陽光的光譜成分隨大氣質量、水蒸氣含量、混濁度而變化。由於存在這一困難，加上輻射計刻度的誤差（一般約為 5%），使得這種辦法很難對不是同一時間、同一地點所測得的電池性能作比較。

另一種方法是採用標定過的參考電池為基準。一般國家測試管理中心規定了標準光照條件下標定參考電池的方法，然後相對於這一參考電池測量待測電池的性能。為了使這個測試方法能夠得到準確的結果，必須滿足以下兩個條件：①在特定的範圍內，參考電池和被測電池對不同波長的光的回響（應）（光譜回響應）必須一致；②在特定的範圍內，用來作比較測試的光源的光譜成分必須接近標準光源的光譜成分。

第一個條件通常要求參考電池和被測電池是由同種半導體材料並用相似的生產方法製成。在這兩個條件都得到滿足時，便可以在與標定中心相同的標準光照條件下進行所有的測量。

與上述相類似的方法已用於美國能源部的光伏計劃中。在這個方法中，測試中所參考的標準陽光光譜分布是AM1.5分布。所推薦的測試光源是自然陽光（對雲彩、大氣質量和光強變化率有一定限制）、帶有適當濾光片的氙燈或ELH燈。後者是一種廉價的鎢絲放映燈，這種燈有一個對波長靈敏的反射器。它讓紅外光從燈的背面透過，這就增加了輸出光束中可見光的比例，因此，輸出光束的光譜成分相當接近於陽光的光譜成分。光源必須能在測試平面上射出一束強度均勻的平行光束，而且在測試過程中必須是穩定的。一般測試標準為：AM1.5，光強度 1000W/m^2，溫度 25℃。

在測量太陽電池的輸出特性時，可利用等效電路圖（見圖 1-14）測量電路。簡單的測量如圖 1-14(a)所示，用太陽電池、電壓、電流表和負載（可變電阻）構成的電路來進行。以電壓為 X 軸、電流為 Y 軸，然後使可變電阻的阻值從零歐姆（0Ω）變到無限大，即可得到太陽電池的伏安特性曲線。

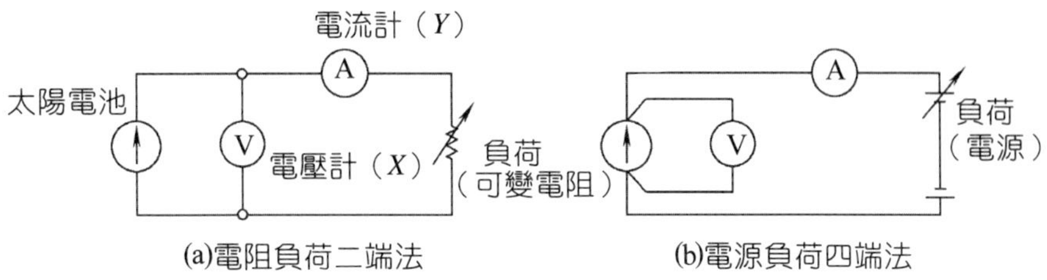

圖 1-14　測量電路

當太陽電池的輸出電流很大時，由於電流表的內電阻和太陽電池的引線電阻，圖 1-14(a)所示的電路就不能正確測量了。所以要採用圖 1-14(b)所示的電路，用兩個回路來分別測量電壓和電流（四端法），減少導線電阻的影響。此外用可變電壓源來作負載，以補償電流表內阻的影響。這樣即使是大輸出電流的情況也能較正確地進行測量。

被測電池的光譜回響（應）也可以通過將電池的輸出與已標定過光譜響應的電池的輸出直接比較測得。最簡單的方法是使用一個穩態單色光源，它可以從單色儀或者如圖 1-15 所示那樣讓白光通過一個窄通帶濾光器獲得。由於電池對光強增加的響應並不一定是線性的，較好的方法是使用接近於陽光的白光源來偏置被測的電池，並測量疊加小的單色光分量時增加的響應。

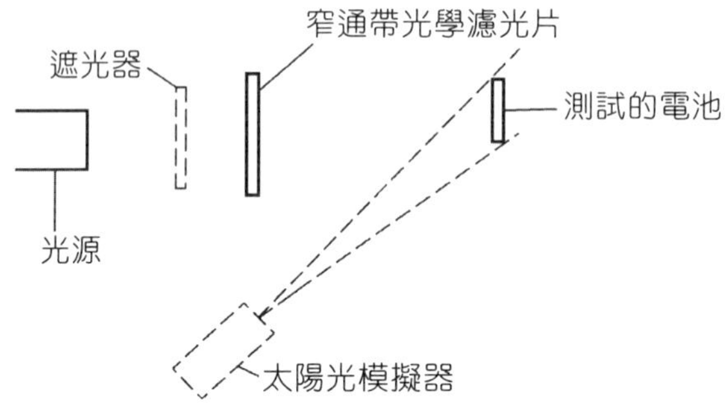

圖 1-15　光譜回響（應）測試裝置

1.4 太陽電池的發展

1.4.1 太陽電池的技術現狀及發展[14~16]

1839 年，貝克勒爾（Becquerel）首次報導在電解質中發現了光生伏打效應，即用光照射電解質後，在電解質中會產生電壓，從而產生電流。1876 年，在硒的全固態系統中也觀察到了類似現象。1882 年就製成了硒的光生伏打電池。1918 年，從熔體中首次煉製出單晶；1928 年，又製成了銅—氧化銅（Cu-Cu_2O）光生伏打電池。1929 年建立了固體能帶理論，第一次論證了利用太陽電池可以把太陽能直接轉換成電能。1939 年，製成矽結（Silicon Junction）型電池；1945 年，利用各種方式沉積成矽薄膜半導體；雖然 1941 年就有關於矽電池的報導，但直到 1954 年恰賓（D.M.Chapin）等人在美國貝爾實驗室首次製成了光電轉換率為 6%的單晶矽太陽電池，誕生了實用的光伏發電技術，並出現了現有矽電池的第一代產品。因為它是第一個能以適當效率將光能轉為電能的光伏裝置，所以它的出現標示著太陽電池研製工作的重大進展。1955 年，建立了太陽電池的理論；從此以後，太陽電池無論在理論上或實際製造上都有了飛速的發展。1956 年，首次把太陽電池應用到地面的航標燈、閃光燈和通訊機等上面去；1958 年，在「先鋒」號人造衛星上首次應用了太陽電池。從 1956 年開始，又陸續製成了硫化鎘（CdS）太陽電池、硫化銅—硫化鎘（Cu_2S-CdS）太陽電池和砷化鎵（GaAs）太陽電池。此後十多年，太陽電池主要用於空間。1969 年，利用蒸發方法製成了硫化鎘（CdS）薄膜太陽電池。在不到三十年的時間內，太陽電池的光電轉換效率有了大幅度提高，同時成本則從每瓦（峰值）大約 10000 美元降低到 5 美元，取得了重大的突破，為今後大規模推廣應用創造了良好的條件。

隨著人類探索太空步伐的加快，太陽電池的開發也得到了極大地促進。迄今為止，太空中成千上萬的飛行器上幾乎都裝備了太陽電池發電系統。雖然太陽電池在航空太空領域取得了巨大成功，但在地面的應用卻一直未得到廣泛重視。直到 1973 年世界出現「石油危機」以後，整個能源使用方式發生了變革，原來服務於太空空間的太陽電池才漸漸轉向地面應用。20 世紀 80 年代中期，環境污染繼能源短缺之後成為國際社會普遍關注的另一焦點，人類又都把目光集中到解決這兩個問題的交叉點——太陽能光伏發電上，尤其是與建築物相結合構成光伏屋頂發電系統，從而大大加速了太陽電池開發利用的步伐。

最早投入地面應用的太陽電池是單晶矽太陽電池。矽是地球上極豐富的一種元素，幾乎是取之不盡，但是提煉卻不容易，因而早期每瓦（峰值）單晶矽太陽電池的成本高達幾十美元。隨著生產規模的不斷擴大，技術的日益提高，單晶矽太陽電池的成本也逐漸下降，1997 年，每瓦（峰值）單晶矽太陽電池的成本已經降到 5 美元以下。從目前的發展狀況來看，由於受單晶矽材料價格和單晶矽電池製備方法的限制，若要再大幅度地降低單晶矽太陽電池成本是非常困難的，從而阻礙了太陽電池的進一步推廣應用。為此，人們開始研發其他材料的太陽電池，其中主要包括非晶矽薄膜太陽電池、多晶矽薄膜太陽電池、銅銦硒（CIS）、砷化鎵和硫化鎘薄膜電池、有機太陽電池和塑膠太陽電池等。

在太陽電池的整個發展歷程中，先後開發出各種不同結構的電池，如肖特基（MS）電池、MIS 電池、MINP 電池、異質結電池等，其中，同質 p-n 結電池自始至終占著主導地位，其他結構電池對太陽電池的發展也產生了重要影響。

在材料方面，有晶矽電池、非晶矽薄膜電池、銅銦硒（CIS）薄膜電池、碲化鎘（CdTe）薄膜電池、砷化鎵薄膜電池等。由於應用薄膜電池被認為是未來大幅度降低成本的根本出路，因此成為太陽電池研發的重點方向和主流，在技術上得到快速發展，並逐步向商業化生產過渡。多晶矽薄膜電池、有機太陽電池和塑膠太陽電池在 20 世紀 90 年代中後期開始成為薄膜電池的研發熱點，技術發展比較迅速。

單晶矽電池在 20 世紀 70 年代初引入地面應用。在石油危機和降低成本的推動下，太陽電池開始了一個蓬勃發展時期，這個時期不但出現了許多新型電池，而且引入了許多新技術。晶矽電池在過去 20 年裡有了很大發展，許多新技術的採用和引入使太陽電池效率有了很大提高。在矽電池研究中，人們探索了各種各樣的電池結構和技術來改進電池性能，如背表面場、淺結、絨面、鈍化、Ti/Pd

金屬化電極和減反射膜等。高效電池是在這些實驗和經驗基礎上發展起來的。單晶矽高效電池的典型代表是史丹福大學的背面點接觸電池、新南威爾士大學的鈍化發射區電池（PERL）以及德國 Fraunhofer 太陽能研究所的區域化背場電池等。澳大利亞新南威爾士大學矽太陽電池及矽發光實驗室趙建華於 1999 年在一塊 4cm^2 的PERL矽電池上，實現了 24.7%的最高紀錄並一直保持至今。單晶矽電池從 6%發展到 24.7%，經歷了 40 多年（圖 1-16）。日本 Sanyo 公司的HIT電池（非晶矽／n-單晶矽）是近年來光伏電池開發上的一個創新，採用 PECVD 方法在 n 型單晶矽片的上下面沉積非晶矽層，構成異質結電池。該電池集中了非晶矽和單晶矽電池的優點，在大面積上獲得了接近 21%的高效率。近年來，此種電池商業化生產速度發展很快，僅僅兩三年時間，產品已占整個光伏市場的 5%。中國北京市太陽能研究所從 20 世紀 90 年代起進行高效電池研究開發，採用倒金字塔表面織構化、發射區鈍化、背場等技術，使電池效率達到了 19.8%，激光刻槽埋柵電池效率達到了 18.6%。

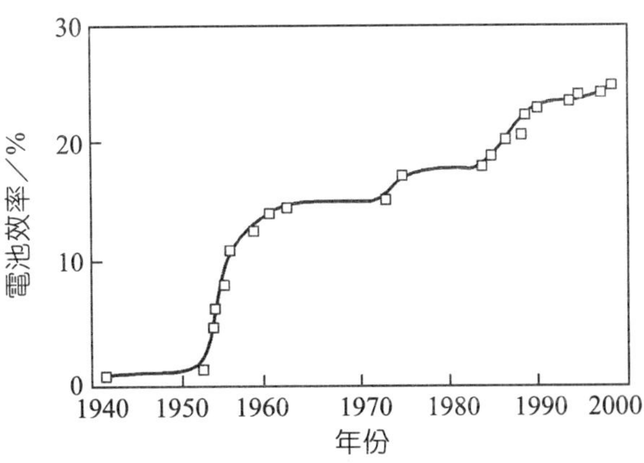

圖 1-16　單晶矽電池效率的發展進程

由於多晶矽材料製造成本低於單晶矽材料，同時能直接製備出適於規模化生產的大尺寸方型矽錠，設備簡單，製造過程簡單、省電、節約矽材料，因此比單晶矽電池具有更大降低成本的潛力。多晶矽電池受晶界影響效率一般比單晶矽低，提高效率的研究工作受到普遍重視。近 10 年來，提高多晶矽電池效率的研究工作取得了很大成績，其中比較有代表性的工作是喬治亞（Georgia Institute of Technology）理工大學、新南威爾士大學和日本京瓷（Kysera）等。喬治亞理工大學光伏中心採用磷吸雜和雙層減反射膜技術，使電池的效率達到 18.6%；新南威爾士大學光伏中心採用類似 PERL 電池技術，使電池的效率達到 19.8%，成為多晶矽電池的世界最高紀錄；日本 Kysera 公司採用 PECVD-SiN 技術，起到鈍化和減反射雙重作用，加上表面織構化和背場技術，使 15cm × 15cm 大面積多晶矽電池效率達 17.1%，此種電池技術已經實現了工業化生產，商業化電池效率在 14%以上。我國在多晶矽電池方面作了大量研究工作，其中，北京市太陽能研究所的多晶矽電池效率達到 14.5%。雲南半導體器件廠與雲南師範大學合作，多晶矽電池效率達到 14%。

非晶矽（α-Si）是矽和氫（約 10%）的一種合金。非晶矽的若干特性使它成為一種非常吸引人的薄膜太陽電池材料：①矽是一種資源豐富和環境安全的材料；②非晶矽對陽光的吸收係數高，太陽電池活性層只需要 1μm 厚，大大降低材料的需求量；③沉積溫度低，可以直接沉積在廉價低成本襯底上，如玻璃、不銹鋼和塑膠膜上等，便於工業化大面積製造，有大幅度降低成本的潛力。1976 年，美國 RCA 實驗室的 Carlson 和 Wronski 首次報導了非晶矽薄膜太陽電池，引起普遍關注，全世界開始了非晶矽電池的研製熱潮。與晶矽電池不同，典型非晶矽電池為p-i-n結構（圖 1-17）。非晶矽電池的 p 層和 n 層非常薄，為了有效收集非平衡載流子，必須建立完整內電場和減少 p、n 界面複合，因此在 p 和 n 之間加入了一個 i 層（本征層）。經過研究，非晶矽太陽電池取得了很大進展，使單結、雙結、三結電池的實驗室穩定效率分別達到 6%～8%、10%和 13%。自非晶矽電池出現以來，商業化生產製造技術發展很快。1980 年開始商業化生產，1982 年達到 1MW，1987 年達到 12MW，占當年總市場份額的 41%，大有超過晶矽的趨勢。但由於效率低和穩定性差，主要市場是室內弱光或消費產品上應用，如計算器等，室外大功率電源應用受到一定限制。目前雙結和三結電池的實際生產沒有達到經濟生產規模，因此成本大於晶矽電池的成本。商業化非晶矽電池的穩定效率，單結、雙結、三結分別為 4%～5%、6%～7%、7%～8%。2002 年非晶矽電池產量約 30MW，約占世界太陽電池總產量的 6%。中國非晶矽電池研究在 20 世紀 80 年代中期形成了高潮，分布在大學和研究機構中的 30～40 個研究組從事非晶矽電池的研究，並且取得了很好的進展，$1cm^2$ 單結電池的實驗室初始效率達到 11.4%，30cm × 30cm 單結電池實驗室初始效率達到 6.2%。20 世紀 80 年代後期，哈爾濱和深圳分別從美國 Chrona 公司引進了 1MW 生產能力的單結非晶矽生產線，商業化電池的初始效率在 4%～6% 之間。

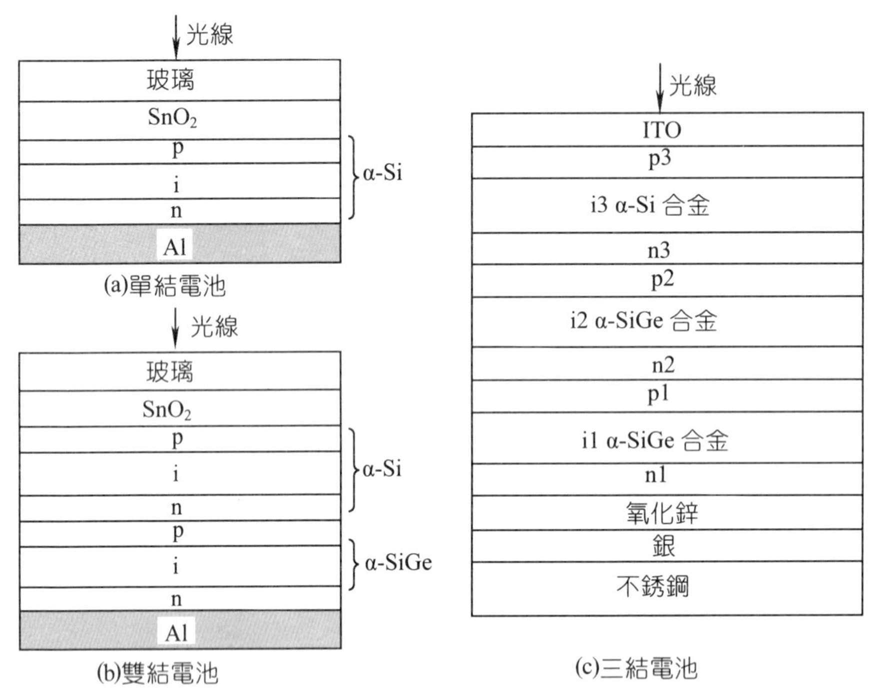

圖 1-17　非晶矽太陽電池結構

多晶矽薄膜電池既具有晶矽電池的高效、穩定、無毒和資源豐富的優勢，又具有薄膜電池節省材料、大幅度降低成本的優點，因此，多晶矽薄膜電池成為國際上近幾年研究開發的熱點。目前實驗室效率可達 18%，遠高於非晶矽薄膜電池的效率。日本 Kaneka 公司採用 PECVD 技術在 550℃以下和玻璃襯底上製備出具有 p-i-n 結構的多晶矽薄膜電池，電池總厚度約 $2\mu m$，效率達到 12%；德國 Fraunhofer 太陽能研究所使用 SiO_2 和 SiN 包覆陶瓷或 SiC 包覆石墨為襯底，用 RTCVD 沉積多晶矽薄膜，矽膜經過區熔再結晶後製備太陽電池，兩種襯底的電池效率分別達到 9.3%和 11%。北京市太陽能研究所自 1996 年開始對多晶矽薄膜電池開展研究工作。該所採用 RTCVD 技術，在不同襯底上製備了多晶矽薄膜電池，其中模擬陶瓷襯底（即在 Si 襯底上襯一層 Si_3N_4 或者其他陶瓷薄膜）的電池效率達到 10.21%。Pacific Solar 公司採用疊層多晶矽薄膜電池的技術，開發出 30cm × 40cm 的中試電池組件，效率達 6%。也有學者採用平均直徑為 1.2nm 的矽球（每個矽球均有 p-n 結）並聯在鋁箔上形成連續排列的結構，在 $100cm^2$ 面積的電池效率可達到 10%。

化合物半導體薄膜電池是以薄膜中產生光生載流子的活性材料為化合物，其中，GaAs，CdTe，$CuInSe_2$（CIS）等的禁帶寬度在 1～1.6eV 之間，與太陽光譜匹配較好，同時這些半導體是直接帶隙材料，對陽光的吸收係數大，只要幾個奈米厚就能吸收陽光的絕大部分，因此是製作薄膜太陽電池的優選活性材料。在化合物半導體薄膜太陽電池中，GaAs 電池成本高，主要用於空間；CdTe 和 CIS 電池被認為是未來實現低於 1 美元／瓦（峰值）成本目標的典型薄膜電池，其缺點為：原材料（鎘）存在污染問題，而且硒、銦、碲等都是較稀有的金屬，因而這種電池的大規模生產會受到很大的限制。

CdTe 為Ⅱ-Ⅵ族化合物，帶隙 1.5eV，與太陽光譜非常匹配，具有很高的理論效率（28%），性能很穩定，一直被光伏界看重，是技術上發展較快的一種薄膜電池。它容易沉積成大面積的薄膜，沉積速率也高。因此，CdTe 薄膜太陽電池的製造成本低，已成為美、德、日、意等國研究開發的主要對象。目前，已經開發出製備 CdTe 多晶薄膜的多種工藝和技術，如近空間昇華（CSS）、電沉積、絲網印刷、濺射、真空蒸發等，實驗室電池效率不斷攀升，已獲得的最高效率為 16.5%。20 世紀 90 年代初，CdTe 電池已實現了規模化生產，但市場發展緩慢，市場占有率一直徘徊在 1%左右。商業化電池效率平均為 8%～10%。中國 CdTe 薄膜電池的研究工作開始於 20 世紀 80 年代初。內蒙古大學採用蒸發技術、北京太陽能研究所採用電沉積技術（ED）研究和製備 CdTe 薄膜電池，後者的電池效率達到 5.8%。20 世紀 80 年代中期至 90 年代中期，研究工作處於停頓狀態。20 世紀 90 年代後期，四川大學太陽能材料與器件研究所在馮良桓教授的帶領下，採用近空間昇華技術研究 CdTe 薄膜電池，製備出了轉換效率為 13.38%的碲化鎘薄膜太陽電池；圖 1-18 為昇華—沉積法 CdTe 薄膜連續反應裝置。

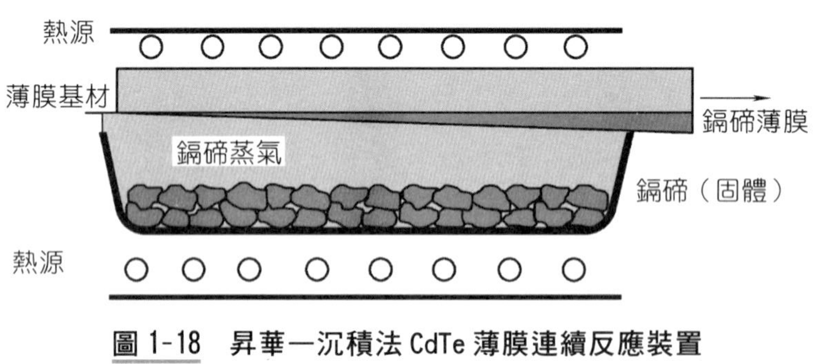

圖 1-18　昇華—沉積法 CdTe 薄膜連續反應裝置

CIS 薄膜太陽電池是 I -Ⅲ-Ⅵ族三元化合物半導體，帶隙 1.04eV。製備 CIS 電池時，基底使用玻璃或其他廉價材料，薄膜厚度僅為 2～3μm，節省了昂貴的半導體材料。採用大面積連續化製造成膜方法，生產量為 1.5MW 的成本是晶體矽電池的 1/3～1/2。20 世紀 70 年代中後期，波音公司用真空蒸發方法製備的 CIS 薄膜電池效率達到 9%。自 20 世紀 80 年代開始，ARCO Solar 公司在 CIS 研發工作中逐漸處於領先地位，並與中國太陽能研究所合作，使 CIS 薄膜電池得到快速發展。美國國家光伏中心（NCPV）研製的 CIS 電池於 2002

年通過正式確認，使光電轉換效率達到 19.2%，是第一個突破 19% 的薄膜太陽電池。自 20 世紀 90 年代初起，以Simens Solar為代表的許多公司一直在努力實現 CIS 薄膜電池的商業化生產。該電池目前仍處在 1MW 以下的中試生產階段。中國南開大學、內蒙古大學和雲南師範大學等單位於 20 世紀 80 年代中期先後開展了 CIS 薄膜電池研究，南開大學採用蒸發硒化法製備的CIS 薄膜電池效率目前達到 9.13%。圖 1-19 列出了金屬前體硒化法和共蒸發硒化法的比較。

目前各種商業化的太陽電池最高效率為：單晶矽 24.7%、多晶矽 19.8%、非晶矽 14.5%、砷化鎵 25.7%、硒化鎵銦銅 18.8%、多接面串疊型 33.3%。圖 1-20 為幾種薄膜太陽電池的效率進展。由於材料特性上的限制，對於結晶矽太陽電池的效率，幾乎已經達到最佳的水準，要再進一步提升的空間有限。

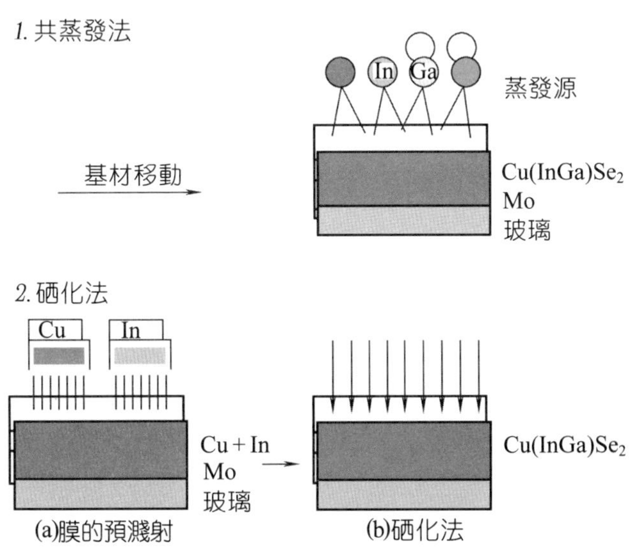

圖 1-19　金屬前驅體硒化法和共蒸發硒化法的比較

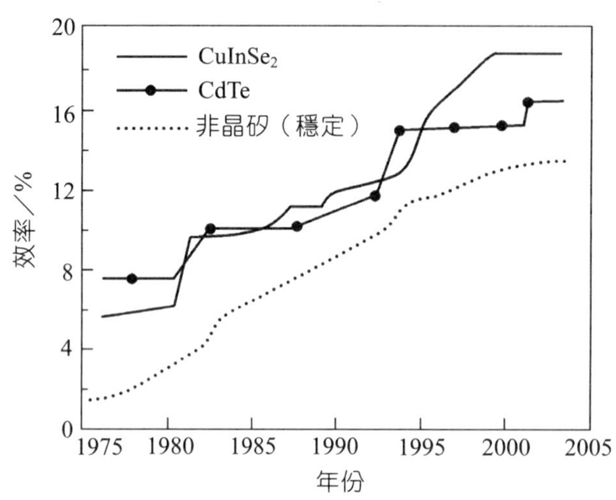

圖 1-20　幾種薄膜太陽電池的效率進展

改善太陽電池的性能、降低製造成本以及減少大規模生產對環境造成的影響是未來太陽電池發展的主要方向。1906 年，Pochettino 首先發現蒽也具有光電導性；1958 年，Kearns 和 Calvin 使用金屬酞菁（MgPc）得到了 200mV 太陽電池；在後來的研究中，研究人員發現聚合物材料也可用於太陽電池中。目前用有機材料製備太陽電池是國際範圍內的研究熱點之一。人們預期，未來 5～10 年，第一代有機太陽電池可進入市場，太陽電池的未來材料是有機太陽電池和塑膠太陽電池。

早在 20 世紀 70 年代能源危機時，第一塊有機太陽電池便已經面世，但當時這種電池光電轉換率只有 1%。但有機太陽電池製備方法簡單，可採用真空蒸鍍或塗敷的辦法製備成膜，並且可以製備在可卷曲折疊的襯底上形成柔性的太陽電池。用有機材料製備太陽電池與矽太陽電池相比具有製造面積大、廉價、簡易、柔性等優點，因此是一種頗有希望的電池。但其轉換效率還比較低，將有機太陽電池安裝到家庭屋頂上，還需解決材料的易老化問題。因為光敏的有機分子在太陽照射下遇到氧分子時，易發生老化。使用時間一久可能就不能產生電力。另外，還存在著載流子遷移率低、無序結構、高體電阻等問題，目前尚未進入實用化階段。有機太陽電池是正在進行研究的一種新型電池。

有機太陽電池有 3 種基本形式，分別為肖特基型、有機 p-n 異質結型和染料敏化型。早期的研究主要集中於肖特基型有機太陽電池。但採用單一的卟啉材料製備的肖特基型有機太陽電池的轉換效應都較低，這是由於卟啉的電阻非常高（約 10^{13} S · cm^{-1}）和相對較大的氧化電勢以及較小的分子間接觸，限制了其光電轉換效率的提高，需要製備非常薄的膜才能獲得比較好的轉換效率。肖特基型穩定性差，光通過金屬結構的效率低，因此轉換效率也低。一般常見的各種有機光電材料均可被製成肖特基型有機太陽電池。在後面的研究發現，芘紅／酞菁組成的有機 p-n 結太陽電池具有高轉換效率而引起了重視，它能夠部分克服肖特基型太陽電池的缺陷。有關這方面的研究工作轉向研究 p-n 異質結型和多層結構的有機太陽電池[17]。近來，美國研究人員開發出用並五苯高效地將太陽光轉化為電能的太陽電池。目前，這兩類電池的光電轉換率達 4.5%。

20 世紀 90 年代以前，染料敏化太陽電池的光電效率都在 0.1% 以下。這主要由於平板半導體電極的表面積相對較小，其表面上的單分子層染料的光捕獲能力較差（最大為百分之幾）。曾經也研究過在平板半導體電極上進行多層吸附增大光的捕獲效率，但在外層染料的電子轉移過程中，內層染料的電導性差起到了阻礙作用，因此降低了光電轉化量子效率。1985 年，瑞士科學家 Gratzel 首次使用高表面積半導體電極進行敏化，這個問題得到突破性的解決。目前這種電池的實驗室最高效率達到 12%。由於其光電轉換效率比較高，製備方法簡單，對原材料純度要求較低，長期累計光照測試表明，這種體系本質上是穩定的。與無機材料太陽電池相比，該電池具有化合物結構可設計性、材料重量輕、製造成本低、加工性能好、便於製造大面積太陽電池和能吸收可見光等優點。因而在發展新一代太陽電池中表現出許多獨特的優勢，成為有可能大規模商業化的一個最有希望的太陽電池之一。但因使用液態電解質而有不易封裝及潛在漏液的問題，影響其長期使用壽命；而固態電解質則可以改善上述問題，但是由於異質界面的接合不佳，使得電池的效能仍然太低。因而各國科學家從不同的角度對液體電解質染料敏化太陽電池性能的提高進行了研究。1998 年 Gratzel 等利用 OMeTAD（圖 1-21）作空穴傳輸材料，得到 0.74%的光電轉換效率，其單色光電轉換效率達到 33%，使奈米太陽電池向全固態邁進了一大步。

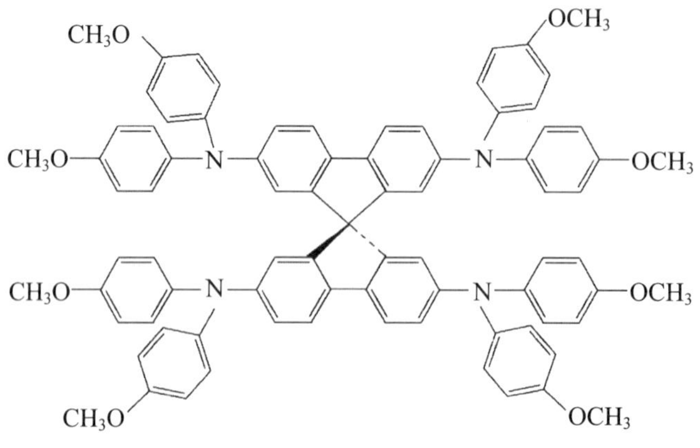

圖 1-21　OMeTAD 的結構

中國從 1994 年開始對染料敏化奈晶太陽電池進行研究。到 2003 年，由中科院等離子體物理研究所為主要承擔單位的大面積染料敏化奈晶太陽電池研究項目，在大面積電池科學研究和製作方法技術上取得突破，製備出 15cm × 20cm的電池板，在室內一個太陽光照時，光電轉換效率為 6.2%；0.5 個太陽光照時，效率達到 7.3%；組成的 40cm × 60cm實用化電池組件，室外 0.95 個太陽光照光電轉換效率達 6.41%；同時組裝站出了 0.8m × 1.8m的電池方陣。近期，在實驗室小批量實用化生產和技術研究上取得重大進展，建成 500W 規模的小型示範電站（圖 1-22），光電轉換效率達到 5%。

圖 1-22 大面積染料敏化奈米薄膜太陽電池研究建成 500W 示範電

高分子材料具有許多獨特的性質，與無機物及有機小分子相比，它加工相對容易。具有光電活性的高分子中，發現最早並研究得最充分的是聚乙烯基咔唑（PVK）。PVK側基上帶有大的電子共軛體系，可吸收紫外線，激發出的電子可以通過相鄰咔唑環形成的電荷轉移複合物使其自由遷移。為使PVK能夠對可見光產生響應，需要混入增感劑，常用的增感劑有I_2、$SbCl_3$、三硝基芴酮（TNF）、硝基二苯乙烯基苯衍生物和四氰醌（TCNQ）等。近年對於聚對苯乙烯（PPV）材料研究較多。1992 年，Sariciftci 等人[18]發現 poly[2-methoxy-5(2'-ethylhexyloxy)-1, 4-phenylene vinylene]（MEH-PPV）與 C_{60} 複合體系中存在著光誘導電子轉移現象，引起了人們的極大興趣。共軛聚合物／C_{60} 複合可使體系電荷分離的效率接近 1，兼之具有製作大面積柔性器件的特點，因此在光伏打電池領域有著非常好的應用前景。因此，共軛聚合物／ C_{60} 體系在太陽電池中的應用得到了迅速的發展。對於複合共軛聚合物／奈米晶結構的光伏器件，如聚對苯乙烯（PPV）-TiO_2 也有研究[19]。這種結構的器件因為其具有的全固態特性，易於製備，並且由於奈米晶具有的尺寸、形狀和表面可通過化學方法調節等優點而特別有吸引力。但由於聚合物及奈米晶在聚合物中分布的無序性，尤其是聚合物相的很低的電荷遷移率而使隨機或網狀連接的聚合物／奈米晶結構光伏器件的轉換效率不高。而由單個半導體奈米晶構成的「溝道」結構的光伏電池可望解決上述問題。Alivisatos[20]於 Science 期刊中發表了高分子太陽電池，是應用導電性高分子及無機奈米材料混成系統，可達 1.7%能量轉換效率，但其所用的可溶性導電性高分子材料導電性不好，而且並沒有解決有機／無機的異質界面間接合不佳的問題，因而轉換效率仍嫌不足。Sariciftci 等所發表的太陽電池能量轉換效率為 2.5%，所用材料為共軛高分子及 C_{60} 衍生物，但其光電轉換表面積未加以擴大，並且異質材料的互溶性不佳而容易造成相分離，因此能量轉換效率仍不夠好。Piok 等最近提出了利用靜電自組裝有機薄膜的方法製備聚對苯乙烯（PPV）和電子受體如 C_{60} 的多層奈米膜結構，並研究了光電流的頻率調製特性。電子受體相當於引入電荷分離中心。在他們研究的材料中，30 層的 PPV/CuPc（CuPc: Cu-phthalocyanine tetrasulfonic acid tetrasodium salt）具有最大的光電流響應[21]。有機光伏器件由於具有光吸收效率高、薄膜製造方法簡單、成本低、材料選擇豐富、性質易於調製等優點，是一種很有希望和前途的太陽電池。目前所報導的塑膠太陽電池的光電轉換效率已超過 3%[22]。

太陽電池技術上的發展還提出了一種理論上的量子井太陽電池。它是由Barnham和Duggun所提出。Barnham的研究團隊通過實驗證明，採用p-i-n的結構，利用元件本質區中的量子井，可以讓效率顯著提升。量子井太陽電池使其吸收光譜擴展至長波長段，因而改善光電流的值，因此也提升了太陽電池的轉換效率。圖 1-23 和圖 1-24 分別為量子井太陽電池結構和一般太陽電池結構的能隙。

中國自 1978 年進行光電化學能量轉換方面的研究，其進展情況可大致分為三個階段：20 世紀 70 年代後期，為尋找廉價光電化學轉換太陽能的方法和途徑，廣泛地進行了各種半導體電極／電解液體系的光電化學轉換研究；20 世紀 80 年代中期，隨著人工化學模擬光合作用研究的深入，有機光敏染料體系的光電能量轉換很快興起並得到很大發展；20 世紀 90 年代以來，由於新材料的誕生和迅速發展，新型奈米結構半導體和有機／奈米半導體複合材料成為光電化學能量轉換研究的主要對象和內容。中國對太陽電池的研究與國外還是有一定的差距（見表 1-6）。中國研究力量較強和成果較多的單位主要有：雲南師範大學、南開大學、四川大學、上海交通大學、北京市太陽能研究所、中科院廣州能源研究所、浙江大學矽

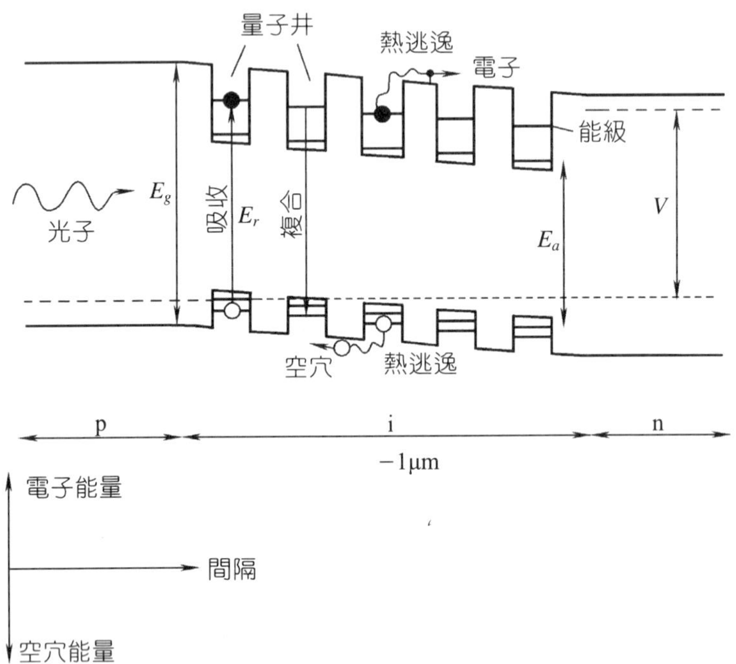

圖 1-23　量子井太陽電池結構的能隙

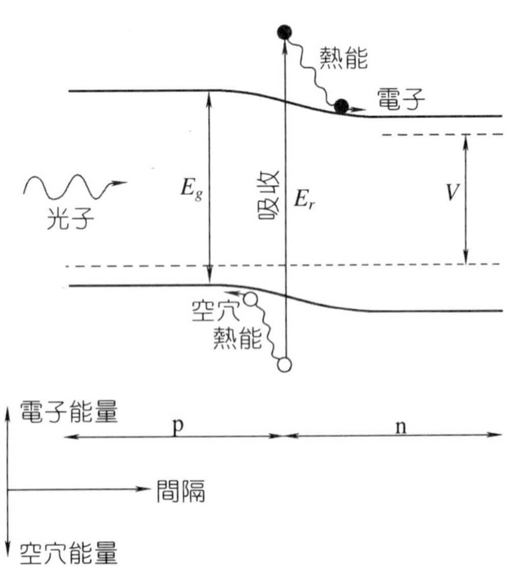

圖 1-24　一般太陽電池結構的能隙

表 1-6　幾種主要太陽電池的世界最高效率與中國最高效率的對比

太陽電池類型		世界水平		中國水平	
		最高效率／%	研究機構或生產廠	最高效率／%	研究機構或生產廠
單晶矽	研究	24.7	澳大利亞新南威爾大學	20.3（鈍化發射區）	天津能源研究所
	生產	20.1（α-Si/C-Si 結構）	日本 sanyo	14.5	雲南半導體器件廠
多晶矽	研究	19.8	澳大利亞新南威爾大學	14.53	北京市太陽能研究所（2000 年）
	生產	16.8	德國 Fraunnofer	13.5	無錫尚德太陽能電力有限公司
多晶矽薄膜	研究	16.6（VEST 結構）	日本三菱重工	14.08	北京太陽能研究所／北京師範大學
	生產	8.5	澳大利亞 Palie Solar 公司	—	—
非晶矽	研究	21.0 (α-Si/Poly-Si/α-Si)	日本 Sunyo	11.4（雙結）9.53（單結）	南開大學
	生產	13(α-Si/Poly-Si/α-Si)	日本 Sunyo	5.6	哈爾濱克羅拉太陽能電力公司
CIS	研究	18.8	美國 NREL	9.13	南開大學光電研究所
	生產	13	德國 ZSW	—	—
CdS/CdTe	研究	16.0(1cm^2)	日本 PV R&D Center	12.93	四川大學
	生產	10.6	BP Solar	—	—
GaAs	研究	29.0（三結疊層，AM0，2cm×2cm）	美國 NREL21	23.17	中國科學院半導體材料研究所
	生產	24.2（三結疊層，AM0）	美國 Spectrlab	22	天津十八所

材料國家重點實驗室、華中科技大學、哈爾濱克羅拉太陽能電力公司、西安交通大學、內蒙古大學、中國科學技術大學、東南大學、雲南半導體器件廠。

1.4.2 太陽電池市場的狀況及趨勢

1998 年以前，單晶矽電池占世界光伏生產的主導地位，其次是多晶矽電池。從 1998 年起，多晶矽電池開始超過單晶矽躍居第一。非晶矽從 20 世紀 80 年代初開始商業化生產，由於效率低和光衰減問題，市場份額增加不快。CdTe 電池從 20 世紀 80 年代中期開始商業化生產，市場份額增加緩慢，除了技術因素外，人們對 Cd 毒性的疑慮也是原因之一；CIS 電池的產業化進程比較緩慢，原因是生產過程中化學劑量比難以控制，大面積均勻性和重複性較差。最引人注目是日本 Sanyo 公司開發的 HIT 電池（非晶矽／n-單晶矽），商業化生產僅兩三年，2001 年就達到 18MW，發展迅速。表 1-7 為 2001 年各種不同電池技術的市場份額和開始商業化的大致時間，可以從中看出不同技術在近期的商業化發展趨勢。

太陽能光伏工業主要是指太陽電池及組件的製造和生產。1973 年，美國制定了政府級陽光發電計劃；1980 年又正式將光伏發電列入公共電力規劃，累計投資達 8 億多美元；1994 年度的財政預算中，光伏發電的預算達 7800 多萬美元，比 1993 年增加了 23.4%；1997 年，美國和歐洲相繼宣布「百萬屋頂光伏計劃」，美國計劃到 2010 年安裝 1000～3000MW 太陽電池。日本不甘落後，1997 年補貼「屋頂光伏計劃」的經費高達 9200 萬美元，安裝目標是 7600MW。印度曾計劃 1998～2002 年太陽電池總產量為 150MW，其中 2002 年

表 1-7 2001年各種電池技術的市場份額和開始商業化時間

電池技術	市場份額／%	商業化時間
單晶矽	35.12	20世紀70年代初（地面應用）
多晶矽	35.12	20世紀70年代末
非晶矽	8.62	20世紀80年代初
HIT電池（非晶矽／n-單晶矽）	4.61	20世紀90年代末
帶矽	4.61	20世紀80年代中
薄矽／陶瓷	4.61	20世紀90年代末
CdTe	0.39	20世紀80年代中
CIS	0.18	21世紀初

為 50MW。歐洲、日本和美國的光伏發展計劃都很宏偉，與中國的發展預測對比見表 1-8。專家預測，到 2010 年，全世界累計安裝光伏總量將達到 14～15GW，太陽電池的發電成本將降至 6 美分／度以下，到 2030 年，光伏發電將占世界發電總量的 50%。所以，大力發展太陽電池產業是一件有利降低環境污染並造福人類的偉大事業，太陽電池也必將成為人類未來能源的希望之星。

表 1-8 當前和未來太陽電池的累計安裝量

安裝量／GW	2004年	2010年	2020年	2030年
日本	1.2	4.8	30	205
歐洲	1.2	3.0	41	200
美國	0.9	2.1	36	200
中國	0.065	0.5	10	
世界總量	3.99	12	125	920

太陽能光伏發電產業是 20 世紀 80 年代以後世界上增長最快的高新技術產業之一。在過去 20 年內，世界光伏工業平均年增長率約 15%，20 世紀 90 年代後期發展更加迅速（見表 1-9），最近 10 年的平均年增長率為 22%（從 1991 年的 55.3MW 增加到 2001 年的 396.14MW），最近 5 年的年平均增長率為 35%（從 1996 年的 88.6MW 增加到 2001 年的 396.14MW），2002 年達到 540MW。20 年來，光伏組件成本下降了兩個數量級，2001 年世界光伏組件成本已經下降到 2.4 美元／瓦（峰值）。預計 2010～2015 年，光伏組件成本可以下降到 1 美元／瓦（峰值）。生產自動化程度不斷提高，產業向 50～100MW 規模發展，大企業集團參與並占主導地位，2001 年，世界前 10 名廠商生產量占世界總產量的 86%。由此可以看出光伏工業的快速發展趨勢。太陽能光伏發電要能夠達到目前常規能源的價格水平還要做很大的努力，當前的成本對比見表 1-10[24, 25]。

表 1-9　世界太陽電池生產量

產量／MW	1990 年	1991 年	1992 年	1993 年	1994 年	1995 年	1996 年	1997 年	1998 年	1999 年	2000 年	2001 年
美國	14.8	17.1	18.1	22.44	25.64	34.75	38.85	51.0	53.7	60.8	75.0	105.14
日本	16.8	19.8	18.8	16.70	16.50	17.40	21.20	35.0	49.0	80.0	128.6	171.22
歐洲	10.2	13.4	16.4	16.55	21.70	21.10	18.80	30.4	31.8	40.0	60.7	88.22
其他	4.7	5.0	4.6	4.40	5.6	6.35	9.75	9.4	18.76	20.5	23.4	31.56
總量	46.5	55.3	57.9	60.99	69.44	79.60	88.60	125.8	153.2	201.3	287.7	396.14

表 1-10　能源價格對比

電力形式	煤	天然氣	石油	風能	核能	太陽能
成本／[¥/(kW · h)]	1～4	2.3～5	6～8	5～7	6～7	25～50

中國於 1958 年開始太陽電池的研究，1959 年研製成功第 1 個有實用價值的太陽電池，1971 年成功地首次應用於中國發射的第二顆衛星上，1973 年開始地面應用。1979 年開始用半導體工業的次品矽生產單晶矽太陽電池，使太陽電池成本明顯下降，打開了地面應用的市場。在 1973～1987 年短短的幾年內，先後從美國、加拿大等國引進了七條太陽電池生產線，使中國太陽電池的生產能力從 1984 年以前的 200kW 躍到 1988 年的 4.5MW。近 20 年來，中國光伏產業長期維持在全球市場 1%左右的份額。2003 年，2004 年中國太陽電池組件的生產量有了大幅度增長，2003 年達 1.2 萬千瓦，約占世界份額的 2.2%，2004 年達 3.5 萬千瓦，約占 3%。表 1-11 為世界各類太陽電池生產量。

表 1-11　世界各類太陽電池生產量

產量／MW	1990 年	1991 年	1992 年	1993 年	1994 年	1995 年	1996 年	1997 年	1998 年	1999 年	2000 年	2001 年
單晶矽	16.4	19.7	21.5	28.65	36.1	46.70	47.35	61.9	59.8	73.0	89.7	136.78
多晶矽	15.3	20.9	20.2	17.60	20.50	20.05	24.00	43.0	67.0	88.4	140.6	184.85
非晶矽	14.1	13.7	14.8	12.60	10.83	9.15	11.70	15	19.0	23.9	26.97	33.68
CdTe	0.6	0.8	1.0	1.0	1.0	1.3	1.6	1.2	1.2	1.2	1.2	1.53
CuIn-Se_2	0	0	0	0	0	0	0	0	0	0	0	0.7
其他	0.08	0.24	0.4	0.24	1.01	2.4	3.95	4.7	6.2	14.8	29.2	38.6
總產量	46.48	55.34	57.9	60.09	69.44	79.60	88.60	125.8	153.2	201.3	287.7	396.14

★ 參考文獻

1. 羅運俊，何梓年，王長貴編著。太陽能利用技術。北京：化學工業出版社，2005
2. 王君一，徐任學等編著。農村太陽能實用技術。北京：金盾出版社，1993
3. 邵家驤，馬沅浚，袁旭東編著。實用太陽能熱水器。上海：上海科學技術出版社，1983
4. 李申生編。太陽能。北京：人民教育出版社，1988
5. Gregg B A, Excitonic Solar Cells. J. Phys. Chem. B, 2003, 107 (20): 4688
6. 〔日〕桑野幸德著。太陽電池及其應用.鐘伯強，馬英仁譯。北京：科學出版社，1990
7. 方榮生，項立成，李亭寒等編。太陽能應用技術。北京，中國農業機械出版社，1985
8. 鄭守琛，余杰編著。太陽能電源。北京：人民郵電出版社，1990
9. 〔美〕漢斯・S、勞申巴赫著。太陽電池陣設計手冊。張金熹，廖春發，傅德棣等譯。北京：宇航出版社，1987
10. 〔澳〕馬丁・格林著。太陽電池工作原理、工藝和系統的應用。李秀文，謝鴻禮，趙海濱等譯。北京：電子工業出版社，1987
11. 姜月順，李鐵津等編。光化學。北京：化學工業出版社，2004
12. 日本太陽能學會編，劉鑒民，李安定等譯。太陽能的基礎和應用。上海：上海科學技術出版社，1982
13. Smestad G P, Gratzel M。一項展示電子轉移和奈米科學的技術——

天然染料敏化奈晶薄膜太陽能電池。物理，1999, 28 (4): 231

14. 趙玉文。太陽電池新進展。物理，2004, 33 (2): 99

15. Goetzberger A, Hebling C, Schock H-W. Photovoltaic materials, history, status and outlook. Materials Science and Engineering R, 2003, (40): 1

16. 劉顯杰，王世敏。有機染料敏化 TiO_2 奈米晶多孔膜液體太陽能電池研究進展。材料導報，2004, 18 (10): 18

17. 林鵬，張志峰，熊德平等。有機太陽能電池研究進展。光電子技術，2004, 24 (1): 55

18. Sariciftci N S, Smilowitz L, Heeger A J, et al. Photoinduced electron transfer from a conducting polymer to Buckminsterfullerene. Science, 1992, 258: 1474

19. Salafsky J S. Exciton dissociation, charge transport, and recombination in ultrathin, conjugated polymer-TiO_2 nanocrystal intermixed composites. Phys. Rev. B, 1999, 59: 10885～10894

20. Huynh W U, Dittmer J J, Alivisatos A P. Science, 2002, 295: 2425

21. Piok T, Miller M B, et al. Synthetic Metals, 2001, 116: 343～347

22. Holger S, Frederik C K. A brief history of the development of organic and polymeric photovoltaics. Solar Energy Materials & Solar Cells, 2004, (83): 125

23. 敖建平，孫國忠。我國太陽電池研究和產業現狀分析。太陽能，2003, (2): 9

24. 王淳，王長貴。世界太陽電池產量。太陽能，2001, (2): 24

25. 王斯成。世界最新光伏動態。第 31 屆 IEEE 光伏專家會議和超大規模光伏專題會議，2005

Chapter 2

半導體基本知識

Basic Concepts Of Semi Conductor

2.1 半導體的定義及分類[1~2]

自然界中的固體材料按照它們導電能力的強弱可分為三類：①導電能力強的物體叫導體，如銀、銅、鋁等，其電阻率在 10^{-8}～10^{-6}Ω · cm 的範圍內；②導電能力弱或基本上不導電的物體叫絕緣體，如橡膠、塑膠等，其電阻率在 10^{8}～10^{20} Ω · cm的範圍內；③導電能力介於導體和絕緣體之間的物體，就叫做半導體，其電阻率為 10^{-5}～10^{7}Ω · cm。

人類對半導體材料的認識，是從 18 世紀電現象被發現後開始的。許多年來，人們已經對很多半導體進行了研究。半導體的主要特徵，不僅僅在於其電阻率在數值上與導體和絕緣體不同，而且還在於它的導電性上具有如下兩個顯著的特點：①電阻率的變化受雜質含量的影響極大。例如，矽中只要摻入百萬分之一的硼，電阻率就會從 2.14×10^{3}Ω · m減小到 0.004Ω · m左右。如果所含雜質的類型不同，導電類型也不同。②電阻率受光和熱等外界條件的影響很大。溫度升高或光照射時，均可使電阻率迅速下降。例如，鍺的溫度從 200℃升高到 300℃，電阻率就要降低一半左右。一些特殊的半導體，在電場和磁場的作用下，電阻率也會發生變化。表 2-1 顯示周期表中與半導體有關的部分。由一種原子組成的元素半導體，如矽、鍺等，位於周期表的第Ⅳ族。而大量的化合物半導體則是由兩種或兩種以上元素構成的。例如，砷化鎵（GaAs）是Ⅲ-Ⅴ族化合物。表 2-2 列出了一些元素半導體與化合物半導體。

表 2-1 周期表中與半導體有關的部分

周期	II 族	III 族	IV 族	V 族	VI族
2		B	C	N	
3	Mg	Al	Si	P	S
4	Zn	Ga	Ge	As	Se
5	Cd	In	Sn	Sb	Te
6	Hg		Pb		

表 2-2 元素半導體與化合物半導體

元素	IV-IV族	III-IV族	II-VI族	IV-VI族
Si	SiC	AlAs	CdS	PbS
Ge		AlSb	CdSe	PbTe
		BN	CdTe	
		GaAs	ZnS	
		GaP	ZnSe	
		GaSb	ZnTe	
		InAs		
		InP		
		InSb		

半導體材料的種類很多，可以從不同角度加以分類。如按其功能及應用，可分為微電子材料、光電半導體材料、熱電半導體材料、微波半導體材料、敏感半導體材料等；按其是否有雜質，可分為本質半導體和雜質半導體；按其導電類型，可分為n型半導體和p 型半導體。在本章主要按其化學成分，分為元素半導體、化合物半導體、有機半導體等。

★ 2.1.1 無機半導體晶體材料

無機半導體晶體材料包含元素半導體、化合物半導體及固溶體半導體。

⑴元素半導體晶體

周期表中有 12 種元素（Si、Ge、Se、Te、As、Sb、Sn、B、C、P、I、S）具有半導體性質，但其中 S、P、As、Sb 和 I不穩定，易發揮；Sn只有在某種固相下才具有半導體特性；B、C 的熔點太高，不易製成單晶；Te 十分稀少。這樣,具有實際用途的只有Si、Ge及Se。Si由於其性能的優越性，一直是半導體工作的主導材料。其主要原因是：含量極其豐富（占地殼的 27%）；提純與結晶方便；禁帶寬度 1.12eV（1eV $\approx 1.602 \times 10^{-19}$ J）；用它所做成的器件工作溫度高，其中 SiO_2 膜的純化和掩膜作用使器件的穩定性與可靠性大為提高，便於實現大規模自動化的工業生產和集成化。

⑵化合物半導體及固溶體半導體

化合物半導體及固溶體半導體數量最多，據統計，可能有 4000 多種。大體可作如下分類。

①Ⅲ-Ⅴ族化合物半導體。即 Al、Ga、In 與 P、As、Sb 組成的 9 種化合物半導體。如 AlP、AlAs、GaAs、GaSb、InP、InAs、InSb 等。

②Ⅱ-Ⅵ族化合物半導體。即 Zn、Cd、Hg 與 S、Se、Te 組成的 12 種化合物。如 CdS、CdTe、CdSe 等。

③Ⅳ-Ⅳ族化合物半導體。即由Ⅳ族元素之間組成的化合物，

如 SiC 等。

④Ⅳ-Ⅵ族化合物半導體。如 GeS、SnTe、GeSe、PbS、PbTe 等 9 種。

⑤Ⅴ-Ⅵ族化合物半導體。如 $AsSe_3$、$AsTe_3$、AsS_3、SbS_3 等。

⑥ 金屬氧化物半導體。主要有 CuO_2、ZnO、SnO_2 等。

⑦過渡金屬氧化物半導體。有 TiO_2、V_2O_5、Cr_2O_3、Mn_2O_3、FeO、CoO、NiO 等。

⑧尖晶石型化合物（磁性半導體）。主要有 $CdCr_2S_4$、$CdCr_2Se_4$、$HgCr_2S_4$、$CuCr_2S_3Cl$、$HgCr_2Se_4$。

⑨稀土氧、硫、硒、碲化合物。主要有 EuO、EuS、EuSe、EuTe。

★ 2.1.2 非晶態半導體

非晶態半導體有非晶 Si、非晶 Ge、非晶 Te 和非晶 Se 等元素半導體，以及 GeTe、AS_2Te_3、Se_4Te、Se_2AS_3、As_2SeTe 等非晶化合物半導體。

★ 2.1.3 有機半導體

有機半導體通常分為有機分子晶體、有機分子配合物和高分子聚合物。

有機半導體最早研究的是酞菁類及一些多環、稠環化合物，後來又製得聚乙炔（Polyacetylene）和環化脫聚丙烯腈（Cyclized depolyacrylnitride）等導電高分子聚合物，它們都具有大 π 鍵結構。一些有機半導體有良好的性能，如聚乙烯咔唑（Polyethyl Carbazole）衍生物有良好的光電導特性，光照後電導率可改變兩個數量級。C_{60}的發現是近年的重大發現之一，其本身具有較好的導電性，另外與其他高分子聚合物共軛可得到更好的光電導特性。

2.2 半導體的電子狀態

★ 2.2.1 能帶理論[4]

對於在氣態原子等自由運動的原子場合下，電子能量可以採取能確切定義的各種能級的能量狀態。在氣態時，一個孤立的原子其電子只能有分立的能級。例如孤立氫原子的能級由波爾（Bohr model）模型給出：

$$E_{\mathrm{H}} = \frac{-m_0 q^4}{8\varepsilon_0^2 h^2 n^2} = \frac{-13.6}{n^2}\mathrm{eV}$$

式中 m_0——自由電子質量；

q——電子電荷；

ε_0——真空介電常數；

h——普朗克常量；

n——主量子數（取正整數）。

因此，基態（$n=1$）的能量為-13.6eV，第一激發態（$n=2$）的能量為-3.4eV等。而金屬、半導體和電介質晶體中情形與此不同，主要是由於原子凝聚成為固體（並不只限於晶體）時，由於原子間的相互作用，相應於孤立原子的每個加寬成由間隔極小（準連續）的分立能級所組成的能帶，能帶之間隔著寬的禁帶。現在考慮兩個相同原子的情況，當這兩個原子離得很遠時，對設定的主量子數（例如$n=1$），可允許的能級由一個二重簡並能級組成，即每個原子有完全相同的能量。當這兩個原子彼此靠近時，由於原子之間的相互作用，二重簡並的能級分裂為兩個能級。當N個原子組成晶體時，由於原子間的相互作用，N重簡並能級分裂成為N個彼此分離而又挨得很近的能級。實際上形成了一個準連續的能帶（圖 2-1）。

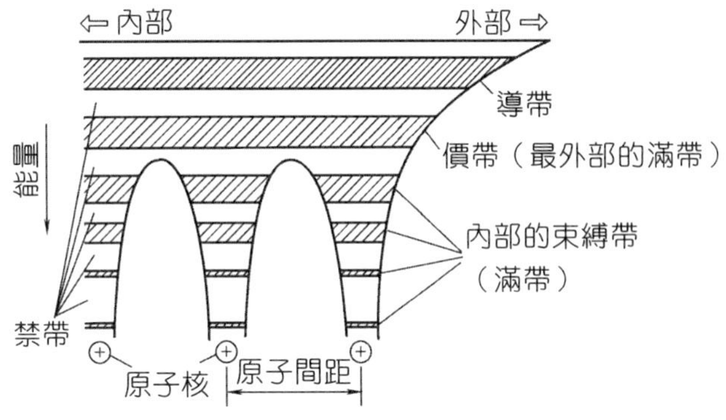

圖 2-1　晶體內電子的能帶

雖然各個能級都分裂成能帶，但由於電子相互作用的情況不同，所以能級分裂的情況也不同，所形成的能帶寬窄也不一樣。內殼層的電子原來處於低能級，電子殼層交疊少，相互作用也少，分裂成的能帶比較窄；外殼層的電子原來處於高能級，特別是價電子，相互作用比較顯著，由能級分裂成的能帶很寬。但對於確定晶體的指定的能帶，其寬窄是一定的，它是由晶體性質確定的，與晶體大小（即晶體包含的原子數N）無關，N增大，能帶中能級數的增加只能增加能帶中能級的密集程度，不改變能帶寬度。由於填充實際晶體中N是很大的數（一般晶體內的原子密度為10^{22}～10^{23} cm^{-3}），能帶能級已很密集，可近似認為它們是連續的。

半導體中電子填充能帶遵守兩條原理。一是鮑利（Pauli）不相容原理，即不可能有兩個電子處於完全相同的量子態。二是能量最小原理，即正常狀態的電子將處於能量最小的狀態。所以，半導體中的電子只能由低到高依次填充各能帶的能級。由價電子填充的能帶稱為價帶。又由於在沒有熱激發時，這個帶的所有狀態都被價電子所充滿，所以又把這種價帶叫做滿帶。滿帶中的電子對於導電是沒有貢獻的。價帶以上的能帶基本上是空的，其中最低的一個空帶常稱為導帶。通過熱激發，被激發到導帶中的電子可以對電導起貢獻。導帶底與價帶頂之間的能量間隔稱為禁帶寬度，常用E_g來標記。E_g是半導體物理中最重要的參數（表 2-3）。實際上，電子電導率本身尚不是半導體材料本性（Intrinsic 本質，內在）的充分標誌。半導體的基本特性及其電學、光學以及電化學性質，歸根到底都是由其禁帶的存在所決定的。

表 2-3　半導體的光學性質

半導體	禁帶寬度 E_g(300K)/eV	光激發時的躍遷類型	折射率 n	靜態介電常數 δ_{1C}
Si	1.11	間接	3.44	11.7
Ge	0.67	間接	4.00	16.3
α-SiC	2.8～3.2	間接	2.69	10.2
Se	1.74	直接	5.56	8.5
GaP	2.25	間接	3.37	10
GaAs	1.43	直接	3.4	12
GaSb	0.69	直接	3.9	15
InP	1.28	直接	3.37	12.1

半導體	禁帶寬度 E_g(300K)/eV	光激發時的躍遷類型	折射率 n	靜態介電常數 δ_{1C}
InAs	0.36	直接	3.42	12.5
InSb	0.17	直接	3.75	18
ZnO	3.2	直接	2.2	7.9
α-ZnS	3.8	直接	2.4	8.3
ZnSe	2.58	直接	2.89	8.1
ZnTe	2.28	直接	3.56	8.7
CdS	2.43	直接	2.5	8.9
CdSe	1.74	直接		10.6
CdTe	1.50	直接	2.75	10.9

一般情況下，價帶以下的能帶都填滿電子。在一般的外界作用下，這些能帶中的電子狀態不可能發生改變。在討論半導體問題時，通常只畫出半導體的簡化能帶圖，如圖 2-2 所示。

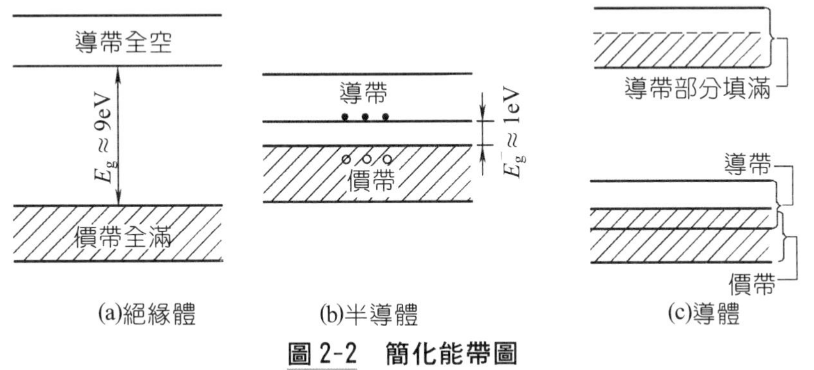

圖 2-2　簡化能帶圖

在金屬中，各個原子有 1 個或 1 個以上的電子進入導帶。這些進入導帶的自由電子與原先的原子核只有鬆散的聯繫，並不結合在一起，因此能夠在晶格中自由地來回運動。導帶中自由電子的數目及其移動的難易程度（遷移率）決定了該物質的電導率。對絕緣體，導帶中不存在電子。同金屬具有良好的電導率和熱導率相反，半導體在低溫下幾乎全部電子處於價帶，成為幾乎跟絕緣體同樣的狀態。但是，溫度一升高或由加熱供給能量，構成晶格的原子間的化學結合力逐漸消失，某些電子就從價帶上升進入導帶。半導體的禁帶能隙比絕緣體的窄得多，因而半導體易於發生這種情況。而且，價帶中電子取出後留下的空穴能夠像帶有正電荷的粒子那樣動作，可以在價帶內移動。由於在價帶中有空穴，導帶中有電子，半導體物質的電導率介於金屬與絕緣體之間。為了把價帶的電子送上導帶，不僅有用加熱的手段，而且還有用光激發、電子束激發等各種各樣的方法。禁帶寬度（通常用 eV 作單位）決定了輸送電子的最小能量。導帶中的導電電子在加上電場時就被加速並導電。

上面提到了半導體中的電子也不能任意填充，必須滿足兩個原則。因此，具有某個能量的電子的密度，由電子所能取得能態的密度和電子所能存在的概率的積來表示。電子所占據的能態的密度 N 與能態 E 的關係並不是線性的，而是能量增大，密度呈緩慢上升的拋物線形的分布關係（圖 2-3）。能量小的電子相對地有較大的密度分布。

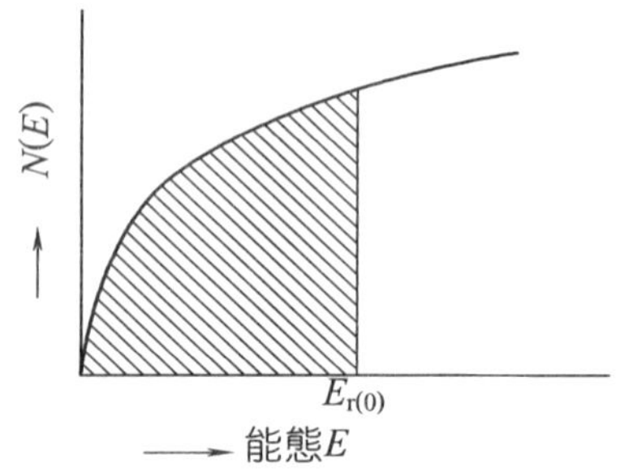

圖 2-3　電子具有的能態 E 與該能態的電子密度 N（E）的關係

對於絕大多數情況，在允許能級上的電子分佈可用費米函數（Fermi function）來描述[5]。應用費米—狄拉克（Fermi-Dirac）（圖2-4）統計理論，E能態被一個電子所占據的概率$f(E)$由下式給出：

$$f(E)=\frac{1}{\text{epx}[(E-E_{\text{f}})/kT]+1}$$

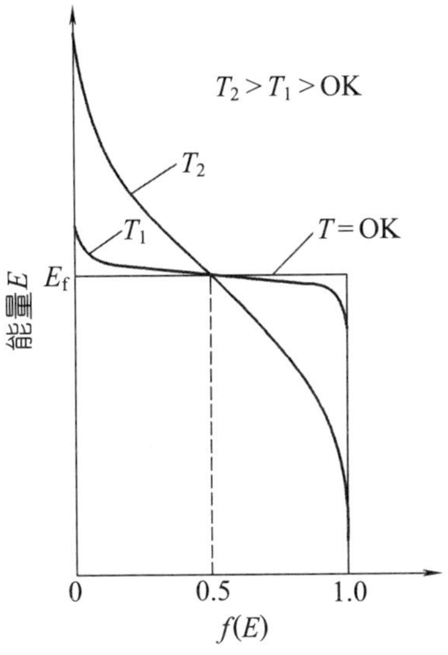

圖 2-4　費米—狄拉克分佈函數

式中，$f(E)$為費米函數；E是允許能態的能量；E_{f}是費米能級；k是波耳茲曼常數；而T表示絕對溫度。室溫下，kT的乘積大約等於0.025eV。當能態被充滿的概率正好為1/2時具有的能量定義為費米能量或費米能級。另一種說法是指在0K（絕對溫度零度）時，電子所具有的最高能態。費米能級最重要的特性是在熱力平衡條件下，整個系統只能有一個費米能級。若系統是由兩種材料組成的，則通過兩種材料的接觸面，費米能級總是連續的。

接近於絕對零度時，能量低於 E_f，$f(E)$ 基本上是 1，能量高於 E_f，$f(E)$ 為零。隨著溫度的升高，分佈漸漸不那麼集中，能量高於 E_f 的能態具有一定的占有率，能量低於 E_f 的能態具有一定的空位率。

在半導體中，價帶中的電子受光子激發躍遷到導帶，在價帶中產生一個空穴，同時光子湮沒的過程，是光電池中的一種重要的光吸收過程，稱為半導體中的本質（內在）（Intrinsic）吸收[6]。要發生本質吸收，光子的能量必須等於或大於半導體材料的禁帶寬度 E_g，因而對每一種半導體材料，均有一個本質（內在）吸收的長波限：

$$\lambda_0 = \frac{1.24}{E_g} \mu\text{m}$$

式中，E_g 取 eV 為單位。在這個躍遷過程中，能量和動量必須守恆。由於半導體能帶結構不同，所以表現出有兩種不同形式的本質吸收—直接躍遷和間接躍遷。對應於這兩種躍遷的半導體材料，分別稱為直接帶隙半導體和間接帶隙半導體。

圖 2-5 為直接帶隙半導體的能帶示意圖，其導帶和價帶的極值對應於相同的波矢 k，因為一般半導體所吸收的光子的動量遠小於能帶中電子的準動量 hk，所以在躍遷過程中，電子的準動量基本上是守恆的，即躍遷前後電子的波矢 k 保持不變。由於能量守恆，末態和初態電子的能量差等於被吸收的光子能量，即

$$E_f - E_i = hv$$

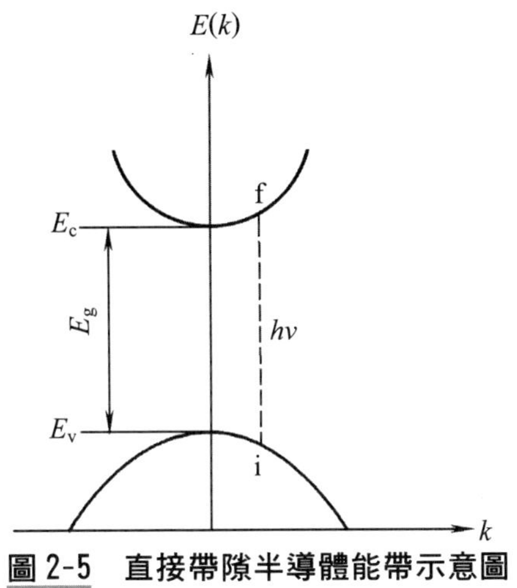

圖 2-5　直接帶隙半導體能帶示意圖

理論分析可得直接躍遷的吸收係數與光子能量的關係為：

$$\alpha(h\nu) \approx A(h\nu - E_g)^{1/7} \quad h\nu > E_g$$
$$\alpha = 0 \quad h\nu \le E_g$$

式中，A 基本為一常數。

圖 2-6 為間接帶隙半導體的能帶示意圖，它們的導帶和價帶的極值並不對應於相同的波矢，例如Ge、Si一類半導體。價帶頂位於 k 空間原點，導帶底則不在 k 空間原點。這種半導體中的電子在吸收光子發生躍遷時，還伴隨有聲子的吸收或發射。當價帶中波矢為 k 的電子吸收光子後躍遷到導帶中波矢為 k' 的能態時，還將吸收或發射一個準動量為 hk'-hk 的聲子，躍遷前後電子的能量差 E 滿足關係下式：

$$h\nu = \Delta E \pm E_P$$

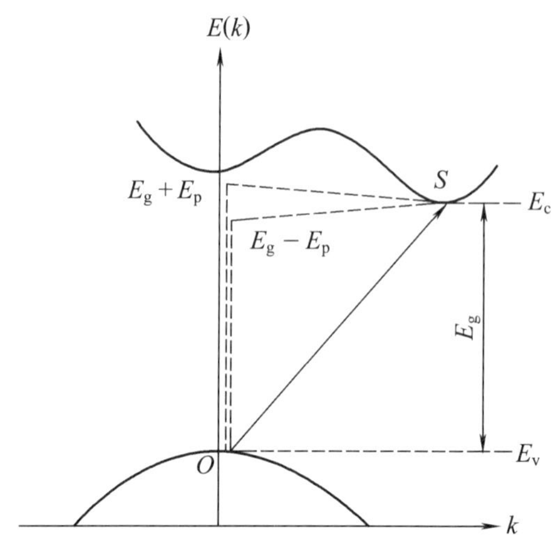

圖 2-6　間接帶隙半導體能帶示意圖

式中，E_p 為具有上述準動量的一個聲子的能量；「＋」號表示發射聲子；「－」號表示吸收聲子。使電子由價帶躍遷到導帶的光子能量的最小值為：

$$h\nu = E_g - E_p$$

這表示電子除吸收能量為 $h\nu$ 的光子外，還需吸收一個能量為 E_p 的聲子，才能由價帶頂躍遷到導帶底。

因為間接帶隙半導體中的光吸收過程要有聲子參與，所以間接帶隙半導體光吸收的概率比直接帶隙半導體的要小得多，即它的吸收係數比較小，入射光穿透入半導體傳播較大的距離後才被吸收。

理論分析可得，當 $h\nu > E_g + E_p$ 時，均可發生吸收聲子和發射聲子的躍遷，吸收係數為：

$$\alpha(h\nu)=A\left[\frac{(h\nu-E_g+E_p)^2}{e^{E_p/kT}-1}+\frac{(h\nu-E_g-E_p)^2}{1-e^{-E_p/kT}}\right]$$

當 $E_g-E_p<h\nu<E_g+E_p$ 時，只能發生吸收聲子的躍遷，α 為：

$$\alpha(h\nu)=\frac{A(h\nu-E_g+E_p)^2}{e^{E_p/kT-1}}$$

當 $h\nu<E_g-E_p$ 時，躍遷不能發生，$\alpha=0$。

用間接帶隙半導體材料製作光電池時，由於吸收係數比較小，因而要有效地吸收入射光，材料的厚度要比較厚。這樣，材料中少數載流子的壽命和擴散長度要比較長才能使光生載流子在到達結區前不會被複合。要能有效地吸收太陽光譜的輻射，典型厚度為20～50 μm，而對直接帶隙半導體材料來說，只要 1～3μm 的厚度就能充分吸收入射的光。

★ 2.2.2 本質半導體、n 型半導體、p 型半導體[5]

室溫下的半導體在價帶的某些電子仍有足夠的熱能或接受足夠的光能，從而跳過狹窄的禁帶進入空的導帶。溫度越高或光強越大，受激通過禁帶的電子數就越多（參照費米函數）。然後這些被提高能量的電子便能自由地從外加電場接受電能穿過晶體。另外，價帶里留下的「空穴」本身也變成載流子。空穴附近的電子可躍入填充它，而這個電子原來占據的位置又成為新的空穴，它再被鄰近的電子充滿。因此，此時的電流實際上是由電子接力式的運動所形成，但把它想象成帶正電的空穴朝著反方向流動，兩者完全是等效的。所以導電是由電子和空穴共同完成的。當電流的傳導僅是由價帶激發到導帶的電子引起時，該材料就叫做本質半導體。

完美晶體的任何破壞將擾亂系統的周期性，這樣就可在允許能帶內和它們之間產生附加能級。晶體中的缺陷通常有四個來源：①外來原子引入晶格點；②晶格點空缺和填隙原子；③晶體的外錯（或晶粒邊界）；④晶體的表面。

在半導體晶體中，加入少量雜質叫做摻雜（doping）。摻雜後就能選擇材料中傳導的主要型式（是電子還是空穴），而且使禁帶寬度從根本上再變窄。若在半導體中摻入淺能級雜質（雜質能級僅次於半導體的禁帶，且靠近導帶底或價帶頂），例如在Si的晶體襯底上加進一點P，由於P的原子半徑與格點的Si的原子半徑相近，它將占據晶格格點，與周圍的半導體元素形成共價鍵。由於P的價電子數比Si多一個，出現了束縛的電子，這個多餘的電子只需要很少一點能量（即雜質的電離能）就可以擺脫束縛成為在晶體中共有的自由電子，也就是成為導帶中的電子。同樣，若在Si中摻入Ⅲ族元素，它們也將占據晶格格點。由於它們的價電子比Si少一個而形成空位，這樣，其他共價鍵上的電子很容易獲得能量躍遷到該空位，即價帶的電子獲得能量躍遷到雜質能級上，在價帶產生一個空穴。向導帶提供電子的雜質稱為施主（輸出）（donor）雜質，向價帶提供空穴的雜質稱為受主（接受）（Acceptor）雜質。該過程稱為雜質電離。一般雜質的電離能只有零點零幾個eV。在室溫下，施主上的電子或受主上的空穴幾乎都可能成為導帶中的電子或價帶中的空穴，施主或受主處於全電離狀態。這時，摻入施主的半導體的導帶電子數主要由施主數決定，半導體導電的載流子主要是電子，對應的半導體稱為n型半導體。同樣，摻入受主的半導體的價帶空穴數由受主數決定，半導體導電的載流子主要是空穴，對應的半導體稱為 p 型半導體。若同時在半導體中摻受主和施主，則會出現補償作用，其載流子決定於數量多的雜質。例如，若施主的濃度大於受主，施主首先向受主提供電子，使其電離，然後再向導帶提供自由電子，導帶的電子數決定於施主數與受主數之差。半導體內的電流可以看成是導帶中的電子和價帶中的空穴運動的總和。

施主能級的位置在禁帶中接近導帶。雖然施主在絕對零度下全部是電中性的，但溫度上升時，一部分電子獲得熱能而上升到導帶中，剩下的是離化的原子。因為離化能 ΔE 比禁帶寬度 E_g 小得多，所以，與將價帶電子激發到導帶相比，在還要低很多的溫度下，施主能級的電子就躍遷到導帶上。與施主的情形相反，對於 p 型半導體的受主情況，Ⅳ族晶體的價帶的電子被Ⅲ族元素的能級所捕獲，價帶中電子數不足。也就是說，圖 2-7(c)的受主能級處在很靠近價帶的上面位置上，晶體的價帶電子容易激發到這個能級上，並在價帶中留下空穴。p 型半導體中空穴就是主要電荷的載流子。

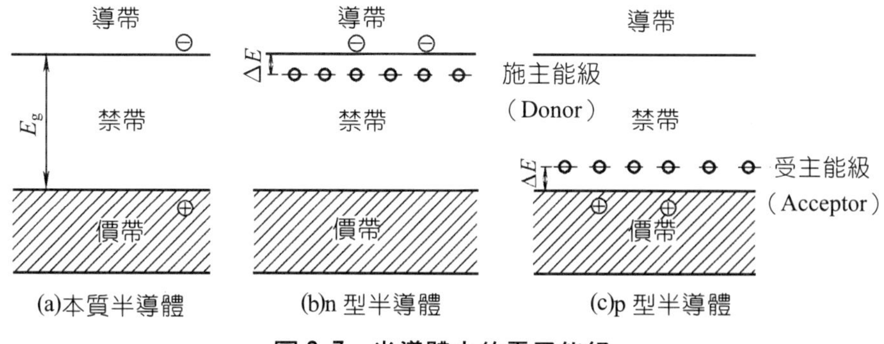

圖 2-7　半導體中的電子能級

本質半導體中，費米能級正好等於禁帶的一半（$E_f = E_g/2$），傳導電子和空穴具有同樣的數目。非本質半導體中費米能級隨雜質不同或移向受主能級，或移向施主能級。費米能級的準確位置取決於摻雜級（雜質原子數 · cm^{-3}）和絕對溫度。這一關係定性地表示於圖 2-8 中。隨著半導體材料摻雜的加重，費米能級 E_f 離開帶隙中央，而接近導帶（n 型材料）或價帶（p 型材料）。隨著溫度的增加，更多的雜質晶格點被利用，結果，因熱激發而使穿過禁帶的電子數較摻雜級所帶來的大，費米能級接近本質能級 $E_g/2$。增加溫度對 p-n 結太陽電池所起的作用是使兩邊的費米能級接近，從而導致輸出電壓和效率的降低。

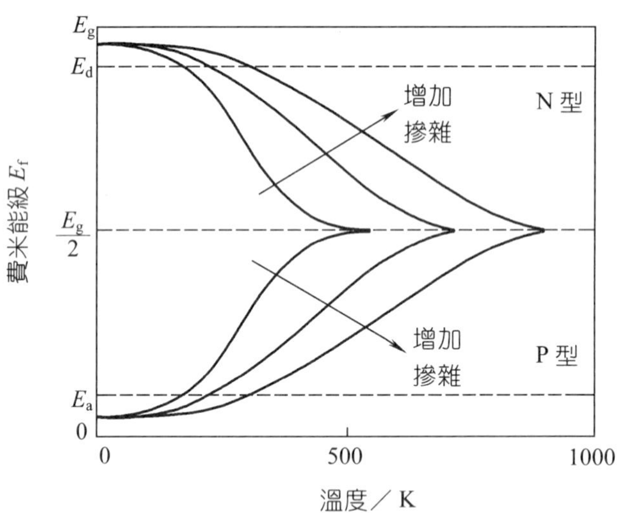

圖 2-8　費米能級與溫度和摻雜級的定性關係

★ 2.2.3 熱平衡載流子（Thermal Balanced charge transfer carrier）與非平衡載流子（Unbalanced charge transfer carrier）

2.2.3.1 熱平衡載流子

在一定的溫度下，半導體中的大量電子不停地作著無規則的熱運動，電子可以從晶格熱振動中獲得一定的能量，從能量低的量子態躍遷到能量高的量子態。例如，價帶電子躍遷到導帶，形成導帶電子和價帶空穴；價帶電子躍遷到受主能級，產生價帶空穴；施主能級上電子躍遷到導帶，產生導帶電子等。這些過程都導致載流子數目增加，被稱為載流子的熱產生過程。與此同時，還存在著與之相反的過程，即電子也可以從能量高的量子態躍遷到能量低的量子態，並向晶格放出一定的能量，從而使導帶電子和價帶空穴不斷減少，這一過程稱為載流子（charge carrier）的複合過程（recovery process）。經過一段時間後，這兩個相反過程之間將建立起動態平衡，稱為熱平衡狀態，在這種狀態下的載流子稱為平衡載流子。此時載流子的產生速率等於它們的複合速率，半導體內的電子濃度和空穴濃度保持不變。一旦溫度發生變化，破壞原來的平衡，它又會在新的溫度下建立起新的平衡狀態，載流子濃度又達到新的穩定數值。

由量子力學可推導出，處於熱平衡狀態下的半導體內導帶電子濃度 n_0 和價帶濃度 p_0 的普遍表達式如下：

$$n_0 = N_c \exp\left(-\frac{E_c - E_f}{kT}\right)$$
$$p_0 = N_v \exp\left(\frac{E_v - E_f}{kT}\right)$$

式中

$$N_c = 2\frac{(2\pi m_c^* kT)^{3/2}}{\hbar^3}$$
$$N_v = 2\frac{(2\pi m_p^* kT)^{3/2}}{\hbar^3}$$

式中，N_c、N_v 分別為導帶和價帶的有效狀態密度；m_e^* 和 m_p^* 分別為電子態和空穴態的密度有效質量；k 為波耳玆曼常數；E_f 為費米能級；E_c 為導帶底（bottom）的能量；E_v 為價帶頂（Top）能量。

若將 n_0、p_0 相乘可得：

$$n_0 p_0 = N_c N_v \exp\left(-\frac{E_c - E_v}{kT}\right) = N_c N_v \exp\left(-\frac{E_g}{kT}\right)$$

式中，E_g 為半導體的禁帶寬度，它與溫度 T 有關。由上式可知，兩者的乘積只跟半導體材料本身和溫度有關，而跟摻入的雜質無關。

2.2.3.2 非平衡載流子

對實際應用的半導體器件，在它們不工作時，體內只存在熱平衡載流子。一旦它們工作（加電場或光照），它們常常要產生另一種載流子—非平衡載流子，器件就是靠這些非平衡載流子（charge transfer carrier）的產生、運動、複合來實現的。

以n型半導體為例。當沒有其他外界因素時，半導體處於熱平衡狀態，載流子濃度為n_0和p_0，且$n_0 \gg p_0$。當用光子能量大於該半導體禁帶寬度的光照射時，光子的能量傳給了電子，使價帶中的電子躍遷到導帶，從而產生導帶的自由電子和價帶的自由空穴，即非平衡載流子。但是隨著電子和空穴濃度的增加，它們在運動中相遇複合的概率也將增加，最後達到另一動態平衡，載流子濃度不變。這時電子濃度n和空穴濃度p分別為：

$$n = n_0 + \Delta n$$
$$p = p_0 + \Delta p$$

式中，Δn和Δp分別為非平衡電子濃度和非平衡空穴濃度。由於電子和空穴是同時產生和成對出現的，因此二者是相等的。

當光照停止（即產生非平衡載流子的外界作用取消）後，已經產生的非平衡載流子將停止產生，但載流子的複合過程仍繼續進行，使得光照停止後的一段時間內載流子的複合大於產生，原來激發到導帶的電子又不斷地返回到價帶，使非平衡載流子的濃度不斷減少，最後完全消失，半導體又恢復到熱平衡態。在這一過程中，非平衡載流子在導帶和價帶中有一定的自下而上時間，有的長些，有的短些，它們平均生存時間稱為非平衡載流子的壽命。

2.3 半導體的電學性質[1, 6]

對於載流子均勻分布的半導體材料，在無外加電場作用時，儘管載流子熱運動的速度可能很大，但由於載流子熱運動是無規則的，運動速度沿各個方向機會相等。所以，在宏觀上，它們的運動並沒有出現遷移，也不會產生電流。

若在半導體的兩端加上不一定的電壓，使載流子沿電場方向的速度分量比其他方向大，將會引起載流子的宏觀遷移，從而形成電流。由電場作用而產生的、沿電場力方向的運動稱為漂移運動。載流子在外電場作用下漂移產生的電流稱為漂移電流。

在外電場作用下，半導體中的電子獲得一個與外電場反向的速度；空穴則獲得與電場同向的速度。電場強度不太強的情況下，半導體中漂移電流密度J與電場強度E的關係遵守歐姆定律，一維情況下為

$$J=\sigma E$$

式中，σ為半導體材料的電導率。由於半導體中存在著兩種載流子，即價帶中有帶正電的空穴，導帶中有帶負電的電子，這兩種不同電荷的載流子均對電流有貢獻，因而其電導率為

$$\sigma=nq\mu_{\mathrm{n}}+pq\mu_{\mathrm{p}}$$

式中，μ_{n}、μ_{p}分別為電子和空穴的遷移率，表示單位場強作用下載流子的平均漂移速度，單位為$\mathrm{m}^2\cdot\mathrm{V}^{-1}\cdot\mathrm{s}^{-1}$或$\mathrm{cm}^2\cdot\mathrm{V}^{-1}\cdot\mathrm{s}^{-1}$。遷移率與碰撞的平均自由時間直接有關，而碰撞又取決於各種散射機構。因此，遷移率的值決定於載流子的散射機構。半導體中起主要散射作用的是晶格振動散射和電離雜質散射，因而遷移率的值隨溫度和摻雜濃度的不同而不同。表 2-4 為 300K 時較純樣品的遷移率。

表 2-4　300K 時較純樣品的遷移率

材料	電子遷移率 μ_e/（$cm^2 \cdot V^{-1} \cdot s^{-1}$）	空穴遷移率 μ_p/（$cm^2 \cdot V^{-1} \cdot s^{-1}$）
Ge	3900	1900
Si	1350	500
GaAs	800	100～3000

對 n 型或 p 型材料，由於 $n \gg p$ 或 $p \gg n$，因而電導率分別為

$$\sigma_n = nq\mu_n$$

$$\sigma_p = pq\mu_p$$

一般隨著摻雜濃度的增加，電導率增加；對於本質半導體，電導率隨溫度增加而單調地上升。這也是半導體區別於金屬的一個重要特徵。對於雜質半導體，電導率隨溫度的變化關係要複雜些。以 n 型半導體為例說明，低溫時，費米能級略高於施主能級，施主未全部電離。隨著溫度上升，電離施主增多，使導帶電子濃度上升；同時在此溫度範圍內，晶格振動尚不明顯，散射主要由電離雜質決定，遷移率隨溫度上升而增加，因此在低溫區，電導率隨溫度的增加而增加。溫度繼續升高，雜質全部電離，而本質激發尚不顯著，故載流子視為一定。然而，此時晶格振動散射已起主要作用，使遷移率隨溫度的升高而下降，導致電導率隨溫度的升高而下降。當溫度進一步上升至本質區後，由於本質激發載流子濃度隨溫度上升而增加的作用遠遠超過遷移率下降的影響，故使電導率隨溫度升高而增加，表現出與本質半導體相似的特徵。

與漂移電流不同，當半導體材料中載流子濃度不均勻時，例如光照注入或電注入過剩載流子造成濃度不均勻的時候，半導體內部

形成濃度梯度，因而產生了載流子的擴散運動，從而構成了擴散電流（Difussion Current）。一維情況下，擴散電流密度與濃度梯度的關係為

$$J_{\mathrm{n}} = qD_{\mathrm{n}}\frac{\mathrm{d}n}{\mathrm{d}x}$$
$$J_{\mathrm{p}} = qD_{\mathrm{p}}\frac{\mathrm{d}p}{\mathrm{d}x}$$

式中，D_{n}、D_{p}分別為電子和空穴的擴散係數，它們與μ_{n}、μ_{p}的關係由愛因斯坦關係式（Einstein Relation Equation）決定，即

$$D_{\mathrm{n}} = \frac{kT}{q}\mu_{\mathrm{n}}$$
$$D_{\mathrm{p}} = \frac{kT}{q}\mu_{\mathrm{p}}$$

當半導體材料中既存在電場，又存在濃度梯度時，材料中總的電子電流密度和空穴電流密度分別為擴散電流和漂移電流之和：

$$J_{\mathrm{n}} = nq\mu_{\mathrm{n}}E + qD_{\mathrm{n}}\frac{\mathrm{d}n}{\mathrm{d}x}$$
$$J_{\mathrm{p}} = pq\mu_{\mathrm{p}}E - qD_{\mathrm{p}}\frac{\mathrm{d}p}{\mathrm{d}x}$$

材料中的總電流密度應為電子電流密度和空穴電流密度之和

$$J = J_{\mathrm{n}} + J_{\mathrm{p}} = q\mu_{\mathrm{n}}\left[nE + \frac{kT}{q}\frac{\mathrm{d}n}{\mathrm{d}x}\right] + q\mu_{\mathrm{p}}\left[pE - \frac{kT}{q}\frac{\mathrm{d}p}{\mathrm{d}x}\right]$$

上式為半導體的電流密度方程式。

我們還可利用準費米能級的概念，得出電流密度與準費米能級的關係。

$$J_n = q\mu_n \frac{dE_f^n}{dx}$$
$$J_p = q\mu_p \frac{dE_f^p}{dx}$$

光生載流子在半導體內作定向運動將構成光生電流。假設光生載流子均對光生電流有貢獻，從理論上可對各個波長的入射光子產生的總光生電流 J_L 按下式計算。

$$J_L = q\int_0^{\infty}\int_0^{W} \beta\Phi_0(\lambda)[1-\rho(\lambda)]\alpha e^{-\alpha x}dxd\lambda$$

2.4 半導體的光電性質[7, 8]

★ 2.4.1 半導體的光吸收

為了使半導體在和光子相互作用中得到有用功率，要求三個過程：①必須吸收光子並把電子激發到高能級；②吸收光子所產生的電子—空穴載流子必須分離和運動到預定邊界；③在載流子彼此複合和被加給的勢能損失前，必須被遷移成為有用的負載。

因此，首先要研究半導體材料的光吸收性能。在半導體晶體中也會發生類似的光吸收和發光現象。當考慮到將頻率為 v 的光照射到晶體時，若設普朗克常數為 h，則該光具有的能量為 hv。當晶體

的禁帶寬度比 $h\nu$ 窄時，則引起光吸收，使之在導帶中產生電子，在價帶中產生空穴。其結果是產生增加半導體晶體電導率的光電導效應，以及在晶體內部產生電動勢的光伏效應，這些就是半導體晶體中的光吸收現象。

當光照射在半導體表面時，將有一部分光被反射，另一部分則透射入半導體。光在半導體內傳播時，存在光的吸收現象，即單色光通過半導體後，其強度將隨它通過的深度而減少，減少的規律為

$$I=I_0e^{-\alpha x}$$

式中，I 表示半導體中的光強度；I_0 表示入射光強度；x 為深入半導體的距離；比例係數 α 稱為吸收係數，單位是 cm^{-1}。吸收係數由材料本身的性質和入射光的波長決定。α 越大，表示材料對光的吸收越強，光深入半導體的深度越小。

半導體中的光吸收是由於半導體中的電子吸收光子能量從低能態躍遷到高能態引起的。在半導體中，電子吸收光子能量後的躍遷形式主要有下列幾種（圖 2-9）。

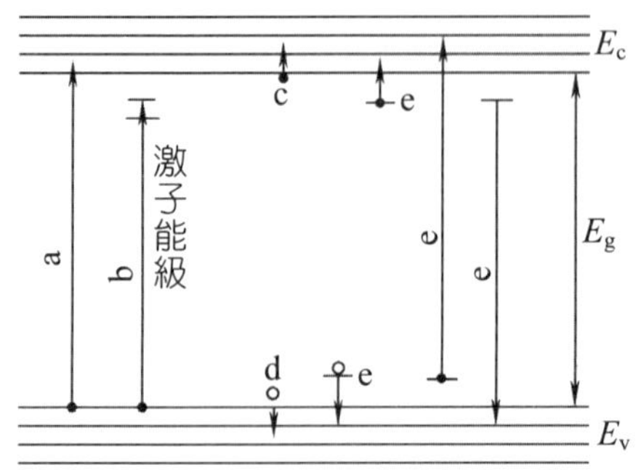

圖 2-9 引起各種光吸收的電子躍遷過程

⑴本質吸收

如果光子能量足夠大，則價帶的電子吸收光子後有可能脫離價鍵束縛成為自由電子，同時在價帶留下空穴，從而形成了電子—空穴對。這種使價帶電子躍遷到導帶的光吸收稱為本質吸收（圖 2-9 中之a）。本質吸收要求光子的能量不得小於半導體的禁帶寬度。

⑵激子吸收

如果光子能量小於半導體的禁帶寬度，價帶電子受激後，雖然越出了價帶，但還不足以進入導帶成為自由電子，仍然受著空穴的庫侖場作用。這種受激電子和空穴互相束縛而結合成的新系統稱為激子。這樣的光吸收稱為激子吸收（圖 2-9 中之 b）。

⑶自由載流子吸收

自由載流子的吸收是導帶中電子或價帶中的空穴吸收光子後在一個帶內的躍遷所形成的吸收過程（圖 2-9 中之 c、d）。由於能帶中的能級很密，產生這種吸收所需的光子能量很小，所以這種吸收一般是出現在紅外區和遠紅外區。

⑷雜質吸收

雜質吸收是束縛在雜質能級上的電子中空穴，吸收了光子能量躍遷到導帶或價帶所形成的光吸收過程（圖 2-9 中之 e）。由於半導體中多數雜質是淺能級雜質，所以最易發生的吸收是未電離施主或受主上的電子或空穴躍遷到導帶或價帶的吸收。這種吸收只需要較低能量的光子，因而出現在遠紅外區。

⑸晶格振動吸收

在這種吸收過程中，光與晶格振動相互作用，光子的能量有可能被吸收，直接轉變為晶格振動能量（聲子能量），同時把光子的準動量也轉變為聲子的準動量。

測量各種光吸收過程引起的半導體晶體吸收對應波長特性可以決定禁帶寬度和雜質能級。在遠離導帶和價帶的禁帶中間所形成的少量陷阱能級，即使對光吸收未表現出明顯的影響，但也是引起某些非輻射再複合的原因。在能夠探測如此微量的雜質能級（陷阱能級）的方法中，常使用稱為深能級瞬態光譜學（DLTS）的高靈敏度電測量法和聲光光譜法（PAS）。

★ 2.4.2 半導體中的複合過程

在前面提到非平衡載流子產生後，若切斷光源，非平衡載流子逐漸達到平衡載流子。這個衰減過程是通過載流子的不斷複合形成的。複合過程大致可分為：①直接複合，即導帶電子躍遷到價帶與價帶空穴直接複合；②間接複合，即電子和空穴通過禁帶中的能級（複合中心）進行複合。複合可以發生在半導體體內，也可以發生在表面。載流子複合時，一定要釋放出多餘的能量，釋放的方法有：①發射光子，伴隨著複合將有發光現象，稱為輻射複合；②發射聲子，載流子將多餘的能量傳給晶格，加強晶格的振動；③將能量給予其他載流子，增加它們的動能，稱這種形式的複合過程為歐階（Auger）複合。還有可能先形成激子後，再通過激子複合。

⑴輻射複合

輻射複合是光吸收的逆過程。導帶中的過剩電子躍遷到價帶，與價帶中的過剩空穴複合消失；同時將兩能態的能量差的全部或大部分以光的形式輻射出去的過程稱為輻射複合。因為在間接帶隙材料中的複合有聲子參與，所以在直接帶隙半導體中發生輻射複合比在間接帶隙半導體中要容易。

單位時間、單位體積內複合的電子—空穴對數稱為複合率 R_R，它與導帶中被電子占據的能態密度（即電子濃度 n）和價帶中空著的能態密度（即空穴濃度 p）成正比，即

$$R_R = rnp$$

式中，r 對給它的半導體材料是一個常數。

半導體中總存在著產生和複合兩種相反的過程，單位時間、單位體積內產生的電子—空穴對數稱為產生率 G_R。

⑵歐階複合

電子和空穴複合時將多餘的能量傳給另一個導帶中的電子或價帶中的空穴（實際是傳給價帶中另一個電子），這種形式的複合，並不伴隨發射光子，稱為歐階複合。獲得能量的另一個載流子再將能量以聲子的形式釋放出來，回復到原來的能量水平。

以導帶電子複合時將多餘能量傳給另一個電子的情況為例。複合時導帶中有兩個電子參與，價帶中有一個空穴參與，因而，複合率 R_R 應與 n^2p 成比例，即

$$R_R = r n^2 p$$

(3)複合中心的複合

半導體中的雜質或缺陷能在禁帶中形成一定的能級。其中，有些能級既可接受導帶電子，又可接受價帶空穴，即捕獲電子的能力與捕獲空穴的能力相近，它們對非平衡載流子的複合起促進作用，這類雜質和缺陷稱為複合中心。一般光生載流子的複合過程都是通過複合中心進行的。載流子能夠與複合中心相遇而被捕獲，同時以發射電子或發射光子，或同時發射電子和光子的形式釋放出能量，載流子就留在這個複合中心上了。若複合中心先捕獲的是一個電子，當它再捕獲一個空穴時，就完成了電子和空穴的複合過程，同時複合中心能級又恢復到空著的狀態，這種複合過程稱為複合中心的複合，或間接複合。

對只有一種濃度為 N_t 的單一複合中心能級 E_t 的半導體材料，其複合過程的示意圖如圖 2-10 所示，常稱為 Shockley-Read-Hall 複合，簡稱 S-R-H 複合。複合中心從導帶捕獲電子的捕獲率正比於導帶中電子濃度 n 和複合中心能級沒被電子占據的濃度 p_t，即

$$\text{電子捕獲率} = r_t n p_t$$

(4)陷阱

半導體內還可能存在另一類的雜質或缺陷。它們的能級位於費米能級附近，對電子的捕獲能力大於對空穴的捕獲能力，或對空穴的捕獲能力大於對電子的捕獲能力。一旦非平衡電子或空穴被他們捕獲，這部分載流子既不參與導電，也

沒被複合掉，就好像被陷住似的。這類雜質和缺陷稱為陷阱。

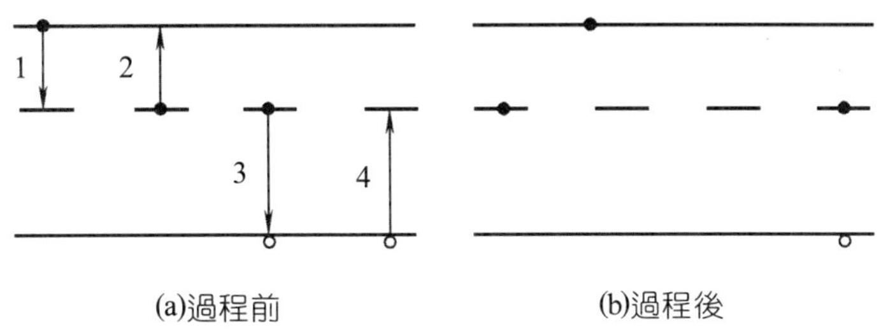

圖 2-10　間接複合過程示意圖

1—捕獲電子；2—發射電子；3—捕獲空穴；4—發射空穴

★ 2.4.3　半導體的光電導

半導體吸收光子後，可能導致導帶電子和價帶空穴數目增加，形成非平衡載流子，引起半導體的電導率增加。這種由於光照引起半導體電導率增加的現象稱為光電導。由本質吸收引起的光電導稱為本質光電導；由雜質吸收引起的光電導稱為雜質光電導。

假設無光照時，半導體的平衡載流子濃度為 n_0 和 p_0，有光照時產生的剩餘電子濃度和空穴濃度分別為 Δn 和 Δp，無光照時的電導率為

$$\sigma_0 = n_0 q\mu_\mathrm{n} + p_0 q\mu_0$$

光照產生的光電導率為

$$\Delta\sigma = \Delta n q\mu_\mathrm{n} + \Delta p q\mu_\mathrm{p}$$

由上兩式可得到光電導的相對值為

$$\frac{\Delta\sigma}{\sigma_0}=\frac{\Delta nq\mu_n+\Delta pq\mu_p}{n_0q\mu_n+p_0q\mu_0}$$

對於本質光電導來說，$\Delta n=\Delta p$，引入 $b=\mu_n/\mu_p$，則得到本質光電導的相對值為：

$$\frac{\Delta\sigma}{\sigma_0}=\frac{(1+b)\Delta n}{bn_0+p_0}$$

光電導相對值的大小表質光敏電阻靈敏度的高低。相對電導率越大，靈敏度超高，反之則表示靈敏度低。由於相對電導率與平衡載流子濃度成反比，與光生載流子成正比，因此，為提高器件的靈敏度，要盡可能選用電阻率高的材料。

當光照射到光敏器件時，光電導逐漸增大，經過一定時間後，達到一穩定值。該穩定光電導稱為定態光電導。此時停止光照，光電導也不會立刻消失，要經過一個衰減過程，才能使光電導最終消失。對於光電導的逐漸上升和下降的過程就是光電導的鬆弛（Relaxation）過程。鬆弛過程中經歷的時間稱為鬆弛時間。鬆弛時間長短反映了光電導對光強反應的快慢。

半導體光電導的強弱與光的波長有密切關係。因此，要研究其光譜分布，從其中可以獲得許多有關半導體的特性參數。所謂光電導的光譜分布，就是指不同波長的光所產生的光電導強弱如何的問題，即某一波長的光能否激發非平衡載流子，其效率多少。圖 2-11 為 CdS 和 PbS 的本質光電導的光譜分布曲線。

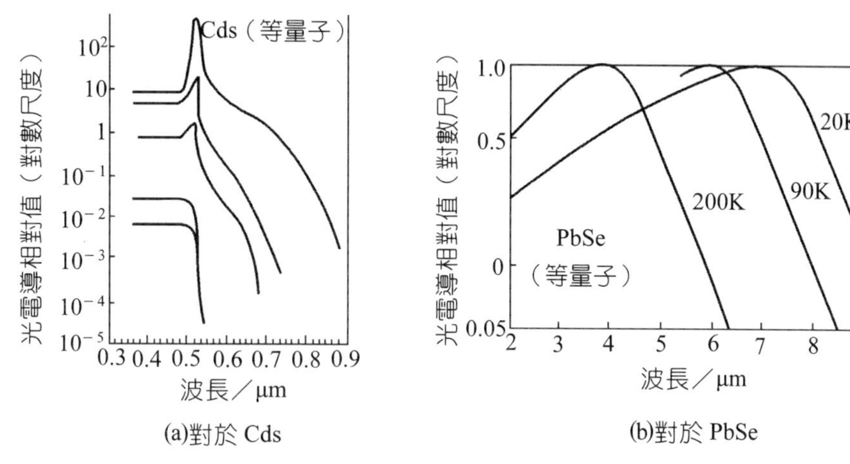

(a)對於 Cds (b)對於 PbSe

圖 2-11 本質光電導的光譜分布曲線

當光子的能量等於或大於雜質電離能時，光照能使束縛於雜質能級上的電子或空穴電離，成為自由的光生載流子，產生光電導。由於雜質原子的數目比起半導體本身的原子數目要小得多，所以雜質的光電導效應相對本質光電導來說要微弱得多。由於雜質的電離能往往很小，因此對應的光電導長波限很長，所涉及的能量都在紅外區段範圍，激發的光不可能很強。

★ 2.4.4 光伏效應

當用適當波長的光照射非均勻摻雜的半導體（如 p-n 結）或其他半導體結構（如金屬與半導體形成的肖特基勢壘、金屬／氧化物／半導體結構）時，由於光激發和半導體內建電場的作用，將在半導體內部產生電勢，這種現象稱為光生伏特效應（簡稱光伏）效應。由光伏效應建立起來的電動勢又稱光生電動勢或光生電壓。如果將樣品兩端短路，在外電路將會產生光電流。這種半導體結構就是光生伏特電池（通常可簡稱為光電池）。光伏效應最重要的實際是利用太陽電池將太陽能轉換成電能。

當光照射到由 p 型和 n 型兩種不同導電類型的同質半導體材料構成的 p-n 結上時，在一定條件下，光能被半導體吸收。這樣可在導帶和價帶中產生非平衡載流子電子和空穴。由於 p-n 結勢壘區存在著較強的內建靜電場，因而產生在勢壘區中的非平衡電子和空穴，或者產生在勢壘區外但擴散進勢壘區的非平衡電子和空穴，在內建靜電場的作用下，各向相反方向運動，離開勢壘區，結果使 p 區電勢升高，n 區電勢降低，p-n 結兩端形成光生電動勢，這就是 p-n 結的光生伏特效應。由於光照產生的非平衡載流子各向相反方向漂移，從而在內部構成自 n 區流向 p 區的光生電流。在 p-n 結短路情況下構成短路電流密度 J_{sc}（Short Circuit Current Density）。在 p-n 結開路情況下，p-n 結兩端建立起光生電勢差 V_{oc}，這就是開路電壓（Voltage of Open Circuit）。如將 p-n 結與外電路接通，只要光照不停止，就會不斷地有電流流過電路，p-n 結起了電源的作用，這就是光電池的基本工作原理。顯然，光電池之所以能在光照下形成電流密度 J，短路電流密度 J_{sc}，開路電壓 V_{oc}，都是由於材料內部存在內建靜電場的緣故。電流密度 J 與電池端電壓 V 的關係如圖 2-12 所示。

若要在半導體材料系統中產生較強的光生伏特效應，此系統中必須存在較強的內建靜電場或有效力場，器件的基本要求是半導體結構的電學非對稱性。這樣，半導體吸收光子產生電子—空穴對後，就能分離電荷。一般來說，要在半導體材料系統中建立起內建靜電場，須在兩種不同材料間構成界面，在界面及其附近將會形成一定的內建靜電場。要形成一個有效力場，則須存在一個區域，在

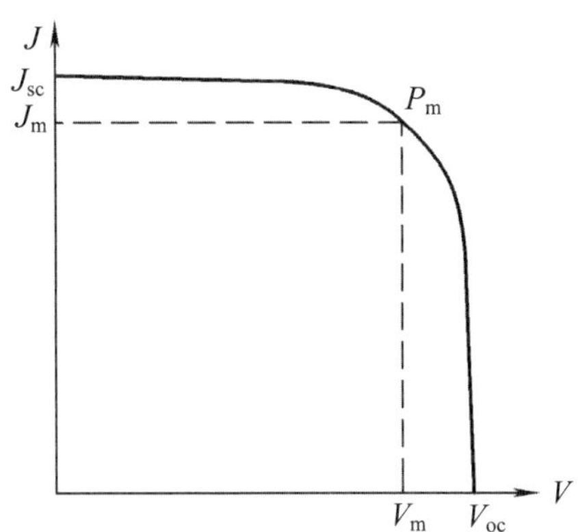

圖 2-12　光電池的 J-V 關係

該區域中，半導體材料的組成分等不斷發生變化，以至在這個區域內將由於材料性質的變化而產生一定的有效力場，這種材料性質不斷變化的區域可以看作是一連串的界面。這種界面可以是在同質半導體或異質半導體材料之間形成，也可以是在金屬或絕緣體與半導體之間形成，這些有內建場存在的區域能夠使光生載流子向相反方向分開，構成光生電流；這是光電池結構的最基本的要求，也是光生伏特效應的主要來源。

典型的太陽電池是 p-n 結，在此以其為例說明光伏效應。實際的 p-n 結是利用在 p 型材料中摻入 n 型雜質的辦法，或者在 n 型材料中摻入 p 型雜質的辦法來得到。根據摻雜的方法不同，雜質的分布情況也不同。如果 p 區和 n 區雜質都均勻分布，結界面兩側雜質類型及濃度突然變化，這種 p-n 結叫突變結；如果從一個區域到另一個區域雜質濃度是逐漸變化的，則稱為緩變結。因為在交界面的兩側形成的帶正、負電荷的區域是由不能動的電離雜質構成，因而該區域有一定的厚度，稱此區域為空間電荷區。空間電荷區中的正、負電荷間產生電場，其方向由 n 區指向 p 區，這個電場稱為內建電場。內建電場使載流子作漂移運動，內建電場的漂移作用和 n 區電子向 p 區擴散以及 p 區空穴向 n 區擴散的運動方向相反。接觸開始時，擴散運動大於漂移運動，空間電荷逐漸增加，因而內建電場越來越強，這就加強了漂移運動。當載流子的漂移運到和擴散運動達到動態平衡時，這時流過 p-n 結的凈電流為零，空間電荷區寬度保持一定，稱這種情況為平衡 p-n 結（Balanced p-n junction）。

從能帶圖來看，在接觸前，n 型半導體的費米能級 $(E_f)_n$ 靠近導帶底，p 型半導體的費米能級 $(E_f)_p$ 靠近價帶頂，如圖 2-13(a)所示。如果結處於熱力平衡狀態，那麼，費米能級處處是相同的。因此，在結處必然有一電場，為電池提供分離電荷的作用。接觸後，由於 $(E_f)_n$ 和 $(E_f)_p$ 不在同一高度，電子將從費米能級高的n區流向費米能級低的 p 區，使 $(E_f)_n$ 不斷下降，$(E_f)_p$ 不斷上升，直到二者相等為止。此時 p-n 結有統一的費米能級，處於平衡狀態。事實上，$(E_f)_n$ 是隨著n區能帶一起下移的，$(E_f)_p$ 則隨p區能帶一起上升。平衡時，p 區能帶相對於 n 區整個提高了 $(E_f)_n-(E_f)_p$。能帶相對移動的原因是p-n結空間電荷區內建電場的存在。因內建電場從n區指向p區，因而空間電荷區中的電位 V 從 n 區到 p 區不斷降低，電子電位能則由 n 區到 p 區不斷升高，所以 p 區能帶相對於 n 區整個低了，如圖 2-13(b)所示。此時，產生的電壓是太陽電池的開路電壓，其大小往往等於禁帶寬度的1/2左右。例如，使用禁帶寬度為1.1eV的矽（Si）製作的太陽電池的開路電壓為 0.5～0.6V。當太陽電池短路時，由光激發並為 p-n 結分離的過剩載流子，幾乎全部變成短路電流（光電流），並流過短接電路，而不存儲在半導體中。

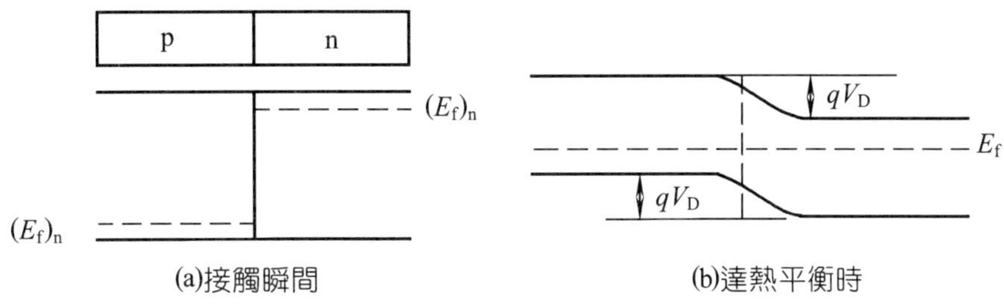

(a)接觸瞬間　　(b)達熱平衡時

圖 2-13　平衡 p-n 結能帶圖

激發的過剩載流子到達 p-n 結，正負電荷分離，只有這樣，外電路才能取得電流。但是照射到太陽電池表面的光為形成太陽電池的半導體所吸收，並且在激發電子—空穴對的同時逐漸衰減下去。因此，在從元件表面起一定的深度以下，沒有電子—空穴對產生。換句話說，產生的電子—空穴對具有向深度方向單調衰減（monotonic decay）的分布。因此，分離激發的過剩載流子的 p-n 結，顯然應在元件表面以下不太深的某一深度上形成。這個深度，實際上是 0.2～2.0 μm。若通過 p-n 結來分離電荷，則過剩載流子必須從它產生的地方移動到 p-n 結。這種移動是由擴散或漂移效應引起的，但激發的電荷並不一定全部都到達 p-n 結而分離。我們將這一效率稱為收集效率。要得到大的光電流，不言而喻，必須盡可能多地將在遠離 p-n 結的地方產生的過剩載流子集中到 p-n 結。就是說，要求高的收集效率。另外，激發的過剩載流子與結晶中的雜質或晶格缺陷等複合中心進行複合，恢復到光未照射時的熱平衡狀態。我們將複合前的時間稱為壽命。但是過剩載流子在 p-n 結處分離之前，必須移動一定的距離，如果考慮為此而消費的時間，那麼，要得到高的收集效率，壽命越長越有利。因此，半導體中含有的複合中心少這一點，是提高太陽電池轉換效率的必要條件之一。

製造光電池要用到多種材料，按照材料的作用來說，有吸收入射光子的所謂光吸收材料；有可以和其他材料構成某種「結」（如異質結）但又可使入射光子能透射過去的所謂窗口材料（Window, Threshold Materials）；有用於減少光子反射的減反射材料；有形成歐姆接觸的接觸材料以及起保護作用的封裝材料（Packaging Materials）等，但是其中最重要的組成部分是光吸收材料，依靠這種光吸收材料來吸收入射的光能產生可以遷移的光生載流子。作為光吸收的材料，它們的禁帶寬度 E_g 的選取範圍必須與入射光的光譜相適應，用於製作太陽電池時，就需與太陽光譜相對應。對窗口材料來說，它的禁帶寬度要比較大，使它明顯地不吸收入射來的光子。一般來說，$E_g \geq 2.5eV$。這種材料用來構成「結」但又不吸收光子，用來防止在高複合區附近產生光生載流子。減反射膜可以使得入射到光電池表面上的光被反射回去的部分顯著減少，從而更有效地利用入射的光能。構成接觸用的材料要能與半導體材料形成歐姆接觸並且要基本上不引起光能和電能的損耗。最後，封裝材料的作用是將整個器件加以保護但又不能妨礙光的入射。

2.5 半導體的光化學[9]

★ 2.5.1 光誘導氧化還原反應

半導體吸收光後產生電子—空穴對，這種光生電子和空穴具有很強的氧化還原活性，所以半導體材料的主要光化學反應是光誘導氧化還原反應。

對於半導體和電解質接觸體系，如果電解質中存在電活性物種，在半導體和溶液界面將發生界面電荷轉移形成空間電荷層。圖 2-14 給出了 n 型半導體—溶液界面上空間電荷層的形成示意圖，空間電荷層有積累層（Accumulation layer）、耗盡層（Consumption layer）和反型層（Reversion layer）三種。在圖 2-14(a)中，半導體和電解質溶液之間沒有發生電荷轉移，所以沒有形成空間電荷層，在半導體的表面和體相的電荷分布是均勻的，這種場合是平帶電位。在圖 2-14(b)中，界面的給體向半導體注入電子，在界面形成正電荷，這時半導體表面層的電子升高形成電子的積累層，半導體的費米能級升高，導致表面層能帶向下彎曲。在圖 2-14(c)中，半導體的電子轉移到界面的受體，在界面形成負電荷，這時由於半導體表面層的電子濃度下降而形成耗盡層，半導體的費米能級下降，導致表面層中能帶向上彎曲。在圖 2-14(d)中，過量的電子從半導體轉移到界面的電子受體，在界面形成過量的負離子，這時半導體表面層的空穴濃度將超過電子濃度，導致反型層的形成，這時半導體的費米能級

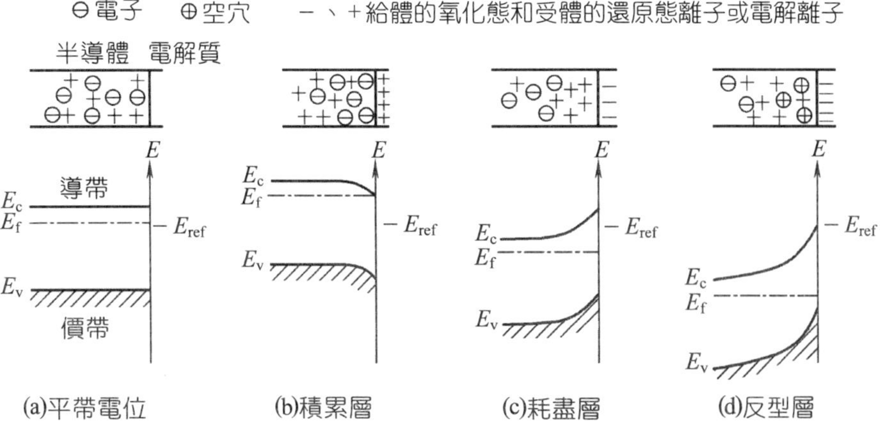

圖 2-14 n 型半導體—溶液界面上空間電荷層的形成

下降比耗盡層還大，致使半導體表面層中的能帶向上彎曲比耗盡層還大。這種大的帶彎使半導體表面的價帶與費米能級接近，在體相使導帶仍然接近費米能級，這使半導體表面由 n 型變成 p 型，體相仍然是 n 型。

近年來，奈米級半導體研究增多，而奈米尺寸的半導體與傳統半導體在能帶上有極大的不同。圖 2-15 比較了尺寸較大的粒子球和尺寸很小的膠體半導體或奈米晶球的帶彎，半導體為 n 型。圖中 $\Delta\Phi_0$ 為帶彎引起的電位降，W 是空間電荷層的寬度，r_0 為球形半導體粒子的中心與邊緣之間距離。尺寸較大的粒子場合 $r_0 \gg W$，帶彎引起的電位降 $\Delta\Phi_0$ 較大。但是在尺寸很小的微粒半導體，由於幾乎耗盡全部載流子，費米能級 E_f 接近於帶隙中間，並且由於粒徑很小，帶彎產生的 $\Delta\Phi_0$ 很小。

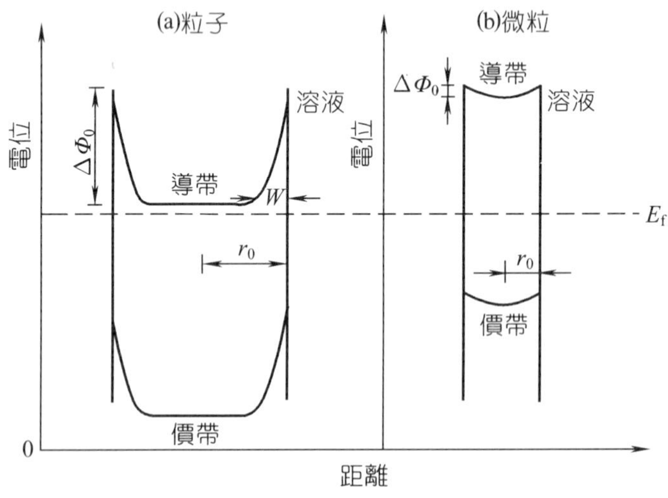

圖 2-15　粒子和微粒半導體與含電活性物種的電解質接觸體系的空間電荷層

在尺寸較大的粒子半導體，電位降 $\Delta\Phi_0$ 為

$$\Delta\Phi_0=\frac{kT}{2e}\left(\frac{W}{L_D}\right)^2$$

$\Delta\Phi_0$ 的大小與空間電荷層的寬度 W 和 Debye 長度 L_D 有關，其中 L_D 的大小依賴於單位立方釐米體積中產生的離子化的摻雜分子數 N_D。

微粒或奈米晶的電位降為

$$\Delta\Phi_0=\frac{kT}{6e}\left(\frac{r_0}{L_D}\right)^2$$

$\Delta\Phi_0$ 的大小與 r_0 和 L_D 有關。要增大微粒的，就需要製備高摻雜表面。

在大粒子表面形成的耗盡層所產生的靜電場有利於光誘導產生的電子—空穴對的分離。在 n 型半導體，耗盡層的電場使價帶的光生空穴容易沿著帶彎轉移到半導體的表面，光生電子則沿著帶彎漂流到體相。可見，空間電荷層所產生的靜電場，有效地抑制光生電子—空穴對的複合，對於光誘導電荷分離起重要作用。

在微粒體系，由於帶彎很小，光生電子—空穴對的分離是通過擴散進行的，所以溶液中的反應物在膠體表面被吸附，可大幅提高光誘導界面電荷轉移速度。另外，產生量子尺寸效應的奈米晶的場合，由於光生載流子可以跨越整個半導體團簇，不用經過擴散可以轉移到半導體的表面，與氧化還原物種進行反應。

由半導體材料產生的電子—空穴對具有很強的氧化還原活性，這種光誘導氧化還原常稱為光催化（photocalytic）。光催化包括光生電子還原電子受體A生（光催化還原）和光生空穴氧化電子給體

D的電子轉移反應（光催化）氧化。在這裡，D和A是光致激發態的清滅劑（Terminator）。如果在半導體材料的表面吸附分子作為光敏劑（photosensitizer），半導體作為清滅劑時，光敏劑的激發態 S^* 把光生電子轉移到半導體的導帶變成 S^+。轉移到導帶的電子和 S^+ 分別與電子受體和電子給體進行電子轉移反應〔圖 2-16(b)〕。圖 2-16(a)稱為直接光催化，圖 2-16(b)稱為間接光催化。

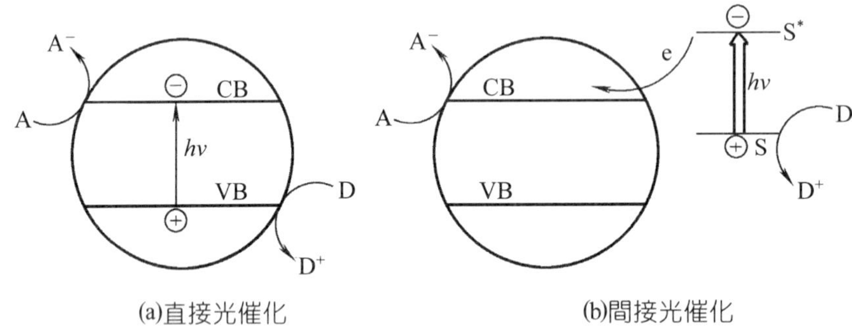

圖 2-16　在半導體表面上直接光催化和間接光催化中光誘導氧化還原反應

根據激發態的電子轉移反應的熱力學限制，光催化還原反應要求導帶電位比受體的 E（A/A－・）偏負，光催化氧化反應要求價帶電位比給體的 E（D+・/D）偏正；即導帶底能級比受體的 E（A/A－・）能級高，價帶頂能級比給體的 E（D+・/D）能級低。通常導帶和價帶的電位用相對於標準氫電極的電位（E/V 或 NHE）或相對於飽和甘汞電極的電位（E/V 或 SCE）表示，導帶和價帶的能量用相對於真空能級的能量（E/eV或真空）或者相對於標準氫電極的能量（E/eV 或 NHE）表示。圖 2-17 給出了幾種離子性半導體和共價性半導體的帶邊位置和禁帶寬度，是在pH＝1的電解質水溶液與半導體材料接觸體系中測定的。微粒的導帶電位比大粒子的偏負，價帶電位比大粒子的偏正，所以在膠體溶液或奈米尺寸的薄膜表面，更容易進行光誘導氧化還原反應。在水溶液中，半導體膠體的導帶和價帶位置，隨著溶液的 pH 發生變化。

$$E = E^{\ominus} - 0.059\text{pH}$$

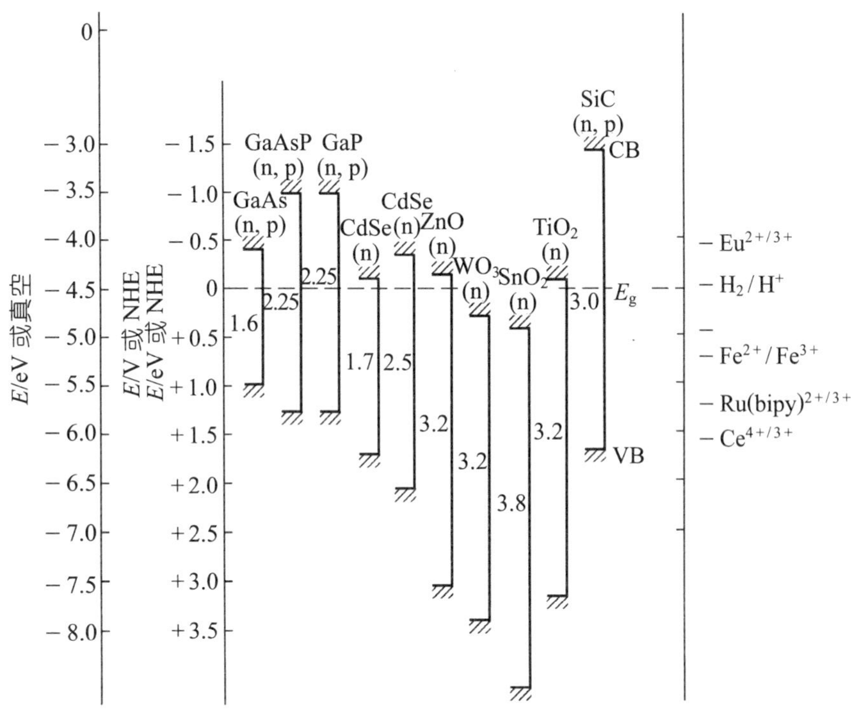

圖 2-17　幾種半導體的價帶和到帶邊的能量和禁帶寬度

（水溶液電解質的 pH＝1）

在半導體光催化、光誘導產生的光生電子和空穴，轉移到粒子表面與D或A進行氧化還原反應的量子產率較低，這是因為光生電子和空穴在粒子的體相和表面發生重新複合而失活引起的。因此，要提高半導體光催化反應的量子產率，不僅滿足導帶電位比 E（A/A－・）偏負和價帶電位比 E（D+・/D）偏正的熱力學限制，還要有效地抑制光生電子和空穴的直接複合。為有效地抑制光生電子和空穴的複合，第一，在粒子表面直接吸附反應物；第二，粒子表面用電子轉移催化劑如 Pt 和 RuO_2 奈米晶修飾，或者用電子或空穴的傳遞體修飾粒子表面。電子或空穴傳遞體能快速捕獲光生電子或空穴，然後轉移給反應物。

★ 2.5.2 光腐蝕及穩定性（Photo Corrosion and Stability）

在太陽電池的製備及使用時常常涉及到半導體電極的穩定性、抗腐蝕性（Corrosion Resistance），特別是光腐蝕性（Photo Corrosion）問題。原則上，半導體的腐蝕行為可以在金屬腐蝕行為的概念範圍內描述，但要考慮由這種電極的半導體本性所決定的特殊性，其中一個重要的特殊性是光敏性，它與光影響下能帶中載流子數的改變有關。光敏效應是以特殊形式的腐蝕現象為基礎的。與金屬相比，半導體腐蝕過程的特點關係到兩種型號的載流子，即導帶的電子和價帶的空穴，它們都參加固體與溶液之間的電荷交換。陽極和陰極的反應在表面均勻的樣品上侷限於表面的同一部分，而在不均勻的樣品上，則可能在空間分布，這樣的反應被稱為共軛反應（Conjugated Reaction）。此時每一個反應都用自己的參數表示。

半導體在水溶液中的自溶解可能伴隨著氫離子的還原和氫分子的逸出或者某些已溶解氧化劑的還原。這一過程的總方程式為

$$[SC]+O_X \rightarrow [SC]^{+}+Red$$

式中，[SC]為半導體材料，$[SC]^+$是它的氧化產物（如溶液中的離子）；O_X 為氧化劑；Red 為 O_X 的還原形式。半導體的溶解反應和氧化劑的還原反應可以在同一過程中進行，此時上式反應這一過程的實際微觀機制。這通常稱為固體腐蝕或自溶解的「化學」機制（Chemical Mechanism）。在自溶解過程中不僅應該維持總電荷的均等，而且應該維持半導體中每種型號載流子的均等。

簡單的極限情況是半導體材料參加的反應主要通過價帶，而溶液中氧化一還原體系參加的反應主要通過導帶〔圖 2-18(a)〕。雖然共軛反應通過半導體的兩個不同能帶，但是它們卻以電子和空穴的複合過程和產生過程彼此聯繫。如果這兩個過程的速率遠比共軛反應小，則這種聯繫可以不予考慮，並認為圖 2-18(a)所示的反應是相對獨立的。這樣，由於陽極反應需要空穴和陰極反應需要導帶的電子，而且腐蝕速率受少數載流子向界面補充的限制，因此在無光照時腐蝕速率甚低，並且與半導體的導電類型無關。

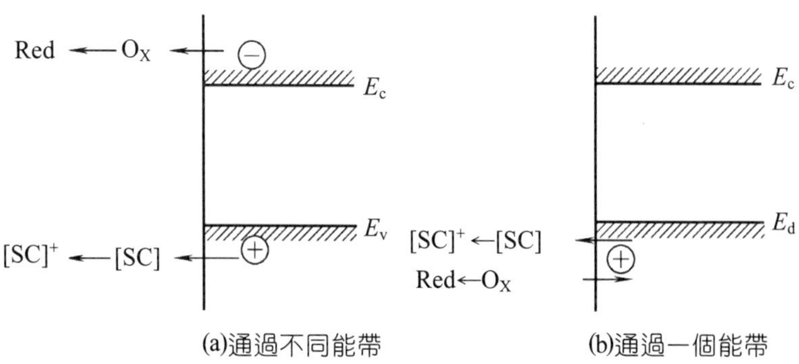

圖 2-18 半導體的腐蝕過程示意圖（沒有表示複合產生過程）

另一種情況是原則上不同的類型—兩個共軛反應通過同一能帶〔圖 2-18(b)〕。如氧化劑被還原的陰極反應可能需要價帶的電子，而不是導帶的電子。同時，由於氧化劑的還原，半導體中注入了空穴。這些空穴進一步用於氧化半導體的陽極反應。這樣，陰極的部分反應為陽極反應「提供」所需的自由載流子。在此條件下，n 型半導體上的陽極反應動力學（Reaction Kinetics）已不受晶體體內空穴補充的限制，因為在半導體／電解質溶液的界表面已有空穴的補充來源。因此，有價帶電子參加還原的氧化劑能夠引起 n 型半導體的強烈腐蝕。

當電流增加的情況下，腐蝕共軛反應中的每一個反應都有價帶的空穴和導帶的電子同時參加。根據陽極反應和陰極反應的電流增大係數 M^a 和 M^b 之間的關係，可以有下列幾種情況（對 n 型半導體而言）。

在 $M^a > M^b$ 時觀察到如上所討論的兩種極限情況的中間情況。這就是，陽極反應仍然全部被空穴向界面的補充所限制，陰極反應提供補充的空穴通量。

在 $M^a = M^b$ 時氧化劑被還原的陰極反應所提供的全部空穴都消耗在半導體的陽極溶解過程中。

在 $M^a < M^b$ 時進行腐蝕的半導體表面產生剩餘空穴。「多餘（excess）」的空穴與陽極反應過程中注入導帶的等量電子一起，擴散（Diffuse）入晶體內部。腐蝕過程此時表現為表面上電子—空穴對的來源上，類似於半導體被「表面吸收的光」所照射時載流子的光產生。

在一般情況下，半導體電極的分解反應可以是陽極反應，也可以是陰極反應。對於二元半導體 MX，導帶電子參加的陰極分解電化學反應可以寫成：

$$MX + ne^{-} \rightarrow M + X^{n-}$$

而空穴參加的陽極分解反應為：

$$MX + nh^{+} \rightarrow M^{n+} + X$$

若選用氫電極為參考電極，則電池的總反應將按下列方程式之一進行：

$$MX + \frac{n}{2}H_2 = M + nH^{+} + X^{n-}$$

$$MX + nH^{+} = M^{n+} + X + \frac{n}{2}H_2$$

為了在每一個具體體系中決定半導體能否忍受電化學（腐蝕）分解，必須注意分解反應的電化學勢級的能帶圖。

2.6 半導體界面及其類型[1, 10]

要在半導體材料系統中產生較強的光生伏特效應，此系統中必須存在較強的內建靜電場或有效力場。一般來說，要在半導體材料系統中建立起內建靜電場，須在兩種不同材料間構成界面，在界面及其附近將會形成一定的內建靜電場。要形成一個有效力場，則須存在一個區域，在該區域中，半導體材料的組分等不斷發生變化，以至在這個區域內將由於材料性質的變化而產生一定的有效力場（Effective Field），這種材料性質不斷變化的區域可以看作是一連串的界面。這種界面可以是在同質半導體或異質半導體材料之間形成，也可以是在金屬或絕緣體與半導體之間形成，這些有內建場存在的區域能夠使光生載流子向相反方向分開，構成光生電流，這是光電池結構的最基本的要求，也是光生伏特效應的主要來源。

★ 2.6.1 半導體—真空界面（Semi Conductor-Vaccum or Empty Interface）

圖 2-19 為熱平衡狀態下 n 型半導體—真空界面能帶圖，即半導體表面能帶圖。E_{VL} 表示真空能級，W_s 為半導體功函數。由於半導體表面存在著不飽和鍵（Unsaturated Bonds or Perdant Bonds）（或稱懸挂鍵），以及由於結構上的缺陷或吸附外來雜質，使得在半導體表面禁帶中具有分立的或連續分布的區域能態，稱為表面態或界面態。如果表面態是受主型的，則電子占據受主型表面態後，半導體表面帶負電荷，因而半導體表面薄層形成帶正電荷的空間電荷區，空間電荷區內只有由體內指向表面的內建靜電場，表面處能帶向上彎，如圖 2-19 所示，能帶彎曲量為 qV_s，V_s 稱為半導體表面勢。由於表面處能帶上彎，形成電子（多數載流子）勢壘，使表面薄層內電子耗盡，表面形成耗盡層。如果能帶彎曲（Energy Band Banding）得使表面處 E_f 低於本質費米能級 E_i，則表面開始反型，當表面勢 $V_s = 2V_B$ 時，表面為強反型，其中 $q\ V_B = E_f - E_i$。如果表面具有施主型表面態，則表面帶正電。此時半導體表面能帶向下彎，表面形成

電子（多數載流子）積累層。

表面形成多數載流子積累層時，積累層寬度很窄。耗盡層情況下，空間電荷區主要由固定電離施主構成，因而占據一定的寬度。

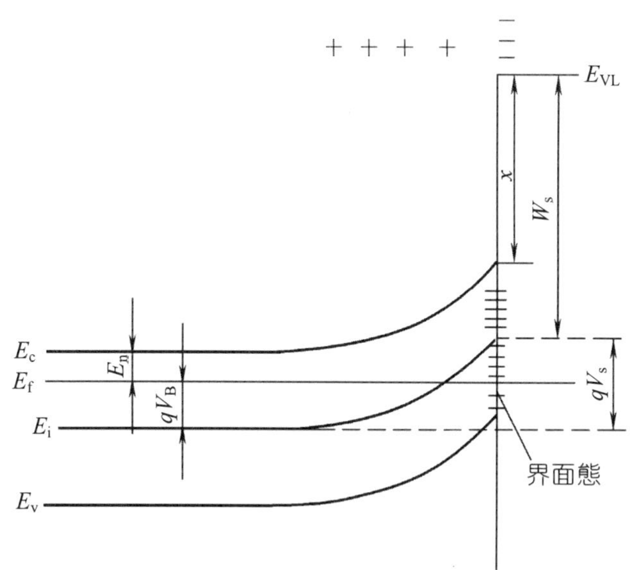

圖 2-19　熱平衡狀態下半導體—真空界面的能帶圖

★ 2.6.2 半導體—半導體同質結（Semi Conductor-Semi Conductor Homogeneous Junction）

2.6.2.1 p-n 同質結

圖 2-20 為熱平衡狀態下的 p-n 同質結的能帶圖。由於兩者的費米能級不等高，形成 p-n 後，在界面附近形成空間電荷區，空間電

荷區具有自 n 區指向 p 區的內建靜電場，兩端的電勢差 $V_{bi} = (E_{fn} - E_{fp})/q$，空間電荷區寬度 $W = W_1 + W_2$，W_1 和 W_2 分別為 n 區和 p 區內空間電荷區的寬度。n 區帶正電，p 區帶負電，所帶正負電荷分別為該區電離施主和電離受主。

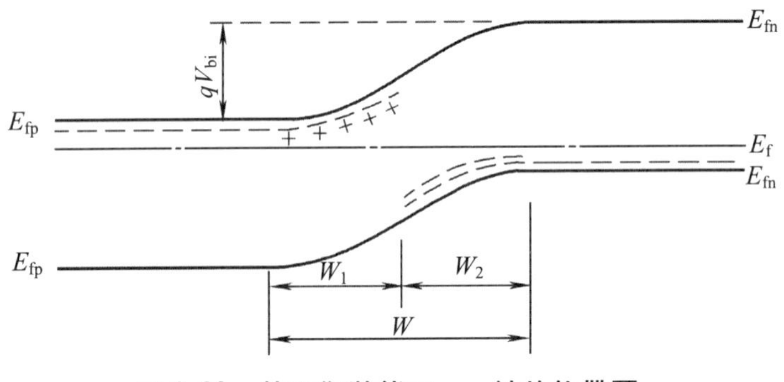

圖 2-20　熱平衡狀態下 p-n 結的能帶圖

2.6.2.2　n^+-n（或 p^+-p）同質結

圖 2-21 為熱平衡狀態下的 n^+-n 同質結的能帶圖。界面附近，n 區形成電子積累層，n^+ 區形成耗盡層。空間電荷區內存在自 n^+ 區指向 n 區的內建場，構成的勢壘阻止少數載流子空穴自 n 區流向 n^+ 區。這種結在光電池中常稱為高低結（High-low Junction）。

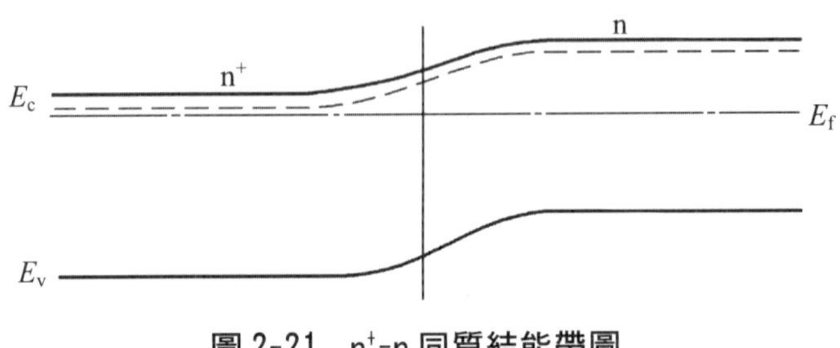

圖 2-21　n^+-n 同質結能帶圖

★ 2.6.3 半導體—半導體異質結（Semi Conductor-Semi Conductor Heterogeneous Junction）

圖 2-22 為熱平衡狀態下假定不存在界面態以及電子和空穴親和能發生突變情況下的理想p-n異質結能帶圖。這個能帶圖稱為Anderson模型（Anderson Model）。在兩種材料交界面兩邊形成空間電荷區，n 型區一邊為正空間電荷區，p 型區一邊為負空間電荷區。假定不存在界面態，所以勢壘區中正負空間電荷數相等，空間電荷區內產生自 n 區指向 p 區的內建靜電場。因為兩種材料的介電常數不同，所以內建靜電場強度在交界面處不連續。空間電荷區能帶發生彎曲，其彎曲量

$$qV_{bi}=qV_{bi1}+qV_{bi2}=E_{f2}-E_{f}$$

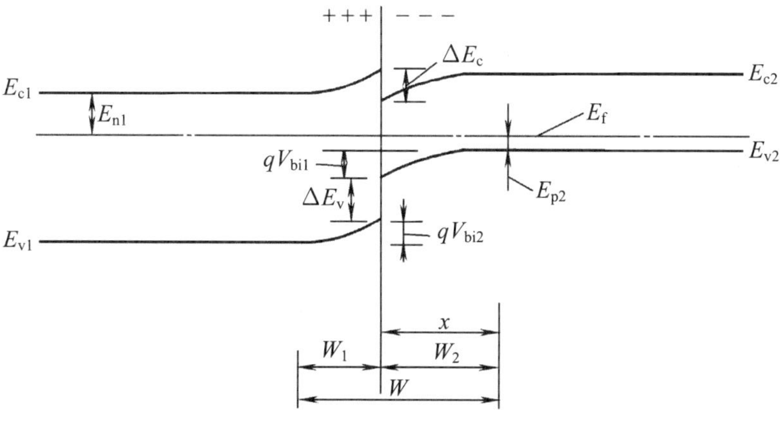

圖 2-22 熱平衡時 n-p 異質結能帶圖（Anderson Model）

式中，qV_{bi1} 和 qV_{bi2} 分別為交界面兩側 n 區和 p 區的能帶彎曲量。與 p-n 同質結相比，異質結交界面附近能帶有兩個特點：一個是 n 型材料導帶在交界面處形成一向上的「尖峰」（Peak），p 型材料的導帶底在交界面處形成一向下的「凹口」（Cavity）。二是能帶在交界面處由於親和能的突變而不連續，也有一個突變。

實際的異質結，由於組成異質結的兩種材料的晶格失配，在兩種半導體材料的交界面處產生了懸挂鍵，引入了界面態，因而很可能異質結的性質主要由界面態決定。再者，兩種材料性質的變化不一定是突變的，此外，在形成異質結時，化學元素可能產生交叉擴散而改變摻雜情況。因而安德森模型儀是一種理想情況。圖 2-23 為考慮界面態時熱平衡狀態下 p-n 異質結的能帶圖。

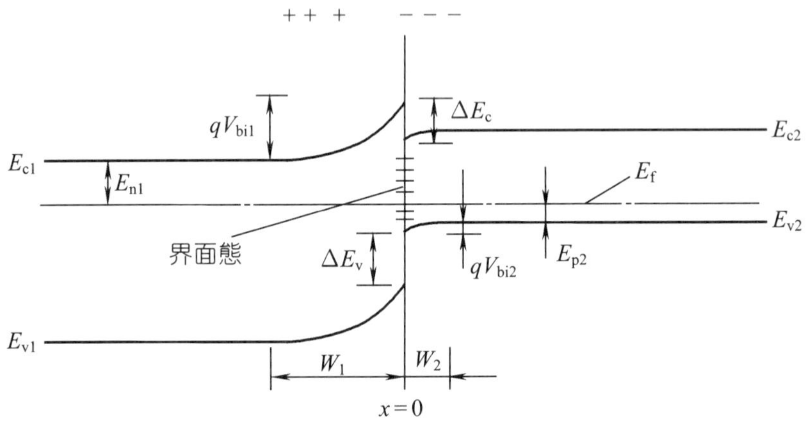

圖 2-23　存在界面態時 n-p 異質結能帶圖

★ 2.6.4 半導體—金屬界面（Semi Conductor-Metal Interface）

圖 2-24 顯示了兩個熱平衡狀態下的金屬—半導體結的能帶圖，兩者均是n型半導體，不同之處是：圖 2-24(a)為 $W_m > W_s$，圖 2-24(b)為 $W_m < W_s$，W_m、W_s 分別為金屬和半導體的功函數（Work Function）。圖 2-24(a)中半導體表面形成耗盡層，表面處已經反型；圖 2-24(b)中半導體表面形成積累層。兩者均假定無表面態存在。

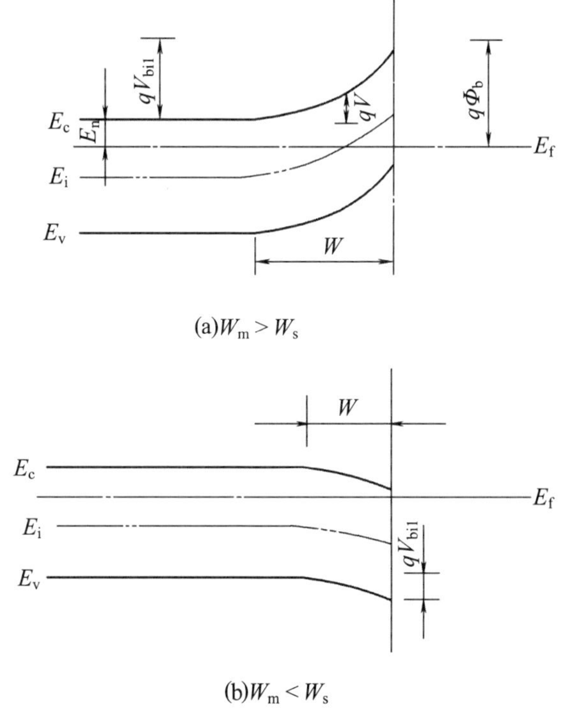

圖 2-24　熱平衡狀態下的金屬—半導體能帶圖

兩種情況下，界面附近半導體一側均有內建電場，因而產生附加的靜電勢，能帶發生彎曲。圖 2-24(a)中，能帶向上彎，形成電子勢壘，半導體一側的勢壘高度為

$$qV_{\mathrm{bi}} = W_{\mathrm{m}} - W_{\mathrm{s}}$$

金屬一邊的肖特基勢壘高度為

$$q\Phi_{\mathrm{b}} = qV_{\mathrm{bi}} + E_{\mathrm{n}} = W_{\mathrm{m}} - x$$

這種類型的金屬—半導體界面是一種整流接觸，具有類似於p-n 結的 I-V 特性。

圖 2-24(b)中能帶向下彎，並不存在多數載流子的勢壘，這種類型的界面可形成歐姆接觸。若為 p 型半導體，則當 $W_{\mathrm{m}} < W_{\mathrm{s}}$ 時形成多數載流子勢壘；$W_{\mathrm{m}} > W_{\mathrm{s}}$ 時，不存在多數載流子勢壘。

若在半導體表面處禁帶內存在著表面態，對應的能級稱為表面能級。表面態一般分為施主型和受主型兩種。表面處存在一個距價帶頂 $q\Phi_0$ 的能級，電子正好填滿 $q\Phi_0$ 以下所有表面態時，表面呈中性，$q\Phi_0$ 以下的表面態空著時，表面帶正電，呈現施主型；$q\Phi_0$ 以上的表面態被電子填充時，表面帶負電，呈現受主型。對於大多數半導體，$q\Phi_0$ 約位於禁帶的 1/3 處。

如果表面態密度很大，只要 E_{f} 比 $q\Phi_0$ 高一點，表面態上就會積累很多負電荷，勢壘高度 $qV_{\mathrm{bi1}} = E_{\mathrm{g}} - q\Phi_0 - E_{\mathrm{n}}$，$q\Phi_0 = E_{\mathrm{g}} - q\Phi_0$。這時，費米能級被高表面態密度釘扎，不論是何種金屬與半導體接觸，勢壘高度與金屬功函數無關，如圖 2-25 所示。

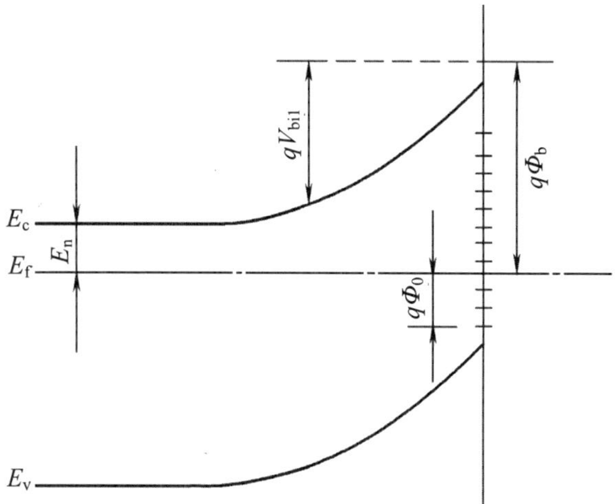

圖 2-25 高表面態密度時金屬—半導體能帶圖

2.6.5 半導體—絕緣體界面（Semi Conductor-Insulator Interface）

一般半導體與絕緣體構成的界面可以鈍化、保護半導體表面，絕緣層可以束縛住半導體表面的一些不飽和鍵，並可以使大量的表面態成為有效複合中心，使表面不導電。在光伏效應應用中，這種具有高度複合中心的邊界往往起一個少數載流子陷坑作用，是光生載流子的損耗機構之一。

但是由於絕緣層內存在著固定電荷，會使半導體表面能帶彎曲，例如對 Si/SiO_2 界面，實驗發現，在界面附近半導體一側存在正的固定電荷，這些電荷對金屬—絕緣體—半導體（MIS）反型層太陽電池是很有利的。實驗還發現，在 Si 表面生長的 Si_3N_4 中也會存在固定正電荷。

★ 2.6.6 金屬—絕緣體—半導體和半導體—絕緣體—半導體結（Metal-Insulator-Semi Conductor, (MIS) Semi Conductor Insulator-Semi Conductor (SIS) Junction）

在金屬和半導體之間或者在半導體與半導體之間引進一層超薄絕緣層構成 MIS 或半導體—絕緣體—半導體（SIS）結構組成另一種類型的界面。引入這層超薄絕緣層後，可以改進勢壘區的情況。它可以影響界面態；可以在絕緣層中產生固定電荷；可以影響載流子通過界面時的輸運過程；還可以引起或抑制界面處的化學反應。在光電池應用上令人感興趣的這種 MIS 和 SIS 結構中的絕緣層是一個超薄的導電層。

★ 2.6.7 用於光電池的半導體界面組態

製造光電池時，為了不同的目的要求，界面的結構形式可以不同。例如，由於兩種材料間存在著界面而形成了內建靜電場和有效力場，吸收光能後激發產生的非平衡電子和空穴從產生處向非均勻場區運動。這種運動可以是擴散運動，也可以是漂移運動，這些非平衡電子和空穴一旦運動到了內建靜電場或有效力場區，在強的內建場作用下向相反方向運動而分離。其結果在光電池兩端產生光生電動勢。因此，光電池的核心部分便是能夠產生強大的靜電場或有效力場的兩種材料的界面。這種界面結構是產生光生伏特效應的主要因素。當然，不同形式的界面可以起著不同的作用，它們不僅是光生伏特效應的來源，還可以在光電池應用中起著其他的作用。圖 2-26 為光電池中所用到的幾種界面的結構形式。上述五種基本的界面以及某些稍有變化的界面都能產生光生伏特效應。圖 2-26(a)就是 p-n 同質結，以及由此派生出來的 p-i-n 結是最基本的光電池結構，在 p-n 結界面附近存在內建靜電場，光照時，依靠內建靜電場的作用產生光生電動勢。圖 2-26(b)是由不同材料構成的異質結，包括禁帶寬度緩變的異質結構，不論是突變異質結還是緩變結，界面附近除了能產生內建靜電場外，還可能產生內建有效力場。圖 2-26(c)是在半導體異質結之間引入一層絕緣層的所謂 SIS 結構，在某一種半導體表面附近可以形成具有內建場的耗盡區，以產生光生電動勢。圖 2-26(d)是金屬—半導體構成的界面（MS結構），形成肖特基結，如果內建場擴展到整個半導體，可以形成 MSM 結構。圖 2-26(e)是 MIS 結，它是在金屬—半導體間引入了一層超薄絕緣層構成的，半導體與絕緣層界面附近半導體一側可以形成多數載流子的積累，也可以形成少數載流子的反型層，具有內建靜電場，形成光生電動勢。

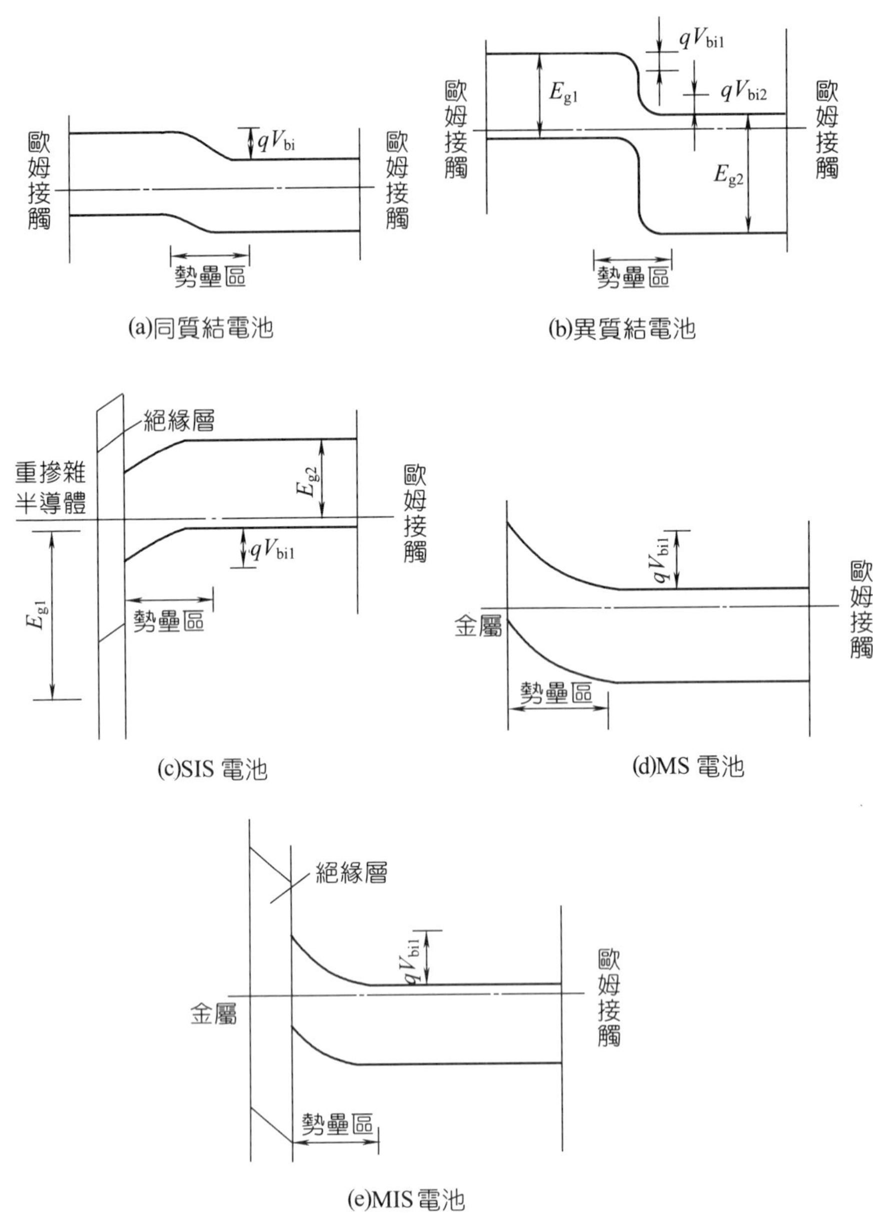

圖 2-26　光電池結構類型

★ 參考文獻

1.〔美〕施敏著。半導體器件—物理與工藝。王陽元，嵇光大，盧文豪譯。北京：科學出版社，1992
2.錢佑華，徐至中。半導體物理。北京：高等教育出版社，1996
3.李言榮，惲正中主編。電子材料導論。北京：清華大學出版社，2001
4.〔英〕W.施羅特爾主編。半導體的電子結構與性能。甘駿人，夏冠群等譯。北京：科學出版社，2001
5.〔沙特阿拉伯〕A. A. M. 賽義夫編。太陽能工程。徐任學，劉鑒民等譯。北京：科學出版社，1984
6.曾樹榮編著。半導體器件物理基礎。北京：北京大學出版社，2002
7.後藤顯也著。光電子學入門。林禮湟，侯印春譯。北京：機械工業出版社，1991
8.〔蘇〕古列維奇，波利斯科夫著。半導體光電化學。彭瑞伍譯。北京：科學出版社，1989
9.姜月順，李鐵津等編。光化學。北京：化學工業出版社，2005
10.劉恩科等編著。光電池及其應用。北京：科學出版社，1989

Organic Solar Cells

Chapter 3

有機太陽能電池

3.1 有機太陽電池的定義及分類[1]

有機太陽電池主要是利用有機小分子直接或間接將太陽能轉變為電能的器件。太陽電池的分類有許多，有些按其結構分類；有些按其所用化學材料分類；有些按其光伏產生的機制分類。本節按其結構及光伏機制分為 3 種基本類型：有機肖特基型太陽電池、有機 p-n 異質結型太陽電池和染料敏化太陽電池。

有機太陽電池是正進行研究的一種新型電池。其轉換效率比較低，存在著載流子（charge transfer carrier）遷移率低、無序結構、高體電阻以及耐久性差等問題，目前尚未進入實用階段。但與無機半導體材料相比，有機小分子光電轉換材料具有化合物結構可設計性、材料質量輕、製造成本低、加工性能好、便於製造大面積太陽電池和能吸收可見光等優點。有機小分子的合成、表質相對簡單，化學結構容易修飾，可以根據需要增減功能基團，而且可以通過各種不同方式互相配合，以達到不同的使用目的。而且，利用有機小分子材料可以恰當地模擬生物體內功能分子的作用，在光電轉換機制研究和結構與性能的關係研究方面都帶來許多方便。

目前，有機小分子光電轉換材料大部分是一些含共軛體系的染料分子（Dye Molecule），由於它們能很好地吸收可見光而常常表現出比較好的光電轉換性質。

3.2 有機肖特基型太陽電池（Organic Schottky, type Solar Cell）[2~5]

肖特基型太陽電池（Schottky type Solar Cell）是屬於表面勢壘光電池。表面勢壘光電池的特點是只使用一塊並且摻一種雜質的半導體（n 型或 p 型），光生伏特效應主要來源於這塊半導體的表面勢壘區。若按形成表面勢壘的材料區分，表面勢壘光電池有兩種基本類型：一類是全固體狀態的電池，另一類是電解質／固體電池。全固態電池用金屬／半導體（MS）或金屬／絕緣體／半導體（MIS）構成，通常稱為肖特基勢壘光電池。電解質／固體電池用液體／半導體構成，稱為電化學光伏電池（EPC Electro-Chemical Photovoltaic Cell）。

全固態表面勢壘光電池是以研究 Cu-Cu_2O 結構開始的，1904 年，Hallwachs 報道了這種結構的光敏特性，1927 年發展成光伏器件。到 20 世紀 30 年代，Cu-Cu_2O 金屬—半導體結構的表面勢壘器件已投入生產，並在光控制和光度學方面得到了 應用，不過器件的轉換效率很低（$\eta \leq 1\%$）。到了 20 世紀 50 年代初期，p-n同質結光電池的出現，使表面勢壘光電池的研究減慢。

MS 結構光電池的轉換效率比較低，主要是由於這種結構的反向電流主要是由多數載流子的熱電子發射所決定。它比少數載流子由體擴散—複合所決定的反向電流大得多。在一定的偏壓下，兩者有數量級之差。因而，在MS電池中，體擴散—複合電流可以忽略，但在同質結電池中，它卻起決定性的作用。因此，用同樣半導體材料製作的 MS 電池的開路電壓比同質 p-n 結的要低，即使兩種結構的Isc相同，由於開路電壓的關係，MS電池的效率也要低於同質pn結電池的效率。1972年MIS結構電池的出現，使開路電壓得到了提高。1981年，Green等又研製出了將MIS結構與$n^{+}-p$結構相結合的新型光電池——MINP光電池。這使得MS結構光電池注入了新的研究點。因此，今天表面勢壘光電池還在發展之中。這種電池結構是最簡單也可能是最廉價的光電池結構，表面勢壘的形成又是在低溫下進行，在電池製作過程中對吸收材料的特性的影響不會太大，因而有發展的潛力。

圖3-1為以n型半導體為吸收體的MS和MIS表面勢壘光電池的基本結構。它是在半導體表面上製作一層透明金屬層，再在金屬層上製作柵狀金屬電極，在半導體背面製作歐姆接觸電極，再在正面金屬層上製作一層減反射膜。這種MS結構的光電池也稱作肖特基勢壘光電池。作為吸收材料的半導體，可以是n型也可以是p型的，這種光電池的結構簡單，因為不需製作p-n結，所以避免了擴散製結過程中的高溫程序。

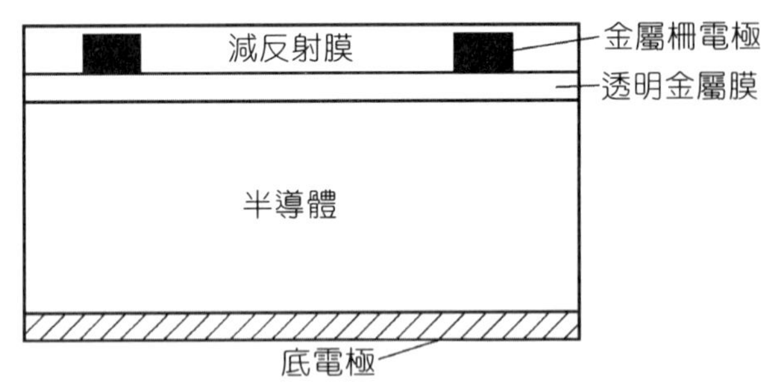

圖3-1　MS光電池的基本結構

肖特基型太陽電池的結構為：玻璃／金屬電極／染料／金屬電極，見圖3-2。電池的器件是製造成夾層式的結構。有機材料夾於中間，上下兩端為金屬電極。最簡單的結構就是兩個電極間夾著一層有機材料的單質結器件。電極一般都是ITO玻璃和低功函數金屬Al、Ca、Mg。通常採用 Corning7059 型號的玻璃作為基質，用真空鍍膜法鍍上一層金屬或金屬的氧化物，作為半透明金屬電極，然後在半透明電極上採用氣相沉積法或採用液相沉積法製成有機薄膜層，最後在有機薄膜層上鍍一層金屬膜，製成另一金屬電極。鋁常作為半透明電極，銀、金作為基電極（或反電極）。

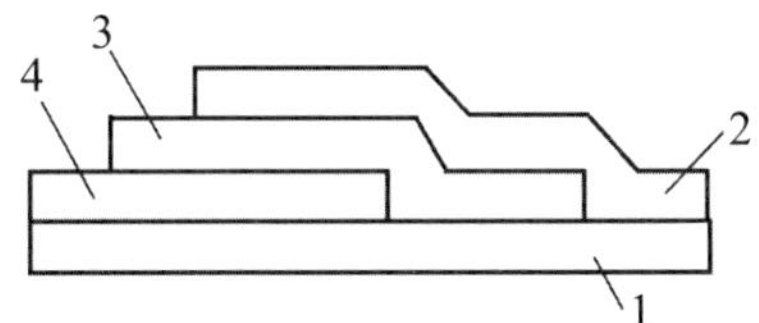

圖 3-2　肖特基型太陽電池

1—玻璃基片（襯底）；2, 4—金屬電極；3—有機半導體材料

肖特基型電池是早期太陽電池研究方面的重點。受其結構的影響，其光譜吸收的面較窄；其歐姆接觸是 Al 與 In 等形成的，穩定性差，光通過金屬結構的效率低（通常低於 1%）。常見的各種有機光電材料均可被製成肖特基型有機太陽電池。這類電池的效率一般為 0.4%左右，材料的光譜吸收範圍不同，轉換效率也有所不同。

對此類電池來說，入射到電池光電導層的光強有很大部分被反射掉，這降低了光電池轉換效率。這就需要優化電池的表面結構，將電池表面反射的光重新進入電池。另一方面使用低的串聯電阻和小的覆蓋面的金屬作為前電極易獲得大的填充因子和高的光電流。目前發現對有機材料進行 I_2 等摻雜可提高有機材料的電導率；通過表面離子極化激發技術提高光吸收量可以提高電池的光電轉換效率。

有機太陽電池與無機太陽電池的載流子產生過程有很大的不

同。通常，無機太陽電池如GaAs肖特基型和矽p-n結太陽電池，其載流子產生過程非常簡單，吸收能量高於禁帶寬度的光子直接產生電子空穴對，電池的光電流是這些自由載流子直接輸送的結果，取向的內建場有助於光生載流子的收集。然而，有機染料的光生載流子產生過程則比較複雜，染料吸收光子產生激子（Excitor）（一般為單線態激子），而不是自由載流子。為了產生光電流，這些激子必須離解成自由載流子（空穴和電子），要麼在有機染料的體內，要麼在金屬／有機界面或有機／有機界面。在體內激子的離解有多種機制，可歸結為激子的熱電離或自電離、激子／激子碰撞電離、光致電離、激子與雜質或缺陷中心相互作用等。這樣，離解產生的自由載流子易因成對複合而損失，只有擴散到電極／有機界面或有機／有機界面的激子，被界面的內建場離解才對產生光電流有貢獻。

Ghosh 等實驗證明，在單層有機肖特基型 Al ／份菁／ Ag 電池中，只有到達 Al ／份菁界面的激子才能離解成自由載流子，而被電極收集產生電流，並提出了光電流產生的理論模型。但該模型忽略了內建場僅區域於 Al ／份菁界面，沒有綜合考慮激子的擴散和離解、載流子分離和輸運。因此，黃頌羽等[6]在 Ghosh 的工作基礎上，建立了如下模型：內建場區域於 Al ／份菁界面的肖特基勢壘寬度範圍內，內建場為激子離解的無窮阱，促進電荷有效地分離。只有產生於勢壘區的激子及產生於中性區的激子擴散進入勢壘區，才能被內建場離解成自由載流子，被電極收集形成光電流。並建立了電池的能帶模型，推導出激子和載流子的輸運方程，對電池的光電轉換過程進行了描述。黃頌羽等提出了有機肖特基型固態太陽電池的理論模型，假設只有勢壘區的激子和產生於中性區且擴散到勢壘區的激子，才能被內建場離解成自由載流子而被電極收集。該模型綜合探討了內建場對激子產生、輸運和離解及自由載流子分離和由電極收集的影響，並解釋了場依賴的收集率以及電池的光導作用光譜與份菁薄膜的吸收光譜同相的原因。研究了表面複合速度對自由載流子收集率的影響。據此，認為強的取向內建場、超薄膜化和分子排列取向化是提高有機肖特基固態太陽電池的重要途徑。

此類電池的內建電場起源於兩個電極的功函數差異或者金屬／有機染料接觸而形成的 Schottky 勢壘。該電場使得材料吸收光子產生的激子分離，從而產生了正負電子。只有當激子擴散到電極和材料接觸處激子才可能分離，一般激子的擴散長度只有 1～10nm。這就限制了這種器件的光電特性。由於具有最簡單也可能是最廉價的電池結構，表面勢壘的形成又是在低溫下進行，因此，對其的研究也沒有停止過[7]。本節以電池所用有機半導體材料分別進行討論。

★ 3.2.1 酞菁（Phthalocyanine）[8]

酞菁類化合物（結構式見圖 3-3）具有獨特的顏色、較低的生產成本、非常好的穩定性及著色性，最早應用於染料工業。隨著高新技術的發展，「功能性染料」成為全世界染料行業發展的熱點。酞菁類化合物以其獨特的物理化學性能而受到世人矚目。酞菁類化合物屬 p 型半導體，其合成已經工業化，是太陽電池中很受重視、研究得最多的一類材料。在 20 世紀 50～60 年代，人們主要研究了金屬酞菁在金屬電極尤其是鉑電極上的光電效應，探討了影響金屬酞菁光伏效應的各種因素，如中心金屬離子、摻雜及環境氣氛等。進入 20 世紀 70 年代以後，人們逐漸把注意力轉向金屬酞菁在無機半導體如 ZnO、CdS 及 SnO2 等上面的光伏效應。

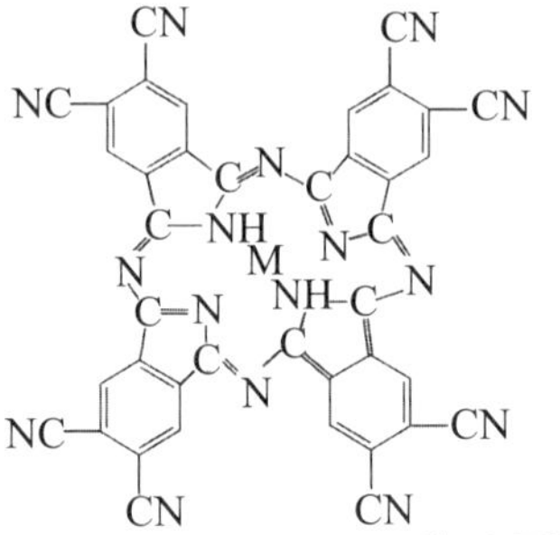

M 為金屬

圖 3-3　酞菁類化合物的結構

J.Takada 等利用 CuPc（式中 Pc 為酞菁）和 TiO_x 製造出一種有機異無機異質多層結構，這是一個新的光電材料概念。他們證實了 CuPc/TiO_x 質多層結構的形成，所基於的模型為：CuPc 層產生光載流子（Photo Charge Carrier）；TiO_x 負責電荷在界面分離後電子在面內的傳輸。多層結構比單層 CuPc 展示出較大的光導性，這可能是因為通過激發態電子從 CuPc 到 TiO_x 導帶的傳輸，電荷載子的分離性較大。翟和生等[9]以 Cl Cl— Cl— —COOH —COOH Cl、NO_2 —COOH —COOH、O_2N— —COOH —COOH 及四氫酞酐等為原料，在硝基苯反應介質中，以鉬酸銨為催化劑，與 $CuCl_2 \cdot 2H_2O$ 和尿素混合，加熱攪拌，在 150～190℃回流 4h，分別合成得到十六氯酞菁銅、3, 3', 3'', 3'''四硝基酞菁銅、4, 4', 4'', 4'''四硝基酞菁銅和十六氫酞菁銅。4, 4', 4'', 4'''四氨基酞菁銅則用 Na_2S 還原 4, 4', 4'', 4'''四硝基酞菁銅而製得。測定了這些衍生物在鉑電極上和砷化鎵電極上的光伏效應，結果表明，含拉電子取代基的酞菁銅比含推電子取代基的酞菁銅的光伏效應大。

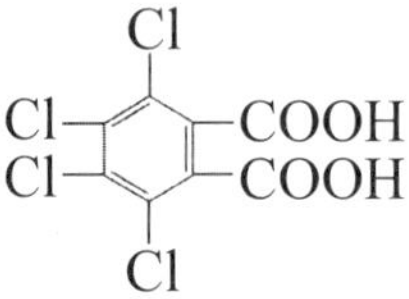

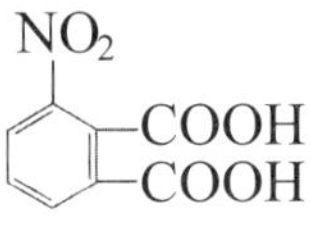

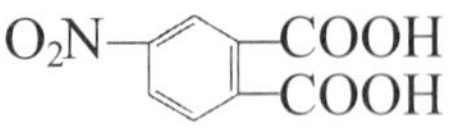

⑴ 2, 4, 16, 23 四硝基酞菁銅的合成[10]

將 17.3g 4—硝基鄰苯二腈（100mmol）和 2.5g CuCl（25mmol）在 50mL 喹啉中混合，通氮氣攪拌 10min，然後開始加熱，保持溫度在 180～190℃，反應 2h，待反應液冷卻後抽濾，依次用喹啉、乙醇洗滌，直到濾液無色為止，然後再依次用 5% NaOH 溶液、5% HCl 溶液、水、乙醇、氯仿洗滌，乾燥，得深綠色粉末狀固體四硝基酞菁銅 15g，如圖 3-4 所示。

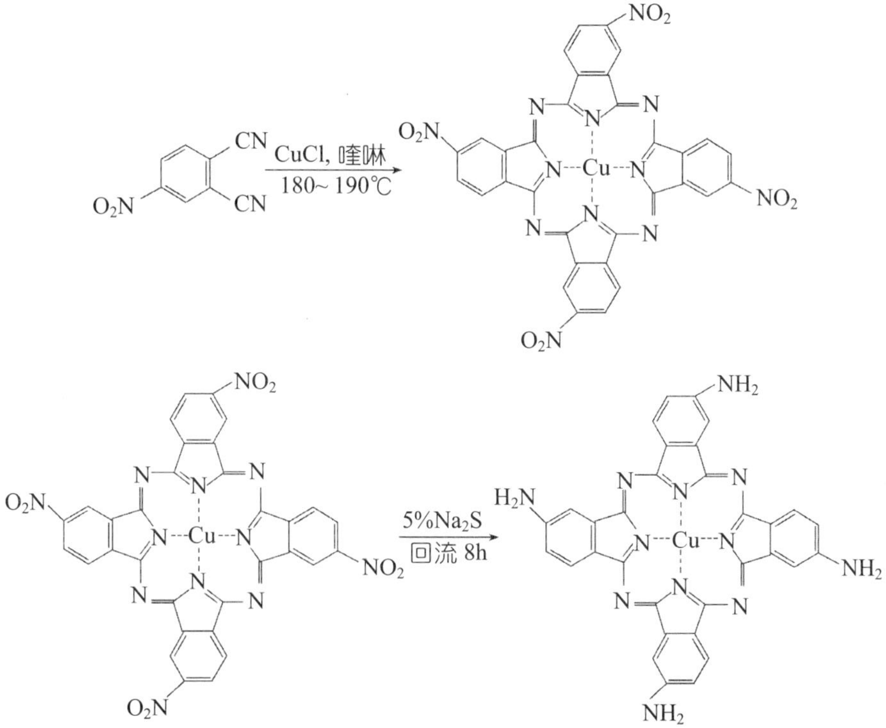

CN
CN
O_2N
CuCl, 喹啉
180～190℃
NO_2
O_2N
N
Cu
NO_2
O_2N

NO_2
O_2N
Cu
NO_2
O_2N
5%Na_2S
回流 8h
NH_2
H_2N
Cu
NH_2
NH_2

圖 3-4　2, 9, 16, 23—四氨基酞菁銅的合成方法

(2) 2, 9, 16, 23—四氨基酞菁銅的合成

稱取 $Na_2S \cdot 9H_2O$ 15.4g，將其溶於 90mL 水，配成 5%的 Na_2S 水溶液；稱取上述實驗中製得的 2, 9, 16, 23—四硝基酞菁銅產品 5.0g 加入到 Na_2S 水溶液中，加熱，回流 8h，待反應液冷卻後抽濾，用乙醇洗滌，直到濾液無色為止，然後再用 5% NaOH 溶液、5% HCl 溶液、水、乙醇、氯仿洗滌，自然乾燥，得深綠色 2, 9, 16, 23—四氨基酞菁銅 4.0g。

2, 9, 16, 23—四硝基酞菁銅和 2, 9, 16, 23—四氨基酞菁銅具有較好的可溶性，利於在太陽電池電極基底上有效塗覆、修飾。兩種酞菁類材料在可見光區整個波段都有較強吸收，適合作為光電轉化材料應用於太陽電池。

酞菁類配合物同天然的卟啉、葉綠素、血紅素等有相似的骨架結構，是一類具有 π 電子共軛體系的化合物，具有光、電、磁及催化等獨特的物理化學性質。由於無取代的酞菁配合物在水和有機試劑中的溶解度低，限制了對其性質和應用的研究，但在酞菁環的周邊或軸向位置引入取代基，可大大提高這類配合物在水或有機溶劑中的溶解度。

(3)配合物的合成[11]

在 500mL 三頸瓶中依次加入 2.3g(14mmol)3, 6—二羥基鄰苯二甲腈，9g（64mmol）無水 K_2CO_3，175mL DMF，5.4mL 碘代正丁烷，通入氮氣，90～95℃下攪拌 6h。冷卻後將反應混合物倒入盛有冰水的燒杯中，立即出現淺褐色沉澱，過濾，水洗至中性，乾燥，乙醇重結晶得白色固體 3DK，6—二丁氧基鄰苯二甲腈 1.2g。收率 58%，熔點 192～193℃。

在 100mL 三頸瓶中依次加入 0.43g(1.56mmol)3, 6—二丁

氧基鄰苯二甲腈，0.05g（0.4mmol）無水氯化鎳，0.8mL (5.8mmol)DBU（1, 8—二氮雜雙環[5, 4, 0]-7-十一碳烯），通氮氣回流 7h 後蒸去大部分溶劑，冷卻後加入 70mL 甲醇，放置過夜，過濾，沉澱依次用甲醇、3%稀鹽酸和水洗滌，乾燥後得到粗產品；將此粗產品在矽膠柱上進行純化（洗脫劑 $CHCl_3$，100～200 目色譜用矽膠），再用二氯甲烷和甲醇的混合溶劑（體積比 90：10）重結晶，得墨綠色細針狀晶體 0.18g。如圖 3-5 所示。

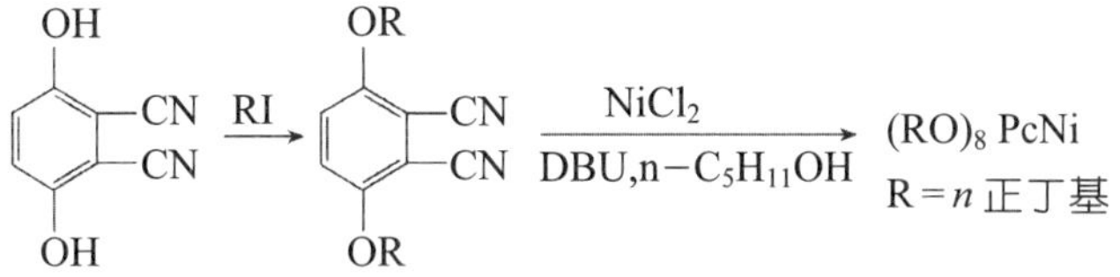

$$\text{(OH)}_2\text{C}_6\text{H}_2(\text{CN})_2 \xrightarrow{RI} (\text{OR})_2\text{C}_6\text{H}_2(\text{CN})_2 \xrightarrow[\text{DBU,n}-C_5H_{11}OH]{NiCl_2} (RO)_8\ PcNi$$

R = *n* 正丁基

圖 3-5 1, 4, 8, 11, 15, 18, 22, 25—八丁氧基酞菁鎳的合成路線

目前生產酞菁的方法主要有兩種：鄰苯二腈法和苯酐尿素法。前者是用鄰苯二腈和金屬鹽，在觸媒作用與飽和氨氣的環境中加熱得到；後者是以苯酐、尿素、金屬鹽、鉬酸銨等為原料加熱製得。前者生產條件苛刻且成本昂貴，後者原料廉價易得，製程方法簡單，成本低，是生產銅酞菁的主要方法。苯酐尿素法（見圖 3-6）又分為固相法和液相法，液相法是將原料溶解在三氯苯等有毒溶劑中進行反應，產品質量較好，產率可達 85%以上。

趙衛國等[12]研究了非三氯苯溶劑法合成銅酞菁：將 24g 苯酐、36g 尿素和 150mL 溶劑在室溫下混合，加熱到 180℃後加入 5.0g 氯化亞銅，加畢，升溫到 190℃，加入 0.5g 鉬酸銨，加畢，升溫到

220℃，保溫 6h。反應結束後除去溶劑，產物用 5%鹽酸和 5%氫氧化鈉分別處理一次，經乾燥後得到帶紅光的艷藍色固體粉末 20g，收率約 90%。殷煥順等[13]研究了鋅酞菁的固相法合成：在 500mL的特製金屬容器中加入苯酐 20g、尿素 50g、無水氯化鋅 4g、鉬酸銨 0.5g，攪拌下加熱至尿素完全溶解，再向體系中加入氯銨和無水碳酸鈉，恆溫 0.5h後升溫至 280℃，在此溫度下保溫 4～5h，得到固體用稀鹽酸浸泡 12h，過濾，將濾餅用熱水洗滌 10 次，乾燥後將粗品溶於 98%的濃硫酸中，用玻璃砂芯漏斗過濾，濾液用冰水稀釋，析出鋅酞菁，水洗至中性，再依次用DMF、乙醇和丙酮洗滌，乾燥得純品。用上述同樣的方法可分別合成鎳、鈷、錳、釩、鋁、鉻、錫、鎂酞菁。

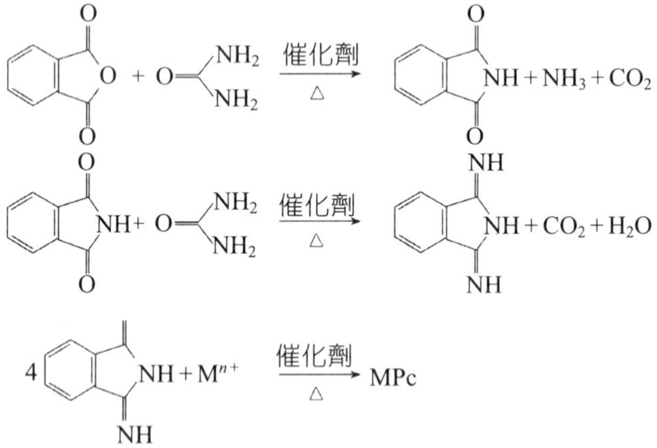

圖 3-6　苯酐尿素法合成酞菁

★ 3.2.2 卟啉（Porphyrin）[14～16]

卟啉是卟吩環（Ⅰ）碳上氫原子被部分或全部取代後形成的化合物。雖然理論上可以有無數種不同的取代卟啉，迄今卻只有少數幾種天然卟啉在自然界的動植物體內被發現。天然卟啉通常是 1～8 位被取代，而人工卟啉則主要是 9～12 位取代物。表 3-1 列出了幾種常見卟啉的取代基和名稱縮寫。

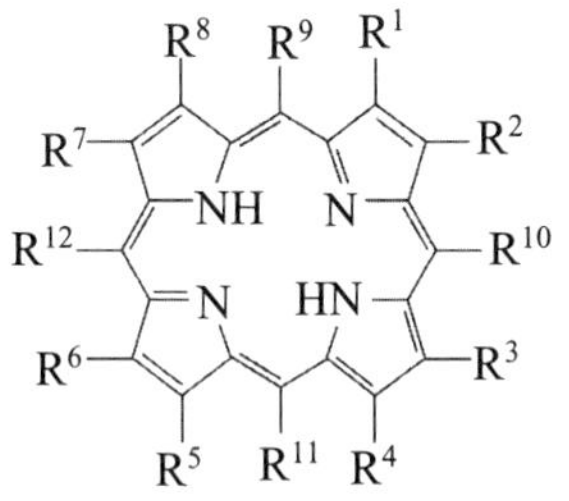

表 3-1 幾種常見卟啉的取代基種類和名稱縮寫

卟啉	R^1	R^2	R^3	R^4	R^5	R^6	R^7	R^8	R^9～R^{12}
四苯基卟啉 H_2TPP	H	H	H	H	H	H	H	H	C_2H_5
四苯基甲基卟啉 H_2TTP	H	H	H	H	H	H	H	H	C_6H4CH_3
四吡啶基卟啉 H_2TPyP	H	H	H	H	H	H	H	H	C_4NH_4H
四吡啶甲基卟啉 $H_2TMPyPJP$	H	H	H	H	H	H	H	H	$C_5NH_4CH_3I$
八乙基卟啉 H_2OEP	Et	Et	Et	Et	Et	Et	Et	Et	H

1880 年，Seyler 從血紅素中製得 hematoporphyrin，並從 chlorophyll 中分離得到 phylloporphyrin，在進一步研究兩種化合物金屬離

解後的產物時，發現兩個化合物具有相似的分子結構（即卟啉環）。1902 年，Zelaski 首次合成了新穎的二價 Cu 和 Zn 的金屬卟啉配合物，從此，化學的研究開始了迅猛的發展。1983 年，Buchler等人報導了第一例具有三明治夾心結構（Ⅱ）的二層稀土金屬卟啉配合物 $Ce(TTP)_2$ 和 $PrH(TTP)_2$，為金屬卟啉的研究開闢了一個嶄新的方向。

卟啉由 4 個吡咯環通過亞甲基相連形成的具有 18 個 π 電子的共軛大環化合物，其中心的氮原子與金屬原子配位形成金屬卟啉衍生物（Metal Porphyrin Derivatives）。卟啉化合物（結構式見圖 3-7）具有良好的光和熱穩定性，吸收光譜在可見光範圍內具有許多獨特的物理性質和化學性質及其他功能性質，是較好的光敏染料。近年來，利用卟啉獨特的電子結構和光電性能，設計和合成光電功能材料及光電器件的研製等方面已成為國內外十分活躍的研究領域，取得了許多重要的進展。但是，由於卟啉固體具有非常大的電阻（電導率約為 10^{-13} S/cm），相對較大的氧化電勢以及小的分子間接觸，其光電性能比酞菁和份菁要差許多。

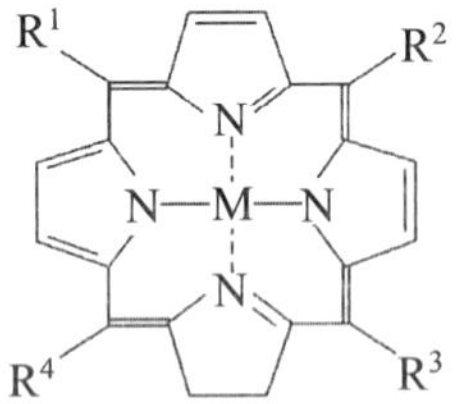

圖 3-7　金屬卟啉衍生物的結構式

採用卟啉及其衍生物製備的有機太陽電池主要有兩種：肖特基型和p-n異質結型。早期的研究主要集中於肖特基型有機太陽電池，如K.Takahashi等對各種卟啉電池的光電性質進行了許多研究。他們發現，通過模仿天然植物中的光合成反應中心，可獲得較好的光電能量轉換。Antohe採用四－（4—吡啶基）卟啉（Tpyp）製備肖特基型有機太陽電池ITO/Tpyp/Al，光從ITO照射，光強為32μW·cm^{-2}時，在440nm處的轉換效率為0.27×10^{-2}%。但這些採用單一的卟啉材料製備的肖特基型有機太陽電池的轉換效率都較低，這是由於卟啉的電阻非常高（約10^{13} S/cm）和相對較大的氧化電勢以及較小的分子間接觸，限制了其光電轉換效率的提高，需要製備非常薄的膜才能獲得比較好的轉換效率。因此，有關這方面的研究工作轉向研究 p-n 異質結型和多層結構的有機太陽電池。

卟啉和金屬卟啉都是高熔點的深色固體，多數不溶於水和鹼，但能溶於無機酸，溶液有螢光，對熱非常穩定。卟啉體系最顯著的化學特性是其易與金屬離子生成1：1配合物，卟啉與元素周期表中各類金屬元素（包括稀土金屬元素）的配合物都已得到，大多數具有生理功能的吡咯色素都以金屬配合物形式存在，如鎂元素存在於葉綠素中，鐵元素存在於血紅素中。

卟啉化合物的合成主要是構造卟吩核。合成的卟啉化合物中，最具代表性的當屬四苯基卟啉（tetraphenylporphyrin, TPP），其合成方法主要有以下幾種。

(1) Rothemund 法

卟啉化合物最早由 Rothemund 合成，該法在此後的一段時間內一直是合成卟啉化合物的經典方法。它以醛類化合物（甲醛、乙醛、苯甲醛等）和吡咯（Pyrolle）為原料，以吡啶和甲醇為溶劑，在封口的玻璃管中反應，水浴 90～95℃下反應 30min。將反應液降溫後過濾，以吡啶洗滌反應管和濾餅，合併濾液，用蒸汽加熱濾液以除去甲醇，再真空濃縮，然後倒入醚中，過濾後用蒸餾水多次洗滌濾液，再以 50%乙酸萃取 2 次。最後將醚液用飽和 $NaHSO_3$ 萃取 3 次後，水洗至中性。用鹽酸、乙酸鈉、氫氧化鈉及硫酸鈉以 Willstatter 法濃縮，使卟吩析出，收率以吡咯計算，用 1g 吡咯可得純卟啉 1mg。該法僅有極少數芳醛可用於合成卟啉，因此該法逐漸為後人所改進。

(2) Adler 法

Adler 法是在 Rothemund 合成方法的基礎上改進而得。此法採用苯甲醛和新蒸的吡咯在丙酸中回流（141℃）反應 30min，冷卻至室溫後過濾，分別用甲醇和熱水洗滌濾餅，得藍紫色晶體。真空乾燥後，TPP 收率為 20%。採用這種方法，約有 70 多種醛類化合物和吡咯反應合成了卟啉化合物。但由於反應條件的限制，一些對酸敏感的含取代基的苯甲醛不能用作原料；用帶有強吸電基的苯甲醛進行合成時產率特別低；而且由於底物濃度高及反應溫度高，反應生成大量焦油，純化較困難（特別是對於不結晶或不沉澱的卟啉來說）；另外，反應中的副產物四苯基二氫卟啉與四苯基卟啉分離較困難。

(3) Lindsey 法

本法採用苯甲醛和吡咯為原料，在氮氣保護下，於二氯甲烷中，以$(C2H5)_2O \cdot BF_3$（三氟化硼乙醚配合物）為催化劑，室溫下反應生成卟啉原，然後以二氯二腈基苯醌（DDQ）或四氯苯醌（TCQ）將四苯基卟啉原氧化，得到最終產物四苯基卟啉（TPP），收率可達 20%～30%。

(4)微波激勵法

1992 年法國化學家 Petit 提出了一種新的合成方法：將吡

咯和苯甲醛吸附於無機載體矽膠上，利用載體的酸性催化作用，在微波激勵下合成四苯基卟啉。反應 10min 後，直接加入色譜柱進行色譜分離，得到四苯基卟啉，收率為 9.5%。北京輕工業學院劉雲等以二甲苯為溶劑，對硝基苯甲酸為催化劑，使苯甲醛和吡咯在微波爐中反應 20min，也可得到卟啉產品，收率達到 42%。

★ 3.2.3 卟啉—酞菁配合物（Porphrin-Phthalocyanine）[17]

由於卟啉在自然界生命活動的能量、信息和氧氣傳送中的特殊作用，以及其特殊的二維共軛π電子結構，分子結構上的多樣性、易裁剪性，配合金屬原子種類的多樣性和其對光、熱的高穩定性，國內外許多機構都在卟啉和與其具有相似電子結構的酞菁類新型功能材料方面做了大量工作，取得了不少進展。近年來，具有三維共軛電子結構的三明治型金屬卟啉、酞菁配合物構成了卟啉、酞菁化學和配合物材料中新的研究熱點，合成方法不斷取得突破，其作為液晶材料、氣體傳感材料、分子材料和光合成反應中心模型化合物的應用潛力不斷被揭示。

第一個二層的金屬酞菁配合物$Sn(Pc)_2$是由Linstead等在 1936 年合成的，20 世紀 60 年代中期，俄國學者 Kirin 等又首先合成了含 f 電子的鑭系金屬的二層和三層三明治型酞菁配合物 $REDK(Pc)_2$ 和 $RE2DK(Pc)_3$，其電致變色和半導體電導性質的發現，首次激起了人們在該領域的研究熱情，德國學者 Lux 於 20 世紀 60 年代末期相繼報道了同樣含 f 電子的錒系金屬釷、鏷、鈾、鎿、鋦的二層酞菁配合物的合成。自 1983 年始，德國學者 Buchler 又率先在二層（及三層）三明治型稀土卟啉配合物$REDK(Por)_2$和$RE2DK(Por)_3$的合成方面取得突破。在所有這些三明治型稀土卟啉或酞菁體系裏，兩個或三個被拉到很近距離的共軛π體系（卟啉或酞菁）之間的電子相互作用，構成了其光電磁性質的電子結構基礎。為了更好地理解這些三維共軛體系中π-π作用的本質，含有不同大環共軛體系的三明治型金屬配合物 $Ln_2(P')_2(P'')$、$M(P')(P'')$、(M = Y，Ln，Zr，Hf，Th，U；$P' \neq P'' = Por$，Pc），尤其是同時含有卟啉和酞菁配體的二層三明治型配合物 M(Por)(Pc)的研究，成為 20 世紀 90 年代人們關注的焦點。

迄今為止，不同的研究者已經成功地報道了數百種對稱的和不對稱的三明治型金屬卟啉、酞菁配合物，所涉及的金屬包括稀土金屬（Sc, Y, Ln）、早期過渡金屬（Ti, Zr, Hf）、錒系金屬（Th, Pa, U, Np, Am）和第Ⅳ主族金屬（Sn），值得提及的是，最近波蘭學者和德國學者又成功地將夾心金屬的種類擴展到第Ⅲ主族（In）和第Ⅴ主族（Bi）。所有三明治型金屬卟啉、酞菁配合物可以分為以下幾個類型。

①對稱的三明治型（二層和三層）金屬酞菁（酞菁）配合物 $DKM(Pc')_2$、 $Ln(Nc)_2$、 $Ln_2(Pc)_3$或$Ln_2(Nc)_3$。

②不對稱的三明治型（二層）金屬酞菁（酞菁）配合物Ln(Pc')(Pc'')、 Ln(Nc)(Pc)。

③對稱的三明治型（二層和三層）金屬卟啉配合物 $M(Por)_2$、$Ln_2(Por)_3$。

④不對稱的三明治型（二層和三層）金屬卟啉配合物 M(Por')(Por'')、 LnH(Por')(Por'')和 $Ce_2(Por')(Por'')_2$。

⑤不對稱的三明治型（二層和三層）金屬卟啉、酞菁配合物M(Por)(Pc)、(Por)Ln(Pc)Ln(Por)、(Por)Ln(Pc)Ln(Pc)、(Pc)Ce(Por)Ce(Pc)、(Por')Ln(Pc)Ln"(Por")（見圖 3-8）。

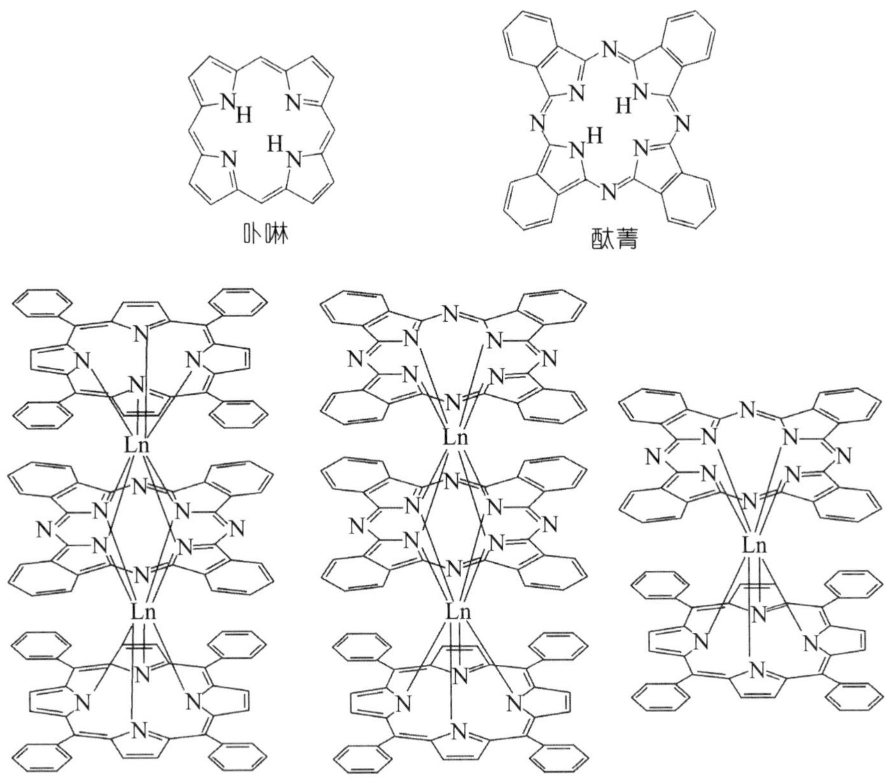

圖 3-8　卟啉、酞菁和不對稱的三明治型稀土卟啉、酞菁配合物的結構示意圖

從 20 世紀 60 年代後期，有機半導體就開始引起了人們的廣泛注意，到今天，早已成為一個廣為接受的概念。而分子半導體這一概念的精確定義則是法國學者 Simon 在研究二層三明治型酞菁鏀配合物 $Lu(Pc)_2$的電導性質的基礎上完成的。在物理學上，完全依據電導率的範圍給出了無機半導體的定義，即凡是那些電導率處於 10^{-6}～$10^{-1}S \cdot cm^{-1}$ 之間的物質都是半導體。根據這一定義範圍所確定的無機物也確實形成了具有共同性質的一個家族：①它們都具有熱激發的電導性質；②它們都有光導性質；③它們也因此皆可加工成電子元器件，如 p-n 結、二極管和場效應管（三極管）等。但是，對由分子單位為基元組成的分子材料而言，僅僅依靠電導率的定義是不能區分由摻雜有機絕緣體而形成的半導體和本質有機半導體的。所以，為了區分在電子工業上有著重要意義的本質半導體和不能被加工成電子元器件的摻雜的絕緣體，結合物理學上無機半導體的定義和相應的性質，1985 年，Simon 等給出了分子半導體的精確定義標準[18]。

① 它首先必須是分子材料。其組成單元的分子可以被獨立地研究，這些分子單元可以被加工成凝聚態的形式，比如薄膜、分子晶體和液晶等。

② 這些分子材料必須具有與無機半導體同樣的電導率。即在不與電子給體或電子受體等摻雜時的固有電導率必須在 10^{-6}～$10^{-1} S \cdot cm^{-1}$ 範圍內。

③這些分子材料的電導率在與電子給體（n型）或電子受體（p型）等摻雜時必須有明顯的提高。

④這些分子半導體必須可以被加工成相應的電子元器件，如p-n 結、太陽電池、二極管和場效應三極管。

依據這一分子半導體的嚴格定義，可以認為在 1985 年Simon等發現$Lu(Pc)_2$的本質半導體特性以前，沒有一例真正意義上的分子半導體。1985 年以前，許多學者研究了大量的分子晶體和液晶、金屬有機衍生物〔包括單層金屬酞菁、卟啉等共軛大環配合物、乙炔聚合物系統、甚至電子轉移化合物和自由基離子鹽（從嚴格的意義上講，這後兩種物質不屬於分子材料的範疇）〕的電導性質，但它們都不是本質半導體和導體。1985 年，Simon 等發現 $Lu(Pc)_2$ 的薄膜的電導率約為 $10^{-6}S \cdot cm^{-1}$ 數量級，比過渡金屬 Zn、Ni 的單層酞菁的電導率要高 10^6 倍。此後，他們又研究了其進行 p 型和 n 型化學摻雜後的電導率，並將其加工成 p-n 結、二極管和場效應三極管等電子元器件，由此定義了這一首例分子半導體。

與 Simon 等的注意點不同，Hatfield 研究了幾乎整個系列的稀土的二層酞菁配合物 $RE(Pc)_2$ 在未摻雜時和碘摻雜後的粉末壓片的電導率，發現未摻雜時的電導率皆位於半導體的範圍之內，碘摻雜後的電導率提高了約 2 個數量級。考慮到碘和二層稀土配合物的氧化還原電勢，可以認為這種電導率性質的改善主要來源於兩方面：一方面來源於碘摻雜後體系中由於電荷轉移化合物的生成而引起的帶電離子數目的增加，另一方面也可能來源於含有未成對自由基電子的中性分子 $RE(Pc)_2$ 數目的增加。Bufler 等對冠醚（Crown Ether）取代 $HLu(Pc)_2$ 電導性質的研究結果與上述假設是相符的。1993 年，Jones 等研究了取代的二層稀土酞菁配合物的電導性質，發現由於取代基的空間阻礙和由此引起的二層分子在排列時的傾斜的取向，降低了其電導率。

含有較長烴氧基取代酞菁的二層稀土配合物可以形成柱狀的液晶態，其穩定區間與取代基的種類有關。它們的光譜學和電學性質與未取代的二層酞菁配合物完全一致，可以推斷其固態時固有的自由帶電子的密度和未取代酞菁配合物中的密度也是一致的。但是，由於取代後的化合物既不能通過重結晶也不能通過昇華而完全除去雜質，所以其電導性質的研究不能證明其本質半導體特性。其交流電導性質的研究表明，在頻率為 10^2～10^4 Hz時存在著柱狀液晶內電導過程，但是自由帶電子的遷移率較低。

需要強調的是，由於有機半導體與無機半導體在構成單元和結合方式上本質的不同，分子單元間的作用力較弱，自由帶電子的移動速率較慢，傳統的導帶理論是不能用於解釋有機半導體的導電機理的。因此，至少是在室溫的狀態下，一種對其電子能級的定域的描述被用來研究其電導機制，而在加壓或降溫到一定程度，分子單元間的相互作用逐漸增強到與傳統的無機半導體間的相互作用可以相比擬時，導帶理論也自然地可以被重新應用到分子半導體體系。按照分子材料中電子能級定域的理論，費米能級的概念被另外一種相應的概念——化學勢代替，而電子和空穴的密度被陰離子和陽離子的濃度代替，某一狀態的密度被每立方釐米中分子單位的濃度代替。可以發現，因為有機半導體分子材料的電導性質是由其產生自由帶電離子的難易程度和自由帶電子在其凝聚態的移動速度決定的，因此某種有機半導體的電導率可以粗略地從其構成分子的第一級氧化還原電勢和凝聚態的分子間作用程度定性地判斷出來。一般可以這樣講，那些既可以很容易被氧化又可以很容易被還原的分子單元，即$|E^{red}-E^{ox}|<1V$，都可以被組裝成電導率處於半導體範疇的分子材料。$Lu(Pc)_2$ 的$|E^{red}-E^{ox}|=0.48V$，其室溫時的電導率$\sigma=6\times10^{-5}S\cdot cm^{-1}$；而 ZnPc 的$|E^{red}-E^{ox}|=1.62V$，其室溫時的電導率為 $5\times10^{-12}S\cdot cm^{-1}$，屬於絕緣體的範圍。

迄今為止，對三明治型金屬卟啉、酞菁分子材料的研究主要集中在二層稀土酞菁配合物上，對三層的酞菁配合物和三明治型金屬卟啉配合物的研究尚未展開。

T.J.Schaafsma 系統探測了決定卟啉類三明治型有機太陽電池表

現的因素，半導體為平面和構造化基質。光活性部分是由超薄層的單型卟啉或由電子供體－受體（D/A）雙層卟啉組成的，並且採用了各種沉降方法將它們附著在金屬電極上。他們的研究側重於電池各組成部分的構造及光物理過程上。研究表明，在5～10層，電荷傳輸非常容易。

★ 3.2.4 葉綠素（Chlorophyll）

葉綠素（chlorophyll）屬卟啉類化合物，和胡蘿卜素、葉黃素等同時存在於綠色植物的葉子或微生物體內，在植物和微生物的光合反應中起重要作用。葉綠素是綠色植物中吸收太陽能進行光合作用的主要色素，它在可見光範圍內有很好的吸收特性。葉綠體中含有葉綠素（chl），它是由葉綠素a(chl-a)、葉綠素b(chl-b)、葉黃素、胡蘿卜素（car）等組成的。它是一類含鎂卟啉的衍生物。葉綠素a和葉綠素b的分子中的鎂離子易被銅、鐵、鈷等離子取代而成為葉綠素衍生物（chlorophyllin）。

對葉綠素的系統研究始於1818年，Berzelius開始了對葉綠素方面的研究。後來，Stokes用有機溶劑提取葉綠素。1913年，德國的Willstacter報導有關葉綠素結構、製備方法、特點以及分離和檢測，確定了葉綠素a和葉綠素b的分子式，第一次詳盡地闡述了葉綠素的研究成果，開創了現代葉綠素工業生產。此後，葉綠素方面的研究和工業生產突飛猛進。20世紀30年代，Fischer確定了葉綠素a和葉綠素b的結構（見圖3-9）。1933年，美國開始以有機溶劑法為基礎，工業生產葉綠素，沿用至今。其典型方法是用苜蓿為原料，用有機溶劑（如丙酮）進行抽提；也有用混合有機溶劑（如己烷－

丙酮）抽提。大規模生產葉綠素是在 20 世紀 50 年代。目前國外生產葉綠素系列產品的主要公司有：佛羅里達州 Lake Worth 的美國葉綠素公司、賓夕法尼亞州 Nazareth 的鑰石農業化學有限公司和科羅拉多州 Lamar 的國有葉綠素化學公司。

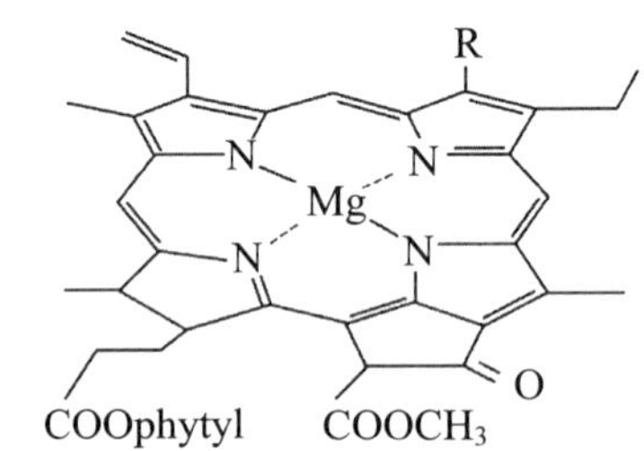

圖 3-9　葉綠素 a 和葉綠素 b 的結構

葉綠素 a : R = CH_3；葉綠素 b : R = CHO

用葉綠素作為色素光敏劑來開發利用太陽能，國外在 20 世紀 70 年代以來已進行了不少工作。葉綠素太陽電池[19]是一種生物電池，也可以把太陽能直接轉換成電能。由於它的成本特別低，所以引起了人們的極大興趣。人們為了充分利用太陽能為人類造福，開始了光合作用模擬，20 世紀 70 年代後，以葉綠素為光敏劑的研究成了科學家的熱門課題。他們將葉綠素塗到金屬或半導體表面上，製成各種形式的光激發葉綠素電極，為使光能轉化成電能，進而製成葉綠素光電池。由於葉綠素光電極和光電池的研究既具有理論意義，又具有實際價值，所以越來越引起國內外學者的興趣。特別是 20 世紀 80 年代以來，關於葉綠素光電極和光電池的研究有了很大進展，光能轉化率也不斷提高。

葉綠素太陽電池主要分成液體隔膜電池和光敏電極電池兩類。把葉綠素等有機色素製成薄膜，將兩種含有不同氧化還原物的溶液分開，膜中的色素吸收太陽輻射後，促使溶液發生氧化還原反應，從而產生電動勢，這就是液體隔膜電池的光電轉換原理。例如，有人曾在聚四氟乙烯（Teflon）隔板上開了一個直徑為 1.86mm 的小孔，在孔上形成葉綠素雙分子類酯膜（polyester film）後，放入 pH =5 的乙酸鹽溶液中，再使膜的兩面分別與含 Fe^{3+}和含氫醌等溶液接觸，那麼，當陽光照射葉綠素雙分子類酯膜時，就可以獲得大於 100eV 的電動勢。

如果使半導體電極或金屬電極的表面形成葉綠素膜，構成激發電極，並將該電極與適當的溶液接觸，就組成了光敏電極電池。如果把葉綠素 a 塗敷在 n 型半導體氧化鋅（ZnO）的表面上，並使它與含有氫醌等電子施主的溶液相接觸，那麼，在可見光的照射下，就能得到 0.01μA/cm^2 的光氧化電流密度，並且電流密度的大小還在一定的範圍內與入射光的強度成正比。中國曾有人在一塊玻璃板的兩面都塗上透明導電膜，其中的一面再塗上人工合成的色素——苯基卟吩薄膜（厚度只有百分之幾微米），並將這塊玻璃放入盛有電解質溶液的透明容器內，這樣，便製成了一種「玻璃電池」。塗有色素層的一面是電池的正極，另一面是負極，在光照下能夠獲得大約 0.5V 的電動勢和幾十μA/cm^2 的輸出電流密度。日本還有人研製了部分青色素太陽電池，它的製造過程簡單，溫度要求不高（只需 300℃就可以，而製作矽太陽電池時，需要 1000℃以上的高溫），價格只是矽太陽電池的 1%，目前的光電轉換效率雖然只有 3%，但今後可望達到 10%。Nsengiyumva 及合作者採用三明治式沉積方式，將葉綠素 a 和葉綠素 b 與其他色素混合沉積在 Al 和 Ag 電極夾層之間。雖然這種電池在組成上與實際體系的組成較接近，但其光電轉換效率（0.05%）卻遠遠低於生物體的總體轉換效率（16%）。造成低轉換效率的主要原因可能是光致電荷分離後的快速電荷複合反應。

顯然，葉綠素太陽電池的核心部分就是葉綠素。大家知道，天然葉綠素有 a、b、c、d 四種形體，其中以葉綠素 a 的光合作用性能最好，適宜於製作葉綠素太陽電池。葉綠素 a 是綠色植物光合作用中的主要色素，具有高效吸收太陽光的能力和很高的能量轉換效率。葉綠素 a 是具有卟啉環大共軛雙鍵的有機化合物，參與偶合的 π 電子起著自由電子的作用。它能夠在分子間移動造成導電現象，並且其導電率與相鄰分子之間的 π 電子軌道的重疊程度有關。研究表明，單獨葉綠素 a 分子不能發生光電效應，只有形成葉綠素 a 的水合體才能發生光電效應，這些水合體在碳氫化合物的溶液中是正電荷的微晶體，在一定電場下能夠在陰極上析出，形成葉綠素 a 薄膜。葉綠素 a 薄膜對太陽光的吸收為 20%～30%，它作為有機半導體材料，用於太陽電池的量子效率和能量轉換效率都很低，但葉綠素 a 作為綠色植物中光合作用的主要色素，賦予對葉綠素電池的研究以特殊意義，它對光合作用的模擬開闢了一條新途徑，所以對葉綠素電池的研究便從 20 世紀 70 年代逐漸推向高潮。

Tang C.W.[20]等人採用蒸發沉積金屬 A 於石英片上作為電極板，浸入 chl-a ／異辛烷懸浮液中，將 chl-a 電沉積在金屬 A 上，再將金屬 B 蒸發沉積在 chl-a 上，製成葉綠素光伏電池。研究了此類電池光電性質，發現其具有整流作用，能量轉化率為 10^{-3}%。但所製成夾心電池設備昂貴，製程複雜。Tang Uehara 等人用 chl-a ／丙酮溶液鋪展在噴金的聚酯板上，丙酮揮發後，鋪以濕潤的聚乙烯醇膜，再覆蓋另一塊噴金的聚酯板，製成葉綠素光伏電池。Miyasaka T.用 LB 膜技術製成單層和多層葉綠素 a 電極，模擬光合作用進行較詳細研究，並在電解質溶液中製成三電極電池，以研究其光電性質。

發現用葉綠素 a ／硬脂酸的混合膜其光電流的量子效率可高達12%～16%[21]。Uehara K等用葉綠素a和市售的聚乙烯醇薄膜製成夾心電池測其光電壓、光電流以及功率和轉換效率等，但其聚乙烯醇薄膜中沒有添加任何其他物質。Kaku Uehara 等製成了葉綠素/聚乙烯醇光透電池，能量轉化率提高到 10^{-2}%。孟潔等[22]研究了葉綠素光伏電池隨不同電沉積時間及對極類型改變時電池最大輸出功率的變化規律。韓允雨等[23～26]將chl-a二水聚集體電沉積於SnO_2光透電極上形成chl-a/SnO_2電極。在pH＝3.5的HAc/NaAc緩沖溶液中和另一電極（稱為對電極）組成電池，研究其光電化學性質。當改變對電極的材料時，葉綠素電極具有不同的光感電位和光感電流。當在溶液中加入電子給體氫醌，以 SnO_2 作對電極時，光感電流有明顯提高，而且在一定氫醌濃度下光感電流達到極限值。以 Zn、Fe 作對電極時，葉綠素電極具有較強的光電效應；基於SnO_2導電玻璃作為透明電極的特殊性，發現緩沖溶液中一定濃度的氫醌能大大提高葉綠素電極的光電效應。後來就製成了SnO_2/chl-a/PVA＋H_2Q/SnO_2和SnO_2/chl-a/PVA＋H_2Q/M（M＝Al，Zn）夾層電池，並對其光電性質進行了測量，發現電池結構的改進大大提高了葉綠素電池參數，光能轉換效率達到 10^{-4}%。後來就研究了以葉綠素a二水多聚體[（chl-a·$2H_2O$）]作光敏劑，用電沉積法製成的葉綠素電極。在聚乙烯醇（PVA）中添加氫醌（H_2Q）、抗壞血酸（Asc）和EDTA鈉鹽等物質，製成聚乙烯醇薄膜形夾心電池，對其光電性質進行測定。實驗結果（見表 3-2）表明，在聚乙烯醇中添加氫醌、抗環血酸後能顯著地增加光電流。發現研究夾層葉綠素電池時，適當選擇入射光的強度（大於 42mW · cm^{-2}）和波長（450nm, 740nm）是非常重要的。

表 3-2 幾種葉綠素電池的光電壓和光電流

電　池	ΔE/mV	$\Delta I/(10^{-3}A/cm^2)$
SnO_2/chl-a/PVA/SnO_2	131.1	1.21
SnO_2/chl-a/PVA + H_2Q/SnO_2	167.3	37.72
SnO_2/chl-a/PVA + Asc/SnO_2	177.3	34.52
SnO_2/chl-a/PVA + EDTA-Na/SnO_2	215.2	3.42
SnO_2/chl-a/PVA + H2Q + EDTA-Na/SnO_2	165.3	17.59
SnO_2/chl-a/PVA + Asc + EDTA-Na/SnO_2	159.9	37.79
SnO_2/chl-a/PVA + H_2Q + Asc + EDTA-Na/SnO_2	167.6	48.78

注：1. 表中數據都是三次平均值；

2. 氫醌、抗壞血酸的濃度為 $10^{-1}mol \cdot dm^{-3}$；

3. EDTA-Na 的濃度為 $0.5 \times 10^{-1}mol \cdot dm^{-3}$。

葉綠素 a 作為綠色植物中普遍存在的色素，它是植物進行光合作用的主要物質，但不是惟一物質。從對類囊體膜集光系統的研究發現，只有少量葉綠素 a 分子作為反應中心。而大量的葉綠素 a 分子和葉綠素 b、類胡蘿卜素分子組成集光系統。基於這一點，人們將類脂、液晶物質和胡蘿卜素等物質加入到純的葉綠素 a 中，以研究其對光合作用的影響。有人根據葉綠素 a 純化過程，取各種純度的中間產品製成光伏電池，觀察到葉綠素 a 純度在 50%～90%範圍內對光伏電池的影響不甚明顯。

葉綠素光伏電池是一種以葉綠素 a 為基材的光伏電池，主要通過電沉積法製備。葉綠素 a（chl-a）二水聚集體可以直接購買，也可由實驗室從天然植物中提取。提取時分別經色譜柱和重結晶得片狀墨綠色晶體，其丙酮溶液的最大吸收為 661 和 429nm，比旋光度 $\alpha_{20} = 260°$。SnO_2 導電玻璃的電阻率小於 $200\Omega \cdot cm^{-1}$，透光率大於

91%。葉綠素 a 不同於其他色素的特點就是存在狀態對光電效應的影響。葉綠素 a 單分子及其聚集體不發生光化學反應，只有形成水合體才能產生光電效應。電沉積法製備的電極葉綠素 a 狀態主要是其二水聚集體，它具有較強的光電效應，所以夾層電池的作用光譜與葉綠素 a 二水聚集體的吸收光譜相吻合，而不是與葉綠素 a 單分子的吸收光譜相吻合。但是，由於葉綠素脫離植物體後，很快便失去了「活性」（Activity），所以如果用天然葉綠素來製作電池的話，它的壽命一定很短。因此就需要人工合成一些在空氣或溶液中都比較穩定的色素，用來製作葉綠素電池（Chlorophyll Cell）。

將 1cm寬的二氧化錫導電玻璃，用有機溶劑清洗以除去油污。將葉綠素a二水多聚體配成異辛烷溶液（濃度約 10^{-5}mol · dm^{-3}），經超聲波處理後，作為電沉積液。倒入器皿內，以清潔的導電玻璃作負極，拋光的M（金屬）電極作正極，在 1000V · cm^{-1}電場下沉積 10～15min，在導電玻璃上沉積一層均勻的（chl-a · $2H_2O$），取出晾乾，得葉綠素電極。

將聚乙烯醇溶於水中，配成 10%的黏稠溶液，加入一定量的氫醌、抗壞血酸或 EDTA 鈉鹽等物質，混勻後，製成一定厚度的薄膜，就得到了各種不同成分的聚乙烯醇薄膜。將聚乙烯醇薄膜和另一塊導電玻璃相黏接製成參比電極。該電極上一般覆蓋一層 0.02mm 的聚乙烯醇（PVA）膜。然後，將葉綠素電極與參比電極黏接夾緊後就成 SnO_2/（chl-a · $2H_2O$）*n*/PVA 膜/SnO_2 的夾心電池（簡稱葉綠素電池），見圖 3-10。葉綠素電極為正極，參比電極為負極。

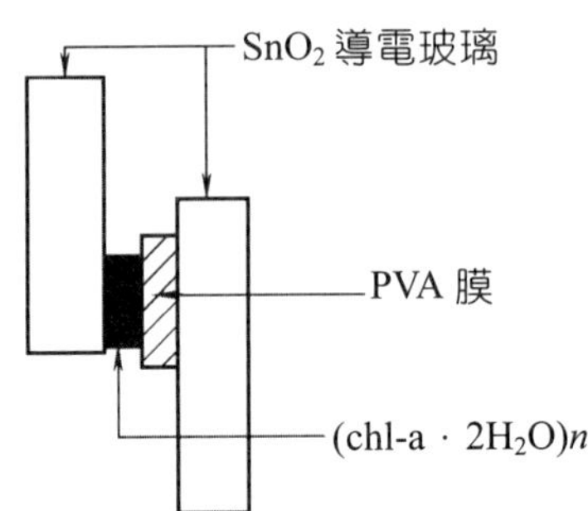

圖 3-10　SnO_2/（chl-a·$2H_2O$）n/PVA/SnO_2 夾心電池示意圖

此電池用分光光度計測定發現，在 740.6、667.2 和 432.0nm 處仍有強吸收峰，說明在此電池中，葉綠素 a 仍以（chl-a · $2H_2O$）的狀態存在。當用含有氫醌、抗壞血酸等物質的聚乙烯醇薄膜來製備葉綠素電池時，其光譜峰的位置移動 ± 2nm。電池應在室溫黑暗條件下，在飽和水蒸氣的器皿中保存。

Tang 和 Uehara 均認為葉綠素 a 是一種 p 型半導體，但未能從半導體基本原理解釋實驗條件改變時所引起葉綠素光伏電池光伏參數變化規律的原因。韓允雨等[27, 28]認為，在葉綠素電池中，SnO_2 和葉綠素 a 都具有半導體性質，乾燥的 PVA 是絕緣體，但在水溶液中，水分子能與 PVA 分子中的羥基形成氫鍵，使其具有導電性，但電導率較小，所以電池內各接點由於載流子擴散形成空間電荷層，各接點均為阻擋層接觸而不是歐姆接觸。葉綠素 a 作為一種有機光敏材料，在黑暗時分子處於基態，光照時電子躍遷而處於激發態，受激電子一部分通過無輻射躍遷回到基態，另一部分則通過 PVA 膜產生光電效應。光強增大時，激發電子數增多，光電效應增強，但由於 PVA 膜的弱導電性，無輻射躍遷機會增加，減小了光電效應增大的幅度，並在一定光強下達到穩定。當 PVA 溶液中有 H_2Q 存在時，它起到電子給體的作用，使氧化態的葉綠素a還原，遏制失活過程，加速光電效應。另外，H_2Q還可能與PVA的羥基形成氫鍵，增大其導電性。所以，PVA和H_2Q的加入能改善葉綠素電池的性能。

他們分析了葉綠素電池的組成和光電性質，將其光電效應機理表示成圖3-11。乾燥的PVA膜是絕緣體，但有水存在時，水分子能與PVA分子中的羥基形成氫鍵，使其具有導電性，但電導率較小。SnO_2和 chl-a 都具有半導體性質，所以在電池內各接點處由於載流子擴散而形成空間電荷層和接觸電勢，半導體的價帶和導帶也因此發生彎曲，用$\varphi 1$、$\varphi 2$ 和$\varphi 3$ 分別表示接點 SnO_2/chl-a、chl-a/PVA 和PVA/SnO_2的接觸電勢數值，在黑暗時電池的開路電壓應為三者線性和，即$V_{暗}=\varphi 1-\varphi 2-\varphi 3$。多次實驗結果顯示，V 暗在零點附近3～30mV左右。

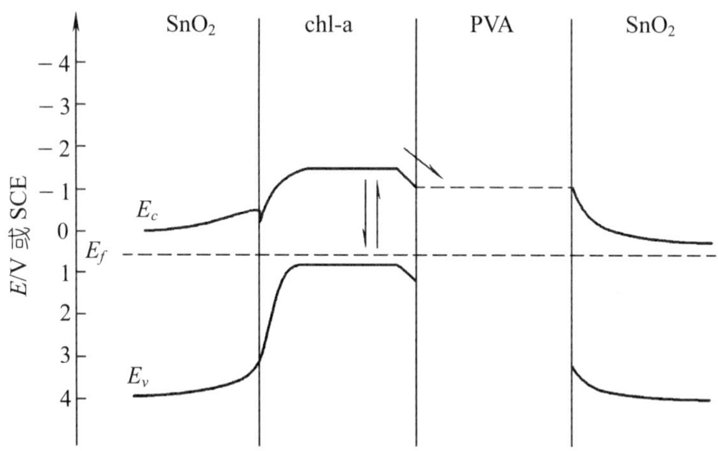

圖3-11　葉綠素電池光電效應機理示意圖

E_c為導帶能量；E_v為價帶能量；E_f為費米能量

電子的運動可能有圖 3-11 所示的幾種方式：電子接受適當波長的光能從chl-a價帶躍遷到導帶，該電子在向表面運動過程中被複合中心複合或通過輻射或無輻射躍遷失活，直接跳回到價帶而複合，只有按圖 3-11 所示的方向流入，PVA 膜才能發生電荷分離，產生光電效應。電子的運動減小了 chl-a/PVA 結點電勢（記作$\phi'2$），使$V_{光}$（$=\phi1-\phi'2-\phi3$）$>V_{暗}$，而且$\phi2$ 的減小使上述電荷分離過程受到抑制，V 光增大速度變小並趨於穩定值，這時，$\Delta V=V_{光}-V_{暗}$就是電池的光生電壓，其數值為 120mV 左右，接通外電路便得到光電流。

★ 3.2.5 苝（Perylene）

苝屬於 n 型半導體材料，其吸收範圍在 500nm 左右，其在可見區有強吸收（$\varepsilon\approx10^5mol^{-1}\cdot L\cdot cm^{-1}$）。單線態電子從染料注入半導體的導帶的速度通常比三線態快。如 PPDCA，PTCA。苝目前基本是作為 n 型半導體材料與其他 p-型材料一起組成 p-n 異質結太陽電池。

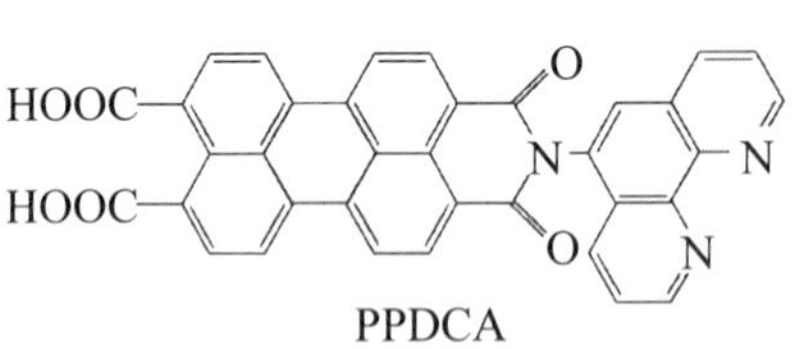

HOOC HOOC O N O N N

PPDCA

HOOC HOOC COOH COOH

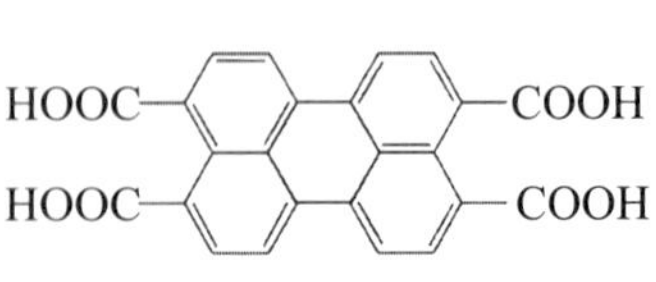

PPDCA

Friedlander在 1913 年合成了苝四酸二亞醯胺類化合物（以下稱苝酰胺）以來，苝醯胺染料以其優越的染色性能、穩定性和耐光牢度，一直廣泛應用於染料和塗料工業。然而，近年來的研究發現：除了染色以外，它們還是一類很好的有機半導體材料，其光電、電光性能及發光性質十分顯著，在有機太陽能轉換、光導體、電致發光、有機／無機複合半導體材料、光放大、激光染料及生物螢光探針等功能性方面的研究報道異常活躍。

苝醯胺類（結構式見圖 3-12）可以分成*N*，*N'*—二取代的苝二醯胺（perylenetetracarboxylic acid bisimides）和苝二咪唑（bisimidazoles）兩大主要類型。

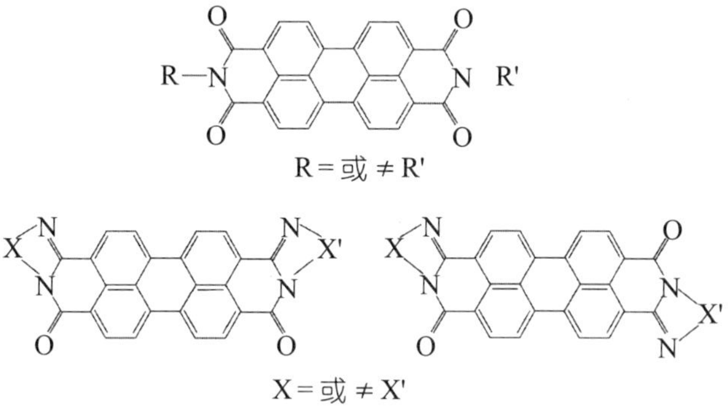

R＝或≠R'

X＝或≠X'

圖 3-12　苝醯胺類化合物的結構示意圖

根據R和X取代基的不同，又可以分成脂鏈或脂環取代的苝二醯胺和苝二咪唑及芳香烴取代的苝二醯胺和苝二咪唑。苝兩邊N上取代基的相同或不同，又可以分成對稱或不對稱的苝二酰胺和苝二咪唑。

苝醯胺的合成通常是以 3, 4, 9, 10—苝四甲酸二酐為初始原料，對稱的苝醯胺常採用 Langhals 等人報導的方法，即用苝四甲酸二酐和伯胺以喹啉、咪唑或N-烷基吡咯烷酮為溶劑，在氮氣的保護下回流反應。苝二咪唑類可用二胺和苝四甲酸二酐在類似反應條件下進行。

不對稱的N—取代苝醯胺可以通過伯胺與N-取代的苝四甲酸單醯胺單酐縮合得到。苝單酰胺單酐的合成可以通過濃硫酸或鹼水解苝二醯胺，控制伯胺與苝四甲酸二酐的投料比和反應條件直接縮合，或苝四甲酸單鉀鹽單酐與伯胺反應等幾種不同的路線得到。

苝醯胺單酐（Perylene Imide Anhydride）是一個十分有用的中間體，利用它可以合成許多不同類型的染料。如加壓水解生成3，4—苝二酸酐，並在此基礎上經磺化或溴化，再通過反應縮合可以得到二聯苝四酸二醯胺。此外，將苝醯胺單酐和苝二醯胺反應生成 3，4—苝二醯胺，經 9 位溴化和催化環合，可生成雙聯苝四甲酸二醯胺，其最大吸收波長可達到 791nm。

苝醯胺在一些還原劑（如 $AlLiH_4$、BF_3-THF 等）的作用下，將羧基還原成相應的亞甲基，經進一步脫氫生成二偶氮芳香鹽（diazaromtic salt）。

苝醯胺可以作為聚醯胺的單體，與一些聚合物單體發生縮聚反應。苝四甲酸二酐與對二苯胺縮和生成苝聚醯胺、苝四甲酸與水合肼反應，隨後與鄰苯二甲酸類化合物縮合，生成聚醯胺及苝在 1, 6, 7, 12 位帶有苯氧基的聚醯胺的合成，除對苯二胺形成的聚醯胺難溶解以外，其他均有好的溶解性。

大多數苝醯胺化合物以其難溶性而著稱，這是由於它們均具有大的平面共軛體系和良好的分子平面性，使分子間大π鍵的相互作用大大增強，因而具有較大的晶格能。Langhals 發現，當 *N* 取代基為苯環時，苯環上的取代基及其所處位置對苝醯胺的溶解性有較大的影響，以鄰位和對位有叔丁基時溶解性為最大。此外，*N* 取代烷基的鏈長增長，以及苝母環上的 1, 6, 7, 12 位有取代基存在時，溶解性也會得到很大的改善。

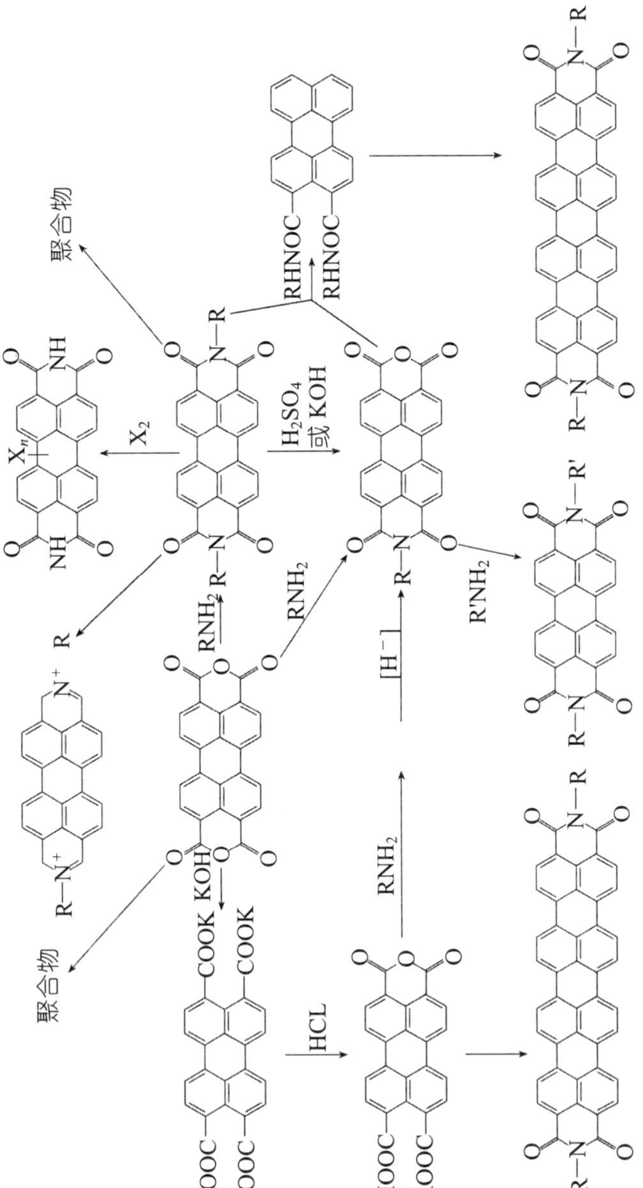

聚合物
X_2
H_2SO_4 或 KOH
RNH_2
$R'NH_2$
$[H^-]$
KOH
HCL
聚合物

★ 3.2.6 菁（Cyanine）

菁染料（結構式見圖 3-13）是一種雙極性分子，屬 p 型半導體，容易合成，價格便宜，是良好的光導體，在溶液中具有良好的溶解度，應用起來很方便。在光激發下，份菁分子的電荷分離效率較高。菁染料分子含有較長的多甲川共軛鏈，其吸收光譜可根據甲川鏈的長度來調節，在可見及紅外區吸收強度高。然而，菁染料存在穩定性差的缺陷，且甲川鏈越長，染料的穩定性越差。當菁與金屬鋁接觸構成肖特基勢壘時，會出現光生伏特效應。有機半導體中載流子的產生受電場、溫度等外界條件影響，研究菁／鋁肖特基勢壘的溫度效應，不僅對提高有機太陽電池的穩定性和轉換效率有益，而且對進一步探明載流子產生機制也很有意義。

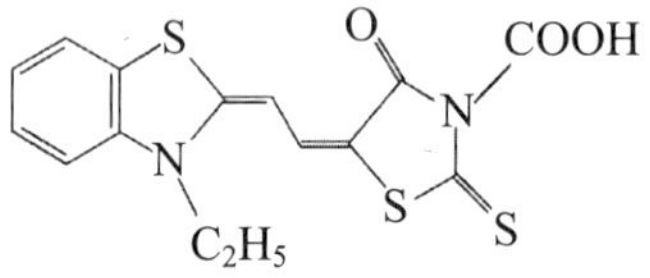

S O COOH N N S S C_2H_5

圖 3-13　份菁的分子結構

黃頌羽等[29]製備「夾心式」太陽電池，即鋁／菁／銀的形式，菁與低功函的鋁界面形成肖特基勢壘。其製備方法如下：以直徑為 2cm 的圓玻璃為基片，經化學清洗後，用高真空鍍膜機在 4×10^{-3} Pa 真空度下，蒸鍍一層柵狀鋁電極，厚度約為 1000×10^{-8}cm，再在同樣條件下鍍一薄層鋁，厚度約為 300×10^{-8}cm，這樣便可製得鋁電極，接著在鋁層上蒸鍍菁染料，最後在菁膜上再蒸鍍上銀電極，即得到「夾心式」的樣品（見圖 3-14）。電極引線用銀絲（99.9%），配以 2#導電塗料。對其光電性質進行了研究，得出以下結果：①短路電流隨溫度上升而上升，當溫度高於 293K 時達到飽和；②開路電壓在溫度低於 223K 時隨溫度的上升而下降，當溫度高於 223K時隨溫度的上升而上升，高於 293K時則達到飽和；③光電轉換效率隨溫度上升呈上升趨勢，高於 293K 時達飽和，說明隨溫度上升，光生載流子產率提高；④開路電壓的變化受結的非線性阻抗影響，當溫度低於 223K 時，熱離子發射電流起主導作用，當溫度高於 223K 時，與雜質離子有關的電流起主導作用。

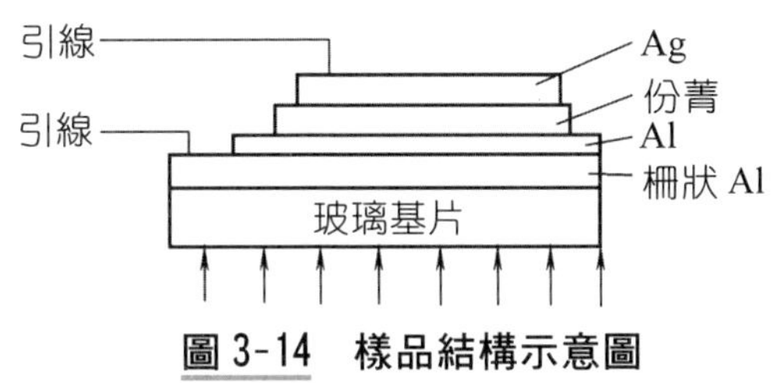

圖 3-14　樣品結構示意圖

用三乙胺與部分菁中的羧基（carboxyl group）反應形成的鹽，其化學穩定性得到很大改善，並且光電轉換效率也有提高的傾向。Heseltine 發現，具有長鏈的菁染料，當鏈被固定或部分被固定時，特別是在鏈中環烴基團時，其穩定性可以得到提高。具有較大二階非線性超極化率的分子（如半菁染料），不但在基態時有較大的偶極矩，而且它們在外場作用下容易發生分子內的電荷分離。黃春輝等[30]將此類分子引入光電轉化的研究中，首次對半菁的單層 LB 膜的光電行為進行了研究。後來，又設計和合成了一系列單發色團和多發色團分子，運用 LB 膜技術，較為系統地研究了它們的光電轉換性質。表 3-3 顯示此類菁的光電轉換性質。

表 3-3　半菁染料 LB 膜的光電轉換性質

半菁染料	量子產率／%
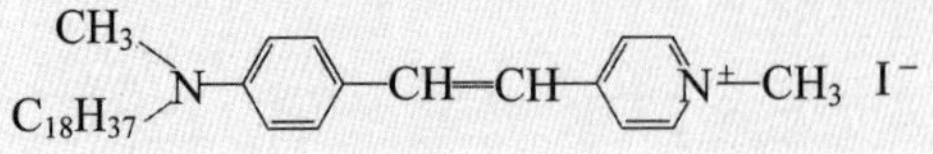 CH_3, $C_{18}H_{37}$ > N–CH═CH–N^+–CH_3 I^-	0.31
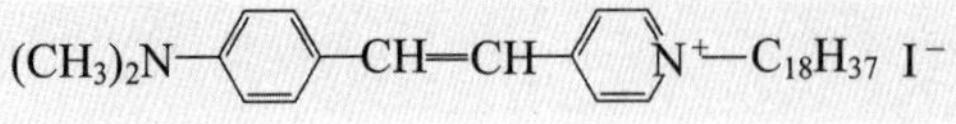 $(CH_3)_2N$–CH═CH–N^+–$C_{18}H_{37}$ I^-	0.22
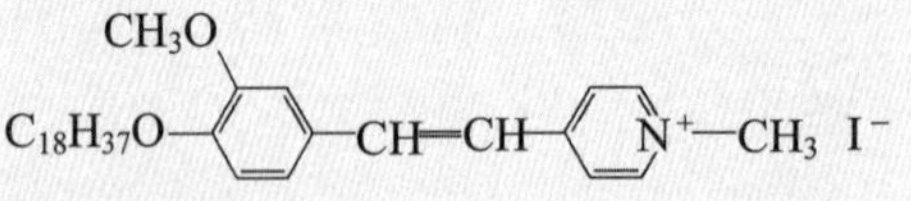 CH_3O, $C_{18}H_{37}O$–CH═CH–N^+–CH_3 I^-	0.19
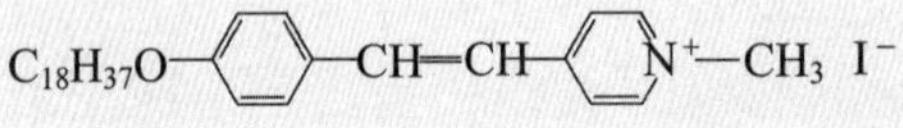 $C_{18}H_{37}O$–CH═CH–N^+–CH_3 I^-	0.11
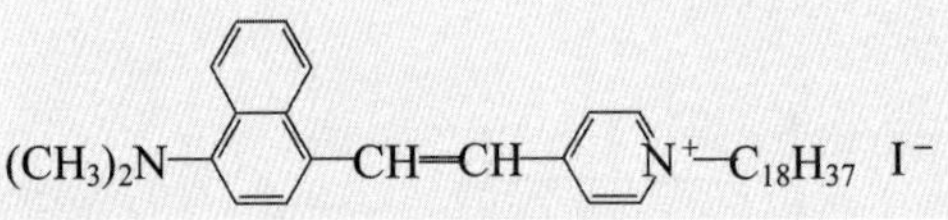 $(CH_3)_2N$–CH═CH–N^+–$C_{18}H_{37}$ I^-	0.087
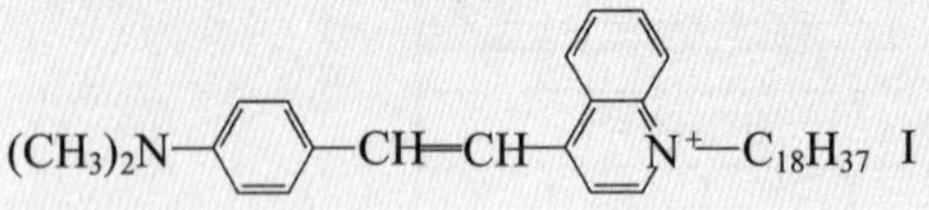 $(CH_3)_2N$–CH═CH–N^+–$C_{18}H_{37}$ I	0.50
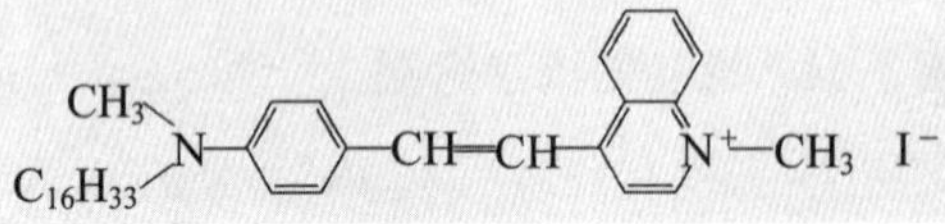 CH_3, $C_{16}H_{33}$ > N–CH═CH–N^+–CH_3 I^-	0.68
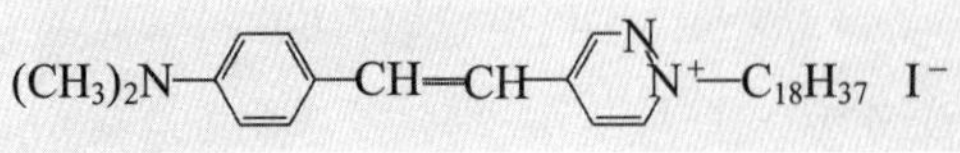 $(CH_3)_2N$–CH═CH–N, N^+–$C_{18}H_{37}$ I^-	0.19
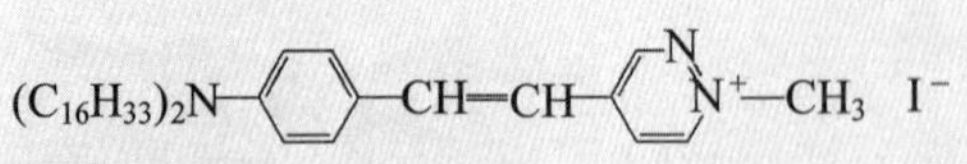 $(C_{16}H_{33})_2N$–CH═CH–N, N^+–CH_3 I^-	0.30
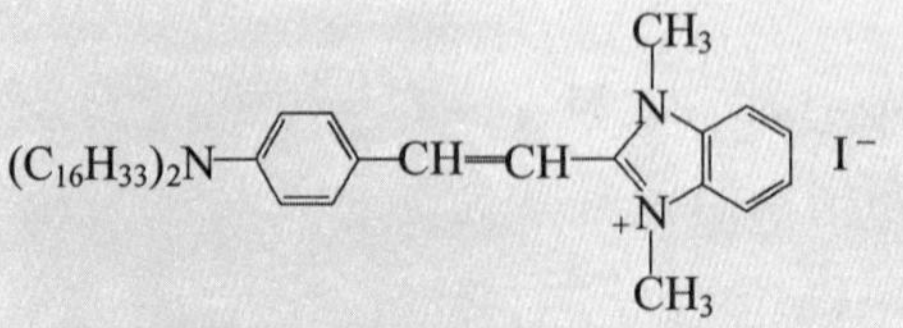 $(C_{16}H_{33})_2N$–CH═CH–(CH_3–N, ^+N–CH_3) I^-	0.49
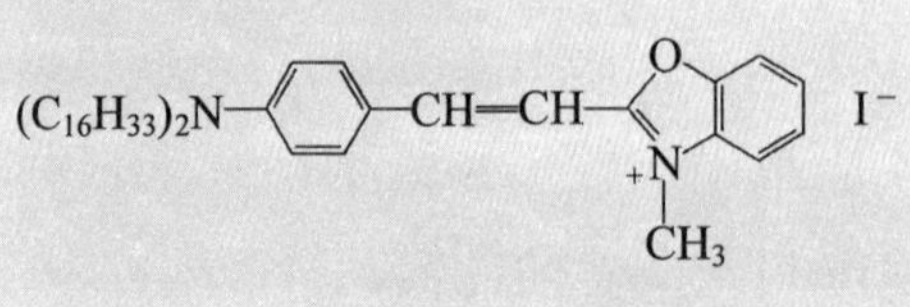 $(C_{16}H_{33})_2N$–CH═CH–(O, ^+N–CH_3) I^-	0.17

半菁染料	量子產率／%
$(C_{16}H_{33})_2N$—(ring)—CH═CH—(S, ^{+}N—CH_3) I^-	0.73
CH_3, $C_{16}H_{33}$ N—(ring)—CH═CH—(CH_3 CH_3, ^{+}N—CH_3) I^-	0.82
CH_3, $C_{16}H_{33}$ N—(ring)—CH═CH—(CH_3, O^+, CH_3) BF_4^-	0.09
$(CH_3)_2N$—(ring)—N═N—(ring)N^+—$C_{18}H_{37}$ I^-	0.14
$(CH_3)_2N$—(ring)—N═CH—(ring)N^+—$C_{18}H_{37}$ I^-	0.15
$(CH_3)_2N$—(ring)—N═CH—(ring)N^+—$C_{18}H_{37}$ I^-	0.08
$(CH_3)_2N$—(ring)—CH═CH—CH═CH—(ring)N^+—$C_{18}H_{37}$ I^-	0.55
$(CH_3)_2N$—(ring)—N═N—(ring)—CH═CH—(ring)N^+—$C_{18}H_{37}$ I^-	0.31～0.61
$(CH_3)_2N$—(ring)—N═N—(ring)—CH═CH—(ring)N^+—$C_{18}H_{37}$ I^-	0.41～0.84
CH_3, $C_{16}H_{33}$ N—(ring)—CH═CH—(ring)N^+—SO_3^-	0.53
CH_3, $C_{16}H_{33}$ N—(ring)—CH═CH—(ring)N^+—SO_3^-	0.94

半菁染料	量子產率／%
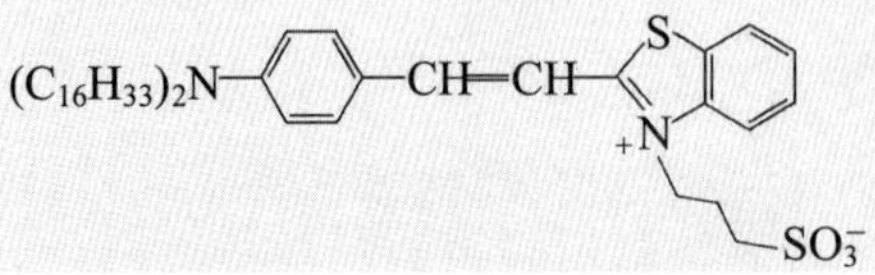 $(C_{16}H_{33})_2N$ / CH═CH / S / ^+N / SO_3^-	0.92～1.05
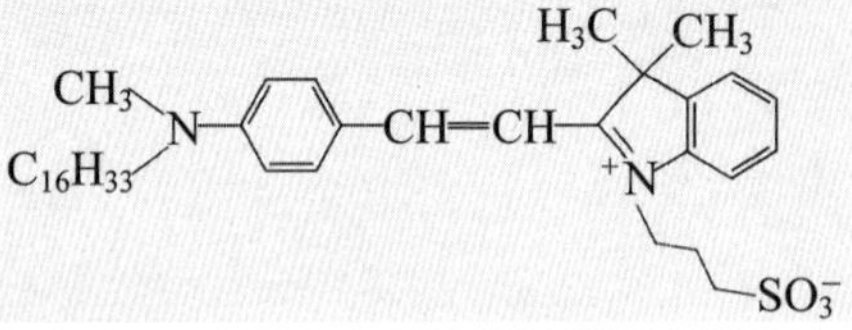 CH_3 / N / $C_{16}H_{33}$ / CH═CH / H_3C / CH_3 / ^+N / SO_3^-	1.12
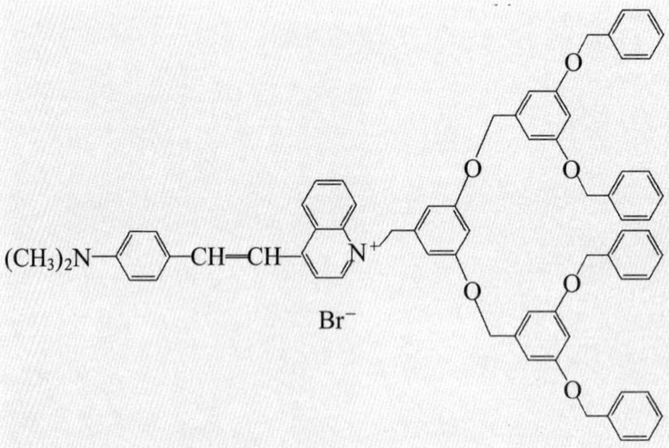 $(CH_3)_2N$ / CH═CH / N^+ / O / Br^-	0.21～0.32
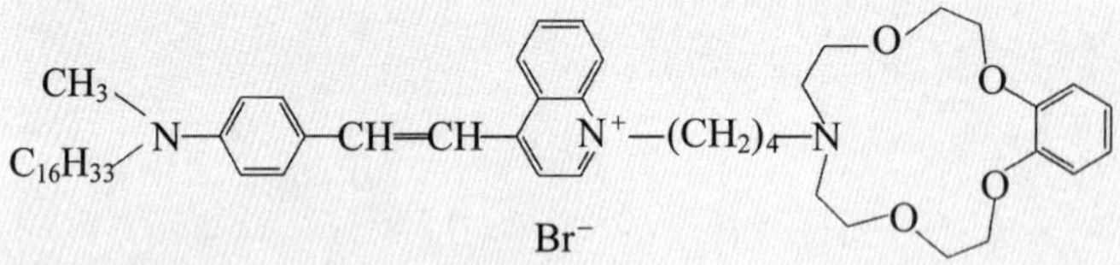 CH_3 / N / $C_{16}H_{33}$ / CH═CH / N^+—$(CH_2)_4$—N / O / Br^-	0.50
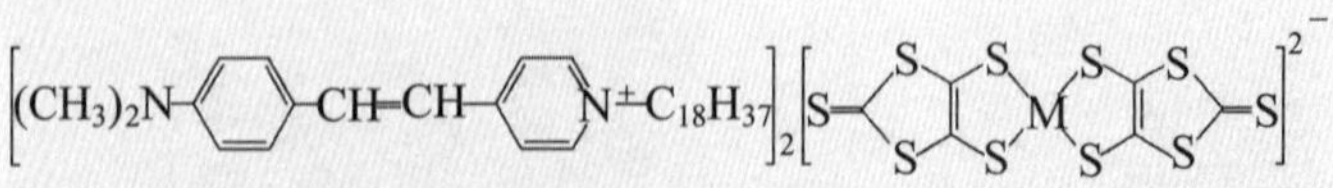 $[(CH_3)_2N$ / CH═CH / $N^{\pm}C_{18}H_{37}]_2$ $[$S / S / S / M / S / S / S$]^{2-}$ M = Zn, Ni, Cd, Hg, Pd	M = Zn0.68 M = Ni0.31 M = Pd0.12 M = Cd1.1 M = Hg0.5
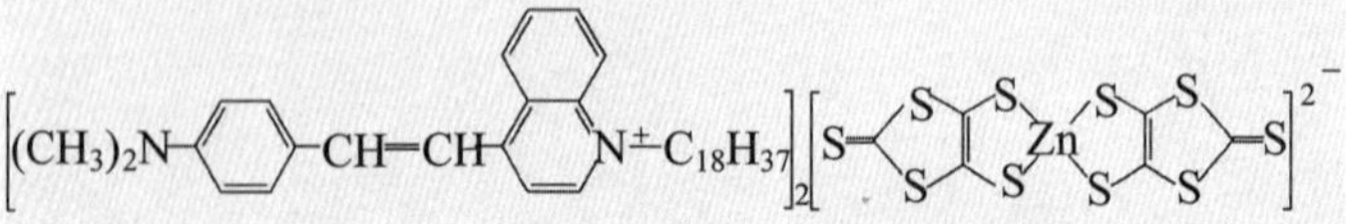 $[(CH_3)_2N$ / CH═CH / $N^{\pm}C_{18}H_{37}]_2$ $[$S / S / S / Zn / S / S / S$]^{2-}$	0.65

半菁染料	量子產率／%
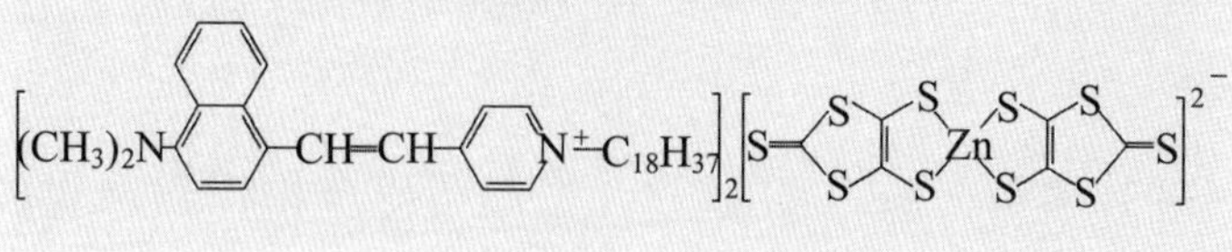 $[(CH_3)_2N-C_{10}H_6-CH{=}CH-C_5H_4N^{+}-C_{18}H_{37}]_2[S{=}C_3S_4{=}Zn{=}S_4C_3{=}S]^{2-}$	0.067
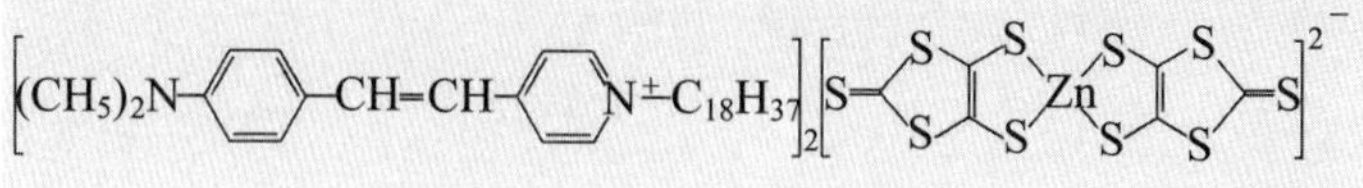 $[(CH_5)_2N-C_6H_4-CH{=}CH-C_5H_4N^{+}-C_{18}H_{37}]_2[S{=}C_3S_4{=}Zn{=}S_4C_3{=}S]^{2-}$	0.36
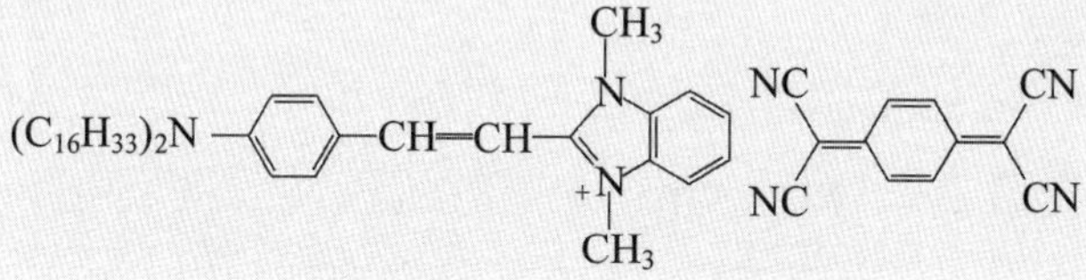 $(C_{16}H_{33})_2N-C_6H_4-CH{=}CH-$(1,3-二甲基苯并咪唑$^{+}$，$CH_3$，$CH_3$)　(NC)$_2$C=C$_6H_4$=C(CN)$_2$	0.55

★ 3.2.7 方酸類[31, 32]

方酸類化合物（結構式見圖 3-15）的吸收範圍在 700nm 左右，其在可見區有強、尖的吸收帶，結構穩定，光電導性顯著，熱穩定性好，熱導率小。但這類有機固體中的陷阱濃度大，不利於載流子的運輸。

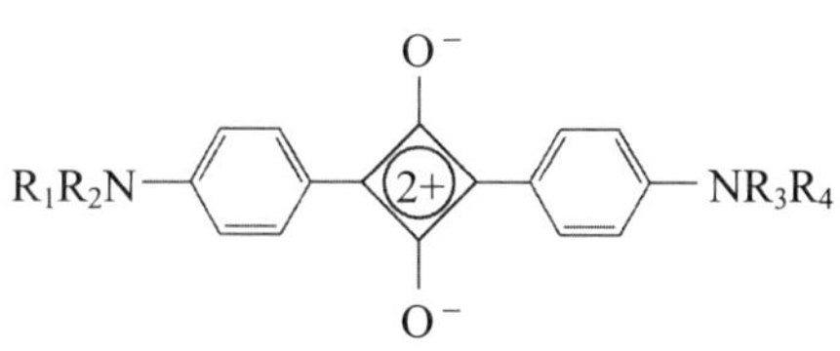

O^-

$R_1R_2N-C_6H_4-C_4(2+)-C_6H_4-NR_3R_4$

O^-

圖 3-15　方酸類化合物的結構示意圖

方酸（3, 4—二羥基—3—環丁烯—1, 2—二酮）是碳氧化合物（oxocarbons）中的代表物質之一，因其四元環狀結構和強酸性而得名，最早由 Cohen 等人於 1959 年合成。因為方酸獨特的化學 HJ 結構及活潑的化學性質，各國化學家們對方酸的化學性質進行了深入而廣泛的研究。

由方酸與富電芳環如芳胺、酚類、含氮雜環化合物等縮合生成的方酸菁類化合物是一種性能優良的新型近紅外染料，由於其優良的光學性能和良好的光熱穩定性，其研究已成為近年來功能染料研究的重點之一。

常溫下方酸是白色粒狀晶體，熔點高於 300℃，分解溫度為 293℃。25℃時的密度為 2.119g · cm^{-3}。方酸的酸性很強，可與硫酸相比。它在水中的溶解度只有 3%，所以常用水進行重結晶。X射線繞射分析表明，方酸的二價陰離子 $C_4O^{2-}_4$，擁有π鍵離域體系。由分子軌道計算顯示，所有 10 個電子全部充填在 5 個成鍵軌道上，符合 $4n+2$ 規則，具有芳香性。方酸還具有很強的螯合性，能與鐵、鋅、鎳等很多離子形成多價螯合物（chelates）。

方酸或烷基方酸與供電芳烴、雜環芳烴或伯胺、仲胺等縮合，生成的 1, 3—二取代衍生物，稱為方酸菁。這類化合物，先後被稱為環三甲川染料、環丁烯內鎓鹽染料和方酸內鎓鹽染料等。1981 年 Schmidt 建議將方酸菁作為母體進行命名，這樣就能準確無誤地命名大多數化合物。方酸菁通常根據結構的對稱性，可分為對稱方酸菁和不對稱方酸菁。

對稱方酸菁的合成，大都通過方酸和 2mol 的親核試劑在共沸脫水下進行。不對稱方酸菁，結構可調性更大，既可克服對稱方酸菁的不足，又能系統地研究取代基對性能的影響。不對稱方酸菁的合成，可概括為三類方法：方酸與不同親核劑的共縮合、對稱方酸菁與另一分子親核劑的置換縮合、芳基方酸與親核試劑的縮合。

Kim 等[30]利用 LB 技術研究了由不同結構的方酸衍生物 LB 膜修飾的 SnO_2 電極上的光電轉換性質，發現 DSSQ（其中 $R_1=R_2=CH_3$，$R_3=R_4=n\text{-}C_{18}H_{37}$）的量子效率為 0.3%。同時，若電解質溶液中存在氫醌等強電子給體，則光電流會反向。Liang等人將DSSQ再連接上一個紫精基團，發現由於方酸染料中的激子向紫精的電子轉移存在，使光電流有了很大的增強，量子效率可達 1.5%。P.V.Kamat 等利用 ps 級激光光解，首次闡述了方酸染料 SQ 在半導體懸浮液中的性質。田禾等用自動探測系統，探討了菁染料和方酸染料的化學性質、結構及其與光電效應之間的關係，從理論上討論了載流子光致發生機理。

★ 3.2.8 其他化合物

其他化合物還有羅丹明、並四苯等。羅丹明化學穩定性較差，不適宜用作有機太陽電池，但很多學者利用羅丹明進行了一些理論上的探索。Sadamu, Yoshida 等人利用吩噻嗪的衍生物設計了幾種太陽電池。電壓測量結果顯示電阻接觸形成了染料／ Al 界面，此結果與電池能帶結構一致。Kamat利用—9—羧酸（9AC）研究了 ps-ns 時間區域內的主要光化學過程，這對於控制光敏化的效率是很重要的。近年來研究的比較多的並五苯也表現出良好的光電轉換性能。

傳統的肖特基電池有許多缺點，尤其是在能量轉換效率方面。於是，人們通過改變電極材料或把幾種化合物共用，以提高電池的光電轉換效率。酞菁、卟啉在可見光範圍內有強吸收，兩者吸收光譜疊加基本覆蓋了可見光的所有波長範圍。卟啉、酞菁（phthalocyanine）／ TiO_2 共吸附電極與卟啉／ TiO_2、酞菁/TiO_2 單一染料的電極相比，不僅拓寬了光電響應範圍，還能提高光電轉換效率。Yamashita等報導了ITO/ZnPc/ZnTPP/電極p-p異質結太陽電池，展示了一種特殊的共敏化效應（Co-sensitize Effect），其中，ITO 為銦—錫氧化物。Takahashi 等將 MC（COOH）插入 Al/InTpyp/Au 界面形成 Al/InTpyp（10nm）/MC（COOH）（20nm）/Au 夾心式電池，其光電性質明顯改善，η 值與原電池相比提高了近 9 倍。其中，MC（COOH）為 3—羧甲基—5—[3—乙基 2(3H)—苯並噻唑烷]乙基，InTpyp為5, 10, 15, 20—四（3—吡啶基）卟啉—In。在此基礎上，將原先的單一染料改為兩種卟啉衍生物的雜二聚物 HD，做成 Al/HD (9nm)/MC(COOH)(20nm)/Au電池，其能量轉換效率可達4.8%，使用壽命比 ZnTpyp 更長。孟潔等[33]通過電沉積法將葉綠素 a 沉積在二氧化錫導電玻璃上，製成葉綠素電極，對極選用二氧化錫導電玻璃，然後插入花紅的不同溶液中，製成一種新型的盒式葉綠素 a、花紅雙光敏體系電池。這樣將葉綠素電池的開路電壓提高至900mV，光電轉換效率達到 10^{-3}%。周武等[34]將十餘種的有機染料分別組成各種光電化學電池，測量其光電參數結果，如表 3-4 所示。以鉑片和 SnO_2 導電玻璃製成不同的工作電極（WE），測定花紅（ST）和三乙醇胺（TEOA）體系的開路電壓和短路電流。其結果如表3-5所示。

表 3-4　各種染料光電化學電池的光電參數

電池	開路電壓 V_{oc}/mV	短路電流 I_{sc}/μA · cm^{-2}	計算輸出功率 P_{cal}/μW · cm^{-2}	最大輸出功率 P_{max}/μW · cm^{-2}	最佳工作電壓 V_{op}/mV	最佳工作電流 I_{op}/μA · cm^{-2}	填充因子 FF	光電轉換效率 |$\eta \times 10^3$%
二溴螢光素	918	6.09	5.59	0.665	233	2.85	0.118	5.49
二碘螢光素	785	6.15	4.66	0.439	156	3.18	0.106	4.07

電池	開路電壓 V_{oc}/mV	短路電流 I_{sc}/μA · cm^{-2}	計算輸出功率 P_{cal}/μW · cm^{-2}	最大輸出功率 P_{max}/μW · cm^{-2}	最佳工作電壓 V_{op}/mV	最佳工作電流 I_{op}/μA · cm^{-2}	填充因子 FF	光電轉換效率 |$\eta \times 10^3$%
四溴螢光素	678	27.9	18.9	1.54	138	0.112	0.082	12.4
四碘螢光素	800	9.56	7.64	0.487	260	1.87	0.064	4.02
藏花紅 T	900	3.50	3.15	0.516	400	1.29	0.164	4.26
羅丹明 B	322	0.123	3.96×10^{-2}	7.49×10^{-3}	163	4.61×10^{-2}	0.189	6.20×10^{-2}
亞甲基藍	115	2.05	0.236	3.52×10^{-2}	32.0	1.10	0.149	0.219
茜素	90.0	0.117	1.06×10^{-2}	2.28×10^{-2}	45.0	5.08×10^{-2}	0.215	1.88×10^{-2}
蘇丹Ⅲ	103	0.0433	4.46×10^{-3}	5.24×10^{-4}	40.0	1.31×10^{-2}	0.117	4.43×10^{-3}
硫菫	117	0.483	5.65×10^{-2}	9.45×10^{-3}	35.0	2.70×10^{-2}	0.167	7.81×10^{-2}
葉綠素 a	104	0.118	1.23×10^{-2}	2.43×10^{-3}	50.0	4.87×10^{-2}	0.197	1.16×10^{-2}

表 3-5　不同工作電極組成電池的 V_{oc} 和 I_{sc}

電池	V_{oc}/mV	I_{sc}/μA · cm^{-2}
SnO_2/ST + TEOA/Pt	400	7.0
SnO_2/ST + TEOA/chl-a/Pt	600	11.0
SnO_2/ST + TEOA/SnO_2	400	3.7
SnO_2/ST + TEOA/chl-a/SnO_2	853	7.4
SnO_2/H_2O/SnO_2	0	0
SnO_2/H_2O/chl-a/SnO_2	32	1.7×10^{-3}

在上述實驗的基礎下提出如下機理：在本體溶液中染料分子吸收光能（hv）激發後，與 TEOA 作用產生的光氧化還原活性物質有一定壽命，擴散到對極表面，轉移一個電子形成光電流，同時，光氧化還原活性產物又恢復成原來染料分子。

$$\text{Dye} \xrightarrow{hv} \text{Dye}^*$$

$$\text{Dye}^* + \text{TEAO} \longrightarrow \text{Dye}^- + \text{TEOA}^+$$

$\text{TEAO}^+ \longrightarrow$ 電化學非活性物質

$\text{Dye}^- \longrightarrow \text{Dye} + \text{e}$ （對極）

Dye、Dye*和Dye^-分別代表螢光素鹵素衍生物和花紅的基態、激發態和光氧化還原活性產生。這三個過程發生在溶液本體中，Dye^-有一定壽命，擴散到SnO_2對極表面，轉移一個電子成為Dye。轉移的電子在電池中形成光電流，三乙醇胺是一種不可逆的還原劑，最終成為電化學非活性的物質而消耗掉，因此，三乙醇胺濃度適當大些或長時間反應後，加些三乙醇胺補充其消耗是必要的。

3.3 有機 p-n 異質結太陽電池[35]

在單層肖特基型有機薄膜太陽電池中，低功函數的金屬電極／有機半導體界面產生內建場。這個內建場不但離解光生激子成自由載流子，而且驅動載流子在有機層中傳輸。因而其載流子的產生依賴界面間的電場。另外，金屬電極透光率僅 50%，電極又促進激子的「失活」以及電極表面態成為自由載流子的捕獲中心而使之複合損失，這些因素導致金屬／有機肖特基型太陽電池的填充因子（Filler Factor F.F.）較小。

為了克服上述的限制因素，通過組合半導體雙層 p-n 異質結系統，將內建場存在的界面與金屬電極隔開加以解決。p-n 結型電池是由p型半導體和n型半導體接觸而形成的光伏器件。電池構造為：玻璃／ ITO/n 異型染料／ p 異型染料／金屬電極。基於 p-n 結型的太陽電池的轉換效率比肖特基型要高得多。組合無機半導體與有機半導體形成的異質結系統，例如 ZnO ／有機層、TiO_2／菁（或花紅）、CdS ／金屬酞菁（M＝Mg, ClAl, ClIn, ClAlCl），改善了電池的填充因子。進一步採用有機半導體雙層異質結系統，FF 可高達 0.65。其中，有機半導體與電極的接觸為歐姆接觸。形成異質結的有機／有機界面為激子的離解阱，避免了激子在電極上的失活。再者，由於有表面態減少，減少了表面態對載流子的陷阱作用。用給體／受體異質結結構可以提高激子的分離概率，而且也增寬了元件吸收太陽光譜的帶寬〔圖 3-16(a)〕。單純的異質結結構由於接觸面積有限，使得產生的光生載流子有限。為了獲得更多的光生載流子，必須擴大異質結結構的接觸面積。於是人們構造了混合的異質結結構〔圖 3-16(b)〕。為了進一步提高光伏打效率，對 p-n 異質結的改進型p-i-n多層結構〔圖 3-16(c)〕有機太陽電池也進行了研究。

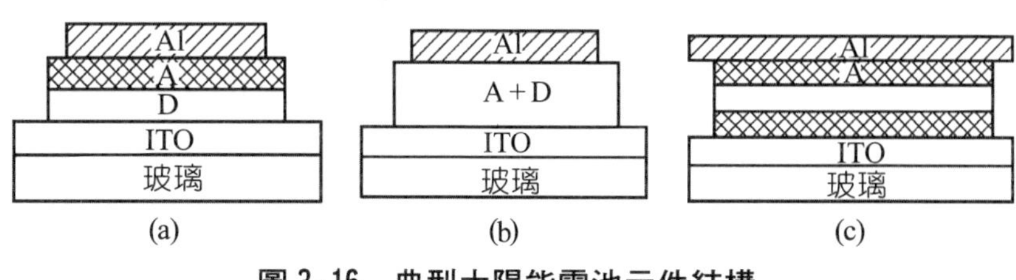

圖 3-16　典型太陽能電池元件結構

具有不同半導體性質的有機光敏染料可以構成雙層有機 p-n 結電極，即有機固態異質結太陽電池。Merier 將有機半導體材料分為 n 型和 p 型兩大類，表 3-6 顯示一些常用有機染料的分類情況。以酞菁為 p 型半導體材料，以苝四甲酰亞胺為 n 型半導體的 p-n 結型有機太陽電池，是目前研究最多的一種。1986 年 C.W.Tang[36]首次報道的雙層有機太陽電池〔DKITO/CuPc/PV（二苯並咪唑苝）/Ag〕就是單異質結，其轉換效率大約 1%。目前由這兩種材料形成的p-n結型有機太陽電池的光電轉換效率約為 1%～2%左右，如：ITO ／酞菁／苝四甲酰亞胺／ Ag, $\eta = 0.95\%$；ITO ／苝四甲酰亞胺／酞菁／Au, $\eta = 2.06\%$。

這類電池充分利用了光能，吸收了苝化合物和酞菁化合物兩者之間的光譜疊加，使太陽光的利用率大大提高，因而光電轉換效率也得以提高。

表 3-6　光電活性有機染料按導電性分類

n-型	p-型
份菁（merocyanine）	結晶紫（crystal violet）
酞菁（phthalocyanine）	維多利亞藍 B（victoria blue B, VBB）
甲基橙（methyl orange）	孔綠（malachite green）
亞甲基藍（methylene blue, MB）	香豆素（coumarin）
硫堇（thionine）	甲基紅（methyl red）
蒽醌磺酸鹽（anthraquinone sulfonate, AQS）	甲基紫（N, N, N', N''-tetramethyl-phenylene）
芳香胺（aromatic amines）	頻那氰醇（pinacyanol）
曙紅（eosin）	羅丹明 B（rhodamine B）

近年來，以有機化合物作為光電轉換材料的研究報導很多，與無機半導體相比，由於有機化合物的分子結構可以自行設計合成，材料選擇餘地大，可望達到易得而價廉的目標產物，特別是卟啉、酞菁（MPc）、苝紅（PTC）等有機光敏化合物，吸收在可見光範圍內且化學性能穩定，是目前廣泛研究的對象[37, 38]。在太陽電池方面，由苝紅、酞菁組成的有機 p-n 結太陽電池，由於它具有高轉換效率而引起了人們的注意。就目前所使用的酞菁類型來說，它的光電性能（激發狀態）是與中心金屬原子密切相關的，合理的電池結構可以獲得高的轉換效率。苝醯胺主要是作為 n 型半導體材料，與 p 型半導體材料組成 p-n 型太陽電池（見圖 3-17）。Tang 在 20 世紀 80 年代初首先報導了以 N，N'—苝二醯胺為 n 型半導體材料，以銅酞菁為 p 型半導體材料組成的 p-n 結電池。這種電池在 AM2 的光線線照射下（75nW · cm^{-2}），光電轉化效率可達 1%[39]，它們的薄膜吸收光譜見圖 3-18。以苝二酰胺／酞菁體系作為模型已有大量的理論和實際應用的研究工作。表 3-7 顯一些電池的性能指標。加工環境、不同苝醯胺的共沉積、p-n 結的敏化效應均對電池性能有所改善。多層 p-n 結的串聯，中間用金半透明薄膜聯結，可以使電池的整體光電轉換效率有所提高，但使單個電池效率降低。

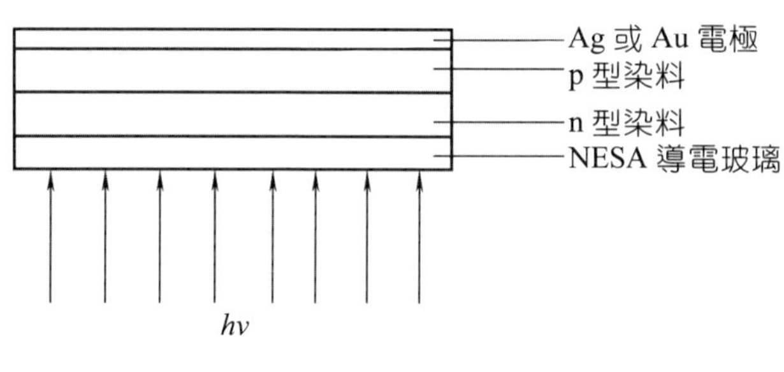

圖 3-17　電池結構示意圖

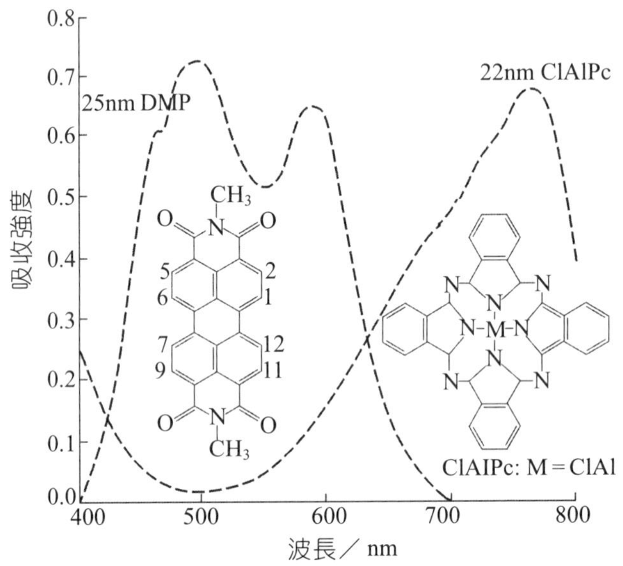

圖 3-18　一定厚度 DMP 和 ClAlPc 薄膜吸收光譜

表 3-7　一些苝醯胺—酞菁系太陽電池的性能指標

電　池	波長／nm	入射密度／μW・cm^{-2}	開路電壓／V	短路電流／μA・cm^{-2}	填充因子	效率／%
NESA/DMP/CuPc/Au	白光	100	0.54	0.94	0.48	0.29
NESA/DMP/ClAlPc/Ag	470	190	0.31	17.09	0.41	1.21
NESA/DMP/TiO_2Pc/Au	720	170	0.30	13.90	0.42	1.01
NESA/DMP/H_2Pc/Au	白光	100	0.40	28.67	0.42	0.28
NESA/Im-DMP/CuPc/Au	白光	100	0.53	1610	0.42	0.43
NESA/DMP/H_2Pc/Au1	白光	76	0.55	2570	0.30	0.77
NESA/DMP/H_2Pc/Au_2	白光	76	0.58	1960	0.23	0.49
NESA/DMP/DMP-H_2Pc/ H_2Pc/Au	白光	100	0.51	2140	0.48	0.43
NEST/Im-PTC/Im-PTC-H_2Pc/H_2Pc/Au	白光	100	0.57	2560	0.25	0.44

董長徵等[40]採用真空鍍膜技術選用苝紅與 InClPc、GaClPc、VOPc、TiOPc 製備了有機 p-n 線質結太陽電池。該電池具有光譜利用合理、光電性能較好等優點。表 3-8 中為這些電池的光電性能。

表 3-8　電池 ITO/PTC(120nm)/MPc(120nm)/Ag 在白光照射下（$52mW/cm^2$）的光電性能

化合物	光電流／$\mu A \cdot cm^{-2}$	光電壓／mV	填充因子	轉換效率／%
InClPc	533	415	0.43	0.200
VOPc	495	180	0.46	0.078
GaClPc	456	290	0.41	0.104
TiOPc	305	343	0.28	0.055
H2Pc	64	70	—	—
ZnPc	28	66	—	—

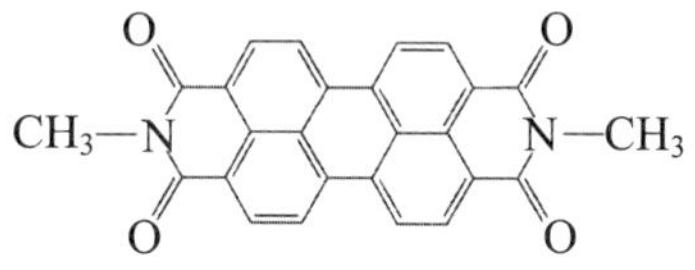

PTC 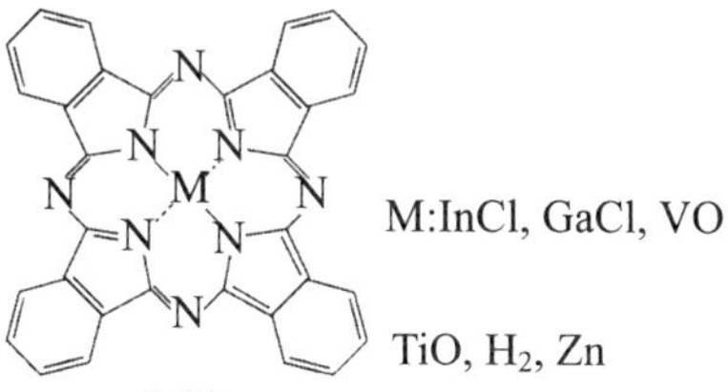　　MPc　　M:InCl, GaCl, VO　TiO, H_2, Zn

電池具體製備方法是將 7～10mg 苝紅顏料及酞菁分別置於蒸發皿中，在室溫、真空度為 66.7Pa 條件下首先在 SnO_2 導電玻璃上蒸鍍苝紅顏料，然後再在苝紅鍍層上蒸鍍酞菁層，兩種顏料的蒸發速度控制在 0.1～0.3nm。兩層顏料的鍍層厚度均約為 1200nm 左右，最後再蒸鍍銀電極，並用銀導線通過導電樹脂連接導電玻璃及銀電極，構成 ITO/PTC/MPc/Ag 太陽電池。

黃頌羽[41]合成了一系列苝紅顏料和氯鋁鈦菁組合，採用真空鍍膜技術，研製成NESA/苝紅/ClAlPc/Ag p-n異質結有機太陽電池。發現 NESA/MePTC/ClAlPc/Ag 電池具有較好的光電效應。在光照 5.62mW・cm^{-2}，開路電壓達 140mV，短路電流為 420μA，JP 填充因子可達 54.3%，光電轉換效率為 1.0%。p-n異質結雙層太陽電池的製備：採用真空鍍膜技術製備。將 7～10mg苝紅顏料及氯鋁酞菁分別平鋪於蒸發皿中，真空系統抽至 400×10^{-5}Pa，首先在 SnO_2導電玻璃上蒸鍍苝紅顏料；然後再抽真空至 400×10^{-5}Pa，在苝紅鍍層上蒸鍍氯鋁酞菁，形成 p-n 線質結，兩層顏料蒸度好後，厚度均為 250nm；再蒸鍍銀電極。最後用銀導線通過導電樹脂連接導電玻璃及銀電極，構成異質結太陽電池。

n 型的苝紅類與 p 型的酞菁類化合物組成的有機異質結太陽電池 ITO/MePTC/MPc/Ag(MePTC 為苝紅衍生物，MPc 為 InClPc、GaClPc、TiOPc、H2Pc、ZnPc)，其吸收光覆蓋了 400～900nm波長的可見光能（MePTC吸收 400～600nm，MPc吸收 600～900nm波長的可見光，它們在可見光區是互補的），因此，用 p 型的酞菁與 n 型的苝組成的p-n結太陽電池，其吸收光譜與太陽光譜應有較好的匹配。使光電流從單層染料電池的幾微安增大到幾百微安，電池的填充因子和光電轉換效率也顯著提高，吸收和螢光光譜研究證明，MePTC 向 MPc 進行了能量轉移，各種 MPc 在真空鍍膜中形成不同分子排列的結構對激子遷移產生影響，因此表現出不同的光電特性。在InClPc 膜中進一步用 VOPc 摻雜改善了 InClPc 固體膜的晶體狀態，使光電流和填充因子呈現出增效行為。說明有機分子的摻雜是提高有機太陽電池光電轉換效率的一條有效的途徑。

C.W.Tang 對ITO/CuPc/PV（二苯並咪唑苝）／Ag電池的工作原理提供定量的模型。他們認為 CuPc 和 PV（二苯並咪唑苝）的光吸收產生激子，而產生的激子在膜層內擴散。CuPc和PV界面是激子分裂的激活位，激子分裂後，空穴優先在CuPc層傳輸並聚集在ITO電極，而電子卻在PV層朝Ag電極傳輸。激子在CuP/PV界面分裂的效率與高的內建電場有關，而這內建電場可能是界面誘惑的電荷而形成的電場或偶極電場。因此，電池的光伏打性能是由兩種有機材料形成的界面而非電極／有機材料形成接觸決定的。界面區域是光產生電荷的主要產區，這種光生電荷的產率與可偏電場（bias field）幾乎無關，這樣就克服了單層光電池的局限性，並且使雙層電極有了較高的效率和填充因子。

黃頌羽等在實驗工作的基礎上，提出了雙層p-n異質結有機太陽電池中激子和載流子輸運的理論模型，假設只有擴散到結區的激子和該區產生的激子，才對形成光電流有貢獻。這些激子被有機／有機界面的內建場離解成自由載流子。而後，電子在苝紅（n型有機半導體）層傳導，空穴在酞菁（p型有機半導體）層傳導。據此，討論了在苝紅／酞菁異質結電池中，苝紅（MePTC）層和鋁氯酞菁（ClAlPc）層之間的Forster能量轉移以及填充因子和光電轉換效率均較單層肖特基型電池獲得改善的機制。

S・Antohe和L・Tugulea用酞菁銅（CuPc）作為p型半導體材料，四—（4—吡啶基）卟啉（Tpyp）作為n型半導體材料製備雙層p-n異質結型有機太陽電池ITO/CuPc/Tpyp/Al，其光譜與太陽光譜匹配很好，其轉換效率為0.12%，比採用酞菁銅或四—（4—吡啶基）卟啉製備的單層的肖特基型電池高100倍。1996年他們採用葉綠素（chl）和四-（4—吡啶基）卟啉（Tpyp）兩種卟啉材料製備了雙層p-n異質結型有機太陽電池ITO/chl/Tpyp/Al，其轉換效率為0.011%，比ITO/chl/Al高2～3倍。Takahnshi等[42]對由二苯並咪唑苝（PV）

和四苯基卟啉（H_2TPP）製備的 Al/PV/H_2TPP/Au 雙層有機太陽電池研究發現，當 H_2TPP 的薄膜厚度為 10nm 時，短路光電流的量子效率為 16.0%，開路電壓為 0.20V，填充因子為 0.28，當光強為 $10\mu W \cdot cm^{-2}$時，在 440nm 處的光電轉換效率達 0.32%。同時，他們製備了結構為 Al/PV/HD/MC/Au 的三層太陽電池，其中 HD 為光敏劑，由弱的電子給體 5, 10, 15, 20—四（2, 5—二甲氧基）卟啉鋅〔見圖 3-19(a)〕和弱的電子受體 5, 10, 15—三苯基—20—（3 吡啶基）卟啉〔見圖 3-19(b)〕組成，PV 為電子受體二苯並咪唑苝〔見圖 3-19(c)〕，MC 為強的電子給體〔見圖 3-19(d)〕。光激發時，發生從 HD 到 PV 的分子間電荷轉移，同時電子迅速從 MC 注入 HD，利用這種能級匹配的多步電荷轉移體系，抑制了電子回傳，提高了光電轉換效率。這種光電池的短路光電流的量子效率為 49.2%，開路電壓為 0.39V，填充因子為 0.51，光強為 $12\mu W \cdot cm^{-2}$，在 445nm 處的光電轉換效率高達 3.51%。這是目前有關卟啉類材料用於光電池獲得轉換效率較高的報導。

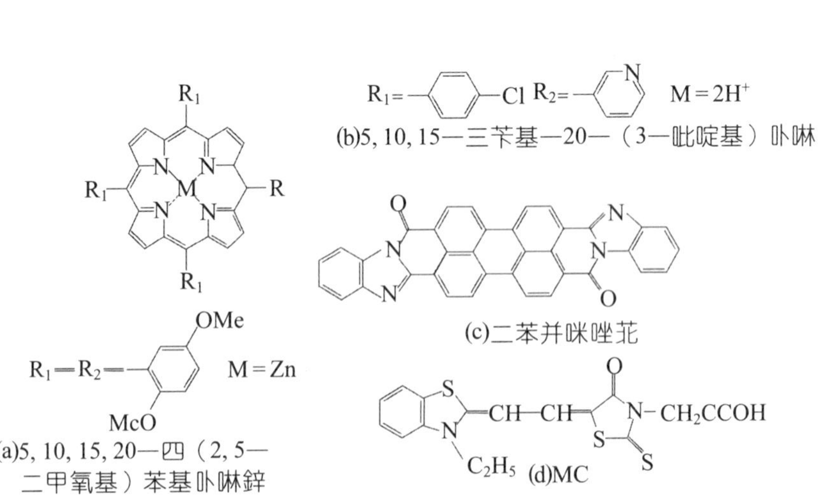

(a)5, 10, 15, 20—四（2, 5—二甲氧基）苯基卟啉鋅

(b)5, 10, 15—三苄基—20—（3—吡啶基）卟啉

(c)二苯并咪唑苝

(d)MC

圖 3-19　四種卟啉類材料的結構式

欲研究開發出更高效率的有機電池，一方面需要選擇性能優良的卟啉類材料（載流子的遷移率高、電阻小等），同時要利用材料獨特的光電特性，合理設計功能分離，能帶匹配的多層器件結構。另外，採用材料複合等手段研製新型的光伏材料，如利用無機材料大的載流子的遷移率和有機材料大的吸收係數有希望得到性能優良的有機／無機複合材料或通過有機／有機複合材料提高材料的光生載流子效率和拓寬材料的光譜響應範圍。

J.Drechsel 等[43]使用摻雜型寬禁帶層 ZnPc/C_{60}（1：1）形成光敏層用於增強 PIN 太陽電池的效率，p 型使用 MeOT-PD，n 型為 C_{60}。這種電池（見圖 3-20）僅在光敏區域吸收光能，避免了界面處的複合損失。同時優化了太陽光的反射問題。在 AM1.5 的照射條件下內量子效率接近 100%，光電轉換效率為 1.9%，填充因子為 0.50。

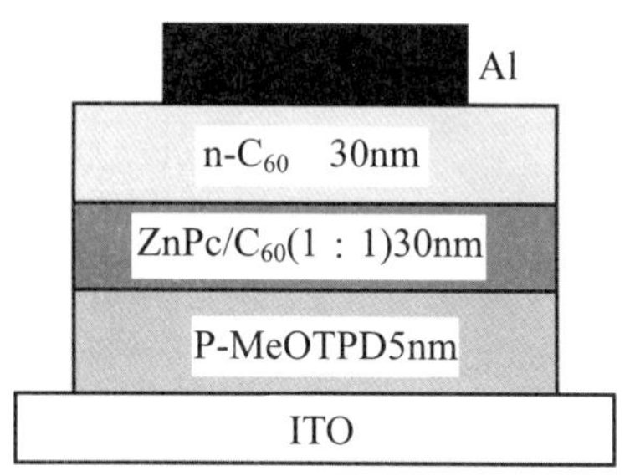

圖 3-20　電池結構示意圖

D.Gebeyehu 等[44]使用真空蒸鍍法沉積技術製備了太陽電池（見圖 3-21）。它由 ZnPc（鋅酞菁）為電子給體（Donor），而 C_{60} 為電子受體（Acceptor）。所測參數為 I_{sc} = 1.5mA/cm^2，V_{oc} = 450mV，填充因子為 0.5，光電轉換效率為 3.37%（在 10mW/cm^2 下）。

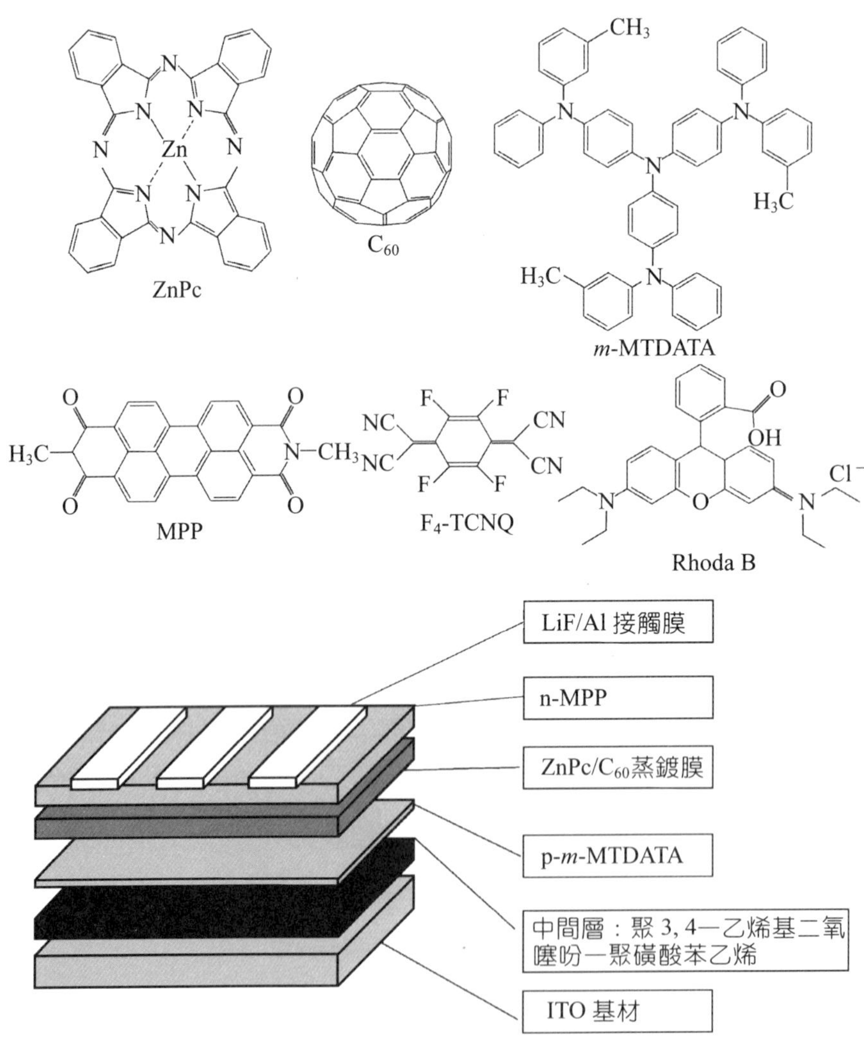

圖 3-21　給體、受體分子結構和電池結構示意圖

3.4 染料敏化太陽電池（Dye-Sensitized Solar Cell DSSC）[45~47]

20 世紀 70 年代發展起來的基於矽的高效太陽電池，總能量轉化率達到 25%以上，但其昂貴的成本及窄帶隙半導體的嚴重光腐蝕限制了它的實際應用。寬帶隙半導體（如 TiO_2、SnO_2 等）由於其較高的熱穩定性和光化學穩定性，是一種具有應用前景的半導體材料。但是它們的禁帶寬度相當於紫外區的能量，因而捕獲太陽光的能力非常差，無法直接用於太陽能的轉換。人們通過研究發現，將這些與寬帶隙半導體的導帶和價帶能量匹配的一些有機染料吸附到半導體表面上，利用染料對可見光的強吸收，從而將體系的光譜響應延伸到可見區，這種現象稱為半導體的染料敏化作用，而載有染料的半導體稱為染料敏化半導體電極，以這種電極構成的電池稱為染料敏化太陽電池。染料敏化半導體電極可分為染料敏化平板半導體電極（如 ITO 導電玻璃）和染料敏化奈米晶半導體電極（如奈米晶 TiO_2、SnO_2 和 ZnO 等）。染料敏化平板太陽電池的研究主要是篩選光電轉換材料和探討光電轉換機理，但是它的光電轉換效率並不高，無法進入實際應用。但正是在大量基礎研究的數據積累之後，染料敏化奈米晶太陽電池才得以發展。本節主要討論染料敏化奈米晶太陽電池。

半導體染料敏化的歷史可以追溯到照相術形成的初期。1949 年，Putzeiko 和 Trenin 首次報導了有機光敏染料對寬禁帶氧化物半導體的敏化作用。自 20 世紀 70 年代初到 90 年代以來，有機染料敏化寬帶半導體的研究一直非常活躍，R.Memming、H.Gerischer 等大量研究了各種有機敏化劑與半導體薄膜間的光敏化作用。這些染料包括玫瑰紅、卟啉、香豆素（Coumarin）、方酸等，半導體薄膜研究較多的是 ZnO、SnO_2、TiO_2、CdS、WO_3、Fe_2O_3、Nb_2O_5 等。早期在這方面的研究主要集中在平板電極上，這類電極的主要缺點是只能在電極表面吸附單層染料分子，由於單層染料分子吸收太陽光的效率非常低，光電轉換效率一直無法得到提高。半導體電極在吸附單分子層染料後才能達到最佳的電子轉移效果，但是由於平板半導體電極的表面積相對較小，其表面上的單分子層染料的光捕獲能力較差（最大為百分之幾），因此其總能量效率大都在 0.1%以下。為了克服單層染料的缺點，人們曾試圖利用多層染料來克服太陽光吸收的問題。雖然在平板半導體電極上進行多層吸附可以增大光的捕獲效率，但在外層染料的電子轉移過程中，內層染料引起阻礙作用，因此降低了光電轉化量子效率。所以總地來講，在平板半導體電極上進行多層吸附並不能增加光電轉化效率。在奈米晶半導體電極提出以前，人們無法同時提高量子效率和光捕獲效率，這也是 20 世紀 90 年代以前限制染料敏化太陽電池研究的一個主要因素，使得光電轉換效率始終在 1%以下，距離達到實用水平很遠。

1985 年，隨著瑞士科學家 Grätzel 首次使用高表面積半導體電極（如奈米晶二氧化鈦電極）進行敏化作用研究，這個問題便得到了解決。奈米晶半導體膜的多孔性使得它的總表面積遠遠大於其幾何表面積。例如 10μm 厚的二氧化鈦膜（構成膜的粒子直徑為 15～20nm），其總表面積可以增大約 2000 倍。單分子層染料吸附到奈米半導體電極上，由於其巨大的表面積可以使電極在最大波長附近捕獲光的效率達到 100%。所以染料敏化奈米晶半導體電極既可以保證高的光電轉化量子效率，又可以保證高的光捕獲效率。

1991 年，瑞士的 M.Grätzel 等首次將金屬釕有機配合物作為染料吸附在 TiO_2 奈米晶多孔膜製成電池，在太陽光下，其光電轉換效率達 7.1%（AM1.5）。奈米晶多孔膜染料敏化太陽電池（Dye Sensitized Solar Cell, DSSC）這種製作簡單、成本低廉的太陽電池的研究因此吸引了眾多研究工作者的目光。在光強為 100mW/cm^2 的條件下，1999 年，實驗室用電池（0.25cm^2）的效率達到了 10.6%的水平。

在染料敏化太陽電池中，染料的作用是顯而易見的。在一般的 p-n 結光伏電池（如矽光伏電池）中，半導體具有捕獲入射光和傳導光生載流子兩種作用。但是，在染料敏化太陽電池中，這兩種作用是分開執行的。光的捕獲由敏化劑完成。受光激發後，染料分子從基態躍遷到激發態（即電荷分離態），再將電子注入到半導體的導帶中，注入到導帶中的電子可以瞬間到達膜與導電玻璃的接觸面而流到外電路中，從而產生光電流。除了負載敏化劑外，半導體的主要功能就是電子的收集和傳導。由於有機染料敏化劑對可見光具有強吸收，從而大幅地提高了此類光電化學電池的光捕獲效率。

染料敏化奈米薄膜太陽電池（DSSC）最吸引人的特點是其廉價的原材料和簡單的製作工藝以及穩定的性能。它的主要半導體材料是奈米 TiO_2。奈米 TiO_2 具有豐富的含量、廉價的成本、無毒、性能穩定且抗腐蝕性能好等優勢。電池製作過程中的主要方法採用大面積絲網印染技術和簡單的浸泡方法，使其製作方法大大簡化、成本低，適用於大面積工業化生產。而 DSSC 的輸出功率隨溫度的升高而上升。由於 DSSC 在高溫下性能穩定，適用於高溫熱帶地區；它對入射光角度要求低，在折射光和反射光條件下，仍有良好的電池性能。隨著入射光角度的增加，入射光角度不到 20°時，矽電池的電流將開始明顯下降，而 DSSC 在入射光角度達到 30°時電流還比較穩定，下降速度比較緩慢。由於 DSSC 將具有寬的光譜吸收的染料和有高比表面積的奈米多孔 TiO_2 薄膜有機地結合起來，能在極廣的可見光範圍內工作，適合在非直射光、多雲等弱光線條件下，以及光線條件不足的室內條件下運用。而且由於有機染料分子設計合成的靈活性和奈米半導體技術的不斷創新，DSSC 在技術發展和性能提高上有很大的潛力。

3.4.1 染料敏化太陽電池的幾個重要參數[48]

3.4.1.1 半導體的導帶及價帶電位的測定

(1)半導體禁帶的確定

①光譜測定法

從半導體膜的吸收曲線可以確定它的吸收邊，而吸收邊處的吸收波長對應半導體的禁帶寬度。對於固體粉末，可以通過其漫反射光譜確定其吸收邊。例如，二氧化鈦的長波一邊的吸收邊為390nm，可以算出其禁帶寬度為3.2eV。

②光電導法

波長掃描半導體電極可以得到光子能量對電流的關係曲線。產生電流時對應的最低光子能量即為半導體的禁帶寬度。例如，n 型半導體 WO_3 在小於 445nm 波長的光照射時，才開始產生光電流，該波長對應的能量（2.8eV）即為 WO_3 的禁帶寬度。

(2)半導體平帶電位的確定

對於與液體介質接觸的塊體半導體，只有當電子給體或受體存在時，才能發生電子轉移。也就是說，必須在界面上發生氧化還原反應才能在半導體內部產生一個電場。在空間電荷層內，價帶和導帶是彎曲的。圖 3-22 給出了 n 型半導體能帶彎曲的四種情況。沒有空間電荷層時，電極處於平帶狀態。如果與多子（電子）電荷相同的電荷聚集在半導體一側，則形成積累層；反之，當多子擴散到溶液中，則形成耗盡層。如果空間電荷層區域內空穴（少子）的濃度超過電子（多子）的濃度，費米能級將靠近價帶，此時為反型層。

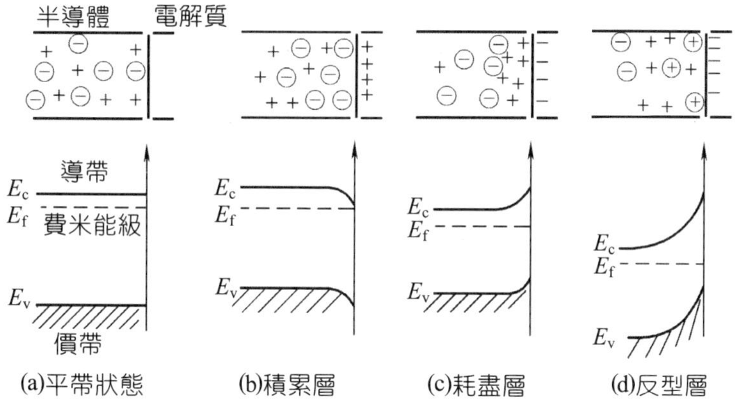

圖 3-22 n 型半導體—溶液界面上空間電荷層的形成

⊖：電子 ⊕：空穴 －、＋：不移動的離子化給體態或電解質中的離子

在奈米晶半導體中，情況有所不同。對於未摻雜的奈米晶半導體，由於載流子濃度非常小，能帶彎曲可以忽略不計，所以奈米晶半導體的能級處於平帶狀態，而處於平帶狀態時的電勢叫做平帶電勢（V_{fb}）。

①光譜電化學法

一定厚度和面積的奈米半導體膜（工作電極）、鉑絲（對電極）以及飽和甘汞電極或Ag/AgClDK（參比電極）插入到適當的電解質溶液中，構成一個三電極體系。在一定波長下，掃描吸光度隨偏壓的關係變化（見圖 3-23）。在較平帶電位正的偏壓範圍內，吸光度沒有變化；而當偏壓比平帶電位負時，吸光度急劇升高，作曲線升高部分的切線交吸光度為零的線於一點，此點對應的電位就是半導體在該條件下的平帶電位。

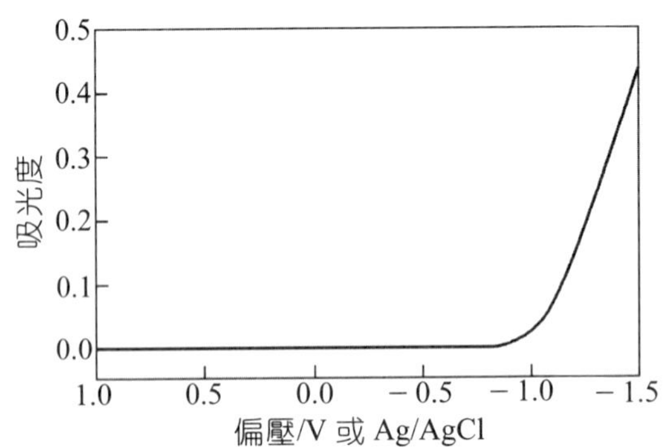

圖 3-23　二氧化鈦奈米晶膜在 780nm 處的吸光度與偏壓的關係曲線

②電化學法

在三電極體系中，對半導體電極進行線性伏安掃描，起始電流對應的電壓即為半導體在該條件下的平帶電位。

以上兩種方法各有優缺點。光譜電化學法適合於具有較多缺陷的多晶電極，結果較準確。但是，該方法的不足之處是只能測定那些具有較好光學透明性能的半導體電極，另外還必須確定區域電子或自由電子的消光係數。利用光譜電化學法測定的最大優點是可以模擬光電化學中的介質條件，從而能夠比較真實地反映半導體電極在光電轉化時的能級情況。電化學法的最大優點是操作簡便，而其缺點是由於難以確定暗電流的起始電壓，從而造成結果的不確定性。

⑶半導體價帶頂的確定

通過同步輻射光電子能譜可以確定半導體電極的第一電離能（即最高電子占據軌道的能級，HOMO），該能級就是價帶頂所對應的能級。價帶頂（E_v）、導帶底（E_c）和禁帶（E_g）之間存在如下的關係：

$$E_g = E_c - E_v$$

所以知道了任意兩個參數就可求得第三個參數。

3.4.1.2 光電轉換效率

對於染料來說，不同波長的光，具有不同的光電轉換效率，對於入射單色光的光電轉換效率 IPCE 可定義為：

$$\mathrm{IPCE}(\lambda) = \frac{1.25 \times 10^3 \times \text{光電流密度（}\mu\mathrm{A/cm^2}\text{）}}{\text{波長（nm）} \times \text{光通量（}\mathrm{W/m^2}\text{）}} \mathrm{LHE}(\lambda)\phi_{inj}\eta_c$$

式中，LHE(λ)為光吸收率；ϕ_{inj} 為注入電子的量子產率；η_c 為電荷分離率。

其中，LHE(λ)可進一步寫成：$\mathrm{LHE}(\lambda) = 1 - 10^{-\Gamma\delta(\lambda)}$。式中，$\Gamma$ 為每單位平方釐米膜表面覆蓋染料的物質的量數；$\delta(\lambda)$ 為染料吸收

截面積，它與染料的消光係數有關，其值為染料的消光係數 × $1000 cm^3/L$。

注入電子的量子產率 $\phi_{inj}=\frac{k_{inj}}{\tau^{-1}+k_{inj}}$。式中，$k_{inj}$ 為注入電子的速率常數；τ 為激發態壽命。可見，電子注入速度常數越高，激發態壽命越長，則量子產率越大。從實驗測得對 $RuL_2(H_2O)$（L = 2, 2'-bipyridy-4, 4'-dicarboxylateDK）的 $\tau = 59ns$，$k_{inj} > 1.4 \times 10^{11} s^{-1}$，則 $\phi_{inj} > 99.9\%$，由此可知，敏化劑上產生的光生電子幾乎全部傳遞到 TiO_2 的導帶上，獲得了較高的量子產率。

η_c 為電荷分離率，即注入到 TiO_2 導帶中的電子有可能與膜內的雜質複合或以其他方式消耗：①激發態的染料分子與 TiO_2 導帶中的電子重新複合；②電解液中的 I_3^- 在光陽極上就被 TiO_2 導帶中的電子還原；③所激發的染料分子直接與表面敏化劑分子複合。

3.4.1.3 光電流工作圖譜

電極的光電流響應與照射波長的關係稱為光電流工作圖譜。測定光電流工作圖譜，是為了研究吸收光子的波長變化對光電流產生的影響。在某一給定條件下，用不同波長光照射電極一般可以產生不同大小的光電流。由於各波長單色光所含有的光子數不一定相同，所以有必要對不同波長和不同入射光強度下測得的光電流歸一化為相同的入射光下的光電流值。光電流歸一化的具體方法是：先選擇一個波長的電流作為標準（通常選最大波長處的電流作為標準），求出其他波長光子數與該波長光子數之比，然後再用這個比值去除相對應的光電流，就得到歸一化（Normalized）的光電流。對於染料敏化奈米晶太陽電池，其工作譜採用 IPCE(λ)對λ的關係曲線來表示（見圖 3-24）。工作譜與太陽光譜的重疊越大，電極對太陽光的利用就越好。

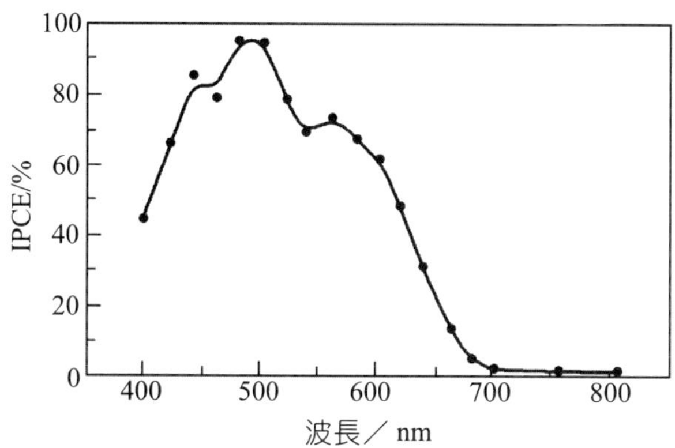

圖 3-24　染料敏化二氧化鈦奈米晶電極的工作譜

3. 4. 1. 4　常用的測試儀器

在染料敏化太陽電池中，常用的測量裝置是三電極光電化學測量裝置，如圖 3-25 所示，將染料敏化半導體電極（WE，作為工作電極）、對電極（CE，通常為鉑電極）和參比電極（RE）插入適當的電解質溶液中，即構成染料敏化光電化學電池。將光照射到工作電極上，通過外電路連接的電流計和伏特計檢測光生電流和光生電壓，也可以通過與電腦連接的電化學分析儀進行光生電流和光生電壓的測定。實驗中常用的光源有氙燈（模擬太陽光）及高壓汞燈（紫外線照射），其他的光源還有鎢燈、鹵素燈和各種激光光源等。在光的通路中，常需要放置單色儀或適當的干涉濾光片來獲得單色光，單色光的純度取決於單色儀或干涉濾光片的半幅值。為了防止電極和干涉濾光片受熱，在光路中放置紅外濾光片以濾除紅外光。

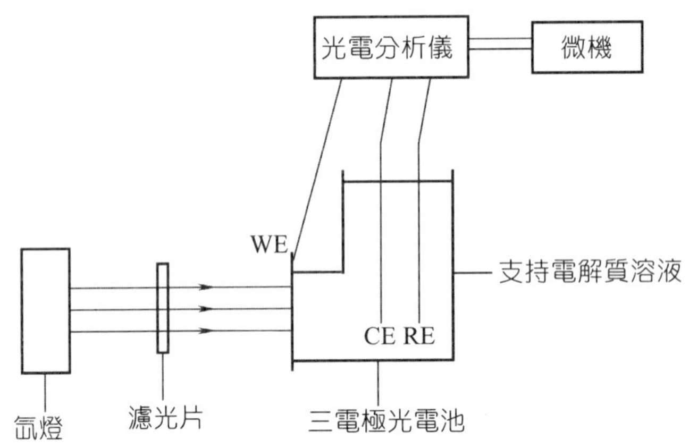

圖 3-25　三電極光電化學電池示意圖

3.4.2　染料敏化太陽電池的結構及工作原理[49～52]

染料敏化奈米晶太陽電池（DSSC）的結構示意見圖 3-26。DSSC 主要由以下幾部分組成：半導體光電極、敏化劑、電解質。半導體光電極有正負極，負極是染料敏化的多孔的奈米晶氧化物半導體膜電極。氧化物半導體最常用的是奈米晶 TiO_2，其他的氧化物，如 ZnO、SnO_2、Nb_2O_3 和 $SrTiO_3$ 等也被廣泛地研究。將直徑為 10～30mm 的 TiO_2 顆粒聚集在鍍有二氧化錫等透明導電膜的玻璃板上，形成 10μm 厚的多孔質膜就可得到 TiO_2 薄膜電極。這種半導體電極的奈米微粒的多孔膜，可以使 TiO_2 的有效面積增加 1000 倍，從而能夠更有效地接受光。另一電極作為還原催化劑，通常在帶有透明導電膜的玻璃上鍍上白金，大約每平方釐米鍍上 5～10μg 鉑。

鉑既可起到反射光的作用，又可起到催化作用，提高電池的正極上I^-的還原速度。可以吸收可見光的敏化染料吸附在海綿狀的多孔二氧化鈦膜面上。在正極和負極之間填充的是含有氧化還原電對的電解質，最常用的氧化還原電對是I_3^-/I^-，目前，電解質有液態、準固態和固態三種。

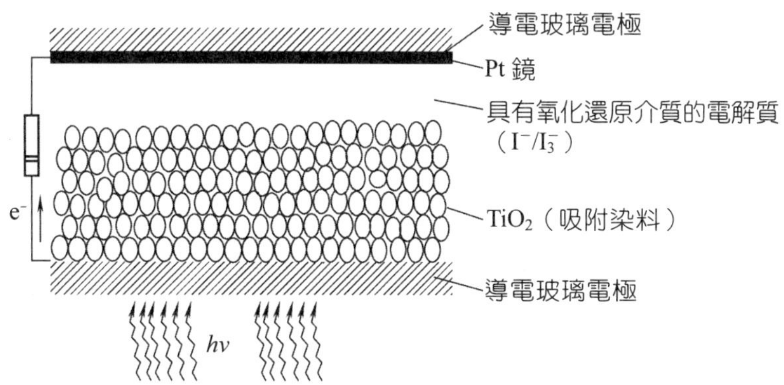

圖 3-26　染料敏化奈米晶光電化學太陽電池的結構

在太陽電池中，光電轉換過程通常可分為光激發產生電子—空穴對、電子—空穴對的分離、向外電路的輸運等三個過程。圖 3-27給出了染料敏化奈米晶太陽電池的工作原理示意圖，其中，S*為敏化劑的激發態；S為敏化劑的基態；S^+為敏化劑的氧化態。DSSC電池的工作原理與電化學電池類似。奈米 TiO_2 的禁帶寬度為 3.2eV，可以吸收波長小於 387nm的紫外線，並將價帶中的電子直接激發至導帶。但它對於可見光卻無能為力。為了在可見光作用下通過吸收光能而躍遷到激發態，必須在TiO_2表面吸附一層具有很好吸收可見光特性的染料光敏化劑。原理可表述為：①在光照下，染料分子吸收太陽光能量，其電子躍遷至激發態。因此，DSSC 電池的光電陽極是由黏在導電玻璃上的海綿狀奈米晶體TiO_2半導體薄膜和被化學吸附於其上的新型有機光敏染料構成的。②由於激發態電子不穩定，通過染料與TiO_2表面的相互作用，電子很快躍遷至較低能級的TiO_2導帶，此時染料自身由於失電子而被氧化。注入到TiO_2導帶的電子富集在導電基底上，並通過導電膜流向外電路對電極。實驗也證明，躍遷到 TiO_2導帶上的電子，將很快通過 TiO_2層進入收集電極，然後通過回路，產生電流。③處於氧化態的染料分子，從電解質中得到電子並恢復成還原態（基態），從而得以再生。④電解質I_3^-被來自TiO_2導帶、通過電極進入外電路、最終到達陰極的電子還原成I^-。這樣就完成了一個循環。這個激發—氧化—還原的再生循環周而復始地進行，就得到了持續的光電流。⑤同時，有少量已被氧化的電解質不經外電路，而直接從導帶上得到電子被還原，形成暗電流。所以應避免電解質與TiO_2的直接接觸。整個循環過程如下：

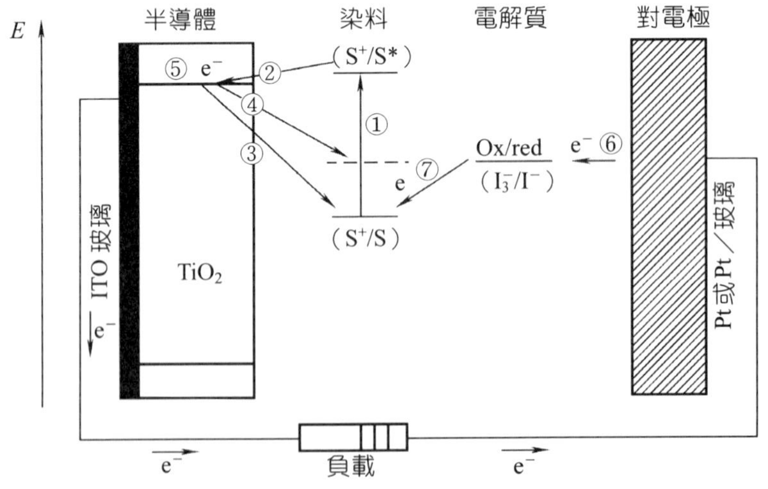

圖 3-27　Grätzel 液體太陽電池的原理示意圖

⑴染料受光激發，由基態躍遷到激發態：

$$S + h\nu \rightarrow S^*$$

⑵激發態染料分子將電子注入到半導體的導帶中：

$$S^* \rightarrow e^- (TiO_2\text{導帶}) + S^+ \quad k_{inj} = 10^{10} \sim 10^{12}\ s^{-1}$$

⑶ I^- 離子還原氧化態染料，使染料再生：

$$S^+ + 3I^- \rightarrow S + I_3^- \quad k_3 = 10^8\ s^{-1}$$

⑷導帶中電子與氧化態染料之間的複合：

$$S^+ + e^- (TiO_2\text{導帶}) \rightarrow S \quad k_b = 10^6\ s^{-1}$$

⑸導帶中的電子在奈米晶網絡中傳輸到後接觸面（BC）後而流入到外電路中：

$$e^- (TiO_2\text{導帶}) \rightarrow e^- (BC) \quad k_5 = 10^3 \sim 10^0\ s^{-1}$$

⑹奈米晶膜中傳輸的電子與進入二氧化鈦膜的孔中的I_3^-離子複合：

$$I_3^- + 2e\ (\text{陰極}) \rightarrow 3I^- \quad J_0 = 10^{-11} \sim 10^{-9}\ A \cdot cm^{-2}$$

⑺ I_3^- 離子擴散到對電極上，得到電子使 I^- 離子再生：

$$I_3^- + 2e\text{（}TiO_2\text{導帶）} \rightarrow 3I^- \quad J_0 = 10^{-2} \sim 10^{-1}\ A \cdot cm^{-2}$$

激發態的壽命越長，越有利於電子的注入，而激發態的壽命越短，激發態分子有可能來不及將電子注入到半導體的導帶中就已經通過非輻射衰減而返回到基態。⑵、⑷兩步為決定電子注入效率的關鍵。電子注入速率常數（k_{inj}）與逆反應速率常數（k_b）之比越大，電子複合的機會就越小，電子注入的效率就越高。⑹是造成電流損失的一個主要原因，因此，電子在奈米晶網絡中的傳輸速度（k_5）越大，電子與 I_3^- 離子複合的交換電流密度（J_0）越小，電流損失就越小。

由於奈米晶半導體內不存在空間電荷層，染料電池中的電荷高效分離不是靠空間電荷層實現的，而必須依靠控制各反應的速度常數來實現，即要使電子注入、染料還原等各正向反應速度遠大於複合等各逆向反應速度。在整個過程中，各反應物總狀態不變，只是光能轉化為電能。電池的開路電壓（V_{oc}）取決於二氧化鈦的費米能級和電解質中氧化還原電勢的能斯特電勢差，用公式可表示為

$$V_{oc} = \frac{1}{q}[(E_f)_{TiO_2} - (E_{R/R^-})]$$

式中，q 為完成一個氧化還原過程所需電子數。

DSSC 能產生較高轉換效率的原因可以從其動力學特性加以解釋。據文獻[50]介紹，圖 3-28 所示染料敏化奈米晶太陽電池中電子的損失反應 a、b、c 和人們希望的反應 1、2、3 之間的競爭，這是一

個動力學平衡過程（激發、輸運和複合）。

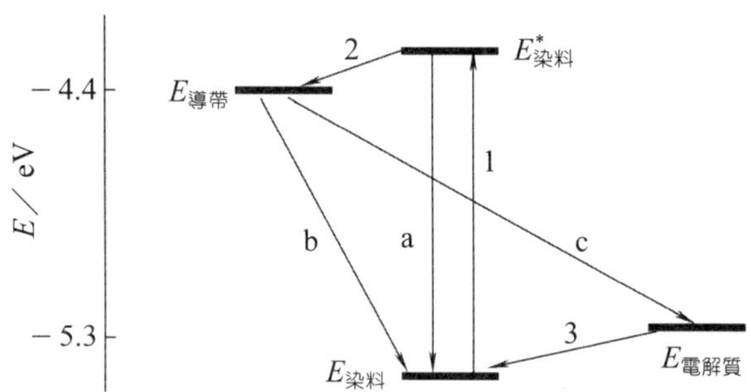

圖 3-28　奈米晶染料太陽電池的動力學過程

①激發態染料分子可以直接鬆弛到它的基態，這一過程就形成損失反應a。這一過程與電子注入反應2相比，損失可以忽略不計，主要原因是相應的反應速度常數 k_2 和 k_a 相差太大，$k_2/k_a=1000$。在這一過程中，染料分子與奈米晶二氧化鈦表面的直接鍵合是滿足 $k_2/k_a=1000$ 的關鍵因素。

②導帶中的電子可能被氧化態的染料分子捕獲（反應速率常數是 k_b），這一過程就形成損失反應 b。由於這一過程和電解質中 I^- 離子還原染料分子競爭，而後者的速率常數是前者的100倍左右，即 $k_3/k_b=100$，因而這一損失也是很小的。在這一過程中，I^- 和 I_3^- 離子在奈米晶多孔膜中的高效傳輸是保證有充足的 I^- 離子參與競爭的關鍵因素。所以優化奈米晶多孔膜的微觀結構（如奈米晶多孔膜的孔徑大小、孔徑分布及孔徑的連通性等）是非常重要的。一些準固體電解質體系中，I^- 和 I_3^- 離子的擴散係數小於液體，因此複合損失較大。

③導帶中的電子可能被電解質中的氧化成分（如 I_3^- 離子）捕

獲，這一過程就形成損失反應 c。這一過程是奈米晶染料敏化太陽電池中電子損失的主要途徑。為了減少電子複合損失，要在奈米晶和電解液之間加入絕緣覆蓋層。染料分子層本身即是絕緣隔離層。實現染料分子的單層完全覆蓋（修飾）奈米晶多孔膜表面，是減小導帶中的電子被電解質中的氧化成分（如I_3^-離子）捕獲概率的有效途徑。此外，用Al_2O_3等絕緣材料修飾TiO_2奈米晶也是減小複合的重要方法。

以 TiO_2薄膜染料太陽電池為例分析如下：由於 TiO_2的帶隙為 3.2eV，所以可吸收波長小於 375nm 的紫外線。而染料敏化劑的帶隙，在 1.55eV 左右，可見光區基本上能被吸收。釕配體的羧基部分和 TiO_2表面的鈦離子組合，也可以認為，羧基的 2p 軌道和鈦的 d 軌道的電子進行接觸。從染料進入鈦軌道的電子速度極快，為飛秒級（Femto Second）（10^{-15} s），可以認為電子是直接作用的。被氧化的染料再次捕獲的注入TiO_2電子的速度是微秒級（micro second）（10^{-6} s）。這一速度差是電荷能夠有效分離的原因。另一方面，被氧化的染料從電解質中接受電子的速度是奈秒級（mano second）10^{-9} s。這樣，電荷不會在染料內停留，從而可以抑制染料的變質。當把有機色素作為增感劑來使用時，在長時間光照下，可以進行 10^6 次氧化循環反應，而用 Grätzel 研究的電荷移動增感染料的釕配體，可以進行 10^8 次，性能非常優越，相當於在光照下連續使用 20 年，應用穩定性好。但因為在TiO_2與染料界面產生的空穴可以使染料氧化，從而改變了界面的特性，降低了光電轉換效率，所以，TiO_2的吸收並不是所希望的。由於紫外線區的光通量小，因而染料的吸收或TiO_2的參與並不對光電轉換產生大的影響。同時，大量的試驗表明，染料的多層吸附是不可取的，因為只有非常靠近TiO_2表面的敏化劑分子，才能把激發態的電子順利地注入到TiO_2導帶中去，多層敏化劑的存在反而會阻礙電子的輸送，導致效率下降。為了使單層吸附的效率提高，可採取以下方法：使用高比表面積的多孔膜來代替平整膜，提高染料在電極表面的吸附能力，因為染料的激發態壽命很短（通常為10^{-8}～10^{-9} s），只有與電極緊密結合的染料才有可能將能量及時傳輸給電極，所以染料最好能化學吸附在電極上。另外，染料分子的光譜響應範圍和高的量子產率是影響染料敏化奈米晶太陽電池的光子捕獲量的關鍵因素。

到目前為止，電子在染料敏化二氧化鈦奈米晶電極中的傳輸機理還不十分清楚。但是，文獻報導了一些可能的機制。Weller 等提出電子可能通過離子之間的電勢勢壘隧穿而進行傳輸，即所謂的隧穿機制。Grätzel 等發現電荷傳輸機理涉及來自導電基底的空穴注入，然後電子在單分子層內進行橫向跳躍，即跳躍機制。在被吸附單分子層的氧化或還原過程中，電子從一個分子跳躍到另一個分子上，同時孔中的粒子會移動到單分子層的邊界上維持電荷平衡。不僅氧化還原電勢在半導體導帶附近的物質是電活性的，而且易於進行快速電子跳躍，並能形成緊密有序的單分子層膜的物質也是電活性的。後一種情況下，奈米晶半導體只是一個具有高表面積的惰性載體。Lindquist 等通過激光誘導光電流瞬態測定技術研究了電荷在染料敏化二氧化鈦奈米晶薄膜電極中的傳輸性質，並建立了擴散模型。通過研究膜的厚度、電解質的組成及濃度、外加電壓和光強對光電流瞬態的影響，發現這些因素都對電子在膜中的傳輸速度有較大的影響，所以他們認為，電子在二氧化鈦奈米晶膜中的傳輸可以用擴散和擴散係數來描述。捕獲／解捕獲機理也有報導。有些學者發現，電子的傳輸過程是分散的。在膜中，陷阱的壽命為微秒級，典型的漂移長度小於 100nm。通過摻雜、電荷轉移、光泵送、或者電子注入而引發的過剩電子能容易地使膜中的陷阱態飽和，並因此導致陷阱態的巨大變化。陷阱的填充造成了光電響應的改善，這是奈米晶太陽電池取得成功的原因之一。

3.4.3 染料敏化太陽電池的電極

3.4.3.1 透明導電薄膜[53]

染料敏化太陽電池的電極有正負極的分別，一般都是製備成導電膜。而負極還必須具有一定的透光性。根據導電膜的情況，透明導電薄膜可分成金屬型、半導體型和多層膜複合型三種。在像聚酯那樣的耐熱性高分子材料上蒸鍍金、鈀、網狀鋁等金屬膜，其表面導電性好（$R_s = 10 \sim 10^7 \Omega$），而透明度差（60%～88%）；而塗覆氧化銦、碘化銅等化合物半導體膜的透明度好（70%～88%），表面導電性差；採用金屬製成的多層膜則有透明度（70%～85%）和導電性（$R_s = 1 \sim 10\Omega$）較好的優點，但價格較貴，所以在實際使用中，要根據具體要求選擇合適的材料。

金屬薄膜系列具有導電性好但透明度差的特點。一方面，由於金屬膜中存在自由電子，因此，即使很薄的膜，仍然呈現出很好的導電性，若選擇其中對可見光吸收小的物質，就可以得到透明導電膜。另一方面，當金屬的膜厚減薄到 20nm 以下時，對光的吸收率和反射率都會減小，呈現出很好的透光性。一般來說，透光性越好的金屬薄膜，導電性就越差。所以，透明導電薄膜的厚度應限制在 3～15nm 左右。但這樣厚度的金屬膜易於形成島狀結構而表現出比連續膜高的電阻率和光吸收率。為避免出現島狀結構，可先沉積一層氧化物作底層。另外，由於金屬膜的強度較差，實際應用時，可在其上沉積一層 SiO_2、Al_2O_3 等氧化物保護層，從而構成底層膜／金屬膜／上層膜的夾層式結構。適當設計上、下層膜的折射率和光學厚度，可使膜面既減少反射，又具有保護作用，且提高金屬膜的可見光的透過率。

可以形成透明導電膜的金屬材料一般有Au、Pd、Pt、Al、Ni-Cr等。

半導體薄膜系列具有透明性好但導電性差的特點。因此，考慮到高透明度和良好的導電性以及薄膜的力學性能因素，此類薄膜系列應具備的條件是：材料的禁帶寬度 E_g 應大於 3eV，以保證高的透光率；材料應摻雜，使其組成偏離化學計量比，以保證高的導電性。一般金屬氧化物比較滿足此類條件，其中常見的是氧化錫（SnO_2）、氧化銦系列（In_2O_3-SnO_2）、氧化鎘（CdO）和（Cd_2SnO_4）等。

在氧化銦薄膜達到實用水平以前，氧化錫幾乎是惟一可實用的氧化物透明導電薄膜。氧化錫薄膜的特點是強度好，具有優良的化學穩定性。此外，氧化錫薄膜所用原料價格低、製備方法簡單、生產成本低。氧化銦系列與氧化錫相比存在著阻值熱穩定性差的缺點，但由於它容易刻蝕，因此也常被採用。

在聚酯薄膜表面上用真空蒸鍍法沉積上一層氧化銦系列的氧化物膜，然後在空氣中將這層黑色薄膜氧化直至透明。圖 3-29 顯示由這種方法製造的透明導電薄膜在可見光及近紅外波段的透過率曲線。這條曲線包括了聚酯薄膜的吸收，若僅考慮氧化銦系列薄膜，則透過率在 90%以上，特別是對於波長大於 600nm的波段，可超過95%。

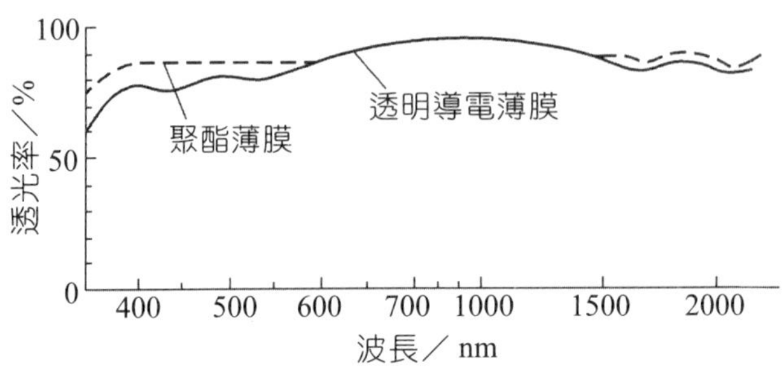

圖 3-29　聚酯薄膜上沉積氧化銦系列透明導電薄膜的透光率與波長的關係

另外，由於 In_2O_3-SnO_2 等氧化物透明導電薄膜的透光截止波長在 2μm附近，因此太陽光譜的大部分可以透過，並且對室溫狀態下的低溫輻射有反射作用，從而可以有效地用於冬季寒冷地區的溫室中，能提高陽光收集裝置在高溫集熱時的效率。

透明導電薄膜的製備可以選用塑膠薄膜襯底或玻璃襯底，二者使透明導電薄膜在特性上有很大不同。若僅僅考慮表面電阻值和透光率，則用玻璃做襯底比較好；若從襯底的厚度和面積考慮，則用塑膠薄膜做襯底最合適。此外，塑膠薄膜還具有可彎曲、易加工等優點。塑膠薄膜襯底一般選用聚酯薄膜，二者的特性比較列於表 3-9。

透明導電薄膜的製備方法有噴霧法（Spraying）、塗覆法（Coating）、浸漬法（Dipping）、化學氣相沉積法（Chemical Vapoc Deposition, CVD）、真空蒸鍍法（Vacuum Coating）、真空濺射法（Sputtering）等。這些製備方法的一個共同點是襯底要承受高溫。若襯底是耐熱性良好的玻璃，則製膜並不困難；但若襯底是耐熱性較差的，則製膜較為困難。從而也影響了透明導電膜的技術開發。直到近年，在薄膜襯底上製備透明導電薄膜的技術才有了突破，這種塑料薄膜具有厚度薄、重量輕、耐衝擊、可彎曲、面積大和易加工等優點，它與電子產品要求重量輕、厚度薄、體積小相適應。

表 3-9　聚酯薄膜和玻璃的特性比較

項　目		聚酯薄膜	玻　璃
物理性能	密度／（g/cm^3）	1.38～1.41	約 2.3
	吸水率（23℃、24h）/%	<0.8	—
力學性能	拉伸強度／MPa	1.4～2.46	約 69
	斷裂伸長率／%	60～165	—
熱性能	耐熱性（D759～48）／℃	150	350～850
	熱膨脹係數／（$\times10^{-6}$/℃）	7.0	0.32
電學性能	抗擊穿特性／（V/25μm）	7500	750～1400
	電阻率／Ω · cm	1016	1016
	相對介電常數（1kHz）	3.2	4.5
	介電損耗（1kHz）	0.005	0.0082
化學性能	強酸、強鹼	可被酸腐蝕	可被鹼腐蝕
	弱酸、弱鹼	可耐腐蝕	可耐腐蝕
	有機溶劑	可耐腐蝕	可耐腐蝕

⑴玻璃襯底上透明導電膜的製備

玻璃襯底上製備的透明導電膜一般又稱為透明導電玻璃。典型的透明導電玻璃是在玻璃襯底上沉積一層氧化錫所構成的透明導電玻璃（又稱nesa玻璃）和氧化銦系列（In_2O_3-SnO_2）透明導電玻璃。也有在一般玻璃（厚約 3mm）上鍍一層 0.5～0.7μm 厚的摻 F 的 SnO_2 薄膜。為了防止玻璃中 Na^+、K^+ 等離子擴散到 SnO_2 膜中，可在 SnO_2 薄膜和玻璃之間再鍍一層純 SnO_2。中國國內的導電玻璃面電阻為 10～20Ω；國外可達 5Ω，透光率在 85%以上。製備方法有噴霧法（Spraying）、浸漬法（Dipping）、塗覆法（Coating）、化學氣相沉積法（Chemical Vapoc Deposition, CVD）、真空鍍膜法（Vacuum

Coating）和濺射鍍膜法（Sputtering）。

①噴霧法

用氯化錫（$SnCl_4$）溶於水或有機溶劑中形成的溶液均勻噴塗在玻璃襯底上（玻璃襯底經清洗且加熱到500～600℃），形成一定厚度的薄膜。成膜的反應過程如下：

$$SnCl_4 + 2H_2O \rightarrow SnO_4 + 4HCl$$

若在塗料裏添加氯化銻、氫氟酸和氟化氨等物質，則可提高薄膜的導電性。用這種方法已經獲得了電阻率為 $6.5 \times 10^{-4}\Omega \cdot cm$ 左右的透明導電薄膜。

②浸漬法

襯底的處理與噴霧法相同，將溶解有錫鹽的有機溶液加熱至沸騰，然後將處理好的玻璃襯底短時間浸入溶液後取出，慢慢地冷卻。由此可以得到質地較硬、在長寬等方向上均勻性很好的透明導電薄膜。

③塗覆法

目前，用鹼性三氟乙酸溶液作為塗料塗覆在玻璃襯底上，待乾燥後加熱到600℃以上，即可形成膜成分為InOF、既透明又導電的薄膜。其結構式如下：

$$\begin{array}{ccccccccccccc} CF_3 & - & C & - & O & - & In & - & O & - & C & - & CF_3 \\ & & \| & & & & | & & & & \| & & \\ & & O & & & & OH & & & & O & & \end{array}$$

④化學氣相沉積法

將玻璃襯底加熱至高溫，使其表面吸附金屬有機氧化物〔如$(CH_3)_2SnCl_2$等〕的熱蒸氣，然後通過噴塗在基片表面上引起分解氧化反應，由此析出金屬氧化物透明導電薄膜。

⑤真空蒸鍍法

該法是將氧化銦、氧化錫作為蒸發材料，玻璃襯底加熱到 300～500℃，然後沉積到玻璃襯底上形成透明導電薄膜。

⑥濺射法

濺射法可直接濺射氧化銦、氧化錫，也可選用銦、錫在氧氣氛中反應在玻璃襯底上沉積出氧化銦、氧化錫透明導電薄膜。與真空蒸鍍法相比，存在濺射速率低的缺點。但近年新開發的磁控濺射法，大幅提高了成膜速率，已達到真空蒸鍍的水平。

⑵塑膠薄膜襯底透明導電膜的製備

在塑膠薄膜上製備透明導電膜的典型方法是真空鍍膜法，具體包括真空蒸鍍、濺射和離子鍍。

①真空蒸鍍法

真空蒸鍍法要求薄膜襯底必須具有力學強度高、耐熱性能好、尺寸隨溫度和濕度的變化少、在真空中放氣少等特點。目前一般選用聚酯薄膜作為襯底，透明導電薄膜材料可以是金屬和金屬氧化物。金屬薄膜中由於存在著自由電子，因此即使很薄的膜，仍呈現出很好的導電性；若選擇其中對可見光吸收小的物質，就可得到透明導電薄膜。

對於金屬氧化物，由於它具有半導體的性質，可通過製作使其處於缺氧狀態，這時多餘的自由電子就會對電導有所貢獻，從而獲得低電阻的透明導電薄膜。

②濺射法

濺射法對薄膜襯底的要求與真空法基本上相同。濺射法的特點是幾乎所有的材料（金屬、合金、化合物等）都可以製成薄膜，而對單質材料，若引入反應氣體，則可較容易獲得大面積化合物薄膜。但是，由於濺射是利用輝光放電（Glow Discharge）進行的，所以成膜速率非常低，並導致對薄膜的熱損傷等問題。近年來，磁控濺射技術的成熟和應用，使其可以實現低溫、高速鍍膜，從而促進了塑膠薄膜襯底的應用。

③離子鍍（ion sputtering）

離子鍍成膜對襯底的耐熱性要求較高。因為離子在飛向襯底的過程中被加速，在提高薄膜附著力的同時，高能離子的轟擊（bombing）使襯底的溫度顯著提高，因此，目前工業上多用耐熱性較好的陶瓷和金屬做襯底，塑膠薄膜做襯底的較為少見。

3.4.3.2 奈米半導體的特殊性質[54]

奈米材料是指晶粒尺寸為奈米級（10^{-9} m）的超細粉末或顆粒。它的微粒尺寸界於原子簇和通常微粒之間，一般為1～100nm。它包括體積分數近似相等的兩個部分：一是直徑為幾個或幾十個奈米的粒子，二是粒子間的界面。前者具有長程有序的晶狀結構，後者是既沒有長程有序也沒有短程有序的無序結構。由於無序結構產生的直接影響，通常在大晶體中存在的連續能帶在奈米晶粒中發生分裂；高濃度晶界及晶界原子的特殊結構導致材料的物理特性，如力學性能、磁性、介電性、超導性、光學及熱力學性能的改變。奈米材料大致可分為奈米粉末、奈米纖維、奈米膜和奈米塊體四類。奈米化從根本上改變了材料的結構，從而改變了材料的性能。

1861 年，英國化學家 Thomas Graham 最早使用膠體（Colloid）這一術語，其實所指的即是奈米粒子。但是人們對奈米粒子的認識卻非常膚淺。從 20 世紀 70 年代末，一些科學家開始對奈米粒子進行系統的研究。此後的二十年間，對奈米粒子的研究迅速擴展到許多領域，並吸引了越來越多的化學家和物理學家的注意力。奈米粒子的研究可以揭示物質由單個原子或分子過渡到宏觀物質時各種性質的變化規律，因而具有重要的理論意義；同時以奈米粒子為基礎的奈米材料已逐步應用於許多重要的技術領域。奈米微粒具有大比表面積，表面原子數、表面能和表面張力隨粒徑的下降而急劇上升。這些特殊結構使它產生了四大效應，從而具有與傳統材料不同的特性：體積效應（小尺寸效應）、表面效應及界面效應、量子尺寸效應、宏觀量子隧道效應。

⑴小尺寸效應（size effect）

奈米顆粒的尺寸與光波波長、傳導電子的德布羅意（de Broglie）波長及超導態（superconductor）的相干波長或透射深度等物理特徵尺寸相當或更小時，晶體周期性的邊界條件將被破壞，非晶態奈米微粒表面層附近原子密度減小，奈米顆粒表現出新的光、電、聲、磁等體積效應，其他性質都是此效應的延伸。

⑵表面效應（surface effect）

奈米材料的重要特點是表面效應。隨著粒徑減小，比表面積大大增加。奈米粒子表面原子與總原子數之比隨著奈米粒子尺寸的減小而大幅度增加。粒徑為 5nm 時，表面將占 40%；粒徑為 2nm 時，表面的體積百分數增加到 80%（見表 3-10）。由於龐大的比表面積，表面原子數增加，無序度增加，鍵態嚴重失配，出現許多活性中心，表面臺階和粗糙度增加，表面出現非化學平衡和非整數配位的化學價。這就是導致奈米體系的化學性質和化學平衡體系出現很大差別的原因。

表 3-10　奈米粒子的粒徑與表面原子的關係

粒徑／nm	原子數／個	表面原子所占比例／%	粒徑／nm	原子數／個	表面原子所占比例／%
20	2.5×10^5	10	2	2.5×10^2	80
10	3.0×10^4	20	1	30	99
5	4.0×10^3	40			

⑶量子尺寸效應（Quantum Size Effect）

當粒子尺寸下降到某一值時，金屬費米附近的電子能級由準連續變為離散，半導體微粒中存在不連續的最高占據分子軌道（Highest Occupied Molecular Orbit, HOMO）和最低未被占據的分子軌道能級（Lowest Unoccupied Molecular Orbit, LUMO），能隙變寬，以及由此導致的不同於宏觀物體的光、電和超導等性質。具體到不同的半導體材料，其量子尺寸是不同的，只有半導體材料的粒子尺寸小於量子尺寸，才能明顯地觀察到其量子尺寸效應。CdS的量子尺寸為 5～6nm，PbS

的量子尺寸為 18nm，TiO_2 的量子尺寸小於 10nm。

(4)宏觀量子隧道效應（Macro Quantum Tunnel Effect）

微觀粒子具有貫穿勢壘的能力稱為隧道效應。奈米粒子總的磁化強度和量子相干器件中的磁通量等也具有隧道效應，稱之為宏觀量子隧道效應。

在化學方面，隨著粒徑的減小，比表面積的增大，表面原子數的增多及表面原子配位不飽和性導致大量的懸掛和不飽和鍵等，使得奈米微粒具有高的表面活性。同時，光催化性能也是奈米材料獨特的化學性能之一。這種奈米材料在光照下，通過把光能轉變成化學能，促進有機物的合成或是有機物降解的過程稱為光催化。減小半導體催化劑的顆粒尺寸，可以顯著提高其光催化效率。半導體奈米微粒具有優異的光催化活性，一般認為有以下幾個原因：①當半導體微粒的粒徑小於某臨界值（一般認為是 10nm）時，量子尺寸效應變得顯著。主要表現為導帶和價帶能級分立，能隙變寬，價帶電位更正，導帶電位更負，實際上增加了光生電子和空穴的氧化還原能力，提高半導體的光催化氧化有機物的活性。②對於半導體奈米粒子而言，其粒徑小於空間電荷層的厚度，光生載流子可通過簡單的擴散從粒子內部遷移到粒子的表面，而與電子給體或受體發生氧化或還原反應。例如有研究顯示，在 TiO_2 粒子中，電子和空穴的捕獲過程是很快的。電子的捕獲在 30nm 內完成，空穴的捕獲在 250ps 內完成。這意味著對奈米粒子而言，粒徑越小，光生載流子從體內擴散到表面所需的時間越短，光生電荷分離效果就越高，電子空穴的複合率越小，從而導致光催化活性的提高。③奈米半導體粒子的尺寸很小，處於表面的原子很多，表面積很大，可大大增強半導體光催化吸附有機污染物的能力，從而提高光催化降解有機物的能力。

半導體奈米粒子的性質由它們的尺寸和粒子的表面狀態來決定。當半導體粒子的尺寸減小到幾奈米時，奈米粒子的電學和光學性質與塊體材料相比將發生巨大地變化，從而體現出「量子尺寸效應」（quantum size effects）。半導體奈米粒子的量子尺寸效應主要表現在以下幾個方面。

(1)半導體禁帶寬度增加

在半導體材料中，由於組成的原子或分子數目極其巨大，因而在內部形成了能帶結構。其中價帶是指由充滿電子的成鍵軌道形成的最高填充能帶，導帶是指由空的反鍵軌道形成的最低空能帶，而禁帶位於導帶與價帶之間。圖 3-30 給出了在 pH＝1.0 的電解質溶液中，幾種塊體半導體的禁帶寬度和帶邊位置。隨著粒徑的減小，半導體材料內部的能帶結構逐步向分子或原子的能級過渡，導帶中電子的離域程度隨之減小。不同的半導體奈米粒子，出現量子尺寸效應的尺寸不同，這是因為每一種半導體的電子或空穴的有效質量不同，而電子或空穴的德布羅意波長與有效質量密切相關：

$$rB = \frac{h^2 \varepsilon_0 \varepsilon}{\mathrm{e}^2 \pi m^{\mathrm{eff}}}$$

式中，ε_0 為半導體奈米粒子的介電常數；πm^{eff} 為荷電載流子的有效質量。電子或空穴的有效質量越大，其德布羅意波長 rB 越小，呈現量子尺寸效應時所需粒子的尺寸越小，反之亦然。

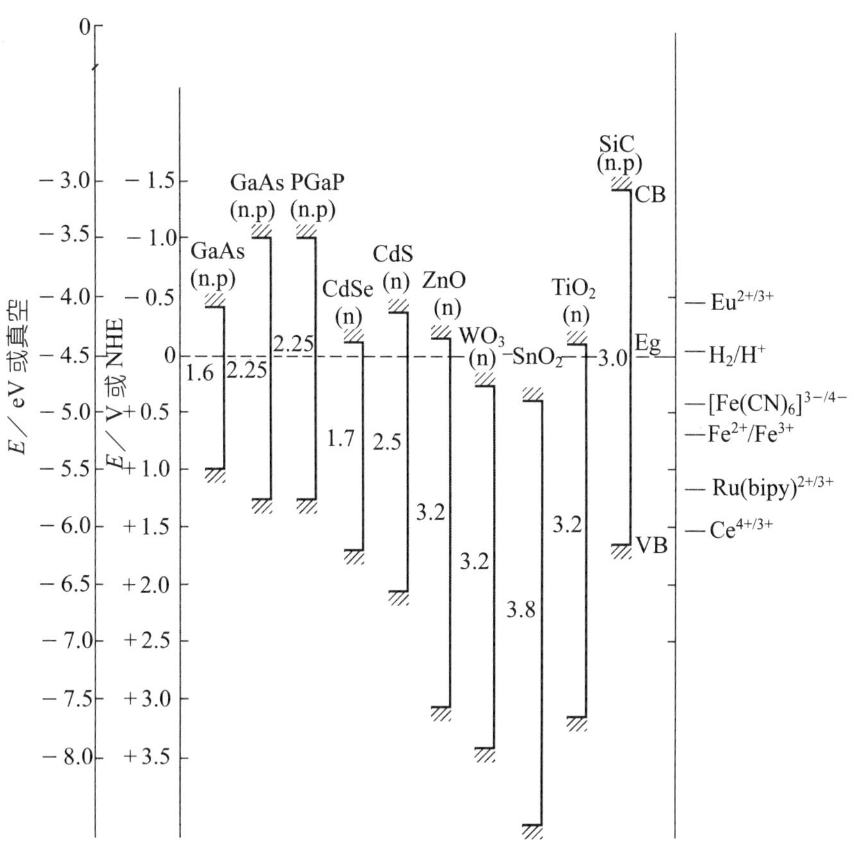

圖 3-30 pH = 1 的水溶液中若干半導體帶邊位置

Brus 確定了半導體奈米粒子的第一激發態與粒子半徑間的關係：

$$E_g(R)=E_g\ (R=\infty)\ +\frac{h^2\pi^2}{2R^2}\left(\frac{1}{m_e^-}+\frac{1}{m_h^+}\right)-\frac{1.8e^2}{\varepsilon R}$$

式中，第一項 E_g（$R=\infty$）為塊體材料的禁帶寬度；第二項為具有量子尺寸效應的電子和空穴所引起的能量變化的總和，R 為奈米粒子半徑；第三項為電子空穴間的庫侖作用能。庫侖作用能與 R 成正比，而粒子尺寸效應引起的能量變化與 R 成反比，綜合作用的結果 E_g (R)隨著奈米粒子半徑的減小而增大，即隨粒子尺寸的減小，禁帶寬度變寬，E_g 增大。

⑵能帶彎曲減小

在半導體和電解質溶液的界面處必須存在載流子的遷移才能產生空間電荷層，而電解質溶液中必須有活性組分（受體或給體）才能在半導體和電解質界面處發生電荷轉移。在空間電荷層中，電子的勢能隨垂直於界面的坐標而變化，即能帶邊緣是彎曲的。而半導體奈米粒子與溶液的界面間幾乎不存在本體半導體／電解質界面達到平衡時所形成的空間電荷層。Albery 和 Bartlett 使用線性化的 Poisson-Boltzmann 公式推導出球形半導體奈米粒子的電勢分布：

$$\Delta\phi_{sc} = \frac{KT}{6e}\left[\frac{r - r_0 - \omega}{L_D}\right]^2\left[1 + \frac{2(r_0 - \omega)}{r}\right]$$

式中，$L_D = \left(\frac{\varepsilon_0 \varepsilon kT}{2e^2 N_D}\right)^{0.5}$ 為德拜（Debye）長度，它依賴於單位體積中摻雜離子的濃度 N_D；$\Delta\phi_{sc}$ 為空間電荷層的電勢降；ω 為空間電荷層的寬度。

圖 3-31 是半導體大粒子和小粒子與含有氧化還原對的電解液達到平衡後的電勢分布情況。

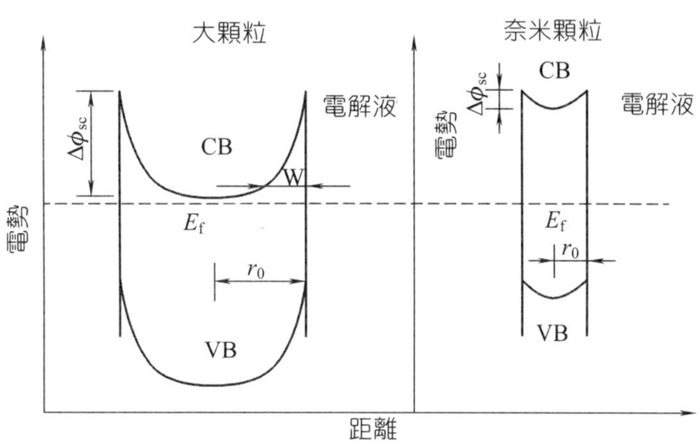

圖 3-31　n型半導體大粒子和小粒子電勢分布示意圖

(3)加快電荷傳輸效率

在半導體奈米粒子中，能帶彎曲很小，因而電荷的分離主要通過擴散來進行。在半導體奈米粒子內部，奈米粒子吸光後導致電子空穴對的產生，並沿著光通道以隨機形式在空間分布，這些載流子隨後進行複合或擴散到表面，在表面同溶液裏或表面上吸附的物種進行化學反應。電荷從奈米JP粒子內部傳輸到表面，所需時間為幾個皮秒（PS Pico Second 10^{-12}秒）。例如，粒徑為 6nm 的 TiO_2 中，電荷平均傳輸時間為 3ps，而電子和空穴複合的時間大於 10ns（nano second, 10^{-9} sec，秒）。

(4)表面效應

奈米粒子具有高度的分散性，隨著奈米粒子尺寸的減小，表面原子數與總原子數之比大幅度增加，粒子的總表面能也隨之增加，從而引起奈米粒子性質的變化。奈米粒子中表面原子所處的具體場環境及結合能與內部原子有所不同，存在許多懸空鍵，具有不飽和性質，因而極易與其他原子結合，故有很大的表面活性。

半導體奈米粒子的製備方法主要有氣相法、液相法和固相法。氣相法可分為氣體冷凝法、濺射法、流動液面上真空蒸度法、通電加熱蒸發法、混合等離子法等。郭新等以鋅鹽為原料，以惰性氣體為載氣，用 CW CO_2 激光器作為熱源加熱反應原料，使原料與氧氣反應生成粒度約 100nm 的奈米 ZnO。液相法可分為沉澱法、噴霧法、水熱法、溶劑揮發分解法、溶膠凝膠法（sol-gel）等，如 TiO_2、ZnO、SnO_2 等奈米粒子的合成均採用水熱法。合成時，反應物的濃度、反應溫度以及穩定劑的本性等都會影響到奈米粒子的尺寸。固相法可分為非晶晶化法、高能球磨法等。俞建群等利用低熱固相配位化學反應合成奈米ZnO。根據不同的應用目的，可採用不同方法合成半導體奈米粒子。隨著奈米材料應用範圍的擴展，新的合成方法仍將不斷出現。奈米粒子合成上急需要解決的技術難點是粒度的控制，希望能找到粒度均勻的奈米粒子，這有待於合成方法上進一步的改進。

3.4.3.3 半導體薄膜電極及製備[55～57]

DSSC 電池的核心部分是奈米晶多孔膜半導體電極。1985 年 Gräzel 首次使用顆粒的半導體光電極來提高電極的表面積。後來，採用奈米晶 TiO_2 多孔膜半導體電極和優秀的光敏染料得到重大的突破。因此，對於半導體薄膜電極的性質及製備得到廣泛的重視。

在高效的染料敏化太陽電池中起著接收電子和傳輸電子作用的奈米多孔薄膜一般具有如下幾個特點：①大的比表面積和粗糙因

子，從而能夠吸附大量的染料。對於 8μm的電極來說，其粗糙因子可以達到 1000。②奈米顆粒之間的相互連接，構成海綿狀的電極結構，使奈米晶之間有很好的電接觸。電子在薄膜中有較快的傳輸速度，從而減少薄膜中電子和電解質受主的複合。③氧化還原電對可以滲透到整個奈米晶多孔膜半導體電極，使被氧化的染料分子能夠有效地再生。④奈米多孔薄膜吸附染料的方式保證電子有效地注入薄膜的導帶，使得奈米晶半導體和其吸附的染料分子之間的界面電子轉移是快速有效的。⑤對電極施加負偏壓，在奈米晶的表面能夠形成聚集層（厚度在幾奈米到幾十奈米）。對於本質和低摻雜半導體來說，在正偏壓的作用下，不能形成耗盡層（厚度在 100～1000nm）。

在染料敏化奈米太陽電池中，可以用的奈米半導體材料很多，如金屬硫化物、金屬硒化物，鈣鈦礦以及鈦、錫、鋅、鎢、鋯、鉿、鍶、鐵、鈰等的氧化物。在這些半導體材料中，許多材料都無法滿足上述條件。這是它們作為光陽極製成太陽電池效率不高的最主要原因。奈米多孔 TiO_2 薄膜可以較好地滿足這些條件。奈米多孔 TiO_2 薄膜的比表面積高達 $80m^2/g$，能夠吸附大量的染料。更重要的是，吸附在薄膜中的染料和 TiO_2 表面形成 C-O-Ti 鍵，這就大大促進了染料中激發的電子向 TiO_2 薄膜的轉移，使得量子效率接近於 100%。但 TiO_2 薄膜中存在著大量的表面態，表面態能級位於禁帶之中，是區域的。這些區域態構成陷阱，束縛了電子在薄膜中的運動，使得電子在薄膜中的傳導時間增大。電子在多孔薄膜中停留的時間越長，和電解質複合的概率就越大，導致暗電流增加，從而降低了 TiO_2 電池總的效率。TiO_2 薄膜中存在大量的表面態，是提高 TiO_2 電池的瓶頸之一。ZnO 和 TiO_2 均為寬禁帶半導體，導帶電位相差很小；均位於染料的LOMO之下，所以染料的光激發電子能夠注入到導帶上去；電子在ZnO中有較大的遷移率，有望減小電子在薄膜中的傳輸時間。因此，也是近年來的研究方向之一。

TiO_2是一種價格便宜且應用極廣的材料，它無毒、穩定，且抗腐蝕性好。通常的所用的TiO_2顆粒大，且雜質較多。為了得到奈米TiO_2粉末，可採用 Sol-Gel 法來製備，或用買來的 TiO_2 粉通過絲網印刷技術把膠體 TiO_2 印在導電玻璃上即可。這樣就能使直徑是10～30nm 的 TiO_2 粒子塗敷在鍍有 SnO_2 等透明導電膜的玻璃板上，形成 10μm 厚的多孔質膜。膜厚可通過絲網的數目來控制，一般在4～20μm左右。這樣製得的TiO_2膜具有很高的內部比表面積，粗糙因子在 1000 以上。為了防止在燒結過程中膜發生破裂，並增加膜的孔洞，可在奈米TiO_2膠體中添加一定比例的表面活性劑，為了提高電子的注入效率，從而提高染料敏化奈晶電池的光電轉換效率，可採用陽極氧化水解法在 TiO_2 膜表面再電沉積上一層致密的純 TiO_2 奈米膜。多孔奈米晶體TiO_2薄膜是這種新型太陽電池的重要組成部分。這種方法具有產品統一、計劃高、組分均勻、反應溫和以及設備簡單等諸多優點，近年來受到極大重視，在製備薄膜材料、功能材料及載體方面有著十分廣闊的應用前景。

TiO_2是一種多晶型化合物，其質點呈規則排列，具有格子構造。它有三種結晶形態，板鈦礦型、銳鈦礦型和金紅石型。金紅石的帶隙為 3eV，銳鈦礦的帶隙為 3.2eV，吸收範圍都在紫外區，因此需要進行敏化處理，才能吸收可見光。這些結構的共同點是，其組成結構的基本單位是TiO_6八面體（見圖 3-32）。這些結構的區別在於，是由TiO_6八面體通過共用頂點還是共邊組成骨架。金紅石的結構是建立在 O 的密堆積上，儘管它的晶體結構不是一種密堆積方式。板鈦礦結構是由 O 密堆積而成的，Ti 原子處於八面體中心位置，不同於金紅石結構。而板鈦礦中的TiO_6八面體相對於理想的八面體也稍有變形，這一點與金紅石的結構類似。表 3-11 中數據可知，金紅石的密度和板鈦礦的密度接近，稍高於銳鈦礦。銳鈦礦中的 Ti-O 鍵距離比其他兩相中的短一些。

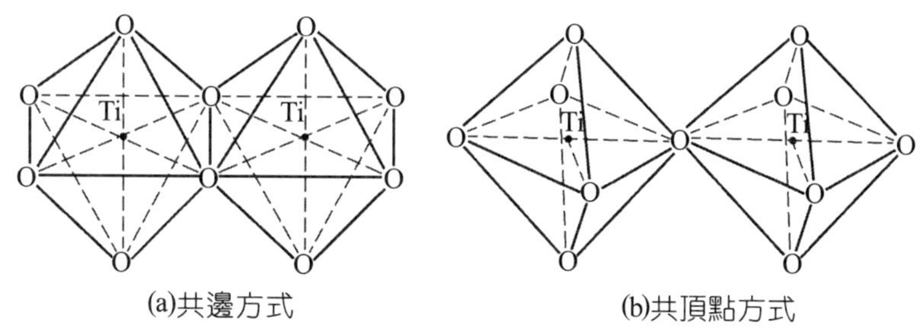

圖 3-32 TiO_6結構單元的連接圖

表 3-11 三種TiO_2晶體結構的原子間鍵長和密度

晶體結構		金紅石	銳鈦礦	板鈦礦
鍵長／10^{-10}m	Ti-O_1	1.988	1.946	1.87
	Ti-O_2	1.988	1.946	2.09
	Ti-O_3	1.944	1.937	1.99
	Ti-O_4	1.944	1.937	1.94
	Ti-O_5	1.944	1.937	1.92
	Ti-O_6	1.944	1.937	2.00
平均鍵長／10^{-10}m		1.96	1.946	1.959
密度／（g/cm^3）		4.26	3.84	4.17

板鈦礦型是不穩定的晶型，在 650℃以上會直接轉化為金紅石型。板鈦礦型只存在於自然界的礦石中，數量也不多。它不能用合

成的方法來製造，在工業上沒有應用價值。

銳鈦礦型在常溫下是穩定的，但在高溫下卻向金紅石型轉化，其轉化溫度視製造方法及煅燒時是否加有抑制劑和促進劑等條件而定。一般說來，在 165℃以下幾乎不轉化，超過 750℃時轉化得很快。銳鈦礦型既存在於自然界的礦石中，又可用人工的方法來製得。銳鈦礦型的狀態密度中，導帶（Ti 3d）處的密度即軌道的重疊比較多，它更能夠有效地接受從價帶上端（O 2p）所激發出來的電子。

金紅石型是二氧化鈦最穩定的結晶形態，它的結構致密，與銳鈦型相比有較高的硬度、密度、介電常數與折射率。這些特點是由於二氧化鈦在完成金紅石型轉化時發生了晶態表面的收縮的緣故。金紅石礦在自然界中為數不多，多為人工製造。

X射線繞射法是確定二氧化鈦晶型最有效的方法。圖 3-33 顯示了二氧化鈦的三種結晶形態。

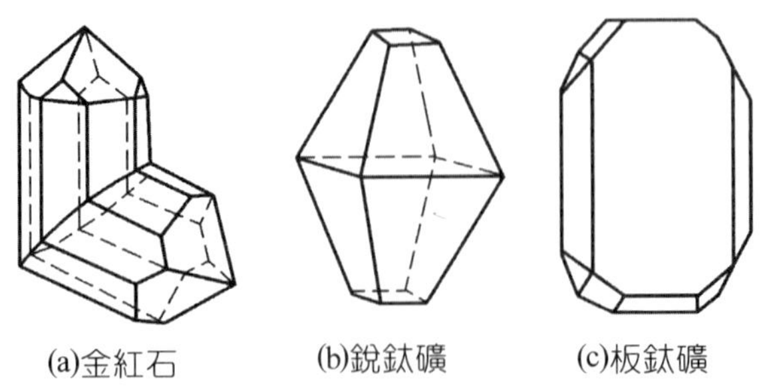

(a)金紅石　(b)銳鈦礦　(c)板鈦礦

圖 3-33　二氧化鈦的三種結晶形態

TiO_2 奈米晶電極微結構對光電性質的影響很大。首先，太陽電池所產生的電流與 TiO_2 電極所吸附的染料分子數直接相關。一般說來，表面積越大，吸附的染料分子越多，因而光生電流也就越強。另一方面，TiO_2 粒徑越小，它的比表面積越大，此時薄膜電極中的孔洞半徑將隨之變小。在低光強照射下，質量傳送（Mass Transfer）動力學速度一般不再能夠滿足染料的再生，此時孔徑大小對光電性能的影響較大，造成這些結果的主要原因是，小孔吸附染料後，剩餘的空間很小，電解質在其中擴散的速度將大大降低，因此電流產生效率也將下降。所以，如何選擇合適大小的半導體粒度對電極的光電性質影響很大。限制染料敏化太陽電池光電轉化效率的一個因素就是光電壓過低。這主要是由於電極表面存在的電荷複合造成的。因為奈米晶半導體中缺少空間電荷層，同時存在大量的表面態，導帶中的電子很容易被表面態陷阱捕獲，大大增加了與氧化態電解質複合的概率。因此，降低電荷複合就成為改善光電轉換效率的關鍵。

單一的奈米膜光電性能並不是很理想，而適當的摻雜則可以增強其光電性能。Yang Rong 等研究發現，對單晶或多晶 TiO_2 進行金屬離子摻雜可以減少電子—空穴對複合，促進其分離，延長電荷壽命，從而提高光電流。Hao Yanzhong 等用鑭系金屬離子對 TiO_2 奈米粒子進行摻雜，並將離子摻雜的 TiO_2 奈米粒子製成奈米晶膜，作為奈米太陽電池的光陽極，在同樣條件下得到了較高的光電轉換效率。1999 年，WEN 等利用 Ag^+ 摻雜電極得到了更強的光電響應。

奈米晶半導體電極由於奈米晶的小尺寸，在半導體和電解質的界面不能形成空間電荷層。當入射光從奈米晶電極的半導體一側照射時，在奈米晶內部產生電子—空穴對。由於奈米晶電極的多孔性，電解液可以充滿整個電極而與奈米晶顆粒接觸，光生空穴可以快速轉移到電解液中，與氧化還原電對發生化學反應，抑制了光生電子與空穴的複合。光生電子在擴散的作用下，穿過幾個奈米晶顆粒轉移到電極的基底上。因此在奈米晶電極中，電荷的分離不是靠空間電荷層，而是由半導體／電解液界面的反應動力學決定的。圖3-34是奈米晶半導體電極中光生電荷分離的模型。圖中奈米晶薄膜是沉積在透明導電玻璃襯底 TCO 上，形成彼此連接的奈米晶的網絡，網絡中每個奈米晶與電解液接觸。半導體奈米晶電極的光誘導電荷分離過程為：光生空穴在微粒內經微粒半徑的很短路程，快速到達表面與電解質反應，光生電子則到達微粒的表面後轉移到相鄰奈米晶，經過奈米晶網絡到達TCO。光生電子的轉移效率決定於光生電子與TCO之間距離，相距較遠時，重新與空穴複合的概率大，所以要控制奈米晶薄膜的厚度。

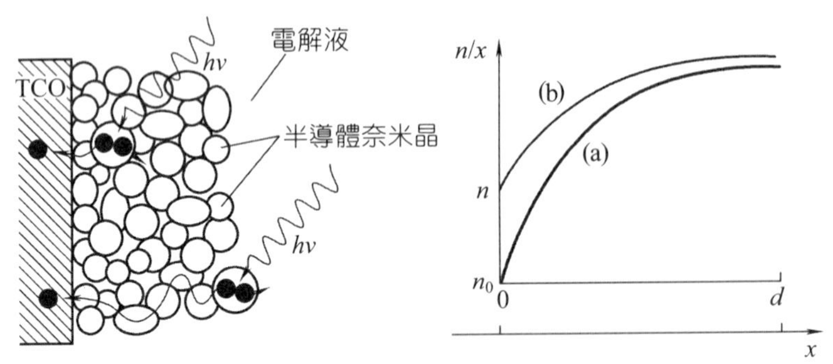

圖 3-34　奈米晶半導體電極中電荷分離的模型

光電化學池在(a)短路和(b)負載時，光生電子在奈米晶電極中的濃度梯度

據文獻[50]介紹，多孔膜是奈米晶染料敏化太陽電池的骨架部分，其特性對太陽電池的性能有非常關鍵的影響。它不僅是染料分子的支撐和吸附載體，同時也是電子的傳輸載體。奈米晶多孔膜的最大特點是它具有大的總表面積。另外，多孔膜中的孔的連通性也

是多孔膜結構的一個重要指標，這關係到電解質中氧化還原電對的有效傳輸。進一步優化奈米晶薄膜的孔率、孔徑、比表面積、厚度等相應參數，實現奈米晶多孔膜的微觀結構的可控形成，使之適合各種類型的電解質的填充是一個極具挑戰性的課題。同時，對奈米晶多孔膜的進一步頸縮（necking）化處理，使之增大電導率和多孔膜的內表面的粗糙度等也是多孔膜製備的重點研究方向。中國科學院物理研究所利用奈米晶三維周期孔組裝的奈米晶染料敏化太陽電池，開路光電壓達到 0．9V。圖 3-35(a)和(b)分別是用旋塗法和利用不同粒徑奈米粒子的協同自組裝方法得到的二氧化鈦多孔膜的照片。

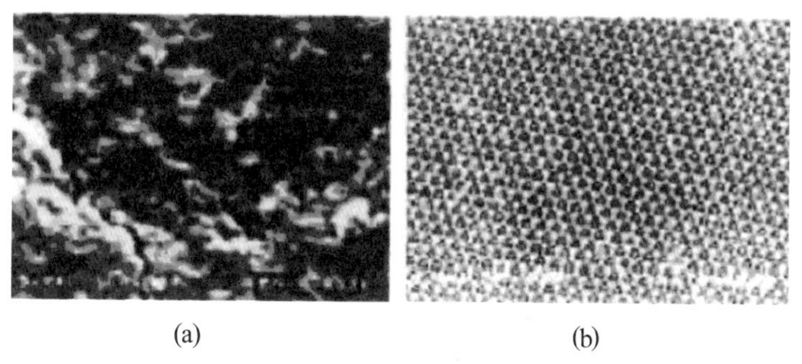

(a) (b)

圖 3-35　多孔二氧化鈦薄膜的 SEM 照片

薄膜的製備方法很多，比如溶膠—凝膠法、粉末塗敷法、磁控濺射法、液相沉積法、化學氣相沉積法（CVD）、熱分解法等，以上方法各有優缺點。目前，實驗室中廣泛使用的製膜方法有：溶膠—凝膠法、磁控濺射法、粉末塗敷法。

(1)溶膠—凝膠法（Sol-gel）製備奈米晶薄膜

溶膠—凝膠（Sol-gel）法是 20 世紀 60 年代發展起來的製備玻璃、陶瓷等無機材料的新工藝。近年來是製備氧化物薄膜廣泛採用的方法，此技術一致被認為是目前最重要而且具有前途的薄膜製備方法之一。採用溶膠—凝膠法製備氧化物薄膜，其所用的前驅體可以是醇鹽，也可以是無機鹽。利用Sol-gel技術可以在玻璃、陶瓷、金屬、塑膠襯底上製備出不改變襯底性質的薄膜或賦予襯底一種光學、電子、化學器件應用的新穎特性。Sol-gel 技術和傳統的製備薄膜的方法相比而言，它的主要特點在於容易操作和批量生產，所製得的薄膜純度較高，低溫製備方法，而且省去了粉體製備過程。溶膠—凝膠鍍膜的缺點是鍍膜方法中需要一個大約在500～600℃的熱分解有機物的過程，使大面積基片鍍膜受到了限制。

用於合成產物的前驅體首選要配製成溶液，由於較小的顆粒形成或聚合物的膠聯作用，使得溶液變成溶膠，而溶膠則進一步反應生成凝膠。在低溫階段所發生的溶膠到凝膠的轉變過程，可以用來製備塗層，拉製光纖或製成塊體材料。在大多數情況下，要經過一定的高溫處理，去除有機成分，才能得到無機薄膜材料。

Sol-gel 薄膜製備的原理是利用成膜物質的溶膠水解，進而在襯底上得到需要的薄膜。因此，成膜材料必須具備如下的 5 個條件：①有機極性溶劑應該有足夠的溶解度範圍，水溶液是不可取的；②在少量水的摻入下能易於水解；③水解的結果應形成薄膜的不溶解成分，以及易於除去水解生成的揮發物；④水解生成的薄膜應能在較低的溫度下進行充分的脫水；④薄膜應與襯底表面有良好而且牢靠的附著力。

溶膠—凝膠法製備薄膜一般有兩種方法：旋塗法和浸漬

塗佈法。旋塗法採用離心設備，多用於圓形樣品；浸漬塗佈法多用於平板樣品，薄膜的製備過程通過拉膜設備來完成。用來製備薄膜的最常用的技術是浸漬塗佈法（dip coating）。浸漬塗佈法製膜的技術易於掌握，設備簡單，使用成本較低，可以保證製備的薄膜的質量。浸漬塗佈法製備二氧化鈦薄膜，需要一個提升裝置—拉膜機。

拉膜機的主要技術要求有：①為了避免所配製的溶膠溶液和基體材料在拉膜過程中受到污染，拉膜過程應儘量在無塵的環境中進行。②拉膜機的速度可調，且要在相當低的提升速度下進行，提升速度不超過 5mm/s，以避免速度太快導致薄膜表面的開裂。③應使拉膜過程儘量平穩，使電動機轉動平穩，基本無跳動，以保證薄膜的均勻性。

將清潔的基片浸泡在溶膠中，然後以一定的速度將基片垂直提起至脫離液面。這樣即可以在基片表面附著一層溶膠膜。經過乾燥處理，在基片表面可得到溶膠膜。因此，典型的浸漬製膜法可以分為四個步驟：浸泡基片、塗佈、沉積和溶劑揮發。

Sol-gel 製膜方法的關鍵在於溶膠的配製。為了使襯底上的溶膠膜能迅速水解而得到具有一定厚度的透明薄膜，溶膠的配製應使成膜物質、溶劑、有機交聯劑和催化劑之間的比例達到最佳比例，這樣才能製備出高質量的薄膜。對於浸漬製膜法而言，薄膜製備中需要控制的主要參數為溶膠的黏度、薄膜的厚度和基片提拉的速度。

①溶膠的黏度

用於鍍膜的溶膠應該有一定的黏度，其黏度一般在

（1.5～2）× 10^{-3} N · S/m^2。如果黏度過大，則溶膠流動困難而得不到厚度均勻的薄膜；而黏度過小，則成膜困難。對於不同性質的溶膠，其黏度都要經過優化。

②薄膜的厚度

當基片從浸泡的溶膠中緩慢提起時，由於基片表面的表面張力，使得一定量的溶膠可以附著在基片的表面。溶膠附著的量與基片的提拉速度和溶膠的黏度有關。在考慮到表面的張力效應後，Landau和Levich得到了一個薄膜厚度d的表達式：

$$d = 0.944\,(\eta v/\sigma)^{1/6}\,(\eta v/\rho g)^{1/2}$$

式中 ρ——溶膠的密度；

η——溶膠的黏度；

g——重力加速度；

v——提拉速度；

σ——薄膜張力。

基片一旦被塗佈出液面，隨著溶劑的揮發和成膜物質的致密化，會使得黏度發生變化。

③基片的塗佈速度

從上面的式子來看，膜的厚度與塗佈速度成指數關係，即隨著塗佈速度的增加，薄膜厚度成指數率增加。提高塗佈速度可以得到厚膜，但是過快的塗佈速度得到的薄膜在低溫乾燥中會得到微小的裂紋。這主要與薄膜中的應力和毛細管效應有關。因此基片的提拉速度的選擇也要經過優化。

溶膠—凝膠法製備 TiO_2 薄膜時採用鈦酸丁酯[TiDK (OBu)$_4$]為原料，準確量取一定量的鈦酸丁酯溶於無水乙醇中（體積為所需體積的 2/3），加入乙醯丙酮（ACAC）作為抑制劑，延緩鈦酸丁酯的強烈水解。然後在強烈攪拌下，滴加入所需要的硝酸和去離子水和 1/3 的無水乙醇的混合溶液到溶液中，得到穩定的 TiO_2 溶膠，上述物質的量之比為：$Ti(OBu)_4$：EtOH：H_2O：HNO_3：AcAc＝1：18：2：0.2：0.5。加入硝酸的作用是：①抑制水解；②使得膠體離子帶有正電荷，阻止膠粒凝聚。用此法製備的溶膠非常穩定，室溫下可以密閉穩定放置一年左右。

將超音波清洗過的基片浸入所配製的溶膠中，以 1.5～2mm/s 的速度向上塗佈液面，這樣就在基片上形成一層溶膠膜。將塗膜的基片在 80℃烘乾後，放在馬弗爐中以 1.5℃/min 的速率升溫 450℃，熱處理一定的時間。將熱處理後的塗膜基片用去離子水沖洗，烘乾後重複以上塗膜和熱處理過程，可以得到一定厚度的薄膜。

溶膠—凝膠法製備薄膜的方法流程如圖 3-36 所示。

在玻璃基片上，氧化鈦薄膜厚度和鍍膜次數有密切的關係。薄膜的厚度隨著鍍膜次數的增加而增加，並有著良好的線性關係。若在塗佈速度為 2mm/s 時，第一次鍍膜的厚度為 102nm 左右，而第二次以後每次鍍膜增加的厚度大約為 90nm。在熱處理溫度為 450℃時，TiO_2 薄膜表現為明顯的銳鈦礦相。

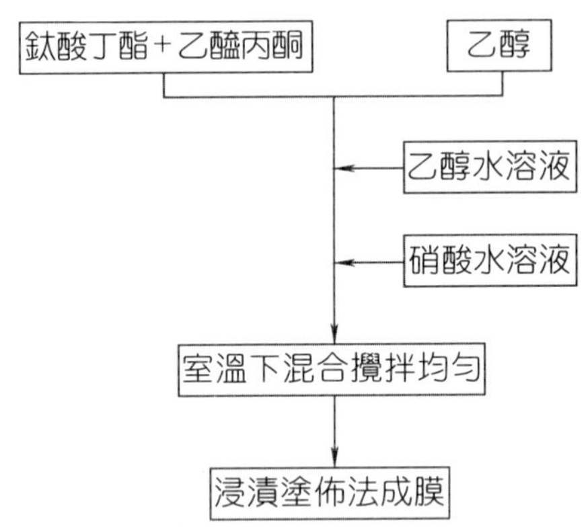

圖 3-36　溶膠—凝膠法製備二氧化鈦薄膜的方法流程

採用溶膠—凝膠法製備的氧化鈦薄膜從表面上看非常光滑。薄膜的顆粒均勻，大小為 20～30nm，薄膜致密，孔洞較少。組成薄膜的氧化鈦顆粒粒徑在奈米尺度，顆粒粒徑比較均勻，薄膜具有平整的組織。平均粒徑約為 30nm。

TiO_2 主要有三種晶體形態，分別為銳鈦礦型、金紅石型和板鈦礦型，有光學活性的是銳鈦礦型。實驗顯示，燒結溫度為 120～1100℃之間，都可以形成銳鈦礦結構。其中 120℃時出現銳鈦礦，550℃時銳鈦礦型結晶已經相當完全；900℃時已經出現金紅石相。若溫度超過 700℃後，導電玻璃發生變形。通過對燒結後的二氧化鈦薄膜的AFM（Atomic Force Microscope）研究，發現當溫度在 400℃下，奈米級的晶粒還沒有形成。因此，在 400～700℃這個適合燒結導電玻璃的溫度範圍內，TiO_2 主要呈單相銳鈦礦結構。進一步研究發現，450～650℃之間二氧化鈦的晶型沒有明顯變化，都是銳鈦礦結，晶粒尺寸在 15～30nm 之間，變化的幅度很小，基本保持穩定。當溫度升到 650℃時，晶粒尺寸明顯。

實例一：所用試劑未加特殊說明均為分析純化，用前未經純化處理：將 16mL 的鈦酸四異丙酯（Acros）在室溫下以一定的速度滴加到 100mL 0.1mol/L 的 HNO_3 溶液中，然後在 80℃的水浴中膠溶 4h。得到的溶膠用 G1 熔砂漏斗濾去未膠溶的沉澱。量取 60mL 溶膠，在含有聚四氟乙烯襯底的高壓釜中水熱反應 12h，反應溫度為 240℃。反應產物用超聲分散，使用旋轉蒸發儀將其濃縮約 15%（TiO_2 的質量分數），然後向其中加入 20%～40% TiO_2 質量的聚乙二醇（M_w = 2000）得到 TiO_2 的糊狀物待用。將導電玻璃（ITO）的三邊用透明膠帶黏住，滴上幾滴糊狀物 TiO2，用很細的玻璃棒將其刮平，室溫下晾乾。然後在 50℃、100℃下各乾燥 15min，以 20℃/s 的速度升溫至 450℃，焙燒 0.5h，自然冷卻至室溫，放入乾燥器中待用。電極上 TiO_2 的量約為 1～2mg/cm^2。

實例二[58]：將 13mL 鈦酸四正丁酯加入 4mL 異丙醇中混合均勻，將混合液緩慢滴加到含有 1mL 濃硝酸的 120mL 蒸餾水中，滴加完畢後，混合液在 75～80℃下攪拌反應 10h，反應後的溶膠加入少量聚乙二醇減壓濃縮到合適濃度，得到所需的 TiO_2 奈米溶膠。將導電玻璃兩邊用 3mol/L 透明膠帶固定，用磁控射頻濺射一層致密的 TiO_2 層，然後滴加一滴 TiO_2 溶膠，並用玻璃棒沿著透明膠帶滾壓直到形成均勻的薄膜，薄膜凝膠化後自然晾乾，最後將薄膜在空氣中 450℃退火 30min，冷卻得到 TiO_2 奈米多孔膜。

採用溶膠—凝膠法與滾壓塗層製備的奈米粒子薄膜是一種多孔結構的薄膜，薄膜厚度在 1.5～2.0μm，薄膜中 TiO_2 奈米粒子主要晶型為銳鈦礦，平均晶粒 28nm，顆粒尺寸在 20～30nm，薄膜表面可吸附有機染料敏化劑。

實例三：取 17.02mL 的 $TiDK(OC_4H_9)_4$ 和 4.8mL 二乙醇胺加入到 67.28mL 無水乙醇中，並用磁攪拌器攪拌 2h。在上述液體中再加入水和無水乙醇的混合物（0.9mL 水和 10mL 無水乙醇），並用磁攪拌器攪拌 30min，得到穩定、均勻、清澈透明的溶膠。採用導電玻璃作基體，從上述所配的溶膠前驅體溶液中採用浸漬塗佈法製備。將導電玻璃夾在拉膜機的夾子上，以 3mm/s 的塗佈速度塗佈玻璃，濕膜在 100℃乾燥 5min 後可重複塗佈，直到獲得所需的層數後將它放入事先設置好溫度處理條件的管式爐內進行燒結。先在 100℃保溫 30min，然後將爐溫按 6℃/min 的升溫速度升至不同熱處理溫度，保溫 1h，最後在爐內自然冷卻至室溫，即得到奈米 TiO_2 薄膜。

實例四[59]：配製一定量濃度的三乙胺溶液 50mL 和 0.1mol/L 乙酸鋅溶液 250mL。在強烈攪拌下，將三乙胺溶液加入到乙酸鋅溶液中；為了使 ZnO 顆粒均勻，防止顆粒快速團聚，最好使用滴液漏斗將三乙胺溶液緩慢地加入到乙酸鋅溶液中。隨著三乙胺溶液的加入，有白色絮狀物生成，不斷攪拌，經過 15h 左右，變成穩定的溶膠。然後過濾，除去大顆粒的 ZnO，再將溶膠放入高速冷凍離心機中離心，得到白色的 ZnO 沉澱，用去離子水和純酒精清洗白色沉澱若干次。為了增大薄膜的比表面積，防止燒結過程中出現開裂，應在ZnO沉澱中加入一些表面活性劑，如聚乙二醇，並攪拌均勻，最後在高真空中旋轉蒸發除水。研磨後，即為製備ZnO電池光陽極所需要的奈米ZnO漿料。採用絲網印刷法將 ZnO 漿料印到導電玻璃上，在450℃中燒結大約30min，此即為奈米多孔 ZnO 薄膜。

⑵粉末塗敷法製備奈米晶薄膜

粉末塗敷法在工業中有方法簡單、適合大規模生產等優點（工業生產中稱為絲網印刷法），近年來受到極大重視，在製備薄膜材料、功能材料及載體方面有著十分廣闊的應用前景。

塗敷法製備二氧化鈦薄膜時先要對導電玻璃進行清洗。導電玻璃的表面清潔度直接影響所鍍膜質量的優劣。為了徹底清洗玻璃，採用下列一系列的方法：①用去污粉清洗玻璃表面；②用鉻酸洗液浸泡玻璃，然後用蒸餾水沖洗；③用內裝去離子水的超音波清洗器清洗玻璃。玻璃徹底清洗後，放入溫度為 100℃的烘箱中進行乾燥處理，然後放入乾燥器中保存備用。

利用直徑為 20nm 的二氧化鈦微粒，配成 10%（質量分數）的懸濁液，然後再加入聚乙二醇，使聚乙二醇的質量分數為 5%，形成水懸浮液。

將塗敷有氧化銦錫（ITO）導電膜的玻璃，切割成約4nm × 2cm的尺寸。在帶有導電膜的一面上，用透明膠在四周貼一個大小合適的框，用玻璃棒把所配製的水懸浮液向同一方向均勻地塗抹在框內。塗抹均勻後，在60℃的乾燥容器內迅速乾燥，然後小心地拆除四周的框。把玻璃片放在450℃下，燒結 30min，即得到多孔二氧化鈦膜。X 射線衍射數據表明，所塗的二氧化鈦薄膜是銳鈦礦結構。

⑶磁控濺射法製備奈米晶薄膜

濺射法是薄膜物理氣相沉積（Physical Vapor Deposition PVD）的一種方法，是與化學氣相沉積（Chemical Vapor Deposition CVD）相聯繫又截然不同的一類薄膜沉積技術。它利用帶有電荷的離子在電場中加速後具有一定動能的特點，將離子引向欲被濺射的靶電極。在離子能量合適的情況下，入射的離子將在與靶表面的原子的碰撞過程中使後者濺射出來。這些被濺射的原子將帶有一定的動能，並且會沿著一定的方向射向襯底，從而實現在襯底上薄膜的沉積。

濺射過程中的靶材是需要濺射的材料，它作為陰極，相對於作為陽極的基片加有數千伏電壓，襯底作為陽極可以是接地的。在對系統預抽真空後，充入適當壓力的惰性氣體，例如，Ar 作為氣體放電的載體，氣壓一般處於 0.1～10Pa 的範圍內。在正負電極高壓的作用下，極間的氣體原子將被大量電離為 Ar^{+} 和可以獨立運動的電子。其中電子飛向陽極，而 Ar^{+} 離子則在高壓電場的加速作用下高速飛向作為陰極的靶材，並在靶材的撞擊過程中釋放出能量。離子高速撞擊的結果之一就是大量的靶材原子獲得了相當高的能量，使其可以脫離靶材的束縛而飛向襯底。當然，在這一過程中，還可能伴隨著其他粒子如二次電子、離子、光子等從陰極的發射。

濺射沉積的方法具有兩個缺點：①濺射方法沉積薄膜的沉積速度較低；②濺射所需的工作氣壓較高，這兩者綜合效果就使氣體分子對薄膜產生污染的可能性提高。因而，磁控濺射沉積作為一種沉積速度較高、工作氣體壓力較低的濺射技術，具有其獨特的優越性。

磁控濺射是一種新型、低溫濺射鍍膜方法，此種方法製備的薄膜具有高質量、高密度、良好的結合性和強度等優點。由於其裝置性能穩定，便於操作，方法容易控制，生產重複性好，適於大面積沉積膜，又便於連續和半連續生產。

磁控濺射鍍膜時採用純度為99%以上的鈦靶，反應時充氧氣，以 Ar 為反應氣體，電源電壓為 400V，功率為 6kW，濺射時真空度為 2.0Pa，溫度為 180℃，充氧量為 30sccm（每分鐘標準立方釐米），濺射時間為 1.5h。由此方法製得的二氧化鈦薄膜在 33℃ 條件下浸泡在染料溶液中，浸泡時間為 10h，以使其充分吸附染料，然後利用無水乙醇將多餘的染料沖洗掉，最後將吸附了染料的 TiO_2 薄膜放入烘箱內，在 80℃ 完全烘乾。將烘乾後的薄膜電極與鉑電極對好後夾緊，利用虹吸現象，用注射器從邊緣注入電解質，即得到染料敏化太陽電池。

(4)液相沉積法製備奈米晶薄膜

1988 年，由 Nagayama 首先報導了在濕化學中發展起來的液相沉積法 LPD（liquid phase deposition）。應用此法只需要在適當的反應液中浸入基片，在基片上就會沉積出氧化物或氫氧化物的均一致密的薄膜。成膜過程不需要熱處理，不需要昂貴的設備，操作簡單，可以在形狀複雜的基片上製膜，在製備功能性薄膜尤其是微電子行業的超大規模集成電路及金屬—氧化物—半導體、液晶顯示器件中的氧化物薄膜中正得到廣泛地應用。

液相沉積法的基本原理是從過飽和溶液中自發析出晶體。液相沉積法的反應液是金屬氟化物的水溶液，通過溶液中金屬氟代配位離子與氟離子消耗劑之間的配位體置換，驅動金屬氟化物的水解平衡移動，使金屬氧化物沉積在基片上。

金屬氟化物的水解反應平衡是：

$$MF_x^{(x-2n)-} + nH_2O \rightarrow MO_n + xF^- + 2nH^+ \qquad (1)$$

為了使溶液中形成更穩定的配合物，向溶液中加入氟離子消耗劑（例如金屬鋁、硼酸等），可以使反應(1)式的化學平衡向右移動：

$$H_3BO_3 + 4HF \rightarrow BF_4^- + H_3O^+ + 2H_2O \qquad (2)$$

$$Al \rightarrow 6HF \rightarrow H_3AlF_6 + 3/2H_2O \qquad (3)$$

反應(1)稱為析出反應，反應(2)、(3)稱為驅動反應。通過反應(2)或(3)氟離子消耗劑消耗了溶液中的自由氟離子，加速了(1)的析出反應。通過兩種反應的組合來製膜，由於水溶液中物質移動的平均自由程很短，析出的金屬氧化物能不因表面積、表面形狀不同而在與溶液接觸的基片表面均一地析出，形成氧化物薄膜。

液相沉積法只能用於在表面有OH^-的基片上成膜，基片表面狀況極大地影響氧化物的析出過程。由於基片上單位面積的OH^-的數量是常數，獨立於基片的表面積和反應液的體積，所以薄膜的生長是表面控制的，以單位時間內薄膜厚度的增加來表質的薄膜的生長速率是恆定的。通過控制反應液中各物質的濃度、反應時間、反應溫度可得到預期厚度的薄膜。

液相沉積法除了具有上述的優點之外，還可以原位對前驅體薄膜在各種氣氛中進行熱、光照、摻雜等後處理，使薄膜功能化。由於薄膜析出過程是在常溫下進行的，因此基片的選材可以不受限制，例如，玻璃、陶瓷、金屬、塑膠等各種材料均可。基片的形狀也不受限制，板狀、粉體、纖維均可。並且由於水溶液可由多種成分的溶液均勻混合，能比較容易地製備多組分氧化物薄膜和複合薄膜。另外，由於液相沉積法只能在表面有OH^-的基片上成膜，利用這一點已經開發出選擇成膜法，在半導體集成電路領域製造層疊結構時埋設電極，可使原有方法大幅簡化。

以氟鈦酸銨和硼酸為前驅體，將它們配成不同濃度的水溶液，並混合攪拌均勻，配成濃度不同的反應液。將事先分別在丙酮、乙醇、去離子水中超聲清洗過的導電 ITO 玻璃基片放置在反應液中，保持環境溫度 25℃的條件下，沉積 50h。液相沉積法製備 TiO_2 薄膜的方法流程如圖 3-37 所示。

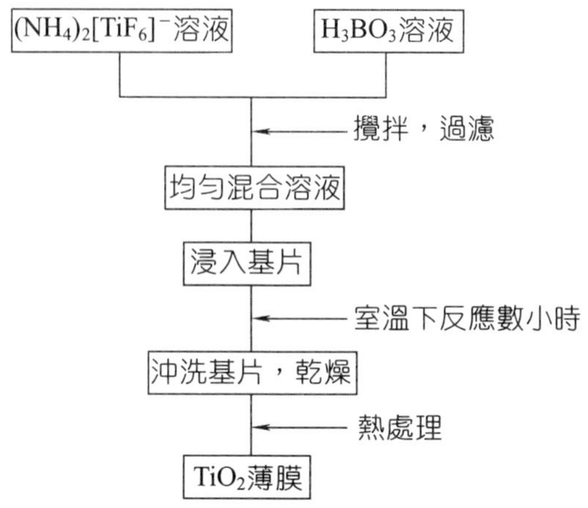

圖 3-37　液相沉積法製備 TiO_2薄膜的方法流程

溶液中進行配位體交換的平衡反應是：

$$[TiF_6]^{2-}+nH_2O\rightarrow[TiF_{6-n}(OH)_n]^{2-}+nHF$$

加入的硼酸與F^-反應形成配位離子，使平衡向右移動並完成了配位體的交換反應：

$$H_3BO_3+4HF\rightarrow BF_4^-+H_3O^++2H_2O$$

最終消耗了未配位的 F^-，加速了水解反應的進行，由$[TiF_6]^{2-}$水解形成的$[Ti(OH)_6]^{2-}$脫水，使 TiO_2薄膜在浸入溶液的基片上形成。

液相沉積法製得的氧化鈦薄膜無論是否進行熱處理都是透明的，在可見光區的透過率都大於 70%，薄膜厚度為160nm，顆粒分布均勻，大小在 100nm 左右。它是由幾十奈米的小顆粒聚集而成的二次粒徑。經過熱處理後，薄膜的顆粒雖略有長大，但是不明顯，而且薄膜結構更加致密，基本沒有孔洞。經 500℃熱處理 30min 後的薄膜中顆粒大小約為10nm。沉積在ITO玻璃上的TiO_2薄膜隨著熱處理的升高，由無定形逐漸向銳鈦礦相轉變（見圖 3-38）。從XRD圖可以清楚地觀察到，從 300℃開始 TiO_2的衍射峰逐漸明顯並尖銳，說明薄膜隨熱處理溫度升高而晶化，但是只生成單一的銳鈦礦相，即使在 600℃也沒有發生向金紅石相的相變。

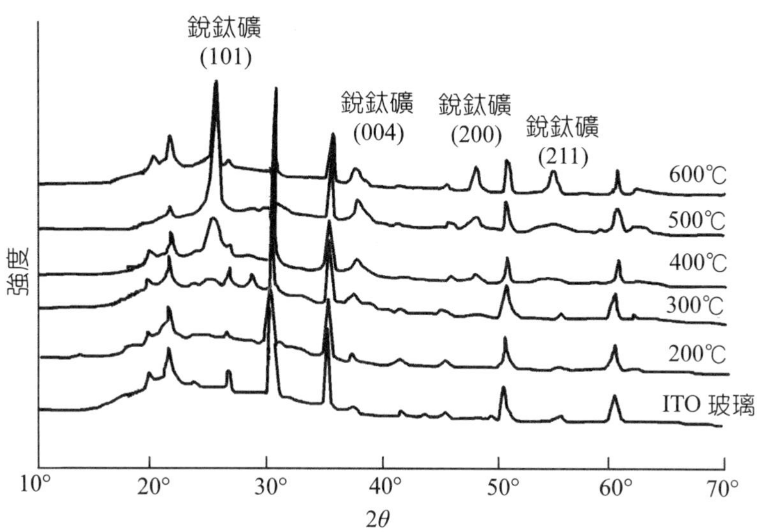

圖 3-38　液相沉積法製備的 TiO_2 薄膜的 XRD 圖譜

從表 3-12 可以看出，液相沉積法製備的氧化鈦薄膜在熱處理前後的紫外線可見光吸收邊和帶隙基本不變，而且熱處理前後的禁帶寬度都明顯大於體相氧化鈦材料的帶隙（$E_g = 3.2\text{eV}$），其吸收邊有藍移效應，這與薄膜中顆粒的奈米尺寸是密切相關的。半導體奈米微粒的吸收帶隙主要受到電子—空穴量子限域能、電子—空穴庫侖作用能及介電效應引起的表面極化能的影響：奈米微粒尺寸減小引起的電子—空穴庫侖作用及介電效應引起的表面極化能使光學吸收減小。液相沉積法製備的氧化鈦薄膜在熱處理前後的帶隙都明顯增大，說明氧化鈦薄膜中的奈米微粒的量子限域效應對其光學吸收帶隙起主要作用，即由於微粒尺寸的下降，使電子和空穴被限制在尺寸很小的位能阱中，這種限制使分裂的電子態量子化，並增大了半導體的有效禁帶寬度，從而引起吸收帶邊的藍移。

表 3-12　由吸收系數計算的氧化鈦薄膜的帶隙

熱處理方法	熱處理前	300℃	400℃	500℃
吸收邊波長／nm	366	365	365	365
帶隙／eV	3.39	3.40	3.40	3.40

⑸化學氣相沉積法製備奈米晶薄膜

在一個加熱的基片或物體表面上，通過一種或幾種氣態元素或化合物產生的化學反應而形成不揮發的固體膜層的過程叫化學氣相沉積（Chemical Vapor Deposition, CVD）。

根據化學反應形式的不同，化學氣相沉積可分為以下兩大類。

①熱分解反應沉積

利用化合物加熱分解，在基片表面得到固態膜層的方法，稱為熱分解反應沉積。它是化學氣相沉積中的最簡單形式，如下式。

$$SiH_4（氣）\rightarrow Si（固）+2H_2（氣）$$

②化學反應沉積

由兩種或兩種以上的氣體物質在加熱的基片表面發生化學反應而沉積成固態膜層的方法，稱為化學反應沉積。事實上，它幾乎包括了熱分解反應以外的其他許多化學反應。例如：

$SiCl_4$（氣）$+2H_2$（氣）→Si（固）$+4HCl$（氣）

為確保CVD順利進行，必須滿足以下3個基本條件：①在沉積溫度下，反應物必須有足夠高的蒸氣壓，若反應物在室溫下能夠全部為氣態，則沉積裝置就較簡單，若反應物在室溫下揮發性很小，就需要對其加熱使其揮發；②反應生成物，除了所需要的沉積物為固態，其餘都必須是氣態；③沉積物本身的蒸氣壓應足夠低，以保證在整個沉積反應過程中能使其固定在加熱的基片上。

CVD的加工方法裝置結構主要由反應器、供氣系統和加熱系統等組成。反應器是CVD裝置中最基本的部分，它的形式和結構材料由系統的物理和化學特性以及加工方法參數決定。反應器的基本類型如圖3-39所示，其中(a)為立式，(b)為水平式，(c)和(d)為鐘罩式。(b)和(c)的反應器壁可通循環水冷卻。水平式的反應器結構較簡單，但因受氣流流動方式的影響，沉積膜的均勻性較差。其餘的反應器雖然結構複雜些，但得到的沉積膜的均勻性較好。常用的反應器是由石英管製成的，其器壁可為熱態或冷態，其目的是為了減小或阻止沉澱物在器壁上的沉積作用。反應器的加熱方式通常是電阻加熱，也可用熱輻射或高頻感應加熱。

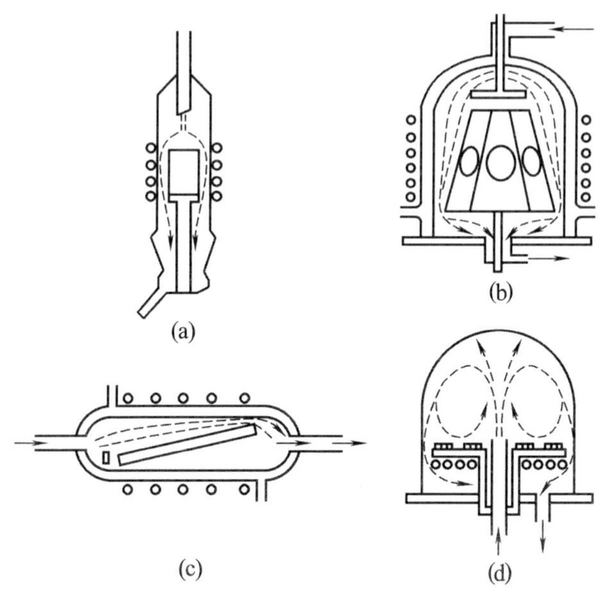

圖 3-39 化學氣相沉積裝置

影響化學氣相沉積膜質量的因素主要有以下 3 方面。①沉積溫度。一般來說，沉積溫度是影響沉積膜質量的主要因素。沉積溫度越高，則沉積速度越大，沉積物成膜越致密，從結晶學觀點來看，沉積越完美。但是，沉積溫度的選擇還要考慮沉積物結晶學結構的要求以及基片的耐熱性。②反應氣體的比例。反應氣體的濃度及相互間的比例是影響沉積速率和質量的又一因素。③基片對沉積膜的影響。一般要求沉積膜層和基片有一定的附著力，也就是基片材料與沉積膜之間有強的親和力，有相近的熱膨脹係數，並在結構上有一定的相似性。

以化學氣相沉積法製備的薄膜一般純度很高，很致密，而且很容易形成結晶定向好的材料。尤其在電子工業中廣泛用於高純材料和單晶材料的製備。此外，化學氣相沉積法便於製備各種單質、化合物及各種複合材料。在沉積反應中，只要改變或調節參加化學反應的各組成成分，就能比較方便地控制沉積物的成分和特徵，從而可以製得各種不同物質的薄膜和材料。

用異丙醇鈦作為鈦的來源，異丙醇鈦和氧氣在低壓化學氣相沉積裝置內進行反應。沉積溫度選擇範圍是 287～362℃，沉積壓力保持在 133.32Pa。異丙醇鈦的載氣是化學惰性的氬氣。氬氣和氧氣的流量分別為 $80cm^3/min$ 和 $10cm^3/min$，異丙醇鈦的提供量是 $4.464 \times 10^{-5}mol/min$。沉積膜使用的基片是普通玻璃載玻片。

用化學氣相沉積法製備的在玻璃基片上沉積的 TiO_2 薄膜，不需要在 O_2 氣氛中煅燒後處理過程。所有樣品都屬銳鈦礦相結構。

⑹熱分解法製備奈米晶薄膜

熱分解製膜法只需要幾次的塗佈過程就可以得到具有相當厚度的膜。製膜所用的溶液也是黏度相對較高的溶液。但是由於熱分解過程中薄膜的收縮，使得在基片上製得的薄膜很容易剝離和開裂。因此要想得到具有相當厚度且不易開裂的薄膜，就應該仔細選擇那些沸點較高、黏度較大的溶劑。

以異丙醇鈦為鈦的來源，以α—萜品醇[$CH_3C_6H_8C(CH_3)_2OH$]和異丙醇的混合溶液為溶劑，分別以 2-（2-乙醇基）乙醇基乙醇（結構式為 $C_2H_5OCH_2CH_2OCH_2CH_2OH$，EEE）和相對分子質量為 600 的聚乙二醇（PEG）為異丙醇鈦的配合劑。

不添加任何配合劑的用於鍍膜的溶液簡稱為 TD；以 EEE 為配合劑的溶液的簡稱為 TDe；以聚乙二醇為配合劑的溶液的簡稱為 TDp；以 EEE 和聚乙二醇混合物為配合劑的溶液的簡稱為 TDep（見表 3-13）。普通的含鈉矽酸鹽玻璃片（尺寸為 100mm × 100mm × 1mm）作為鍍膜的基片，浸漬後基片的塗佈速度為 1.5mm/s。整個鍍膜過程在室溫下進行（約 25℃）。待膜在室溫下乾燥後，在 450℃煅燒 1h，選擇在 450℃煅燒是在參考膜的差熱分析結果。所得到的膜經透射電鏡分析厚度為 1μm。

表 3-13　浸漬—塗佈溶液的組成

組成	TD	TDe	TDp	TDep
異丙醇鈦	100	100	100	100
α-萜品醇	350	350	350	350
異丙醇	350	250	250	150
EEE	—	100	—	100
聚乙二醇	—	—	100	100

上述方法製備的奈米晶薄膜各有特點。目前主要使用前三者方法。利用溶膠—凝膠法在 550℃製備的二氧化鈦薄膜，其晶粒為銳鈦礦結構，晶粒尺寸在 18～22nm 之間。磁控濺射所得的二氧化鈦薄膜晶粒多為細長針狀或棒狀，平均長度在 70～100nm之間，平均寬度為 15～25nm。以溶膠—凝膠液調製的粉末 TiO_2 漿體製得的薄膜晶粒大小不均勻，與以去離子水調製的粉末TiO_2 漿體製得的薄膜晶粒相比，其晶粒有所長大，這可能是熱處理過程中，溶膠—凝膠液促進了 P25 粉顆粒的生長。

由致密 TiO_2 薄膜製備的太陽電池可以獲得較高的開路電壓，但相對短路電流較低。反之，由多孔薄膜製備的電池則短路電流較高，而開路電壓一般較小。其原因是前者薄膜致密、顆粒小、比表面積少，因而染料吸附較少，無法吸收大多數太陽光；但同時由於二氧化鈦致密，電解質無法接觸下電極形成漏電，所以可以得到較高的開路電壓。後者的比表面積比前者大很多，因此染料的有效吸收面積也比前者有很大的提高，可以得到很高的光生電流，但由於多孔性可導致局部的微小漏電，開路電壓一般低一些。磁控濺射法製得的薄膜相對溶膠—凝膠法和粉末塗佈法製得的薄膜致密、黏覆性好。可能是由於這些優點，導致磁控濺射薄膜的光生載流子的傳輸性能好，局部漏電少，有利於太陽電池的開路電壓的保持。所以，磁控濺射薄膜為基底製備的複合膜太陽電池性能一般優於溶膠—凝膠薄膜為基底製備的複合膜太陽電池性能。單層粉末塗佈法製備的奈米染料太陽電池性能也較佳。因此，利用單層奈米粉可以實現效率較高的太陽電池。由於這一方法簡單（在大規模生產中可以通過絲網印刷等方法實現），成本低，因此有很大的產業化潛力。

3.4.3.4. 對電極[60]

電解質中的氧化還原對要在對電極上被還原催化劑所還原。該反應越快，光電響應越好。對電極可選用的三種不同電極分別是：純粹的導電玻璃電極、表面噴碳的導電玻璃電極、表面濺射一層Pt的導電玻璃電極。純粹的導電玻璃電極是指對導電玻璃不作任何處理，直接用它的導電面作對電極；表面噴碳的導電玻璃電極是指在導電玻璃的導電面上均勻地噴上一層碳粉，構成碳粉的石墨本身除了可以增加電池對電極的導電性，還具備催化性能；表面濺射一層鉑的導電玻璃電極是在導電玻璃的表面再濺射一層金屬鉑，鉑除了引起電池的正極作用以外，還能引起光反射和促進催化作用，因此能夠大幅改善NPC電池正極的性能。對三種電極進行研究，其太陽參數如表 3-14 所示。表中數據表明，在反電極做噴碳和鍍 Pt 處理後，染料敏化太陽電池的性能得到明顯改善，尤其是電流，可以成倍增加，電壓相差不大。鍍Pt的導電玻璃作對電極較一般導電玻璃作反電極，電流增加 5～7 倍，噴碳的導電玻璃作對電極較一般導電玻璃作反電極，電流增加 2～3 倍。這是因為 Pt 不僅可以起到反光及增加導電性能的作用，而且還可以促成催化劑的功能。

表 3-14　三種不同電極的太陽電池參數

反電極	鍍 Pt 導電玻璃	噴碳的導電玻璃	一般導電玻璃
電壓／mV	495	485	370
電流／μA	1700	850	260

注：國產玻璃（8～15Ω）作為負極，用溶膠—凝膠液作為黏合劑。

鉑族元素催化活性高主要是由於其表面易於吸附反應物質，且化學吸附強度適中，恰好能使分子的電子和幾何結構發生變化，形成中間的「活性化合物」，促使反應速度的提高。此種性質可用鉑族元素具有未充滿的空的 d 軌道來解釋。鉑電極可用化學沉積或熱蒸發的方法得到。但鉑的成本太高，不利於電池的廣泛應用。多孔碳有光陰極和催化劑的作用，因此，可利用多孔碳電極作為對電極，只是多孔碳電極無法反射太陽光，光催化性能也不如鉑電極好，因此光電轉換效率不如以鉑電極為對電極的高，只能用於大規模生產和對電池效率要求不高的領域。但目前還是以鉑電極作對電極為主。

通過鉑金對光陰極的修飾可大大提高 DSSC 的光電性能，鉑金對氧化還原電對的氧化還原反應起催化作用，提高了氧化還原反應的效率。它的表面狀況以及製備方法對其催化性能有很大的影響。因此製備高催化活性的鍍鉑光陰極是研究的重要內容。

鉑金修飾光陰極的製備主要有如下幾種。

⑴電化學法

電鍍液的配製：將 0.5g 的 $H_2PtCl_6 \cdot 6H_2O$、5g 的$(NH_4)_2HPO_4$、15g 的 Na_2HPO_4配製成 100mL 水溶液。將導電玻璃切成 2cm × 1.5cm 的小塊，依次用清洗劑洗滌，質量分數 10% 的NaOH 溶液超音波清洗，除油劑（NaOH 76g/L、Na_3PO_4 26g/L、Na_2CO_3 30g/L）煮沸，去離子水沖洗乾淨。以鉑金片做陽極，導電玻璃做陰極，在 80℃、電流密度為 60mA/cm^{2}條件下，電鍍 2min，在導電玻璃的導電面上得到光亮的鉑鏡。

⑵真空鍍膜法

以 10cm × 15cm 大小的導電玻璃做基片，在 3×10^{-4}Pa 條件下，以鉑金片作為激發源，用真空鍍膜機真空蒸鍍 10min，在導電玻璃導電面上形成鉑鏡。

⑶熱分解法

將 0.3g 氯鉑酸配成 20mL 水溶液，加入一定量的聚乙二醇（相對分子質量為 1000），適量的羥乙基纖維素，充分溶解至一定黏度的溶液，最後加入少量 OP 乳化劑，在導電玻璃基片上塗成均勻的薄膜，在 500℃下保溫 30min，自然冷卻得光亮的鉑鏡。

不同方法製備的鉑電極對電池性能有不同的影響（見表 3-15）。用電化學方法和熱分解法獲得的鉑修飾光陰極對

DSSC 性能有很大的提高，其中用電化學方法獲得的光陰極使 DSSC 的最大輸出功率提高了近 7 倍，大大提高了電池的開路電壓和短路電流。採用真空鍍膜法製備的鉑修飾光陰極對 DSSC 的性能沒有改善，反而由於過大的電阻降低了電池的短路電流。熱分解法是一種簡便、快速製備高效鉑修飾光陰極的方法，重點是控制適宜的鉑離子濃度與合適的膜厚度，尋找合適的塗膜液配方，以此減少有機物的殘留，製備具有多孔網狀結構、厚度均勻、高比表面積的鉑修飾光陰極，以此來提高 DSSC 的光電性能，這是今後的研究方向。

表 3-15　不同方法製備的鉑金修飾光陰極對 DSSC 性能的影響

製備光陰極的方法	I_{sc}/(mA/cm^2)	V_{oc}/V	FF/%	P_{max}/(mW/cm^2)
未修飾鉑金	1.2	0.467	45.3	0.254
真空鍍鉑金	0.7	0.521	45.1	0.165
熱分解法鍍鉑金	4.8	0.584	49.6	1.39
電化學鍍鉑金	6.2	0.662	40.4	1.66
電化學鍍鉑金（未經熱處理）	6.6	0.658	—	—

從外觀上看，電化學法製得的鉑金膜表面平整、光亮；真空鍍膜製得的鉑金膜均一，顏色發暗，但有光澤；熱分解法製得的鉑金膜均一性差，無光澤，膜表面的顏色也不一致。通過光陰極的SEM圖像，知道由電鍍法製備的鉑金膜最為均勻，表面晶粒排布十分規則，膜的缺陷也最少，晶粒依電鍍時導電玻璃基體表面電流方向整齊地生長。電鍍時，鍍液中導電玻璃附近的 $PtCl_6^{2-}$ 離子在電場的作用下到達陽極，在導電玻璃表面得到電子而被還原，並沉積在導電玻璃表面。整個過程干擾因素較少，不易在膜中引入其他雜質。成

膜的速度可通過控制電鍍時的電流密度控制。因此，較易獲得具有較好表面狀況的鉑金膜。用真空鍍膜法製備的鉑金膜缺陷很多，晶粒排列也不規則，從膜表面整體的狀況來看也不均勻細密，有很多污點和缺陷。由於鉑金屬於高熔點金屬，真空鍍膜需要在高溫下進行，在此情況下，鎢電極也會揮發，從而污染鉑金膜。此外，由於真空鍍膜的隨機性，也不會生成規則排列的鉑金膜，而且也易生成較多缺陷。熱分解法所製得的光陰極，表面存在很多缺陷，膜也不均一，有很多破損。這是由於在塗膜時的不均勻性和有機物在高溫下分解破壞了膜的結構。膜呈現一種多孔結構，這些孔隙是由有機物分解後留下的。此外，膜的結構也比較鬆散，可能是由於膜中有機物在分解時產生的氣體造成的。因此，熱分解法能鍍的鉑金膜厚度有限，太厚的膜將會增加膜中有機物分解的殘留物，使膜的結構不緊密，裂紋增多，與導電玻璃的基體結合不實，從而導致膜易脫落。因此，在採用熱分解法製鉑金膜時，塗膜的溶液中，$PtCl_6^{2-}$ 的離子濃度不能太高，同時所塗的膜也不能太厚。

真空鍍膜法及熱分解法所製得的光陰極表面電阻與未修飾的電極表面電阻相近，說明採用這兩種鍍膜方法並不能改變ITO導電玻璃的導電性。這是由於這兩種方法所製的鉑金膜與基體結合緊密，鉑金膜的厚度有限，導電性也與基體導電玻璃的導電性相近。同時這兩種方法所製得鉑金膜表面缺陷多，含有較多的雜質，如碳、鎢等，鉑金膜結構比較鬆散。鉑在薄膜表面以一個個小島存在，為一層不連續膜，所以鉑對表面電導沒有貢獻。鉑的摻入使導電玻璃薄膜的晶粒增多，因此晶界勢壘增大，電子遷移所需要克服的勢壘能量也隨之增大，所以這種表面結構導致鉑金膜的電阻增大，導電性大幅度下降。此外，這兩種方法都須在較高的溫度下進行（450℃），高溫下ITO導電玻璃（SnO_2）的導電性會大幅度下降，因此，由這兩種方法所製得鉑金修飾光陰極的電阻較大。在應用到DSSC後，由於光陰極表面過高的電化學遷移電阻，會降低DSSC的短路電流。

對於電鍍法，由於是用電化學方法在導電玻璃表面沉積一層鉑金膜，膜層均勻且含雜質和缺陷較少，因此導電性較好。沒有經過熱處理的電鍍法製備的鉑金修飾電極電阻較小可以看出，電鍍鉑金膜改善了導電玻璃的導電性，但經過熱處理，其導電性迅速下降。熱處理使導電玻璃基體的電阻增大，鉑在0～450℃化學和物理性質穩定，不會在熱處理過程中發生氧化，因此熱處理對鉑金膜的影響很小。由此看來，熱處理後電阻增大主要來源於導電玻璃基體電阻的增大。這說明鉑修飾光陰極的導電性與基體和鉑金膜的電阻都有關。儘管如此，熱處理後導電玻璃的電阻為112.7Ω，而鍍有鉑金的僅為 62.1Ω，所以用電鍍法所鍍鉑金膜無論在熱處理還是未經熱處理，對導電玻璃導電性都有很好的改善。小的光陰極表面電化學遷移電阻有利於提高DSSC的短路電流。

從光陰極表面狀況來說，對於小面積的電池單體，電極的電化學遷移電阻對於整個電池的性能影響很大；而對於大面積電池如由單體電池通過串並聯組成電池組時，光陰極的電阻對整個電池組的性能有很大影響。由真空鍍膜法製備的光陰極表面缺陷多，含有碳、鎢等雜質，膜層厚度有限。因此電極表面的電化學遷移電阻較大，電子在傳輸時的複合也大，這對於DSSC是不利的。由熱分解法製備的光陰極呈現多孔網狀結構，電子在傳輸時須在一個個「小島」間遷移，須克服一定的勢壘，因此電極表面的電化學遷移電阻大。由電化學方法製備的光陰極，表面結構均一、雜質少，同時鉑在表面沉積時也取向於電子的傳輸，適於電子的電化學遷移，因此表面電化學遷移電阻小，有利於提高 DSSC 的性能。

鉑金的熱膨脹係數與玻璃的相當，熱處理不會引起鉑金膜的剝離。此外，由於 ITO 導電玻璃是在玻璃表面鍍了一層透明的 SnO_2 導電膜，鉑金膜與 SnO_2 膜的結合力較弱，須經高溫處理。而高溫會導致ITO基體的電阻升高和鉑金膜結構的變化，會促使整個導電層電阻的增加。對於未經熱外理的電鍍鉑金膜，在應用中很容易脫落，所以熱處理是必須的。在實驗中發現，儘管熱處理增大了光陰極的電阻，但對於光陰極的催化性能沒有太大的影響，有待於對 DSSC 內阻和光電流的影響因素作進一步研究。

★ 3.4.4 染料敏化太陽電池的敏化劑

人們對染料敏化劑的研究歷史可以追溯到照相術形成的初期。早在 1837 年，德國 Vogel 就發現用有機染料處理鹵化銀可以大大擴展其對可見光的反應能力。1949 年，Putzeiko 和 Trenin 首次報導了有機光敏染料對寬禁帶氧化物半導體ZnO等的敏化作用，他們將羅丹明B、曙紅（eosin）、赤蘚紅（erythrosine）等染料吸附在壓緊的 ZnO 粉末上，觀察到可見光的光電流響應，這些構成了現在 DSSC 染料敏化劑的研究基礎。染料光敏化劑是影響 DSSC 效率至關重要的一部分，迄今為止，所獲得的 *cis*-X_2bis（2, 2'-bipyridyl-4, 4'-dicarbuxylate）Ruthenium（Ⅱ）是最佳染料光敏化劑，其中 X＝Cl—、Br—、I—或NCS—。它對可見光的吸收是建立在電荷從釕的d軌道向配位子的π軌道的電子能快速地躍遷到 TiO_2 的導帶中。該染料光敏化劑能吸收較寬的可見光譜，其峰值吸收在 550nm處，吸收截止限在 800nm以上，穩定性也較好，其壽命目前已穩定在 15 年以上。

3.4.4.1 敏化劑的特點

敏化劑是 DSSC 的光捕獲天線，是影響電池效率至關重要的一部分。理想的敏化劑需要具備以下幾個基本條件。

①在可見光區有較強的、儘量寬的吸收帶，能夠吸收 920nm 以下的光。這樣才能充分利用太陽光。

②其氧化態和激發態具有非常高的光穩定性，能夠進行 10^8 次循環，對應於在自然光照射下 10 年的壽命。

③激發態壽命長、光致發光性好，具有較高的電荷傳輸效率。

④在 TiO_2 奈米結構半導體電極表面有良好的吸附性，即能夠快速達到吸附平衡且不易脫落。因此，敏化劑中一般應含有易與奈米半導體表面結合的基團，如—COOH，—SO_3H，—PO_2H_2。研究表明（以羧酸聯吡啶釕染料為例），染料上的羧基與二氧化鈦膜上的羥基結合生成了酯，從而增強了二氧化鈦導帶 3d 軌道和染料軌道電子的偶合，使電子轉移更為容易；使得其能牢固地連接到氧化物半導體的表面。

⑤染料分子的激發態能級與半導體的導帶能級必須匹配，儘可能減少電子轉移過程中的能量損失，量子產率應該接近於 1。

⑥敏化劑的氧化還原電位應該與電解液中氧化還原電對的電極電位匹配，以保證染料分子的再生。

另外，為使染料達到有效的激發態，必須用靜電性的、疏水的或者化學相互作用的方法，使這些染料緊密吸附在半導體表面上。研究表明，在敏化劑有機染料（S）與半導體光催化劑（M）表面之間能相互作用形成締合物。表 3-16 列出了幾種染料／ TiO_2 體系的締合常數 K_a。

$$[S][M] \xrightarrow{K_a} [S \cdots M]$$

表 3-16 染料／TiO_2系統薄膜改性的表觀締合常數

半導體載體 M	薄膜改性劑染料	表觀締合常數 $K_a/(mol/L)^{-1}$
TiO_2	SCN^-	3.5×10^2
TiO_2	葉綠素	2.0×10^3
TiO_2	蒽—9—羧酸	6.0×10^3
TiO_2	勞氏紫	2.75×10^5
TiO_2	二[4—（二甲胺）—2—羥基苯酚]	2.7×10^3

經過二十多年來的研究，人們發現能基本滿足這些條件的有機染料有四碘螢光素B、曙紅、玫瑰紅、羅丹明B、甲酚紫、勞氏紫、葉綠素、蒽—9—羧酸鹽、紫菜鹼、酞菁、羰基花青、苯基螢光酮、卟啉和第Ⅷ族的 Ru 及 Os 的多吡啶配合物等。

3.4.4.2 光誘導電子轉移反應[48]

敏化劑的光電化學反應的機理可通過光誘導電子轉移反應來解釋。光誘導電子轉移反應實際上是一個單電子反應，即在光的作用下，一個電子從一個被激發分子的最低空軌道（LUMO）轉移到另一個基態分子的LUMO，或從基態分子的最高占據軌道（HOMO）轉移到被激發分子的HOMO，如圖 3-40 所示。

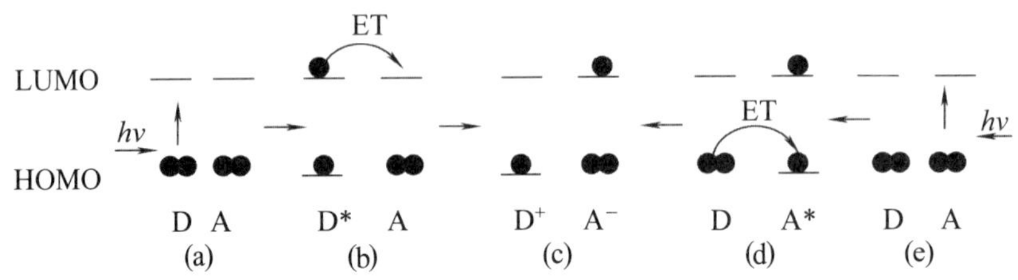

圖 3-40 光誘導電子轉移反應分子軌道示意圖

由圖 3-40 可知，在電子轉移過程中處於激發態的分子，既可以是電子給體（electron donor, D），也可以是電子受體（electron acceptor, A）。(a)表達了電子結體受激發的情況，受激發的電子給體 D* 吸收光子，其 HOMO 軌道上的一個電子躍遷到 LUMO 中，然後再經過(b)過程，激發態給體（D*）的電離勢比基態低，比其基態更容易給出電子；電子由 D*轉移到 A，完成了電子的轉移，形成 D^+ 和 A^-；反之，(e)表達了電子受體受激發的情況，當 A 吸收光子，由基態 A 變成了激發態 A*，電子由 HOMO 軌道躍遷到 LUMO 中，這時激發態受體（A*）的電子親和勢增加，使其比基態更容易接受電子，電子由 D 轉移到 A*，完成了電子的轉移，形成 D^+ 和 A^-。兩者過程不同，但最終都到達了(c)的狀態。

這種電子轉移反應的競爭反應是電子回傳反應。它是離子自由基對（$A^{-\cdot}/D^{+\cdot}$）發生電子回傳（back-electron transfer）回到基態的 A 和 D，而無任何新產物生成，因而浪費了光能。電子回傳通常以大於 10^{11} $mol^{-1} \cdot L \cdot s^{-1}$ 的速率迅速進行，這是導致許多光誘導電子轉移體系中量子產率不高的主要原因。以分子軌道圖（見圖 3-41）來說明激發態分別是電子給體和電子受體時的正向電子轉移和電子回傳過程。

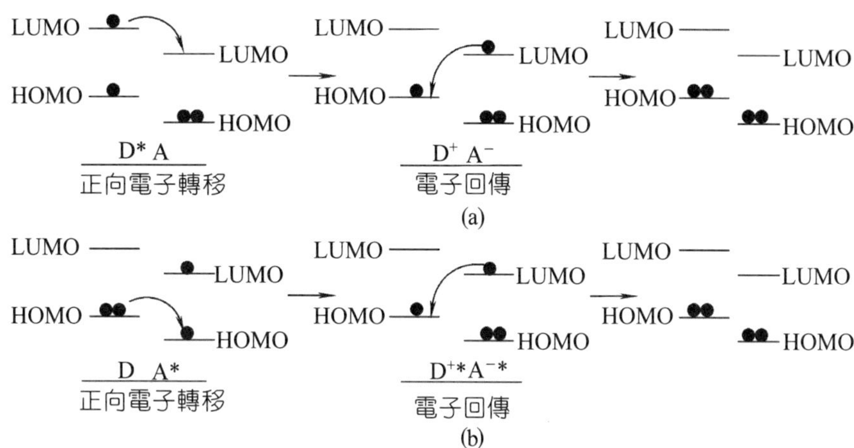

圖 3-41　激發態分別是電子給體(a)和電子受體(b)時的正向電子轉移和電子回傳示意圖

圖 3-41(a)表達了電子給體受激發時的情況。在電子給體（D）受激發後，其 HOMO 軌道上的一個電子躍遷到 LUMO 中，然後 LUMO 軌道上的一個電子發生電子轉移，將電子轉移給電子受體（A）的 LUMO 軌道上，形成電荷分離離子對（$D^{+\cdot}$ 和 $A^{-\cdot}$）；然而，電子受體（$A^{-\cdot}$）LUMO 軌道上的電子很容易轉移給電子給體（$D^{+\cdot}$）的HUMO軌道上，此過程即為電子回傳。同樣，在圖 3-41(b)中，電子受體受激發的正向電子轉移和電子回傳也類同。雖然兩者過程不同，但都容易發生電子回傳過程。由圖 3-41 可以看出，從能量角度講，電子回傳是熱力學允許的過程。

因此，要提高染料敏化太陽電池的光電效率必須了解抑制電子回傳的要素。雖然電子回傳是熱力學允許的過程，但可以找到一些「動力學禁阻因素」，從而抑制電子回傳。其中的兩個主要因素是電子自旋和電子隧道效應。

⑴電子自旋

在基元反應中，電子的自旋是守恆的，即單重態的離子自由基對發生電子回傳一定生成單重態的產物，三重態的離子自由基對發生電子回傳一定生成三重激發態產物。多數情況下，後一過程在能量上是不利的，因此，三重態的離子自由基對要發生電子回傳，首先必須經過隙間竄越到達它的單重態，然後再發生電子回傳生成基態產物。在此過程中，隙間竄越一般需要少於奈秒（10^{-9}秒）的時間尺度，而這段時間內，兩個離子自由基可以擴散開 1～3nm，從而在一定程度上避免了電子回傳。

⑵電子隧道效應

電子給體和電子受體之間的距離對於能否進行電子轉移是非常重要的。如果給體和受體相距較遠，電子轉移在反應物激發態有限的壽命內不能進行；如果距離較近，生成的離子自由基對發生電子回傳的速度可以與正向電子轉移速度一樣快，甚至更快。電子隧道效應允許當給體和受體距離大於凡德華接觸距離時，通過增大電子波函數的重量來混合激發態和基態，進而發生電子轉移反應。這種情況下生成的離子自由基對中，兩個自由基離子相距較遠，不易進行電子回傳，因此，有利於光生電荷進一步分離。

人們通過長期努力，已經設計出了許多可以抑制電子回傳的體系，並取得了一些有意義的結果，這些體系大體上可以分為兩大類：共價鍵連接的超分子體系和有序分子組裝體。但為抑制電子回傳所設計的體系，其電荷分離能力往往較小，因此光電轉化量子效率不高。

3.4.4.3 敏化劑在半導體電極表面的吸附[52]

染料敏化半導體一般涉及 3 個基本過程：①染料吸附到半導體表面；②吸附態染料分子吸收光子被激發；③激發態染料分子將電子注入到半導體的導帶上。要獲得有效的敏化，必須滿足兩個條件：即染料容易吸附在半導體表面上及染料激發態與半導體的導帶電位相匹配。因此，瞭解敏化劑在半導體電極表面的吸附是極其重要的。

染料分子可以物理吸附或化學吸附到半導體膜電極的表面上。其中化學吸附為染料分子和半導體之間的電子轉移提供電子轉移通道，因此，對太陽電池的效率起著重要作用。敏化劑中一般應含有易與奈米半導體表面結合的基團，如—COOH，—SO_3H，—PO_3H_2。羧基是優先選擇的吸附官能團，它可能保證染料分子化學吸附到兩性的 TiO_2 表面，使染料分子的最低空軌道（LUMO）與半導體的 3d 軌道（導帶）發生電子雲重疊。圖 3-42 提出了羧基的幾種可能的化學吸附和物理吸附的模型，其中M指的是金屬離子（如Ti、Sn或Si）。

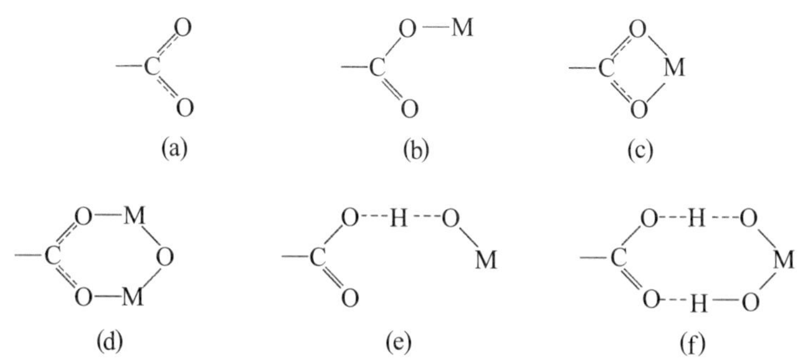

圖 3-42 羧酸與氧化物半導體電極薄膜的幾種可能的化學吸附和物理吸附的模型

3.4.4.4　敏化劑的種類

新型的光敏染料具有廣闊的可見光譜吸收範圍，激發態壽命較長，易於和半導體進行界面電荷轉移以及化學性質穩定等卓越性能，可分為以下兩種。

⑴有機染料敏化劑（參考文獻[61]）

①羧酸多吡啶釕

這是用得最多的一類染料，屬於金屬有機染料，具有特殊的化學穩定性，其突出特點是具有非常高的化學穩定性，突出的氧化還原性質和良好的可見光譜響應特性。另外，它們的激發態壽命長，發光性能好，對能量傳輸和電子傳輸都具有很強的光敏化作用。目前，使用效果最佳的此類染料光敏化劑為 $RuL_2DK(SCN)_2$（L 代表 4, 4'—二羧基—2, 2'—聯吡啶）。圖 3-43 列出了這類染料發展過程中比較有代表性的幾種染料。它們通過羧基與奈米 TiO_2 表面鍵合，使得處於激發態的染料能將其電子有效地注入到奈米 TiO_2 表面。這類染料最早是由 Wolfgang 小組開發的，他們最先在 $[Ru(bpy)_3]^{2+}$（bpy = 2, 2'—聯吡啶）的基材（Matrix or Substrate）上引入羧基，以便在光解水系統中獲得更有效的染料敏化劑。1985 年，Grätzel 等把它引入 DSSC 中並系統研究了此類敏化劑。

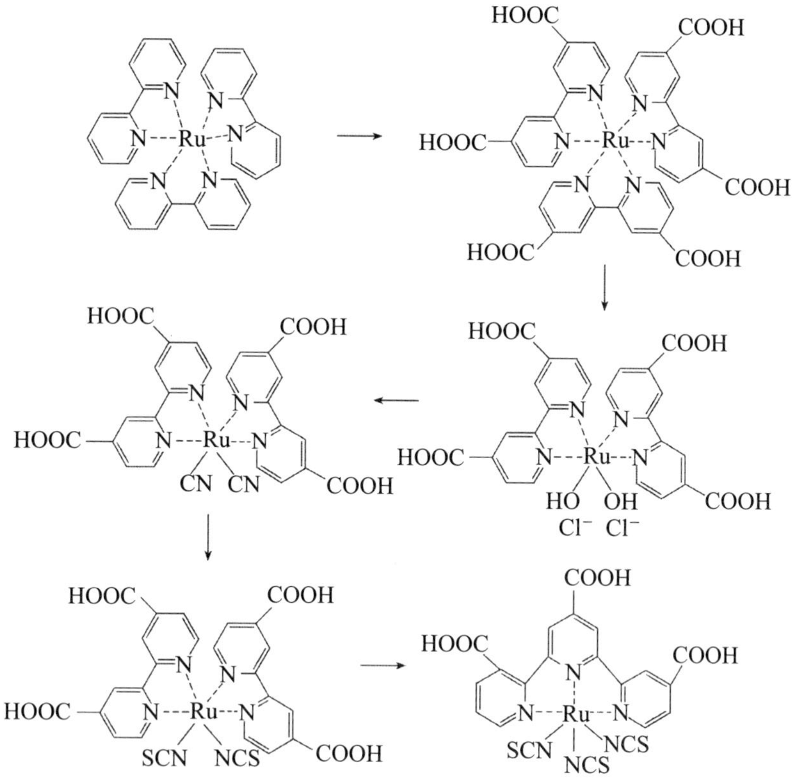

圖 3-43 DSSC 羧酸多吡啶釕染料敏化劑的發展歷程

②磷酸多吡啶釕

羧酸多吡啶釕染料雖然具有許多優點，但是在pH>5 的水溶液中容易脫附。Grätzel 等人發現，磷酸基團的附著能力比羧基更強，暴露在水中（pH＝0～9）也不會脫附，但激發態的壽命較短。

③多核聯吡啶釕染料

聯吡啶釕配合物的一個極為重要的性質是，可以通過選擇具有不同接受電子和給出電子能力的配體來逐漸改變基態和激發態的性質。因此可以通過橋鍵（Bridge Bonding）將不同的聯吡啶配合物連接起來，形成多核配體，使得吸收光譜與太陽光譜更好地匹配，從而增加吸光效率。這類多核配合物的一些配體可以把能量轉移給其他配體，被稱為具有「能量天線」（Energy Antenna）功能。圖 3-44 列出了幾種多核聯吡啶釕染料。

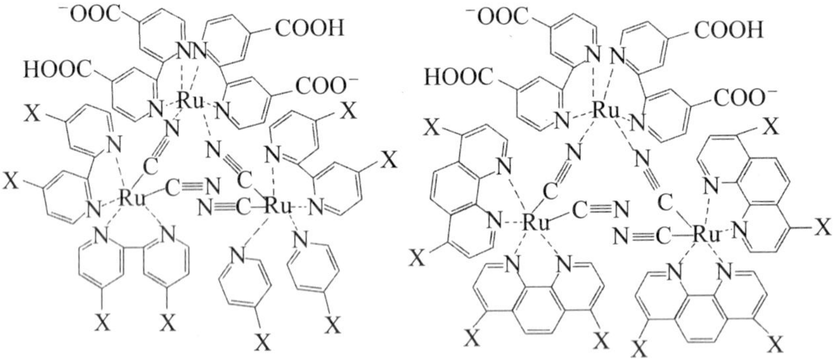

1 X = H;
2 X = COOH;
3 X = Me;
4 X = Ph

5 X = H;
6 X = $C_6H_4SO_3^-$

圖 3-44　幾種多核聯吡啶釕配合物的結構

光譜研究顯示，在多核聯吡啶釕配合物中，帶有羧基的聯吡啶中心的發射團能量最低，這個能量最低的中心單元通過酯鍵連接在電極表面，而外圍能量較高的單元可以將吸收的光能通過能量天線轉移至中心單元。利用此種多核聯吡啶釕配合物作為敏化劑敏化二氧化鈦奈米結構多孔膜電極，IPCE值可達 80%。理論研究顯示，採用三核釕染料，在 AM1.5 光照下，可以得到大於 1V 的開路電壓和至少 10%的光電能量轉換率。

但Grätzel等人的研究認為，天線效應可以增加吸收係數，可是在單核釕敏化劑吸收效率嚴重降低的長波長區域，天線不能增加光吸收效率。而且，此類化合物需要在二氧化鈦表面占有更多的空間，比單核敏化劑更難進入奈米結構二氧化鈦的空穴中。

④純有機染料

純有機染料不含中心金屬離子，包括聚甲川染料、氧雜蒽類染料以及一些天然染料，如花青素、紫檀色素、類胡蘿卜素、香豆素、卟啉、二萘嵌苯、半花菁葉綠素及其衍生物等。早期人們對染料敏化的研究也是從有機染料開始的。純有機染料的種類繁多，成本較低，吸光係數高，便於進行結構設計且電池循環易操作，使用純有機染料還能節省使用稀有金屬。但由純有機染料敏化的DSSC的IPCE和總的光電轉換效率都較低，且染料的長期穩定性也是個值得注意的問題，目前還很難與羧酸多吡啶釕類染料敏化劑相媲美。

⑵無機染料光敏化劑

高效率的光敏化劑不一定限於有機化合物。有些有機化合物作敏化劑常存在穩定性不夠等問題，若選擇適當的高光學吸收率的無機材料，則可解決這一問題。在從事這方面研究時，以往首選的材料是傳統的半導體材料 CdS、CdSe（禁帶寬度分別為 2.42eV、1.47eV）等。但是，由於此類材料有毒、與環境不相容，所以，並不是很好的敏化材料。近年來，有研究用FeS_2、RuS_2（禁帶寬度分別為0.495eV、1.8～1.3eV）等作敏化劑，這些材料安全無毒、穩定，在自然界儲量豐富，光吸收係數高。但到目前為止，用FeS_2敏化劑，能量轉換效率低於 1%，而 RuS_2 光電流密度為（0.2～0.5）$\times 10^{-3}$ A/cm^2，開路電壓為0.05～0.2V，均遠低於有機染料敏化劑的相應參數。用無機材料作敏化劑，製備加工方法對微觀形貌、進而對光電特性的影響十分明顯。任何一個加工方法參數的改變，都可能影響敏化劑的吸附量、粒徑、致密度等改質狀態，目前還很少有這方面的系統報導。

另外，將多種染料協同敏化可以避免單一染料敏化受到染料吸收光譜的限制。人們設計了不同結構的染料配合使用，相互彌補各自吸收光譜不夠寬的缺點，取得了良好的效果。

目前，DSSC已經引起了各國科學家的廣泛關注。但對於DSSC來說，目前還存在著一些限制因素，其中的一個關鍵問題仍是染料問題。其主要問題是：①現在公認使用效果最好的$RuL_2(SCN)_2$的製備過程比較複雜，而釕本身又是稀有金屬，因而價格比較昂貴，來源也較困難。另外，二氧化鈦易使染料光解，從而導致接觸不好。因此，尋找低成本而性能良好的染料成為當前研究的一個熱門課題。②在 DSSC 研製過程中，染料光敏化劑的光譜吸收特性和穩定性是很重要的因素，若能尋求具有更寬吸收範圍的染料光敏化劑，有助於提高光電能量轉換率。③大量的實驗證明，染料的多層吸附是不可取的，因為只有非常靠近二氧化鈦表面的敏化劑分子，才能把激發態的電子順利地注入到二氧化鈦導帶中去，多層敏化劑的存在反而會阻礙電子的輸送，導致光電能量轉換率下降。⑤為使單層吸附的效率提高，可以採取以下方法：使用高比表面的多孔膜來代替平整膜；提高染料在電極表面的吸附能力，因為染料的激發態壽命很短（通常為 10^8～10^9s），只有與電極緊密結合的染料才有可能將能量及時傳遞給電極，所以染料最好能化學吸附在電極上。另外，設計更多、更有效的多吡啶釕化合物，或者其他替代物也是重要的努力方向。

★ 3.4.5 染料敏化太陽電池的電解質[63]

電解質在染料敏化太陽電池中起著傳輸電子和再生染料的作用。目前的電解質主要由 I_2 和碘的化合物（如 LiI、KI 等）溶解在有機溶劑中組成。據文獻[50]介紹電解質體系的主要功能除了復原染料和傳輸電荷外，還能改變二氧化鈦、染料及氧化還原電對的能級，改變體系的熱力學和動力學特性，對光電壓影響很大。為提高電池的光電性能，人們在電解質體系中進行了很多的研究工作，獲得許多有意義的結果，例如，電解質的陽離子對體系的性能有影響，陽離子體積小（如鋰離子、氫離子），則光電流大，光電壓小；體積大則相反。溶液中加入鹼性組分（如氨、4—叔丁基吡啶），則會增加光電壓；另外，有機電解質體系的電導率通常較小，加入高電導率的組分（如離子液體），能提高電導率，增加填充因子。

I^-/I_3^- 氧化還原對具有很好的穩定性和可逆性、高的擴散常數，並且，它們在可見光的吸收可以忽略。I^-/I_3^- 氧化還原電位能夠和目前廣泛應用的 N_3 和「黑色」染料的氧化還原電位能級匹配。其他電對的反應動力學特性不好，二氧化鈦上電子向溶液的回傳太快，轉換效率比碘對還要低。但同時也存在許多難以克服的缺點，主要表現為：①由於密封加工方法複雜，長期放置造成電解液洩漏，且電池中密封劑也有可能與電解液反應；②在液體電解質中，電極有光腐蝕現象，且敏化染料易脫附；③電解液內存在除氧化—還原循環外的其他反應，使由於離子反向遷移而導致光生電荷複合的機會增加，降低光電轉換效率；④高溫下溶劑揮發，可能與敏化染料作用而導致染料降解；⑤光生電荷在光陽極的遷移靠擴散控制，使光電流不穩定；⑥光電池形狀設計受到限制。

為了克服上述缺點，各國的研究者都在積極開發各種固態、準固態、高分子電解質和空穴傳輸材料，即製備全固態奈米太陽電池，推動染料敏化太陽電池的實用化進程。這類電池的研究重點是尋求更好的空穴傳輸材料。最令人矚目的是 1998 年 Grätzel 等利用 OMeTAD 作空穴傳輸材料得到 0.74%的光電轉換效率，其單色光電轉換效率達到了 33%，使奈米太陽電池向全固態邁進了一大步。OMeTAD 結構如圖 3-45 所示。

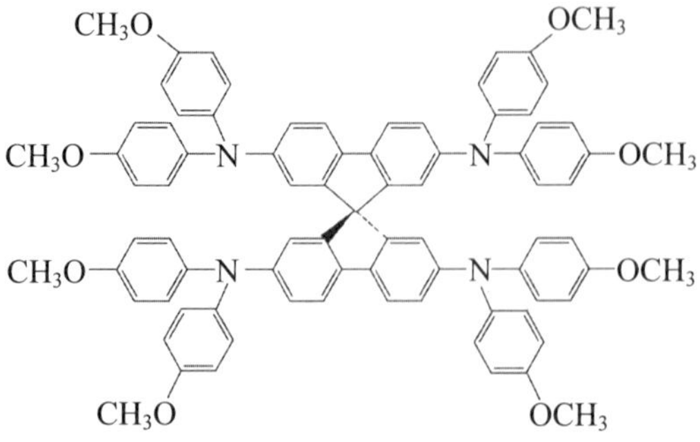

圖 3-45 OMeTAD 的結構

電池（見圖 3-46）主要由透明導電基片、致密 TiO_2 層、染料敏化的多相結和金屬電極組成。引入致密TiO_2層是為了防止導電基片與空穴傳輸材料直接接觸而造成短路。染料敏化的多相結主要含多孔TiO_2膜、染料、空穴傳輸材料和一些添加劑。全固態染料敏化的光電轉換原理見圖 3-47。

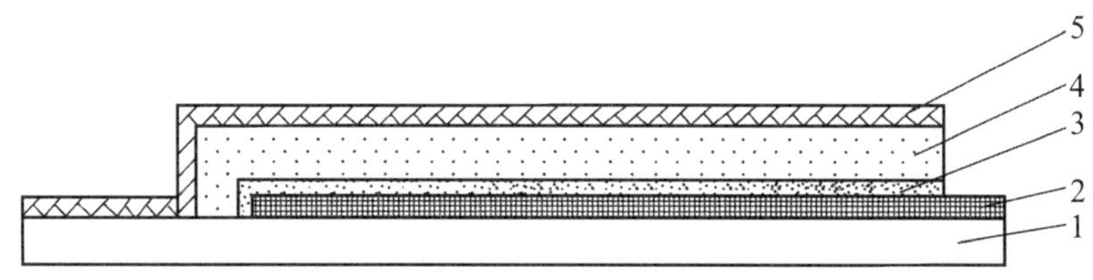

圖 3-46　全固態敏化二氧化鈦太陽電池結構示意圖

1—玻璃襯底；2—導電金屬氧化物；3—致密二氧化鈦層；4—染料敏化的多相結；5—金屬電極

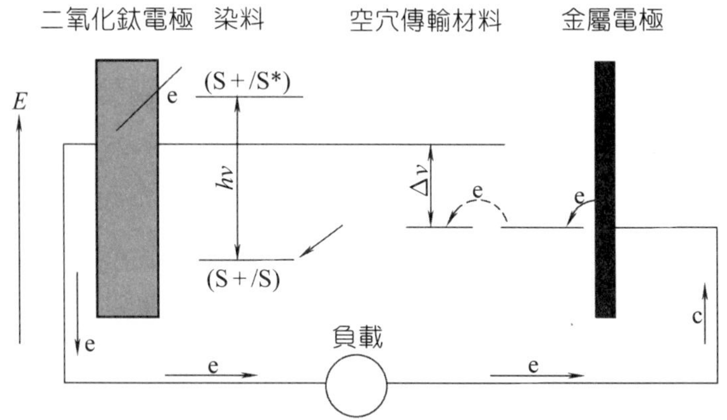

圖 3-47　全固態敏化二氧化鈦電池光電轉換原理

多相結中染料的電子受到能量低於TiO_2禁帶寬度的光激發，躍遷至激發態，然後注入到TiO_2的導帶內，而染料分子自身轉變為氧化態。注入到TiO_2中的電子富集於導電基底，並通過外電路流向金屬電極。處於氧化態的染料分子通過空穴傳輸層得到電子（或者說染料分子中的空穴注入空穴傳輸層，並最終到達金屬電極）而得到還原。

整個過程如以下三式所示：

$$S + h\nu \longrightarrow S^*$$

$$S^* \longrightarrow S^+ + e^- \longrightarrow \text{導帶（}TiO_2\text{）}$$

$$S^+ \longrightarrow S + h^+ \longrightarrow \text{價帶（空穴傳輸材料）}$$

式中，S 代表基態染料分子；S* 為激發態染料分子；S^+ 代表氧化態染料分子；h^+ 代表空穴。在整個過程中，各反應物種狀態不變，而光能轉化為電能。

在全固態的研究過程中，先後出現了 p 型半導體、導電聚合物、高分子凝膠電解質等。

⑴ p 型半導體

p 型半導體作為空穴傳輸材料時，一般應滿足如下幾個條件：①在可見光區（染料吸收範圍）內透明；②沉積 p 型半導體的方法不能引起染料降解或溶解；③染料基態能級要在 p 型半導體價帶之下，而激發態能級在 TiO_2 導帶之上；④ p 型半導體沉積到電極表面時，結晶速度不能太快，否則會影響 p 型半導體對電極的填充。

p 型半導體是替代液體電解質製備全固態染料敏化太陽電池的重要材料，現已發現許多滿足這些條件的材料。兩個代表性的材料是 CuI 和 CuSCN。如 1995 年 Tennakone 等以 p-CuI 為空穴傳輸材料製備了全固態電池，在光照下得到

1.5～2.0mA/cm^2 的電流密度。1998 年 Tennakone 等又對這一體系作了深入研究，發現導電基片與空穴傳輸材料的接觸對光電轉換效率的不利影響。他們製備了 TiO_2/Ru（Ⅱ）/CuI 三明治式的固態光伏電池，闡述了有關電池性能的數據和組裝該電池遇到的問題。1995 年 Brian 等發現了以 CuSCN 作空穴傳輸材料的可取性，並對其進行了研究。1998 年，Tennakone 等也對 CuSCN 作空穴傳輸材料進行了研究，並將硒沉積在 TiO_2 奈米晶電極上，使光生電荷分別向兩種不同材料的傳輸速率得到提高。1999 年，He Jianjun 等研究發現，用藻紅 B（erythrosin B）染料敏化的 NiO 電極，在可見光照射下可產生陰極光電流，其最高 IPCE 可達 3.44%。他們認為，陰極光電流的產生是空穴由染料分子注入 p-NiO 電極的價帶所致。中國科學院物理研究所與日本東京大學合作利用融鹽與 p 型 CuI 半導體的複合體系組裝的固態染料太陽電池，其效率達到 3.8%[64]。圖 3-48 給出了融鹽與 CuI 組成的複合電解質的 SEM 照片。

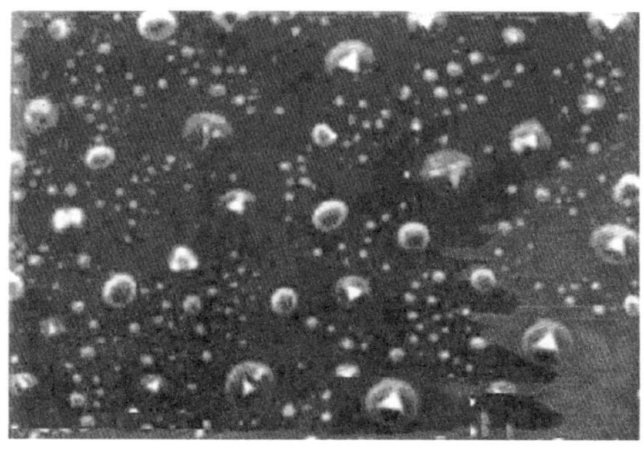

圖 3-48　複合電解質的 SEM 照片

(2)導電聚合物

利用電化學方法聚合而成的導電聚合物作為空穴傳輸材料，有很好的實用價值。首先它具有良好的導電性能，可以被摻雜成不同的半導體類型；其次它本身具有網孔，可以傳輸離子；另外還有價格便宜、易於製備和環境穩定性好等優點。目前，利用導電聚合物作敏化劑和空穴傳輸材料的報導很多。將它用於製備全固態奈米太陽電池的關鍵在於：染料的選擇和導電聚合物在電極上的沉積。下面以用聚吡咯（poly pyrrole, PPy）做空穴傳輸材料的染料敏化 TiO_2 奈米晶全固態太陽電池為例，對這個問題進行闡述。過去十年的科學研究充分證明，染料如果緊密牢固吸附在 TiO_2 奈米晶表面，會促使電子快速注入 TiO_2 導帶，將吸附在 TiO_2 奈米晶上的染料與空穴傳輸材料結合在一起，更有利於電子—空穴對的分離與注入，提高光電轉換效率。用 *cis*-Ru(dcb)$_2$ (pmp)$_2$[式中，pmp = 3-(pynote-*i*-ylmrthyl)-pyridine]作為敏化劑，優於用 Ru (dcb)$_2$(NCS)$_2$ 作為敏化劑時的光電轉換性能，主要就是因為 PPy 通過高分子鏈與染料中的 pmp 形成直接分子線路到達敏化劑激發中心 Ru，從而形成了 n-TiO_2 與 p-PPy 之間的染料敏化異質結，提高了染料的敏化作用。以上過程的關鍵是 PPy 的沉積方法和條件，使 PPy 更有效地沉積於染料敏化 TiO_2 奈米晶膜上。實驗證明，對沉積效果的影響因素主要有電聚合的電勢和電荷密度兩方面，實驗中應選擇適當的電荷密度。另外，PPy 的電傳導性能會受到摻雜離子的影響，Murakoshi 等在實驗中發現，在 0.2moL/L 的 $LiClO_4$ 溶液中，電聚合得到的 PPy 膜加快了電荷的傳輸，提高了電池性能，這是改善 PPy

光電性能的有效方法。

總之，在正確選擇染料和沉積方法條件下，用導電聚合物作固態空穴傳輸材料是非常有價值的。Radhakrishnan 等在導電聚合物固態太陽電池中使用了無機染料，並指出染料濃度對體系的影響。另外，導電聚合物還可以與 n-TiO_2 直接接觸形成 p-n 結，阻止電子—空穴複合，提高光電轉換率。

(3)高分子凝膠電解質[65]

高分子凝膠電解質是指將氧化還原電對加入到高分子中，然後在一定的條件下使其凝膠。它作為一種空穴傳輸材料，是代替液態電解質的途徑之一，彌補了液態電解質在實用中的缺陷。這種電池的關鍵問題是如何得到電導率較高的高分子凝膠電解質。Searon 小組首先報道了高效率的高分子凝膠電解質染料敏化太陽電池。他們將 NaI 和 I_2 加入到聚丙烯腈、乙烯碳酸酯和丙烯碳酸酯的混合物中，3 天之後可以使其凝膠。30mW/cm^2 的白光照射下，可以得到 3mA/cm^2 的短路光電流和 0.6V 的開路光電壓，轉換效率為 3%～5%。限制該電池光電轉換效率進一步提高的一個重要原因是：由於高分子凝膠電解質沒有完全沉積在 TiO_2 膜表面，使部分染料分子在將電子注入 TiO_2 導帶後，本身不能還原所致。Cao 等人發現，光照強度與光電流強度存在著一定的關係，在 20mW/cm^2 以下，二者基本呈正比關係，而在 20mW/cm^2 以上，光電流有所下降。這是由於體系內 I_2 比 I^- 濃度低，在電荷傳輸中為控制步驟，這一點也與液態電解質非常類似。1996 年，Masamitsu 等人利用高分子凝膠電解質製備了全固態太陽電池，用特殊的製備方法獲得了高離子導電性的電解質，得到了連續的光電流，並得到 0.49%的光電轉換效率。中國科學院化學研究所在凝膠網絡電解質研究方面取得較大進展。他們使用的液態預聚物、增塑劑和交聯劑的混合物，對TiO_2奈米晶多孔電極有良好的浸潤性，實現充分的填充，加熱後形成不流動的網絡凝膠。由於固化之後電解質與TiO_2電極界面接觸良好，組裝的準固態的TiO_2奈米晶太陽電池的轉化效率達到3.4%[66]。

總之，利用高分子凝膠電解質作空穴傳輸材料，不影響離子在電荷輸送中所起的作用，這種電池表現出與液態電解質光電池極大的類似。它在光照下有很高的光電流和開路電壓，並產生 3%～5%的光電轉換效率。但高分子凝膠電解質與奈米晶膜存在著如何緊密接觸的問題，這是利用高分子凝膠電解質製備固態奈米太陽電池必須解決的問題。如果對TiO_2膜與高分子凝膠電解質之間的接觸進行優化，將會進一步提高電池的效率和穩定性。

(4)室溫離子液體電解質[67]

室溫離子液體是指在室溫條件下以離子形式存在的物質。它具有穩定的化學和熱學性質，其蒸氣壓可以忽略不計，並且具有高的電導率、寬的電化學窗口（>4V）、不燃燒。不同的陽離子和陰離子的離子液體具有不同的化學和物理性質。圖 3-49 顯示了離子液體中常見的陽離子和陰離子。Grätzel等提出了應用於染料敏化太陽電池離子液體的基本要求：①對水和空氣穩定；②低黏度，低熔點；③高電導率；④穩定性好。並系統地研究了咪唑類離子液體，合成了一系列不同取代基的咪唑型離子液體，分析了它們的結構與性能的關係，發現性能較好的離子液體其結構通常須具有以下的特點：①陰、陽離子半徑較小；②電荷的離域性好；③咪唑陽離子非對稱性；③咪唑環上 2 位上無取代基。Matumoto等成功地合成了一種由 1—乙基—3—甲基咪唑和兩種氟化氫陰離子（$H_2F_3^-$ 和 $H_3F_4^-$ 摩爾比 7：3）組成的新型咪唑類離子液體。由此離子液體製備的太陽電池參數為：短路光電流密度 $I_{sc} = 5.8mA/cm^2$；開路光電壓 $V_{oc} = 0.65V$；填充因子 FF = 0.56；光電轉化效率 $\eta = 2.1\%$。Kubo 等研究了用離子液體與低分子量的凝膠組成的染料敏化太陽電池的電解質體系。他們在 1—己基—3—甲基咪唑碘與 $0.1mol \cdot L^{-1}$ 的碘單質中加入 $40g \cdot L^{-1}$ 的凝膠，組成了準固態染料敏化太陽電池。為克服 I_3^- 擴散速度慢的缺點，加入高濃度的 I_2，通過形成聚碘離子提高電導率。其中離子液體被用作高離子強度的碘離子溶劑，增加了在電解質中的電子傳導。大阪大學的柳田等正在研究開發固態的電解質—把具有烷羥基、氨基的一系列化合物，通過加熱，使其充分溶解在有機溶劑中，然後在很低的濃度下也可以使有機溶劑溶膠化。用這種低分子溶膠可以製作一個將碘離子、碘的電解質溶液準溶膠化的電池，並在加速溶劑揮發的耐久性實驗中證明了這種電池的優化性。大阪工業研究所的小池研製了能夠代替有機溶劑電解質溶液的具有極低揮發性的常溫熔融鹽，比如 1—乙基—3—甲基咪唑啉（1-ethyl-3-methyl imidazolium）和二醯亞胺（Bisimide）。

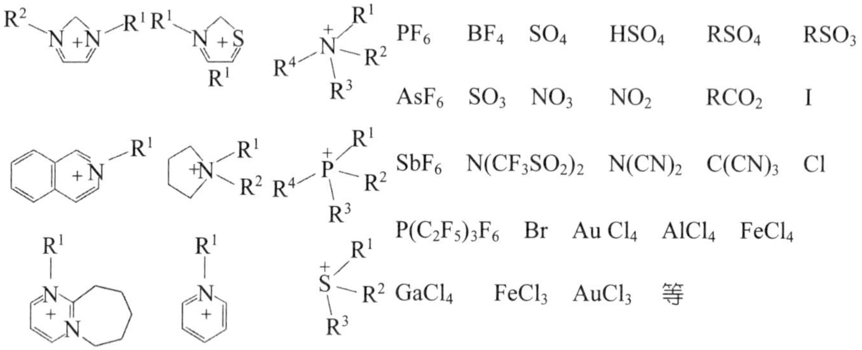

PF_6　BF_4　SO_4　HSO_4　RSO_4　RSO_3
AsF_6　SO_3　NO_3　NO_2　RCO_2　I
SbF_6　$N(CF_3SO_2)_2$　$N(CN)_2$　$C(CN)_3$　Cl
$P(C_2F_5)_3F_6$　Br　$AuCl_4$　$AlCl_4$　$FeCl_4$
$GaCl_4$　$FeCl_3$　$AuCl_3$　等

圖 3-49　離子液體中常見的陽離子和陰離子

★ 3.4.6 待解決問題

染料敏化太陽電池在其實用化過程中，還有以下幾方面的問題要解決。

(1)透明導電基板

導電性越高，功率越大，光的穿透作用越強，入射光的利用率越高，轉化效率越大。但是為了提高導電性，如果增加導電膜的厚度，則光反射率提高，透射性能下降。另外，由於製作中需要加熱，這樣也帶來電阻值的提高。所以希望透明導電膜基板具有電阻低、反射率小、熱穩定性好以及成本低等優點。

(2)半導體薄膜

半導體膜面越大，吸附的色素越多，從而能更充分地吸收入射光，提高光電轉換效率。但是為了增加膜面而隨意地把粒子直徑細化，使得薄膜的導電性會降低，由於電子移動困難，也有可能會降低光電轉化效率。膜厚可以增加單位面積入射光的吸收量，這是有利的一面，但是膜厚的增加提高了薄膜的電阻，從而降低功率，從這方面來講是不利的。半導體材料中，半導體導帶的電位越高，越能得到高電壓。另外，在與染料相結合的部分，半導體金屬離子的 d 軌道的電子接觸，對於從染料向半導體的電子注入十分重要。半導體膜的微細結構的優化與控制、導電性能的提高等都是今後要解決的問題。

⑶染料

染料的衡量條件是光吸收係數高、能吸收波長範圍較寬的光、能和半導體結合、具有與電解質比較匹配的氧化還原電位以及穩定性好。另外，沒有被半導體直接吸附的染料，雖然也能吸收太陽光，但其電子不會注入到半導體上，所以如何減少多餘的染料也是很重要的課題。

⑷電解質

像碘離子以及碘化物這樣的氧化還原電解質溶液，可把它看作是 p 型半導體。因而作為電子的媒介，從廣義上講，稱為電解質。電解質是光穩定性好、能穩定地進行氧化還原反應的物質，應該具有和對電極的費米能級以及染料的HOMO相適應的電位。太陽電池的循環過程中，被氧化的電解質從對電極接受電子的速度是均速的，提高這一速度也是要研究的一個課題。另外作為媒介，電解質應該具有較高的穩定性和較快的溶解性。大部分都用有機溶劑，但是從長期使用方面來講，由於考慮到揮發、洩漏等問題的存在，所以希望將電解質溶液固化。

⑸對電極

對電極催化劑是把對電極的電子輸送給電解質的還原媒介，用鉑和碳等製作。由於鉑被I_3^-所覆蓋，因此不僅要考慮催化性能，也要考慮其對覆蓋和脫離的穩定性。

⑹密封材料

染料敏化太陽電池的問題是在水和氧化物存在的情況下引發的染料的分解或染料與二氧化鈦的分離等。確保密封材料的長期安全性是必要的。不僅要防止溶液的蒸發和洩漏，而且要防止水、氧等物質的侵入，所以需要其具有耐腐蝕性和基板的熱膨脹係數相同等特性。

★ 參考文獻

1. 田禾，蘇建華，孟凡順等編著。功能性色素在高新技術中的應用。北京：化學工業出版社，2000
2. 劉佩華，田禾。有機太陽電池材料近期進展（上）。上海化工，1999, (11): 4
3. 劉佩華，田禾。有機太陽電池材料近期進展（下）。上海化工，1999, (12): 8
4. 劉恩科等編著。光電池及其應用。北京：科學出版社，1989
5. 林鵬，張志峰，熊德平等。有機太陽能電池研究進展。光電子技術，2004, 24(1): 55
6. 黃頌羽，鄧慧華，顧建華等。激子和載流子輸運研究（I.有機肖特基型固態太陽電池）。太陽能學報，1997, 18(2): 134
7. Westphalen M, Kreibig U, Rostalski J, et al. Metal cluster enhanced or-

ganic solar cells. Solar Energy Materials & Solar Cells, 2000, (61): 97

8. Anthopoulos T D, Shafai T S. Influence of oxygen doping on the electrical and photovoltaic properties of Schottky type solar cells based on a-nickel phthalocyanine. Thin Solid Films, 2003, (441):207

9. 翟和生，陳再鴻，詹夢熊。含取代基的金屬酞菁的合成與光伏效應。廈門大學學報（自然科學版），1997, 36(4): 589

10. 章舒，劉春平。酞菁銅衍生物的合成與性能研究。上海化工，2000, (18): 15

11. 李邦玉，方昕，楊素苓等。1, 4, 8, 11, 15, 18, 22, 25-八丁氧基酞菁鎳（Ⅱ）的合成與性質。化學研究與應用，2003, 15(1): 75

12. 趙衛國，沈永嘉。非三氯苯溶劑法合成銅酞菁。染料工業，1995, 32(5): 12

13. 殷煥順，鄧建成，周燕。金屬酞菁的固相法合成。染料與染色，2004, 41(3): 150

14. 姜建壯，李冊。三明治型稀土金屬卟啉配合物的研究進展。化學通報，1994, (8): 19

15. 楊新國，孫景志，汪芒等。卟啉類光電功能材料的研究進展。功能材料，2003, 34(2): 113

16. 劉新剛，馮亞青。卟啉化合物的應用與合成研究進展。化學推進劑與高分子材料，2004, 2(4): 23

17. 姜建壯，吳基培，謝經雷。三明治型金屬卟啉、酞菁配合物分子材料。大學化學，1998, 13(4): 6

18. Andre J J, Holczer K, Petit P, et al. Chem Phys Lett, 1985, (115): 463

19. 李申生編。太陽能。北京：人民教育出版社，1988

20. Tang C W, et al. J. Chem. Phys., 1975, 63: 958

21. Miyasaka T, et al. J. Am. Chem. Soc., 1978, 100: 6557
22. 孟潔，雷釗華。關於葉綠素光伏電池最大輸出功率變化規律的研究。青島大學學報，1996, 9(1): 73
23. 韓允雨，周瑞齡，楊玉國。電池結構對葉綠素電池光電性質的影響。感光科學與光化學，1992, 10(4): 371
24. 韓允雨，楊玉國，何國方等。電極材料和氫醌對葉綠素光電效應的影響。山東師大學報（自然科學版），1997, 12(1): 49
25. 周瑞齡，韓允雨，楊玉國。葉綠素 a／聚乙烯醇光電化學電池的研究。感光科學與光化學，1991, 9(3): 229
26. 韓允雨，周瑞齡，楊玉國等。夾層葉綠素電池光響應的研究。山東師大學報（自然科學版），1993, 8(1): 87
27. 韓允雨，周瑞齡，楊玉國等。光透電極葉綠素夾層電池的研究。物理化學學報，1993, 9(6): 765
28. 韓允雨，周瑞齡，楊玉國等。盒式葉綠素電池光電化學性質的研究。山東師大學報（自然科學版），1995, 10(1): 38
29. 黃頌羽，張亞娣。份菁／鋁肖特基勢壘光生伏物的溫度效應。太陽能學報，1995, 16(3): 268
30. 黃春輝，李富友，黃岩誼。光電功能超薄膜。北京：北京大學出版社，2001
31. 車慶林，彭孝軍。方酸的合成進展。合成化學，2000, 8(1): 16
32. 袁德其，鄢家明，謝如剛。不對稱方酸菁的合成、性質和應用。化學研究與應用，1996, 8(2): 165
33. 孟潔，雷釗華。葉綠素 a、藏花紅 T 雙光敏體系光電池的研究。青島大學學報，1998, 11(4): 51
34. 周武，楊玉國，韓允雨等。葉綠素、染料體系光電效應的研究。

感光科學與光化學，1994, 12(2): 187

35. 黃頌羽，鄧慧華，藍闊波等。有機 p-n 異質結固態太陽能電池中的激子和載流子輸運。化學物理學報，1997, 10(2): 150

36. Tang C W, V anslyke S A. Two-layer organic photovoltaic cell [J]. Appl Phys Lett, 1986, 48: 183

37. Bernède J C, Derouiche H, jara V D. Organic photovoltaic devices:inuence of the cell configuration on its performances. Solar Energy Materials &Solar Cells, 2005, (87): 261

38. Petritsch K, Friend R H, Lux A, et al. Liquid Crystalline Phthalocyanines in Organic Solar Cells. synthetic Metals, 1999, (102): 1776

39. Tang C W. Two-layer organic photovoltaic cell. Appl Phys Lett, 1986, 48: 183

40. 董長徵，王維波，藍闊波等。有機 p-n 結太陽能電池的研究。感光科學與光化學，1995, 13(3): 273

41. 黃頌羽，劉東志，任繩武。有機 p-n 異質結太陽電池的研究。太陽能學報，1992, 13(4): 347

42. Takahashi K, Kuraya N, Yamaguchi T, et al. Three-layer organic solar cell with high-power conversion efficiency of 3.5%. Solar Energy Materials & Solar Cells, 2000, 61: 403

43. Drechsel J, Mannig B, Kozlowski F, et al. High efficiency organic solar cells based on single or multiple PIN structures. Thin Solid Films, 2004, (451～452): 515

44. Gebeyehu D, Maennig B, Drechsel J, et al. Bulk-heterojunction photovoltaic devices based on donor. acceptor organic small molecule blends. Solar Energy Materials &Solar Cells, 2003, (79): 81

45. 劉顯杰，王世敏。有機染料敏化 TiO_2 奈米晶多孔膜液體太陽能電池研究進展。材料導報，2004, 18 (10): 18

46. Grätzel M.Dye-sensitized solar cells. Journal of Photobiology C:Photo-chemisrtyJP Reviews, 2003, (4): 145

47. McConnell R D. Assessment of the dye-sensitized solar cell. Renewable and Sustainable Energy Review, 2002, (5): 273

48. [美]施敏著。王陽元，半導體器件——物理與工藝。嵇光大，盧文豪譯。北京：科學出版社，1992

49. 周海鷹。奈米 TiO_2 薄膜及染料敏化太陽能電池.北京科技大學碩士論文，2001, 6

50. 孟慶波，林原，戴松元。染料敏化奈米晶薄膜太陽電池。物理，2004, 33(3): 177

51. Ferber J, Stangl R, Luther J. An electrical model of the dye-sensitized solar cell. Solar Energy Materials and Solar cells, 1998, (53): 29

52. 姜月順，李鐵津等編。光化學。北京：化學工業出版社，2004

53. 李言榮，惲正中主編。電子材料導論。北京：清華大學出版社，2001

54. 張莉。半導體奈米粒子的合成，性質及其光電化學應用。安徽師範大學學報（自然科學版），2004, 27(1): 55

55. 高濂，鄭珊，張青紅著。奈米氧化鈦光催化材料及應用。北京：化學工業出版社，2002

56. 藍鼎，羅欣蓮，萬發榮等。TiO_2 薄膜的製備方法及其對染料敏化太陽電池性能的影響。感光科學與光化學，2003, 21(4): 262

57. 羅欣蓮。奈米二氧化鈦薄膜的微觀組織結構及其染料敏化太陽電池。北京科技大學碩士學位論文

58.林志東，劉黎明，郭雲等。敏化TiO_2奈米晶多孔膜電極的製備與表徵。材料科學與工藝，2003, 11(1): 64
59.曾隆月，史成武，方霞琴等。奈米ZnO在染料敏化薄膜太陽電池中的應用。中國科學院研究生院學報，2004, 21(3): 393
60.郝三存，吳季懷，林建明等。鉑修飾光陰極及其在奈晶太陽能電池中的應用。感光科學與光化學，2004, 22(3): 175
61.孔凡太，戴松元，王孔嘉。染料敏化奈米薄膜太陽電池中的染料敏化劑。化學通報，2005, (5): 338
62.蘇樹兵，宋世庚，鄭應智等。NPC電池染料敏化劑的研究進展。電子元件與材料，2002, (1): 23
63.康志敏，郝彥忠，王慶飛等。固態TiO_2奈米太陽電池研究進展。化學研究與應用，2003, 15(2): 32
64. Meng Q B, Takahashi K, et al. Langmuir, 2003 , 19 : 3572
65.張莉，任焱杰，張正誠等。菁類染料敏化的固態奈米TiO_2光電化學電池。高等學校化學學報，2001, 22(7): 1705
66. Li W Y, et al. Chin. Sci. Bull., 2003 , 48(7): 646
67.王淼，林原，肖緒瑞。離子液體在TiO_2奈晶染料敏化太陽能電池中的應用。化學通報，2004, (4): 266

Plastics Solar Cells

Chapter 4

塑膠太陽能電池

4.1 塑膠太陽電池簡介

隨著科學技術的飛速發展和世界人口的迅猛增加，全球能源需求量在逐年增加。尤其是自 20 世紀 70 年代的世界石油危機以來，人們已經充分認識到世界範圍的礦物能源儲量十分有限。此外，由於使用礦物燃料給環境帶來了巨大污染，CO_2、SO_3 等氣體的過量排放，加劇了溫室效應（Green House Effect），造成局部地區形成酸雨（Acid Rain），破壞了地球的生態環境。面對日益枯竭的礦物能源及其造成的惡劣的環境影響，世界各國都在加緊研究開發可再生能源（Regeneration Energy），以代替目前的化石燃料（Fossil Fuel）。在太陽能、煤炭汽液化和光催化製氫等可再生能源技術中，太陽能是未來最有希望的能源之一[1]。太陽能是一種取之不盡，用之不竭（相對於人類歷史）的無污染潔淨能源，將太陽能直接轉換為電能和熱能造福人類一直是科學家長久以來的目標[2]。

太陽電池就是一種將太陽能轉變為電能的器件[3]。1954 年美國的貝爾實驗室成功地研製出單晶矽太陽電池，效率為 6%，開創了光電轉換的實例。幾年後，實驗室中的晶體矽太陽電池的效率已達到了 24%。太陽電池的工作原理是基於半導體的光生伏打（photo-voltaic）效應，所以，太陽電池又稱為光伏電池。光伏打（PV）效應的發現通常歸功於Becquerel，他發現當覆蓋有溴化銀或氯化銀的鉑電極在水溶液中受光照時產生光電流（嚴格地說是一種光電化學效應）。Smith和Adams分別在 1873 年和 1876 年報導了光電導性，他們的研究對象是硒。第一個被研究的有機化合物是硒，Pochettino和Volmer分別於 1906 年和 1913 年研究了它的光電導性。當光子入射到光敏材料時，在材料內部產生新的電子和空穴對，從而改變了材料的導電性質。在外電場作用下，電子移向正極，空穴移向負極，這樣，外電路中就有了電流流過。現廣泛研究和應用的太陽電池主要是單晶矽、多晶矽和非晶矽系列電池，以及硫化鎘、砷化鎵等化合物半導體太陽電池，並且太陽電池已開始從空間技術和軍事領域擴展到民間應用[4]。到目前為止，矽基太陽電池在所有使用的太陽電池中占主導地位，份量達到了 99%，隨著效率的提高和生產成本的降低，世界的 PV 市場也隨之增大，在過去的二十年中，對太陽能的需求逐年增長，增長率為每年 20%～25%。2002 年達到了 427MW，五十年的研究和改進極大地降低了矽基太陽電池的價格，達到了可以使用該技術的水平。然而，儘管在繼續降低矽基太陽電池價格方面付出了許多努力，這種技術仍然受到了限制[5]。因此，在世界能源總產量中，半導體 PV 仍只占有少於 0.1%的份量。與傳統的水力和火力發電相比，單晶矽太陽電池雖然已經進入實用化，但其加工方法複雜、價格昂貴、材料要求苛刻，限制了它在地面上的應用；非晶矽電池雖然成本較低，但其光電轉換效率較低（僅為 5%～8%），且穩定性較差，因而難以普及[6]。因此人們從 20 世紀 70 年代開始關注有機太陽電池研製。有機半導體是矽基無機半導體的廉價替代品，並且有機分子可被加工，無需得到晶體狀無機半導體，在這方面，特別是共軛聚合物具有吸引力，聚合物（塑膠）材料特性的優越性是與大量便宜的加工技術密不可分的。其中，以導電的共軛聚合物為光吸收層的塑膠太陽電池的研究是近年來的一個熱門題目[7]。

導電聚合物由於它集聚合物的化學及機械特性與金屬及半導體的電性能、磁性、光電性於一體，因而被稱為「合成金屬」（Synthetic

Metal）。大量研究已經表明，共軛導電聚合物是具有共軛鍵的高分子鏈，通過化學或電化學摻雜的方法，其電導率可在絕緣體、半導體、金屬導體的寬廣範圍內變化，並且行為是可逆的。繼首先被發現的聚乙炔以後，一系列化學穩定性更佳的導電聚合物被發現並得到系統的研究，如聚苯胺（PANI）、聚吡咯（PPy）、聚噻吩（PTh）、聚對苯（PPP）、聚對苯乙烯（PPV）以及它們的衍生物，達幾百種。

π-共軛導電聚合物是指構成高分子主鏈中由交替的單雙鍵組成的重複單元。這種排列使沿分子主鏈的成鍵及反鍵分子軌道非定域化。如果其中π或π^*鍵通過形成電荷遷移複合物而被充滿或者空著，則具有很高的導電性。根據能帶理論可知，高分子要具有導電性，必須滿足下列兩個條件，才能衝破分子中原子最外層電子的定域，形成具有整個大分子性的能帶體系。①大分子的分子軌道能夠強烈地離域；②大分子鏈上的分子軌道間能相互重疊。而能滿足上述兩個條件的聚合物有：①共軛聚合物分子鏈的共軛鍵上π電子可以在整個分子鏈上離域，從而產生載流子（電子或空穴）和輸送載流子。②非共軛聚合物中分子間π電子軌道互相重疊。③具有電子給體（Donor）和受體（Acceptor）的體系。

儘管本質態聚合物的電導率並不高，但是可以通過摻雜（Doping）而從絕緣態轉變為金屬態，且隨著摻雜水平的提高，電導率呈增大趨勢。這種摻雜與傳統的無機半導體有著很大的不同。無機半導體的摻雜是雜質原子替代主體原子的過程，摻雜程度一般都很低。而導電聚合物的摻雜則有以下特點：①從化學角度上看，摻雜的實質是一個氧化還原過程（質子酸摻雜有些例外），聚合物鏈上有電子的得失，從而產生了導電載流子；②從物理角度上看，摻雜是摻雜劑對離子嵌入高分子鏈中起平衡電中性的作用；③在無機半導體中，摻雜程度是非常低的，而對導電聚合物而言，摻雜程度可高達 30%～40%；④對導電聚合物來講，摻雜—去摻雜過程是可逆的，然而對無機半導體而言，去摻雜過程則是不可能發生的。按照反應類型，導電聚合物的摻雜有氧化還原摻雜和質子酸摻雜兩種。

氧化還原摻雜是指聚合物與電子受體（氧化劑）或電子給體（還原劑）反應，高分子鏈得到或者失去電子。如用I_2、AsF_5等氧化劑摻雜聚乙炔，聚乙炔被氧化，稱氧化摻雜或者 p 型摻雜，其對應的氧化劑被還原；而用 Li、Na、K 等金屬作還原劑摻雜聚乙炔時，聚乙炔被還原，稱還原摻雜或者 n 型摻雜，其對應的還原劑被氧化。在電化學聚合的同時即伴隨著摻雜過程，隨著正電荷從陽極注入，在陽極的高分子被氧化，電解液中陰離子向高分子移動，作為對離子；而在陰極則是電子注入高分子，陽離子為對離子。摻雜度是由摻雜過程中所通過的電量來決定的。與化學摻雜相比，電化學摻雜具有摻雜過程可定量控制以及所得到產物可進行可逆的氧化還原等優點。此外，離子注入摻雜具有摻雜離子純度高等優點，實現 n 型摻雜十分方便。

質子酸摻雜比較典型的是聚苯胺的質子酸摻雜。大量實驗和理論計算表明，本質態聚苯胺分子鏈上存在苯二胺和醌亞胺兩種結構單元，其結構可表示為：

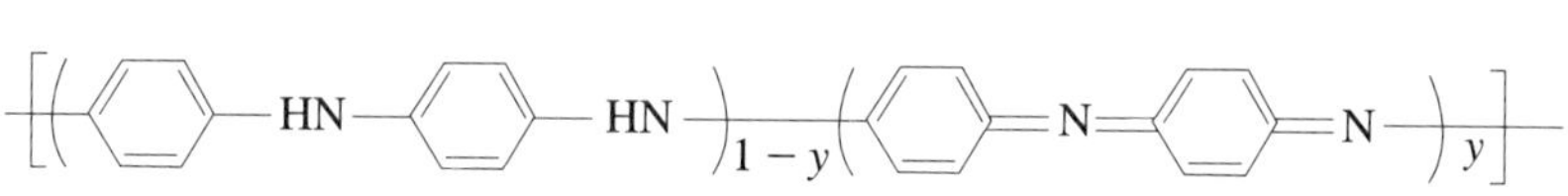

$$\left[\left(\text{C}_6\text{H}_4\text{—HN—C}_6\text{H}_4\text{—HN}\right)_{1-y}\left(\text{C}_6\text{H}_4\text{=N—C}_6\text{H}_4\text{=N}\right)_{y}\right]$$

還原部分　　　　　氧化部分

式中，y 為氧化程度，$0<y<1$。

本質態及摻雜態聚苯胺的分子鏈呈準平面結構，相鄰兩個苯（醌）環平面間約成 30°夾角。在摻雜態中，苯環與胺醌環大體按照 3：1 排列。當質子酸摻雜時，摻雜反應優先發生在分子鏈中的亞胺氮原子上，通過摻雜引起分子鏈上的氧化還原反應，從而實現半導體到導體的轉變。

隨著電導率的提高，導電聚合物除了用在傳統的導體方面以外，作為一種多功能材料，已廣泛地在其他領域得到開發和應用。在光學方面用作透明、可彎曲電極和電致變色器件；在非線性光學及微電子領域用作液晶材料、發光二極管、有機晶體管、激光材料和光伏電池；在微電子機械方面用作傳感器、可充放電池和人工肌肉；在電磁器件方面用於焊接、靜電耗散和電磁屏蔽；以及用於選擇性氣體分離等。這些研究與應用都處於不同的發展階段，本章所關心的就是其在太陽（光伏打）電池方面的應用[8]。

共軛導電聚合物材料由於同時具有聚合物的可加工性和柔韌性以及無機半導體特性，因而具有巨大的潛在應用價值。與矽太陽電池相比較，有機聚合物（塑膠）太陽電池具有如下優點[9]。

①可進行分子層次上的結構改進，原料來源廣泛。

②多種途徑可改變和提高材料光譜吸收能力，擴展光譜吸收範圍並提高載流子遷移能力。

③加工性能好，可利用旋轉塗膜和流延法大面積成膜。可進行拉伸取向，使極性分子規整排列。採用 LB 成膜技術可在分子水平控制膜的厚度。

④可進行物理改性，如採用摻雜、高能離子注入或輻照處理，可提高載流子傳輸能力，減少電阻損耗，提高短路電流。

⑤電池製作多樣化，同一種類聚合物導電材料因為摻雜狀態的不同，可以表現為不同的半導體類型。

⑥原料價格便宜，合成方法比較簡單，成本較低，可以大批量工業化生產。

根據理論計算推測，塑膠太陽電池的光電轉換效率最終有可能達到 10%，如能達到這一轉換效率，用共軛聚合物材料製作太陽電池的設想將變為現實。目前塑膠太陽電池的研究主要集中於多功能新材料的開發和器件製造技術的提高。塑膠太陽電池的開路電壓通常為幾百毫伏，最高可超過 1000mV。而因器件內阻過大，缺陷較多，其短路電流一般很低，為毫安級。因此，提高光子的收集效率、激子的界面分離、降低太陽電池的內阻以增加短路電流成為塑膠太陽電池研究的重點。單層元件通常顯示較低的能量轉換效率，雙層異質結和本體異質結器件則表現較高的效率。

圍繞提高有機太陽電池效率的研究，在過去幾年中出現了大量的成果。從材料的選擇上，經歷了有機染料、有機染料／無機材料、有機染料／有機染料、有機染料／聚合物材料、聚合物材料、聚合物材料／無機材料、聚合物材料／聚合物材料等階段；在器件結構上，經歷了單層元件、雙層元件和多層器件等階段。

目前研究較多的異質結太陽電池主要有三種製作方法：①將施主和受主分子分別塗敷在導體表面形成單異質結；②將施主和受主分子混合，在整個器件內形成本體異質結體系；③在施主和受主分子層之間插入中間層，形成雙異質結體系。表 4-1 列出了近年來文獻報導的有機太陽電池的性能參數。

表 4-1　有機／聚合物太陽電池性能

電池結構	V_{oc}/V	$I_{gc}/mA \cdot cm^{-2}$	FF/%	$\eta/\%$
ITO/CuPc/PA/Ag	0.43	2.4	65	1
Ag/CdS-EBBB/SnO_2	0.05	0.115	43	0.04
ITO/PPOPT/MEH-CN-PPV/Au	1.3	0.034	35	1.9
SnO_2/TiO_2(dye)/PEEO/Pt	0.71	0.46	67	0.22
ITO/MPCl/CuPc/Au	0.25	0.03	34	0.67
ITO/$TiOC_c$/MPCl/Au	0.37	0.007	31	0.29
ITO/Me-PTC/H_2Pc + MePTC/H_2Pc/Au	0.51	2.14	48	0.7
Al/MgPc/Ag	0.17	25.46	33	3.46

在以上結構當中，太陽電池的效率和性能均有不同程度的改善。中國科學院感光研究所、華東理工大學等研究機構的學者近年來也對塑膠太陽電池進行了研究，但研究的深度和廣度與發達國家相比還有一定的差距，光電轉化效率約為 2%。

傳統的塑膠太陽電池結構中，入射光子被聚合物層吸收後產生電子－空穴對，這些所謂的激子將會分離成自由載流子而傳輸到兩邊電極。典型的聚合物擴散範圍是 10nm，這樣，在激子擴散過程中就會與雜質等陷阱複合而使元件效率下降。較有意義的研究是利用共軛聚合物作為電子給體材料（D），有機小分子或者無機半導體作為電子受體材料（A）製成複合薄膜，通過控制相分離的微觀結構形成互穿網絡，從而在複合體中存在較大的D/A界面面積，每個D/A接觸處即形成一個異質結，同時D/A網絡是雙連續結構的，整個複合體即可被視為一個大的本體異質結，以這種複合體薄膜為活性層的太陽電池被稱為聚合物本體異質結型太陽電池[10]。

這樣的研究以聚合物摻雜 C_{60} 及其衍生物最為顯著。圖 1-1 為較為常用的 C_{60} 衍生物PCBM的分子結構。除了 C_{60} 及其衍生物，目前用於製作聚合物本體異質結太陽電池的電子受體材料還有蚼及其衍生物、碳奈米管以及無機半導體化合物等，部分分子結構如圖 4-1 所示，表 4-2 列出了近年來聚合物本體異質結太陽電池的性能參數。

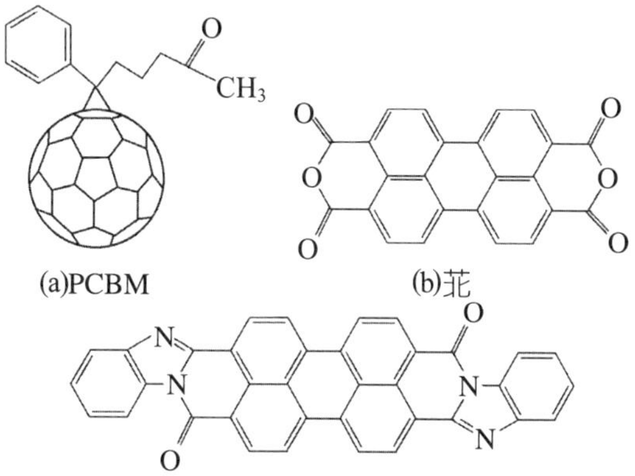

(a)PCBM (b)花

(c)PV

圖 4-1 常見的幾種電子受體（Acceptor）材料

表 4-2 聚合物本體異質結型太陽電池性能參數

電池結構	V_{oc}/V	I_{gc}/mA · cm^{-2}	FF/%	η/%
ITO/PPV + PCBM/LiF/Al	0.825	5.25		3.3
ITO/PSS-PEDOT/MEH-OPV5 + C_{60}/Al		5.5		2.0
ITO/PEDOT/MDMO-PPV + PCBM/LiF/Al	0.8	4.5	62	2.9
ITO/PSS-PEDOT/P3HT + PCBM/Al	0.48	1.28	30.6	0.2
ITO/MWNT/PPV/Al	0.9	0.00056	23	0.081

直到目前，高分子太陽電池的光電轉換效率大都在 1%～2%，最好的電池轉換效率也只有 4.3%（這是由 n-Si/AsF_5 摻雜聚乙炔製作的 p-n 結太陽電池），分析原因，主要有兩個方面。

⑴導電聚合物材料本身所具備的缺陷

①高分子材料大都為無定形，即使有結晶度，也是無定形與結晶形態的混合，分子鏈間作用力較弱，光生載流子主要在分子內的共軛鍵上運動，而在分子鏈間的遷移比較困難；②高分子材料的禁帶寬度 E_g 相較於無機半導體材料要大得多，因此，有機太陽電池與無機太陽電池載流子的產生過程有很大不同，有機高分子太陽電池的光生載流子不是直接通過吸收光子產生，而是先產生激子，然後再通過激子分離產生自由載流子，這樣形成的載流子容易成對複合，導致光電流降低；③共軛聚合物的摻雜均為高濃度摻雜。這樣雖然能保證材料具有較高的電導率，然而載流子的壽命與摻雜濃度成反比，隨著摻雜濃度的提高，光生載流子被陷阱捕獲的概率變大，導致光電池的光電轉換效率很小。

⑵光伏元件製作加工方法

半導體表面和前電極的光反射；活性層複合材料相分離的互穿網絡的微觀結構。

如果能夠通過各種有效方法在保證高分子導電材料具有一定電導率、光譜響應和一定的擴散長度的同時，對聚合物太陽電池的成膜技術、元件製作方法和結構設計進行優化，那麼利用導電聚合物材料的低成本和優良的特性，製作可實用的聚合物太陽電池將有十分廣闊的前景。儘管聚合物太陽電池具備諸多特點和誘人的前景，但是與無機矽太陽電池相比，在轉換效率、光譜響應範圍、電池穩定性等方面，聚合物太陽電池還有待提高，還需進行大量的研究工作。①選擇最佳的金屬電極，改進製作加工方法以達到電極與活性層的歐姆接觸，降低電池內阻並有效收集光生載流子；②給體—受體材料的合理搭配；③優化設計聚合物材料的分子結構，以達到最佳能隙，使電池的吸收光譜與太陽光譜相匹配；④對聚合物電池活性層複合材料的微相分離結構進行優化，提高載流子在分離相中的遷移率。

最後，列出有機／塑膠太陽電池發展大事記如下[11]。

2001 年，Ramos 在 PV 電池中使用了雙鏈的聚合物。

2001 年，Schmidt-Mende 用六苯並蒎（暈苯、$C_{24}H_{12}$）和二萘嵌苯製作了自組裝的液晶的太陽電池。

2000 年，Peters/Van Hal 使用了寡聚—C_{60}二元／三元物做為 PV 電池的活性物質。

1995 年，Yu/Hall 製作了第一個聚合物／聚合物本體異質結 PV。

1994 年，Yu 製作了第一個聚合物／C_{60} 本體異質結 PV。

1993 年，Sariciftci 製作出了第一個聚合物／C_{60} 異質結 PV。

1991 年，Hiramoto 用共升華法製作出第一個染料／染料本體異質結 PV。

1986 年，Tang 發表了第一個 PV 異質結裝置。

1964 年，Delacote 發現當時磁性酞菁（酞菁銅）置於兩個不同的金屬電極之間時，有整流效應。

1958 年，Keams 和 Calvin 測得磁性酞菁（MgPc）的光電壓為 200mV。

1906 年，Pochettino 研究了蒽的光電導性。

1839 年，Becquerel 發現了光電化學過程。

4.2 塑膠太陽電池基本原理[12]

4.2.1 光生伏打效應[13]

塑膠、纖維、橡膠是典型的聚合物，由於它們具有優良的力學和加工性能、高電阻率，作為各種結構材料仍在方興未艾地發展著。從 20 世紀中葉以來，聚合物作為功能材料已顯示出無比的生命力，極低電導率材料是駐極體、用作振動傳感器，低電導率（10^{-12}～$10^{-5}S \cdot cm^{-1}$）材料是有機光導體，用作信息處理和存儲；中等電導率（10^{-5}～$10^{2}S \cdot cm^{-1}$）材料最有可能的應用是能量轉換；高電導率材料是固體電解質，用作電池和電解電容器。

光電效應可分為外光電效應和內光電效應。外光電效應是指入射光子能量超過物質的功函數，電子離開表面產生光電發射，利用這個現象能製成光電發射二極管、光電倍增管。內光電效應又指光電導、光生電壓、光介電、光磁效應。光電導是指在光和電場的同時作用下產生光電流。光生電壓是指在光作用下產生的電動勢（光照下所產生的非平衡電動勢或光擴散電動勢）。光介電是指在光照射下極化會改變，介電性能的改變產生了表面電荷，也就是光駐極體。光磁效應是指光照下磁化率的改變。後兩種效應表現在聚合物上還未見報道。用光生伏打效應可製造太陽電池，馬克斯提出其基本結構是由許多“極化子”聚合成一個個導電條，在薄膜中定向排列形成微天線陣列，可吸收太陽能並轉化為電能。這種極化子由一個卟啉分子片段（P），一個醌分子片段（Q）和一個類胡蘿卜素分子片段（C）一起組成 QPC 分子。光照後 P 激發，提供一個電子給 Q，使之成為Q^-，而 C 再補充一個電子給 P，結果成為 $Q-PC^+$ 極化子。將「極化子」在電場和光作用下定向排列，在兩端引出金屬導線，即成為太陽電池。光電轉換效率 70%～80%。要想得到這類商業化的光電池，還需一段時間[14]。

儘管單晶矽和多晶矽的 p-n 結無機太陽電池已經進入實用化階段，但使用有機聚合物材料的塑膠太陽電池還處在開發階段。與無機半導體相比，有機半導體材料一般具有阻值高、穩定性差等缺點，但是其廉價，可大量生產，器件製造簡單並且可以大面積化，可選擇吸收太陽光等優點，使之有希望成為 21 世紀太陽電池的主要材料。圖 4-2 為理想太陽電池等效電路圖。

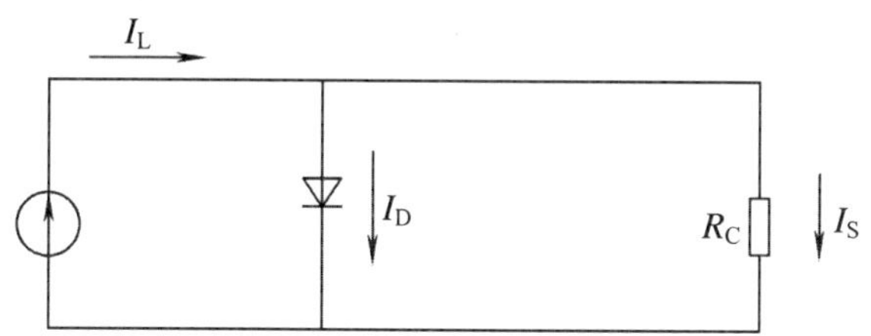

圖 4-2 理想太陽電池等效電路圖

首先來看一看太陽能是如何轉變為電能的，基本的原理就是光生伏打效應。當用適當波長的光照射非均勻半導體（p-n結等）時，由於內建電場的作用，半導體內部將產生電動勢（光生電壓）；如將 p-n 結短路，則會出現電流（光生電流）。這種由內建電場引起的光電效應，稱為光生伏打效應。

假設入射光垂直 p-n 結面入射，如結較淺，光子將進入 p-n 結區，甚至更深入到半導體內部。能量大於半導體禁帶寬度的光子，由本質吸收在結的兩邊產生電子—空穴對，在光激發下，多數載流子濃度一般改變很小，而少數載流子濃度的變化很大，因此主要研究光生少數載流子的運動。圖 4-3 為 p-n 結光伏效應能帶結構圖。

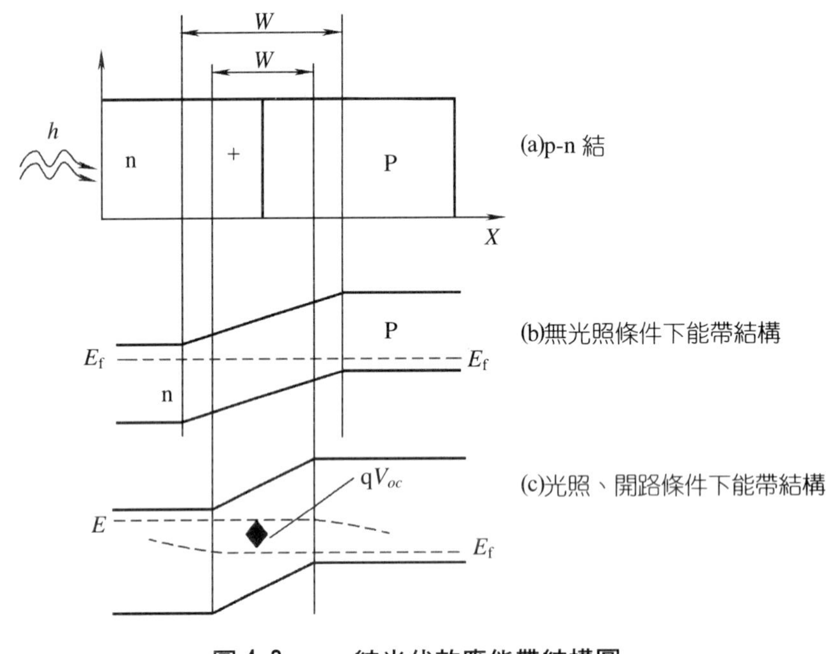

圖 4-3　p-n 結光伏效應能帶結構圖

由於p-n結勢壘區內存在較強的內建電場（自n區指向p區），結兩邊的光生少數載流子受內建電場作用，各自向相反方向運動：p 區的電子穿過 p-n 結進入 n 區；n 區的空穴進入 p 區，使 p 端電勢升高，n 端電勢降低，於是在 p-n 結兩端形成了光生電動勢，這就是 p-n 結的光生伏打效應。由於光照產生的載流子各自向相反方向運動，從而在 p-n 結內部形成自 n 區向 p 區的光生電流 I_L，由於 p-n 結兩端產生光生電動勢，相當於在 p-n 結兩端加正向電壓使勢壘降低為qV_D-qV，產生正向電流I_F。在 p-n 結開路情況下，光生電流和正向電流相等時，p-n 結兩端建立起穩定的電勢差V_{oc}（p 區相對於 n 區是正的），這就是太陽電池的開路電壓。如將 p-n 結與外電路接通，只要光照不停止，就會有源源不斷的電流通過電路，p-n 結起到了電源的作用。這就是太陽電池的基本原理[15]。

光伏效應本質上是由於半導體材料吸收光輻射而在其勢壘區兩邊產生電動勢的現象。光伏效應是半導體太陽電池實現光電轉換的理論基礎，也是某些光電器件賴以工作的最重要的物理效應之一。為了使這些光電器件能產生光生電動勢（或光生積累電荷），它們應滿足以下兩個條件。

①半導體材料對一定波長的入射光有足夠大的光吸收係數α，即要求入射光子的能量$h\nu$大於或等於半導體材料的帶隙E_g，使該入射光子能被半導體吸收而激發出光生非平衡的電子空穴對。

②具有光伏結構，即有一個內建電場所對應的勢壘區。

太陽光轉換成電能要求光生正電荷（空穴）、負電荷（電子）在內建電場的驅動下，分別被正、負電極所收集，然後進入外電路提供電力供應。

事實上，一個太陽電池可以看作是太陽光所驅動的電子「泵」：太陽電池的最大電流由泵送速率決定。假設光泵能泵送 100 個電子／s從價帶（VB）進入導帶（CB），外電路最高的連續電流為 100 個電子／ s。在實際太陽電池中，這些漏電流是通過光生載流子的複合或通過被泵送的電子又回落到價帶來實現的。這些漏電流是由缺陷或偏離理想半導體結構在帶隙內產生中間能級而引起的。即使沒有這些缺陷，因為輻射複合不需要帶隙內中間能級而直接產生於導帶和價帶之間，所以輻射複合仍將是惟一衰減途徑。因此，高的

PL效率被認為是缺少快速和更有效的非輻射複合的途徑。光生載流子在它們複合發光之前有更多的時間到達器件的電極。

圖 4-4 說明在有機／聚合物太陽電池中，入射光子轉換為分離

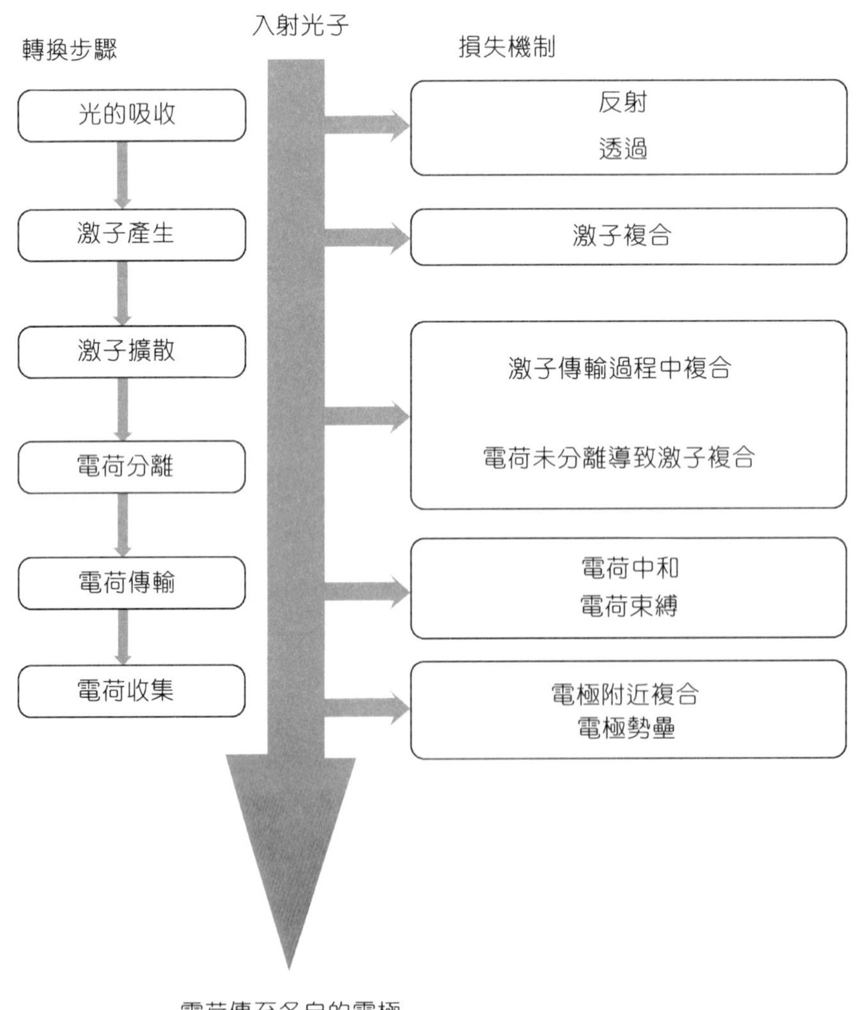

圖 4-4　有機／聚合物太陽電池光電轉換步驟和入射光子損失機制

電荷的步驟和入射光子損失機理，對有機／聚合物半導體來說，吸收光子後產生束縛在一起的電子空穴對（激子）而不是自由載流子（電子和空穴），為了產生光電流，這些激子必須離解成自由載流子（電子和空穴），要麼在有機／聚合物本體內，要麼在金屬／有機界面、金屬／聚合物界面、有機／有機界面或有機／聚合物界面。在本體內激子的離解有多種機制，可歸結為激子的熱電離或自電離、激子／激子碰撞電離、光致電離、激子與雜質或缺陷中心相互作用等。這樣離解產生的自由載流子易因成對複合而損失，只有擴散到電極／有機界面、電極／聚合物界面、有機／聚合物界面或有機／有機界面的激子，被界面的內建電場離解才對產生光電流有貢獻。下面我們根據有機／聚合物太陽電池的實際情況分析光電轉換步驟[16]。

★ 4.2.2 光生載流子的產生[17]

在有機物質中，基態的電子吸收光子到激發態後，它可通過光物理、光化學和無輻射躍遷失去能量，它們之間進行著競爭，光化學反應的結果導致化學本性永恆的改變，無輻射躍遷是以熱的形式放出能量，而光生載流子的產生僅僅是光物理過程中的一個現象。下面首先介紹光物理過程，而後再談光生載流子產生機理。

4.2.2.1 光物理過程

圖 4-5 是對一個典型分子各種可能的光物理過程。

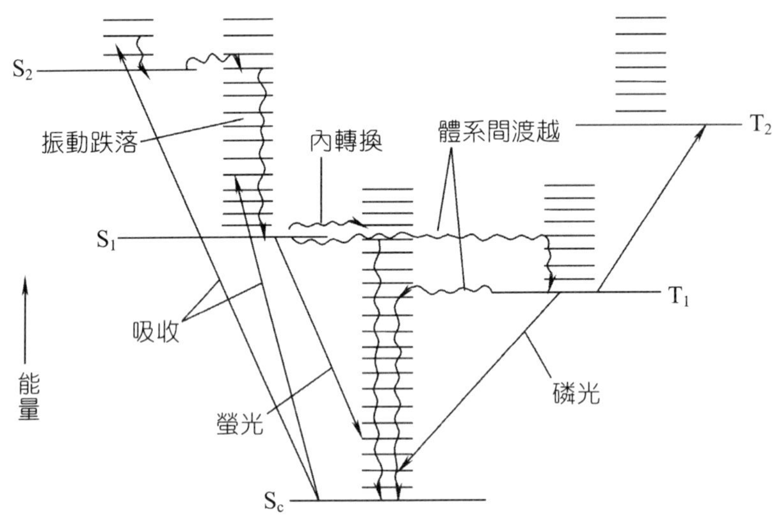

圖 4-5　一個典型分子各種光物理過程的能級圖

完成各個過程所需時間為：吸收 -10^{-15}s；內轉換 $-10^{-12}\sim10^{-13}$s；振動跌落 -10^{-12}s；螢光 $-10^{-8}\sim10^{-9}$s；體系間渡越 -10^{-8}s；磷光 $-10^{-3}\sim1$s

分子吸收光子後到激發單線態，最後回到基態，這個過程稱為螢光。

$$S_1 \rightarrow S_0 + hv' \quad （螢光）$$

如激發單線態分子的電子經受一個自旋轉變，就會產生一個激發的三線態分子。

$$S_1 \rightarrow T_1 \quad （體系間渡越）$$

從激發的三線態放出一個光子而回到基態被稱為磷光。

$$T_1 \rightarrow S_0 + hv''$$ （磷光）

假如兩個激發的三線態分子彼此十分靠近，引起電子自旋的轉變，就會造成一個分子變為單線激發態，而另一個回到基態。

$$T_1 + T_1 \rightarrow S_0 + S_1$$ （三線態—三線態湮滅）

來源於激發三線態的S_1，發射出與正常螢光相同的光譜分布，但這螢光衰減時間較長（$>14^{-6}$s），稱為延遲螢光。

兩個同樣的鄰近分子或在同一分子上兩個相鄰同樣的發色團，它們中間有一個在基態，而另一個在激發態，能夠偶合形成一個激發的二聚體，被稱為基激子，基激子有一個無締合的基態。

$$S_0 + hv \rightarrow S_1$$

$$S_1 + S_0 \rightleftharpoons (S_0S_1)^*$$ （基激子）

$$(S_0S_1)^* \rightarrow S_0 + S_0 + hv'''$$

如果上述偶合激發單元是由不同的分子或官能團組成，就稱為基激複合物。

4.2.2.2 光生載流子產生機理

在載流子產生之前，還要經過光子吸收、激子擴散和電荷分離過程。

⑴光子吸收

在大多數有機／聚合物元件中，只有一小部分入射光被元件吸收，這是因為以下幾點。

①半導體的帶隙太高

帶隙為 1.1eV（1100nm）可以吸收地面上 77%的太陽輻射。而多數聚合物半導體材料的帶隙高於 2.0eV（600nm），所以只能吸收地面上大約 30%的太陽輻射。

②有機層太薄

激子的遷移率要求的膜厚約為 100nm。幸運的是，有機／聚合物材料的吸收率比矽高得多，如果使用背反射電極，膜厚約 100nm，有機／聚合物材料吸收率為 60%～90%。

③反射損失

反射損失也很嚴重，但這方面的研究很少。在生產無機太陽電池加工方法中，使用減反射塗層效果非常好。

⑵激子擴散

理想狀態下，所有光生激子都應到達離解地點，在保證光吸收的前提下，激子的擴散長度應等於膜厚，否則激子複合損失將浪費入射光子。激子在聚合物和顏料（pigments）中的擴散長度大約為 10nm。可是有一些顏料，比如蚼（perylenes），激子擴散長度大約為幾百奈米。

⑶電荷分離

電荷分離（即激子離解成自由載流子─電子和空穴）通常發生在有機半導體／金屬界面、聚合物／金屬界面，或由於存在雜質（如氧摻雜）或材料之間的電子親和勢（EA）和離化勢（IA）差別很大。對於後者來說，電子親和勢（EA）高的材料充當電子受主（A），離化勢（IA）低的材料充當電子施主（D）。如果 EA 和 IA 的差別不是很大，激子會跳躍到低帶隙的材料上而不是發生電荷分離，最後激子將複合，對產生光電流沒有貢獻。

(4)光生載流子的產生機理

下面分別討論未增感和增感的聚合物光生載流子的產生機理。

①未增感聚合物光生載流子的產生過程（見圖 4-6）有四個機制。

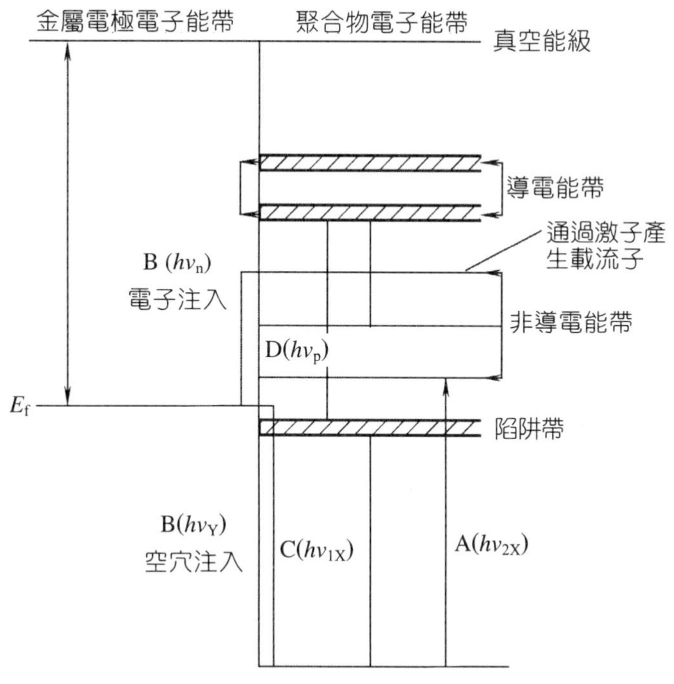

圖 4-6　未增感聚合物的光生載流子產生過程

機制 A 在聚合物中通過低能量（單線）態產生光生載流子。

基態的電子吸收光子到最低激發單線態，這個激發單線態本身不能引起導電，而被認為是一個締合的電子－空穴對，又稱為激子，能夠在整個物體內遷移，通過激子－表面、單線態激子－單線態激子、單線態激子－三線態激子、單線態激子－光子、三線態激子－光子相互作用來產生一個分離的電子和空穴，致使電子最後躍遷到導電態。若是這種機理有效，吸收光譜和光導作用光譜彼此就十分相似。

機制 B 從電極光注入產生光生載流子。

該機制依賴於電極材料的逸出功相對於聚合物電子能態的位置。若從低逸出功金屬和從高逸出功金屬分別產生電子和空穴，光注入時，所需光子能量在物質吸收光譜低能吸收閾值之下。

機制 C 通過本質帶到帶的過渡來產生光生載流子。

因為需要高的光子能量來產生直接的帶到帶之間過渡，通常預期這個過程開始將發生在紫外和真空紫外區。光導作用光譜與吸收光譜不一致。價帶與本質導電帶之間禁帶間隔約 6～7eV。

機制 D 通過陷阱電荷的光學俘獲而產生光生載流子。

絕大多數材料含有雜質和物理缺陷，導致在純材料的第一激發態下面有電子能級存在，任何載流子在這些能級上能夠被捕獲。由於光引發捕獲產生了光電流，其特點是在恆定光照射下光電流隨時間延長而減小，光電流的波長依賴是用對樣品弱的吸收光照射可以更深滲入本體，將產生更大光電流。

②增感聚合物光生載流子的產生機制如下。

由圖 4-7 看到聚合物光導性的增感效應。少量染料加入到聚合物後，它的光導靈敏區除了原來聚合物的吸收區以外，還擴展到染料的吸收區，這種類型的增感叫光學增感。

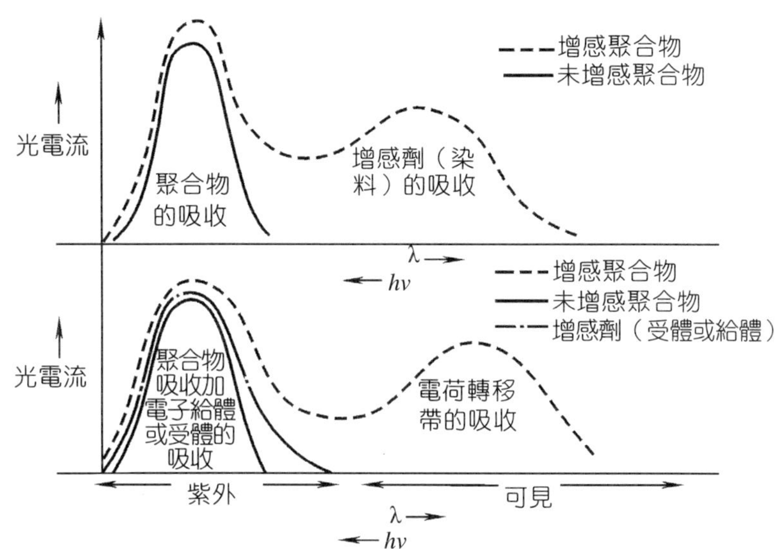

圖 4-7　聚合物光導作用光譜上增感劑效應

第二種增感效應是低電離能的給體和高電子親和力的受體相互作用，產生CTC，帶來了新的低能電荷轉移吸收帶，如圖 4-8 所示。

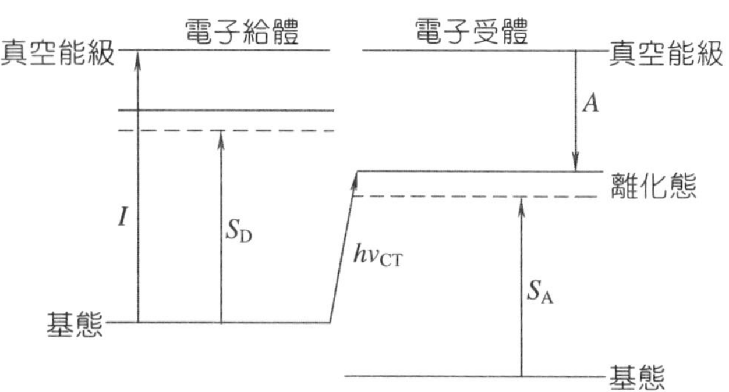

圖 4-8　有機體系中電子給體—受體的相互作用

A－受體的電子親和力；I－給體的電離勢；$h\nu_{CT}$－電荷轉移能量；S_D 和 S_A 分別為給體和受體的吸收光譜

電荷轉移帶的光學吸收導致光生載流子產生。通常電子的給體是聚合物，電子的受體是增感劑，典型的範例是 PVK 和 TNF 的 CTC。

在光學增感和輕摻雜CTC的化學增感中，光生載流子產生機理是由於陷阱電荷的光學去捕獲。這個機制相似於在未增感聚合物中光生載流子的產生機理 D，但與 D 的主要差異是在增感的聚合物中，光生載流子濃度的增加是由於有一個更加有效的光學能量通道到達捕獲位置。這個通道在光學增感中，通過染料分子的強光學吸收，在化學增感中是電荷轉移吸收帶。對於重摻雜的 CTC（PVK: TNF=1: 1），分兩步來產生光生載流子（見圖 4-9）。首先，吸收光子激發到某些激發束縛態，然後熱或自離化到一個統一連續態（導電帶）或者回到基態。第一步是不依賴電場強度，生成電子－空穴對，距離為r_0，第二步中，電子－空穴對在庫侖引力下分開，所以第二步依賴於電場強度。成對複合的昂薩克理論能夠解釋光生載流子產生效率對電場強度依賴性。在 PVK-TNF 體系中，隨著電子受體增加，光生載流子效率也增加，主要是由於電子－空穴對之間平衡距離增加，在 1：1 的 CTC 中，$r_0=3.5\text{nm}$，但在 0.06: 1 的 CTC 中，$r_0=2.5\text{nm}$。

$$\mathrm{DA}\xrightarrow{h\nu}\mathrm{DA}\cdot\xrightarrow{k_1}\mathrm{DA}+h\nu'\text{或}\Delta$$

$$\phi_1\downarrow$$

$$\mathrm{D}^{+}+\mathrm{A}^{-}\text{（準自由對）}$$

圖 4-9　重摻雜的電荷轉移複合物光生載流子產生機制

★ 4.2.3 光生載流子的傳輸、複合與收集

4.2.3.1 光生載流子的傳輸過程

在電場作用下，載流子做定向移動時陷阱起重大作用，直接表現在遷移率（μ）值的大小上。現在已經發展了一些特性陷阱的實驗方法，可以得出陷阱能級深度、陷阱密度和陷阱作用截面。下面介紹 4 種常用的測定陷阱的實驗方法。

⑴測定陷阱的實驗方法

①空間電荷限制電流下的伏安特性（V-ADK）

當電極與固體樣品形成歐姆接觸時，載流子能從電極自由注入固體，在外電場下，通過固體的電流密度，將出現從低電場下電流與電壓呈線性關係的歐姆電導區向高場下電流與電壓呈超線性關係的電導區過渡。此時電流受固體內空間電荷所限制，因而稱為空間電荷限制電流（J_{SCLC}）。

在無陷阱的情況下，空間電荷限制下的伏安特性與歐姆電導不同，$I \infty V^2$ 和 d^{-3}（I－電流；V－電壓；d－樣品厚度），轉折電壓 $V_X \infty d^2$。因有機固體中存在著陷阱，根據伏安特性的形狀和 j_{SCLC} 的溫度依賴性可決定陷阱的形式—單一的陷阱能級、指數函數分布的陷阱能級和高斯分布的陷阱能級。

②熱釋電流的溫度譜（TSC）

TSC 法是將有機固體在低溫下通過光照或電場注入載流子使其陷進填滿。此時，因為溫度低，捕獲載流子熱釋

放速率等於零，然後將試樣短路或加反向電壓下，將樣品等速升溫，觀察升溫過程中陷阱釋放捕獲載流子所產生的熱釋電流。熱釋電流峰的溫度 T^* 與陷阱深度有關，也隨升溫速率而改變。在同一個升溫速率下，T^* 越大，表明載流子從越深的陷阱中逸出。從幾個升溫速率得到不同的 T^* 值，可求出陷阱能級深度。

③等溫衰減電流時間譜（IDC）

與TSC的實驗相似，固體中陷阱經光照或電極注入被載流子填滿後在恆溫下觀察熱釋電流隨時間的衰減。淺陷阱的捕獲載流子先釋放，深陷阱中捕獲載流子晚釋放，所以隨時間出現的電流峰值反映了陷阱能級深度和分布。席蒙斯提出，在不同溫度下觀察到熱釋電流 J_{IDC} (t)是時間的函數，以$\ln t^*$對 1/T 作圖，所得直線斜率可求出陷阱深度。

④光釋電流的光子頻率譜（PSC）

捕獲載流子的釋放也可以通過光照下光子與捕獲載流子的相互作用，從而觀察到光釋電流。光釋電流的理論方法和實驗方法已用於有機固體中陷阱的研究。用單色光釋放捕獲載流子，從光子能量直接得到陷阱能級深度，不依賴於任何理論假設。進行單色光（光子能量足夠釋放捕獲載流子）照射下的瞬態光電流響應〔J_{PSC} (t)〕實驗，可得到陷阱分布參數和陷阱作用截面。PSC 是用可變波長單色光照射掃描，來觀察光釋電流 J_{PSC} 與照射波長的關係。因為陷阱能級深度通常在 0.1～2eV 之間，要釋放捕獲的載流子，光子的波長範圍是從遠紅外區（12.4μm）到可見區（620nm）。

已經介紹的 4 種方法中，前面 3 種方法都要有理論上的假設，而後才能求比陷阱參數；而 PSC 法可從實驗結果直接得到陷阱能級深度和陷阱分布。

⑵遷移率（μ）

在聚合物中，載流子的遷移率很低（$\leq 10^{-4} cm^2 \cdot V^{-1} \cdot s^{-1}$），並有一個活化過程。隨溫度或場強增加，遷移率變大。我們知道，μ 的溫度效應在能帶電導中，$\mu (T) \infty T^{-n} (0<n<2)$；而在跳躍電導中，$\mu\ (T) \infty e^{-\Delta E/kT}$。頻率效應在能帶電導中，$\mu$ 與頻率無關，而在跳躍電導中，$\mu (\omega) \infty \omega^s (1/2<s<1)$。所觀察到 μ 值依賴於場強的效應，可用波爾－弗蘭克爾機制來解釋受陷阱控制的遷移率模型。預計在施加的電場方向上隨場強增高，庫侖勢阱降低，造成陷阱深度隨電場強度的平方根降低。

4.2.3.2　光生載流子的複合

從電荷分離到被電極收集的過程中，電荷傳輸受到複合的影響，特別是一種材料既充當電子傳輸材料，同時也充當空穴傳輸材料。載流子在傳輸過程中與原子或離子的相互作用將減緩運動速度，從而使電流受到限制。

在光照射結束時，光電流衰減時間從毫秒到幾秒，除了直接的電子－空穴對複合外，還存在著通過陷阱的複合（見圖 4-10）。由於陷阱存在衰減過程的惰性來源於從填滿陷阱中的電子和空穴熱轉移過程的結果。電子和空穴直接複合產生的能量，促使形成單線態或三線態激子，它們的輻射衰減伴隨著大量光子的釋放。通過複合中心的複合，可分兩步進行：首先陷阱捕獲載流子；它再與相反電荷的載流子複合。

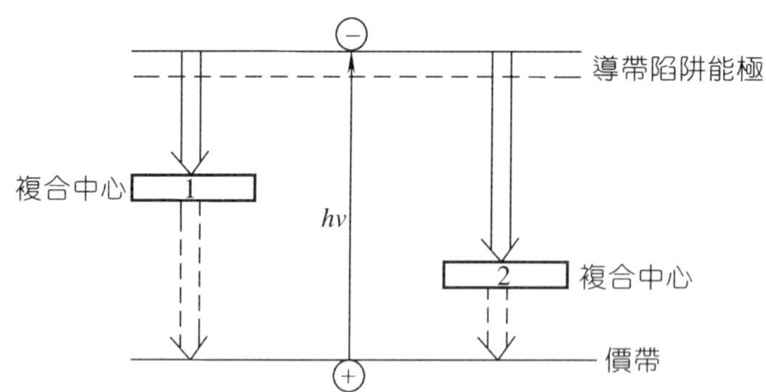

圖 4-10　光生載流子的複合過程

4.2.3.3　電荷收集

為了到達功函數較低的電極（如Al、Ca），載流子（電子和空穴）要穿過一層薄氧化層的勢壘（產生串聯電阻 R_s）。另外，金屬電極和半導體層之間將形成阻擋層，因此載流子（電子和空穴）不能立即到達金屬電極。激子和自由載流子（電子和空穴）在有機材料中的傳輸常常要從一個分子跳躍到另一個分子。因此分子之間結合緊密可以減少分子間的距離，比較平緩的分子結構同鬆散的三維分子結構相比，更有利於激子和自由載流子（電子和空穴）的傳輸。分子之間結合緊密也有利於產生高吸收率。

★ 4.2.4　有機／聚合物太陽電池的基本概念[18]

在有機／聚合物材料中，由於光子－電子的相互作用很強，所以這類材料的光物理原理與無機材料不同，人們還沒有全部了解。

其中一個主要的差別是在有機／聚合物材料中，光子不是激發產生自由載流子，而是激發產生束縛在一起的電子－空穴對（exciton），激子的束縛能量大約為0.4eV。在自由載流子傳輸及被電極收集之前，激子需要離解為電子和空穴。例如，激子在單層器件的整流界面（肖特基schottky contact）離解或在電子施主（D）與電子受主（A）半導體材料界面離解。上述界面的面積越大，到達並離解的激子就越多。另外，同膜厚相比，激子的擴散距離小（典型的約為 10nm），所以對於有機／聚合物太陽電池來說，要吸收大於100nm的大部分太陽光並獲得令人滿意的光電轉換效率是困難的[19]。

4.2.4.1 光子（polarons）、孤子（soliton）和激子（excitons）

在有雙重簡並結構有機聚合物中，熱異構化過程中所生長的不成對電子可以穩定地存在於兩個簡並態的交替處，這種不成對電子可以用 Electron Spin Restrance ESR 檢測出來。由於它存在於能量相等而構型不同的兩個相的交界處，因此稱其為「相結」（phase link），「疇壁」（domain wall）或「中性孤子」（soliton）。由ESR 及 ENDOR 譜的各向異性測定，從實驗上證明這個不成對電子是π電子，存在於能隙中央的非鍵軌道能級中。將能隙寬度ΔE改用 2Δ表示，則不成對電子能級處於比HOMO的離子化電位小Δ，比LUMO電子親和力大Δ的位置上。因此它很容易與受體或給體發生反應，將電子轉移給受體後成為正離子，而從給體接受電子後成為負離子（negative ion），也就是說，摻雜後自旋為 1/2 的中性孤子變成了自旋為零的荷電孤子。如果荷電孤子能夠移動，由於它帶有電荷就成為載流子。因此可以說明為什麼會出現 Pauli 磁性為零的金屬導電性。孤子、極化子、正極化子、負極化子、激子示意圖見圖4-11。

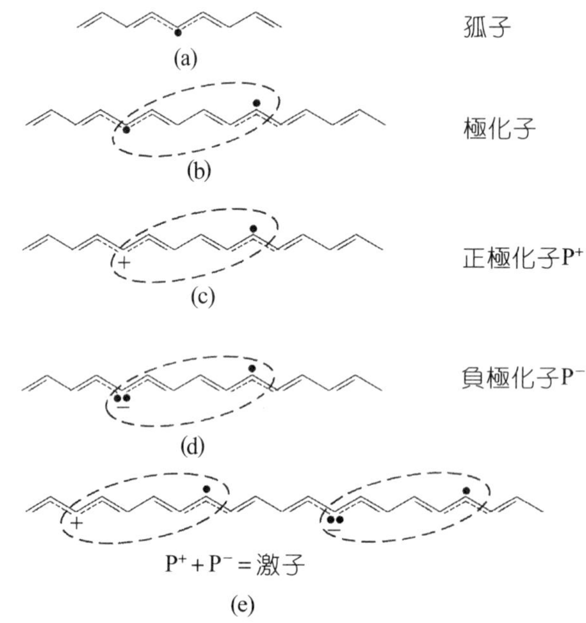

圖 4-11　孤子、極化子、正極化子、負極化子、激子示意圖

(a)孤子；(b)極化子；(c)正極化子；(d)負極化子；(e)激子

Su、Schriefer、Heeger 的理論計算表明，孤子的生成能量為 $2\Delta/\pi$，有效質量為電子的 6 倍，它在鏈上的遷移活化能極小，僅為 0.002eV，這表明孤子在鏈上極易移動，與 ESR 及 NMR（Nudear Magnetic Resonance）的實驗結果符合得很好。

但是，在反式聚乙炔中，中性孤子的濃度僅為 $3 \times 10^{19}\ g^{-1}$，因此大部分摻雜劑（Dopper）必須從正常的鍵交替部位取得電子，這時生成如圖 4-12 所示的離子自由基。

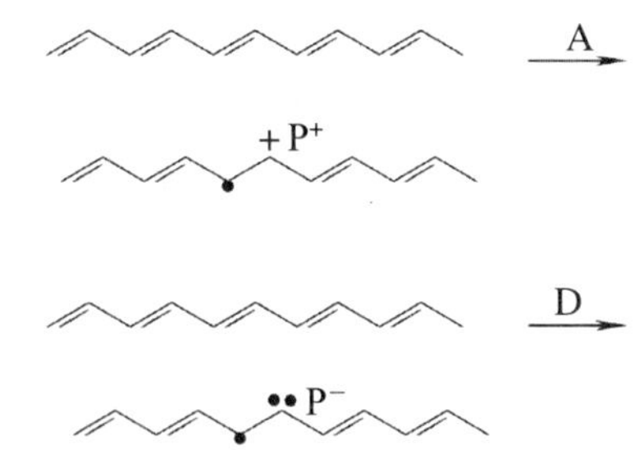

圖 4-12 正極化子（P^+）、負極化子（P^-）形成示意圖

然而，這時離子自由基的兩邊的位相一樣，因而不稱其為孤子，和孤子一樣，這樣的狀態也可以被認為是共軛鏈上的一種亞穩態 Meso-stabe，化學家稱其為離子自由基，而物理學家稱其為「極化子」。

與電子受體進行電荷轉移反應所生成的離子自由基是帶有正電荷的極化子（P^+），而與給體反應所生成的離子基則是帶負電荷的極化子（P^-）。由於極化子帶有電荷，當它沿共軛鏈移動時應成為載流子。但是在摻雜過程中，ESR 並未檢測到不成對電子的產生。可以認為這是因為在同一共軛鏈上生成的兩個極化子以比ESR的時標更快的速度轉化為兩個孤子。每個孤子兩側的位相不同，但一組孤子的外側位相必然相同。這樣的一組孤子稱作孤子－反孤子對。計算結果表明，中性孤子（S^0）及荷電孤子（S^+, S^-）都不是定域於一個碳原子上，而是延展於 14～15 個CH單元上，這在能量上會更有利。當摻雜濃度高於 0.07 時，鏈上的孤子開始交疊，鏈交替消失而成為真正的金屬態。

由於鏈上形成自旋為零的荷電孤子或雙極化子使鍵長交替消失，它們在鏈上運動而運載電荷。目前這一現象已被普遍接受為摻雜共軛聚合物（Conjugated Polymer）的導電機制。然而，孤子或極化子是束縛在摻雜劑對離子附近的，它在鏈上是否仍能容易移動？當移動到共軛鏈末端又怎樣向相鄰的共軛鏈遷移呢？這些問題還未得到很好的說明，有待進一步研究。

下面介紹無機和有機太陽電池中激子的區別。

⑴無機太陽電池中的激子

在無機材料中，激子的束縛能（Binding Energy）E_b 約為16eV，這意味著在低溫時，這些激子變得非常重要（這時 kT 與 E_b 相比很小）。與其組成粒子不同，無機物中激子是波色子而不是費米子。這些激子如果與缺陷或雜質束縛在一起，其能量將減少。正因為激子是波色子，在低溫發光時，由於激子的組成粒子（電子和空穴）輻射複合，所以全部激子都能占據最低能級。

⑵有機太陽電池中的激子

人們一直在研究有機半導體特別是共軛聚合物如PPV及其衍生物激子的束縛能 E_b，E_b 值從很小、中間值（約0.4eV）到很高（約0.95eV）都見過報導。我們假設激子的束縛能不比0.4eV大，從CB和VB激子被少於0.2eV能量所離解，而所使用的有機／聚合物材料的能隙都在1～2eV之間。

激子的主要類型有以下幾種。

① Frenkel exciton

電子空穴對被不多於一個分子所限制（吸引）。

② Mot-Wannier exciton

電子空穴之間的距離比分子之間的距離大很多，它們的能級與氫相似。

③電荷傳輸激子（charge transfer exciton）

這種激子僅分布於幾個相鄰的分子之間。

④鏈間激子（inter-chain exciton）

在聚合物半導體中，這種激子表示其組成電荷被定域於不同聚合物鏈上。它被看作是電荷傳輸激子。

⑤鏈內激子（intra-chain exciton）

在聚合物半導體中，這種激子表示其組成電荷被定域於同一聚合物鏈上。人們認為，共軛聚合物被光激發後，主要產生的是鏈內激子。

4.2.4.2 p型和n型有機半導體

半導體費米能級的位置是非常重要的。

①與金屬的功函數一樣，費米能級可以確定半導體／金屬界面是阻隔接觸還是歐姆接觸。

②費米能級的相對位置可以確定半導體的導電類型，是n型半導體還是p型半導體。

在平衡條件下（黑暗，不加電壓），半導體費米能級的能量位置代表占據允許能級的電子和空穴之間的平衡。如果費米能級靠近導帶，那麼這種材料為n型半導體；如果費米能級靠近價帶，那麼這種材料為p型半導體。

4.2.4.3 摻雜

在室溫下，無機半導體通過摻雜劑原子產生非平衡載流子使電導率增加。正如上面所討論的，如果引入的非平衡載流子是電子，則費米能級將靠近導帶；如果引入的非平衡載流子是空穴，則費米能級將靠近價帶。

有機半導體靠引入外來分子而不是原子來實現摻雜。此外，例如通過捕獲導帶電子使價帶可移動空穴（相對於可移動電子）的密度增加，這樣可以達到改變可移動電荷密度的目的，p 型摻雜半導體材料即傳輸空穴比傳輸電子性能好，費米能級將靠近價帶。

當第一次發現半導體有機聚合物與少量接受電子的物質或提供電子的物質起反應，電導率增加 12 個數量級時，這種現象被稱為「p型摻雜」或「n型摻雜」。這是從經典半導體如矽經摻雜電導率有大幅度提高類推而來的。從現象上看，這名稱是正確的，但隨著對共軛聚合物、摻雜過程性質的深入了解，很明顯，這種機械的沿用是一種誤解。

在矽單晶 p 型摻雜中，每個矽原子有四個價電子，晶格中一個矽的格點為一個僅僅具有三個價電子的硼原子所取代後，即使附近的矽原子和硼原子間不發生電荷轉移，即矽和硼原子是電中性的，但就晶格而論，硼原子位置是缺電子的，因此，這就是表示在晶格中有一個正的「空穴」。相反，假如矽單晶摻雜是有 5 個價電子的磷原子取代了晶格中一個硅的格點，則就晶格而論，構成了負的格點，就是說，在由具有 4 個價電子的矽原子占有的格點上現在有了 5 個價電子。不論矽原子和摻雜原子間由於電負性的不同是否產生顯著的電荷轉移，這些正的或負的格點在晶格中總是存在的。

導電聚合物的摻雜從概念上與傳統的半導體如矽之類的摻雜根本不同。導電聚合物 p 型摻雜是由於導電聚合物的部分氧化，如：

$$(CH)_x \rightarrow (CH^{y+})_x + xye^-$$

它可由電化學或化學方法來完成。為了維持系統的電中性，還必須提供對負離子A^-：

$$(CH^{y+}) + xyA^- \rightarrow (CH^{y+}A_y^-)_x$$

迄今為止，所用的對負離子都是單價的。同樣，n 型摻雜是由於導電聚合物的部分還原，如

$$(CH)_x + xye^- \rightarrow (CH^{y-})_x$$

為了維持電中性，必須提供一個對正離子M^+：

$$(CH^{y-})_x + xyM^+ \rightarrow [M_y^+ (CH^{y-})]_x$$

迄今為止，所用的對正離子也都是一價的。

對離子在化學上可能與氧化或還原物質完全不同，也可能是它們的衍生物。例如在用鈉萘對共軛聚合物的n型摻雜中所採用的強還原性的萘的負離子自由基是把金屬鈉溶在萘的四氫呋喃溶液中生成的。一個電子這樣轉移到萘的能量最低的反鍵π^*分子軌道上，所形成的Na^+離子作為對正離子，當將聚合物置於鈉萘溶液中，由於電子自發地從萘的π^*軌道轉移到聚合物分子的軌道，因此，聚合物的能量最低的反鍵分子軌道明顯比含有一個未成對電子的萘的π^*軌道的能量低。萘的負離子自由基起了還原劑作用。

$$(CH)_x + xyNphth^- \rightarrow (CH^{y-})_x + xyNphth$$

而Na^+離子作為「摻雜」的對正離子。

$$(CH^{y-})_x + xyNa^+ \rightarrow [Na_y^+(CH^{y-})]_x$$

在化學上，還原劑與摻雜劑正離子無關。對共軛聚合物用碘作p型摻雜時，碘作為氧化劑，而摻雜劑對負離子 I_3^- 來自於氧化劑：

$$(CH)_x + \frac{1}{2}xyI_2 \rightarrow (CH^{y+})_x + xyI^-$$

$$xyI^- + xyI_2 \rightarrow xyI_3^-$$

$$(CH^{y+})_x + xyI_3^- \rightarrow [CH^{y+}(I_3^-)_y]_x$$

要得到p型或n型摻雜的穩定導電聚合物，其基本要求是摻雜劑正離子或負離子不能不可逆地與碳負離子或碳正離子發生化學反應。例如，碘摻雜的聚乙炔即 $[CH^{y+}(I_3^-)]_x$ 在真空中經幾周後就緩慢地失去了其導電性。若要一個摻雜的導電聚合物在空氣（O_2 和 H_2O）中是穩定的，首先它必須對自己的摻雜劑對離子具有化學穩定性，此外，對離子與氧和水不能發生反應。然而，更困難的問題是，所得到的聚碳正離子或負離子對氧和水也要穩定。

總之，如果就聚合物中摻入百分之幾的不同化學物質後其電導率有幾個數量級的提高這一現象而言，用「摻雜」（Dopping）這個名詞是正確的，但在概念上它是與無機半導體摻雜十分不同的。導電聚合物的摻雜是一個簡單的氧化還原化學反應，「摻雜」的作用與無機半導體不同。

不同形式的摻雜增加了半導體分子中可移動載流子密度，因此增加了電導率。這些摻雜分子有的相當大（如聚合物），以至於它們不能擴散或滲透進入別的材料中（例如在p-n結中），這些摻雜劑是電中性的，它們將和另外的摻雜劑形成鹽。

與無機半導體材料相比，有機半導體中可移動載流子很少，特別是在沒有光照的情況下，因此光照或摻雜產生的非平衡載流子對有機半導體材料的電導率影響很大。

4.2.4.4 光生自由載流子

⑴氧陷阱產生的自由載流子

人們普遍認為，在有機半導體導帶中，氧對電子有陷阱作用，因此使價帶中的自由空穴數量增加，氧作為摻雜劑可以改善p型有機半導體材料的電導率。在有激子的條件下，氧陷阱可以作為激子的離解點並且產生自由載流子。過程是這樣的：經過一定時間後，在氧陷阱中的一個電子的能量將減少並衰減回落到價帶，在那裏，電子將和自由空穴或激子中的空穴複合。要了解以下三種情況。

①一個還沒有離解的激子中的電子與另一個激子的空穴複合，結果這兩個激子都離解了，但是最後只產生兩個自由載流子（第一個激子中剩餘的空穴與第二個激子中剩餘的電子），因為另外兩個電子和空穴複合損失了。

②複合的電子和空穴只與一個激子有關（其中的電子或空穴來自於一個激子），這意味著該激子的離解能產生一個自由載流子，但有兩個載流子複合損失掉了。

③複合的電子和空穴與一個激子無關，在這種情況下，有兩個自由載流子複合損失掉了，而且沒有新的自由載流子產生。

上面提到電子和空穴都以相同的概率產生。在一些情況下，作為p型摻雜劑，氧陷阱中的電子主要減少負電荷的遷移率。由於有機半導體材料中的一些基本缺陷在帶隙中間和導帶之間產生一些能級，產生的一些影響與上面提到的級缺陷相同。雖然其他的作用更重要。例如，光致氧化的PPV被認為有許多易使激子離解的羰基，同時這些羰基也減弱了激子、電子和空穴的傳輸性能。

⑵受主／施主界面

由陷阱所捕獲的光生電荷不是非常有效，因為總是存在電子和空穴的複合。在這裡，可以討論一種能更有效產生自由載流子的方法一建立電子施主（Donor）／電子受主（Acceptor）界面。這使人們想起無機半導體中的p-n結，但它們之間的物理過程完全不同。

在圖 4-13(a)中，如果一種材料有較高的電子親和勢（EA），而另一種材料有較低的電離勢（IP），那裏在兩種材料的界面可實現所要求的載流子傳輸。具有較大電子親和勢的材料可以從其他材料的導帶接收電子，因此也稱為電子受體。具有較低電離勢的材料可以從與其相接觸的半導體材料的價帶接收空穴，因此被稱作空穴受體或電子給體，因為它也向與其相接觸的電子受體材料提供電子。

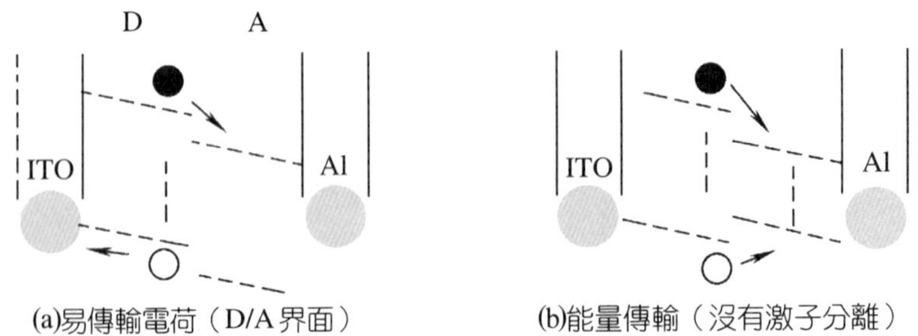

(a)易傳輸電荷（D/A 界面）　(b)能量傳輸（沒有激子分離）

圖 4-13　兩種不同有機半導體材料之間的界面

（形成何種界面取決於 HOMO 和 LUMO 的能級位置和能帶彎曲的方向，而後者是由費米能級的相對位置所確定的）

EA和IP的相對位置的偏離要足夠大，所產生的場（結的勢壘梯度）才能抵消激子的束縛能量，激子的束縛能量一般都在0.4eV。否則雖然可能產生電荷傳輸，但激子最終在D/A界面複合而不是離解為自由載流子。

從圖4-13(b)中可以看到，激子可以從高帶隙到低帶隙傳輸它的激發能量，因此電子和空穴都能減少激發能量。這種有一定能量損失的激發能量傳輸過程被稱為 Forster 能量轉移。在有機太陽電池中，Forster能量轉移也提供一定合理的方向性，即Forster能量轉移把激子從短波長吸收區輸運到長波長吸收區。這有助於在一個非常小且存在高場的空間區域內集中激子並增強激子的離解。並且把高帶隙吸收材料放在低帶隙吸收材料前可以避免熱損失。

4.2.4.5 給體（Donor）／受體（Acceptor）（D/A）材料

對於所設計的D/A太陽電池來說，兩種特定材料的結合能否產生電荷傳輸及激子離解是非常重要的。

(1) D/A 性質

一種給體材料可以充當另一個給體性更強的材料的受體。具有一定的官能度（一個單體分子所包含官能團的數目Number of Functional Group）可使一種材料成為另外一些材料的電子受體。例如，具有電子受體性質的官能團有：CN、CH_3、F、=O、CF_3，除此之外還有PPV及其衍生物、PT、PPP和酞菁。

(2) 帶隙

根據經驗，共軛體系越大則帶隙越低，較大的共軛體系有酞菁、萘菁、花。共軛體系中的硫往往會降低E_g。如果由一個給體和一個電子受體組成的分子與共軛體系相連接，從而產生「推／拉基團」，如聚亞甲基，這樣也能降低帶隙。

⑶可溶性

如果分子的共軛體系的平面部分相互之間比較鬆散，那麼溶解度就較好，否則它們將黏在一起，通過π-π相互作用而形成聚集。一般規律是：分子在具有相似結構的溶劑中可溶解。極性溶劑如水、乙醇或異丙醇可溶解極性分子，而非極性溶劑，如甲苯、二甲苯等可溶解非極性分子。根據經驗，溶液中除了碳和氫外，還有其他原子的話，則分子的平面性較好，特別是對於非對稱結構。

⑷光致發光（PL）

實驗證明，如果分子發生聚集，則產生 PL 猝滅，溶液中的分子的螢光也越強。高帶隙材料具有較強的PL，而且存在雜質和結構缺陷，可在帶隙中產生區域能級。如果所需的激發能量較少，那麼受激電子的能量衰減就越快，也更有效。共軛體系中有硫等另外一些原子，與共軛體系中只有碳氫相比，具有較低的 PL。

4.2.4.6　電極／半導體界面

1938 年，Mott 和 Schottky 發展了摻雜半導體與金屬之間的界面理論。人們廣泛地研究了電荷如何從金屬電極發射進入半導體內部。

在圖 4-14 能帶圖中，提供了金屬電極與半導體接觸前後能級的位置。在圖中可以看到，接觸後所有界面都產生帶彎曲，並且費米能級和功函數相等。電極的功函數相等表示短路狀態。半導體的電子親和勢（EA）和電離勢（IP）都不發生變化，甚至在帶彎曲處也不發生變化，因為相應的真空能級隨能帶的曲率和垂直移動而變化。能帶彎曲的方向取決於電極的功函數是在半導體的費米能級之上還是之下。如圖 4-14(b)兩個電極的功函數比它們所連接的半導體材料的費米能級更深入帶隙內部。可以看到，如果兩種材料的費米能級假設都靠近中部的話，則D/A 界面帶彎曲的方向相反。這種狀況有利於 LED。

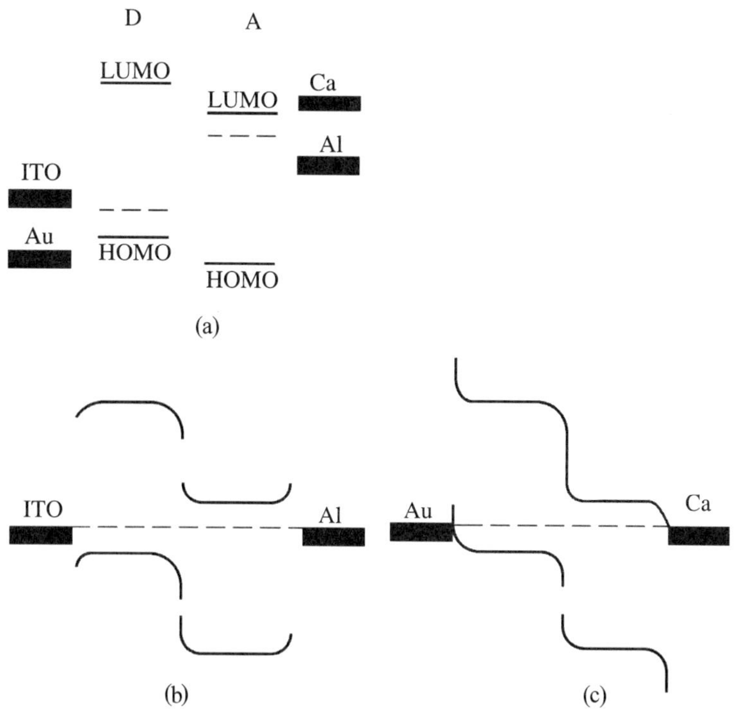

圖 4-14　D/A 器件電極界面的能帶圖

(a)電極接觸前的能級位置，電極接觸後費米能級（虛線）和功函數（W_f）相等並產生帶彎曲；(b)對於空穴（ITO/D）和電子（A/Al）形成阻斷接觸；(c)對於空穴（Au/D）和電子（A/Ca）形成歐姆接觸

電子受體的導帶被光激發的電子在到達 Al 電極之前要遇到一個勢壘。同樣情況也存在於來自於靠近ITO電極價帶的空穴。這類電極接觸被叫做阻斷接觸。這些電極也可通過改變電極的勢能而變為 Schottky 接觸。可以看到，Al 同 n 型半導體的導帶形成阻斷接觸，而同價帶形成歐姆接觸。這種特殊的界面狀態之所以被稱作 Schottky 接觸，是因為 n 型半導體被認為在它的導帶傳輸電子，對於電子來說，這是阻斷，即 Schottky 接觸。這種狀態類似於半導體／ ITO 界面。因為在 D/A 界面發生電荷分離（激子離解）可在 A（受體，n型半導體）的導帶產生過剩電子以及在D（給體，p型半導體）的價帶產生過剩空穴，電子和空穴如果要離開半導體，都會遇到勢壘。因此通過元件的電流將被接觸勢壘所減少。圖 4-14 說明，如果用Au和Ca作電極，這種狀況將得到改善。與半導體的費米能級相比，兩個電極的功函數將遠離帶隙中心。因此，電極與半導體接觸後，帶彎曲方向相反，以至於處於激發態的電子能到達Ca電極及空穴能到達 Au 電極而不用穿越勢壘。實驗證明，有機元件使用 Au 和 Ca 代替 ITO 和 Al 可獲得相當高的開路電壓、光電流和 EQE。然而，Ca 的功函數比 Al 的低，Ca 比 Al 更容易氧化。Au 電極比較昂貴並且要蒸鍍得很薄才能透光，而且刻蝕也比較困難。根據以上理由，Al 和 ITO 電極更實用，操作起來更簡單。

4.2.4.7 通過勢壘的電流

載流子穿越勢壘有兩種途徑：熱發射和量子物理遂穿（場發射）。對於熱發射來說，要越過一個高 Φ 的三角形勢壘，從金屬進入高遷移率的半導體，電流密度 J：

$$J = A^{*}T^{2}e^{\frac{-\Phi}{kT}}$$

式中，A^{*}是有效 Richardson 常數；T是絕對溫度。如果有一個外加電場，勢壘高度將降低：

$$\Delta\Phi = \sqrt{\frac{q^{3}E}{4\pi\varepsilon_{0}}}$$

式中，E是所施加的電場；ε_0是真空介電常數。低遷移率的半導體需要考慮電荷在勢壘區靠近電極區域的擴散。在非常低的溫度下，或者在高場的高勢壘狀態下，由於量子物理遂穿通過勢壘而產生的發射變得重要。對於 Schottky 勢壘，電流J：

$$J \propto \frac{\Phi_{b} + qV}{\Phi} e^{K\frac{\Phi^{1/2}}{(\Phi + qV)^{3/2}}}$$

式中，V是所加電壓；K是材料常數。場發射的重要特性是電流對溫度不敏感，但電流強依賴於所加電壓。因為遂穿速率強依賴於勢壘寬度，熱激發能增加遂穿電流。對於 Schottky 勢壘來說，電流為：

$$J = J_{0}e^{\frac{\eta V}{nkT}}$$

J_0是低摻雜能級的常數，在高溫時 n≈1。

★ 4.2.5 塑膠太陽電池的特性

4.2.5.1 光電壓特性

在實際應用中，光激發電子的勢能減少轉變為聲子，直到它回落到導帶的最低能級（LUMO）為止。聲子消耗它的能量轉變為熱能，這個過程被稱作熱能化。因為熱能化的緣故，半導體帶隙被看作是衡量可達到電壓的尺度。帶隙越高，電壓也越高。另一方面，低帶隙材料可以吸收更多數量的光子，因此光生載流子的數量即光電流增加了。帶隙越低，光電流就越高。所以對於一個發光光譜，一定有一個最佳帶隙值。在假設只有輻射複合和太陽輻射的前提下，Shockley 和 Queisser 首先計算了給定帶隙半導體的最大能量轉換效率。在AM 1.0 及AM 1.5 條件下通過，計算得到了帶隙為 1.2eV 的矽的能量轉換效率為 30%。AM 1.0 及 AM 1.5 的解釋見圖 4-15。帶隙在 1.3eV 和 1.5eV 之間半導體材料的能量轉換效率接近 30%。因為一個高負載電阻能使電流減少，所以載流子需要更多的時間離開半導體。這會產生複合並可推斷出外電流的減少。這種現象可從圖 4-16 中的第四象限中看到。

從圖 4-16 中可以看到，第四象限曲線上任意一個工作點上的輸出功率等於該點所對應的矩形面積，其中只有一個特殊工作點 p 點（I_P，V_P）是最大輸出功率。填充因子（Filling Factor）定義為：

$$\mathrm{FF}=\frac{V_P I_P}{V_{\mathrm{oc}} I_{\mathrm{se}}}$$

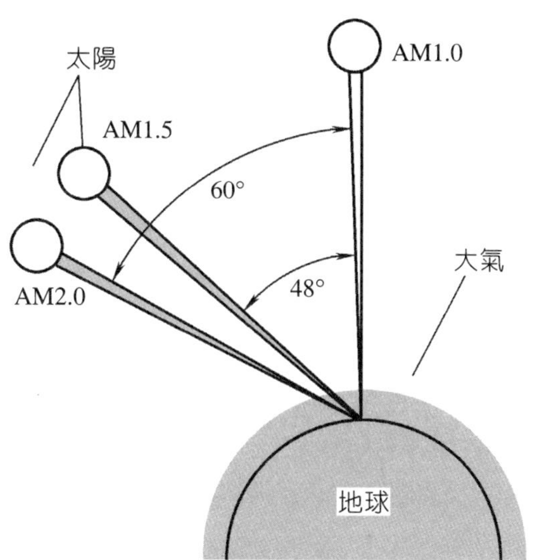

圖 4-15　太陽輻射通過地球大氣質量單元

（AM）時相對於頂點角度的增加

〔從 0°（頂點，AM 1.0）增加到 48°（AM1.5）再到 60°（AM2.0），其中AM1.5 是文獻中測量太陽電池能量轉換效率最常用的標準光譜〕

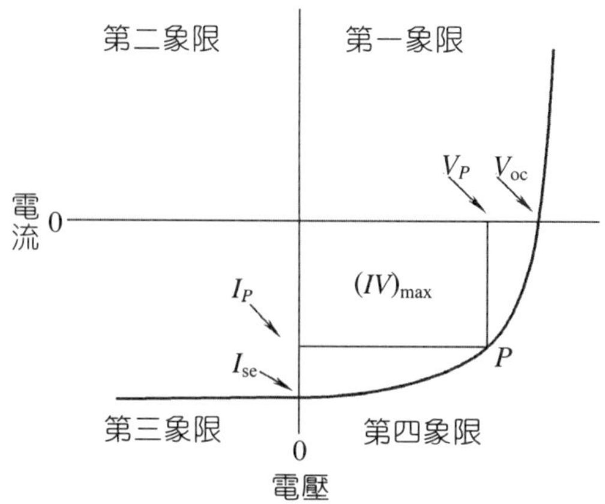

圖 4-16　太陽電池的 I-V 特性曲線

（第四象限中的電壓及電流是太陽電池在光照下本身所產生的，外加電壓是為了獲得第一和第三象限中的數據點）

這個參數是表示最大輸出功率點對應的矩形面積，在開路電壓 V_{oc} 和短路電流 I_{se} 所組成的矩形面積中所占的百分比。對於性能好的太陽電池，該值應在 0.70～0.85 範圍之內。在理想情況下，填充因子僅是開路電壓 V_{oc} 的函數。因此：

$$P_{max}=(IV)_{max}=V_{oc}I_{se}FF$$

FF越高，證明太陽電池是具有較高電壓和輸出功率的連續電流源。負載電阻為：

$$R_I=\frac{V_P}{I_P}$$

太陽電池要獲得較大功率輸出的話，其最大工作點應接近特殊工作點P點，否則功率將以串聯電阻上發熱的形式損失掉了或通過理想二極管和洩漏電阻上電流的增加而損失掉了。太陽電池的光電轉換效率 η 為：

$$\eta=\frac{V_PI_P}{P_{light}}=\frac{V_{oc}\,I_{se}\,FF}{P_{light}}$$

式中，P_{light} 是入射到太陽電池上光的總功率。

4.2.5.2 等效電路圖（The Equivalent Circuit Diagram, ECD）

由二極管、電流源、電壓源及電阻等構成的等效電路常常用來描述複雜的半導體器件的電特性。圖 4-17 是典型的無機太陽電池的等效電路。

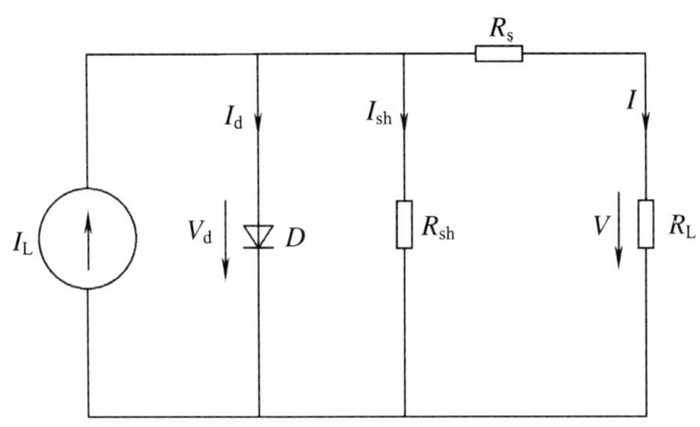

圖 4-17　太陽電池的等效電路圖

（電路由以下部分組成：光照產生的電流源 I_L、二極管 D、串聯電阻 R_s、洩漏電阻 ,R_{sh} 及負載電阻 R_L；如果 $V > V_{oc}$，則電流 I 為負並且流向元件，否則電流為正）

雖然有機半導體的物理過程可能與無機半導體有所不同，但元件中光電流的主要損耗機理是相同的。我們對等效電路加以分析。

①電流源在光照情況下產生電流 I_L　I_L = 離解的激子／s = 發生複合前自由電子／空穴對數量。

②洩漏電阻 R_{sh}　R_{sh} 是由載流子在接近離解位置（即 A/D 界面）發生的複合而產生的。串聯電阻 R_s 至少比洩漏電阻 R_{sh} 低一個數量級，洩漏電阻 R_{sh} 同時也包括遠離離解位置的複合（即接近電極）。否則另外一個洩漏電阻 R_{sh2} 不得不加以考慮，可由 0V 左右的 *I-V* 曲線的斜率倒數推導出 R_{sh}。

$$R_{sh} \approx \left(\frac{I}{V}\right)^{-1}$$

這因為在非常小電壓下，二極管D沒有導通，外加電壓（正或負）所產生電流的大小僅由$R_{sh}+R_s$確定，因為R_{sh}比R_s大很多，所以R_s可忽略不計。

③串聯電阻R_s　R_s看作電導率即特定載流子在各自傳輸介質中的遷移率。例如空穴在p型半導體和電子給體材料中的遷移率，遷移率可能收到空間電荷、陷阱或其他勢壘的影響。載流子在比較厚的傳輸層中長距離輸運時，R_s將增加。當電壓為正而且大於開路電壓V_{oc}時，I-V曲線接近線性曲線，這時可以由其斜率的倒數推算出R_s。

$$R_s \approx \left(\frac{I}{V}\right)^{-1}$$

這因為在外加比較高的正偏壓V作用下，二極管D導通，其電阻遠比R_{sh}小，因此R_s決定I-V曲線斜率的大小。

④太陽電池電壓V　太陽電池產生的光電壓在$0 \sim V_{oc}$之間，該電壓取決於負載電阻的大小。為了在其他電壓範圍內（$V<4$和$V_{oc}<V$）得到I-V曲線的數據，需要有一個電壓源為元件提供外加電壓。我們看到負載電阻上的壓降$0 \sim V_{oc}$，能用同樣的電壓源來模擬，因此可以用電壓源來提供元件I-V曲線所要求的電壓範圍。可以看到，$V>V_{oc}$的電流和$V<0$的附加電流由外加電壓源提供，外加電壓源充當電流放大器通過外加電壓用以增加電流，但是太陽電池光子轉變為電流的效率（EQE）實際上沒有增加。

4.2.5.3　太陽電池的光譜特性

太陽電池並非能把任何一種波長的光都同樣地轉化為電能，例如通常紅光轉變為電能的比例和藍光轉變為電能的比例是不同的。由於光的波長不同，轉變為電能的比例不同，這種特性稱為太陽電池的光譜特性。

光譜特性通常用收集效率來表示，所謂的收集效率，就是用百分數（%）來表示一單位的光（一個光子）入射到太陽電池產生多少電子（和空穴）。通常一個光子產生的電子（和空穴）數是小於 1 的。

光譜特性的測量是用一定強度的單色光照射太陽電池，測量其短路電流 I_{se}，然後依次改變單色光的波長，再重新測量 I_{se} 得到的。

作為以太陽光為入射光源的能量轉換器件，我們期望太陽電池的光譜特性能與太陽光的光譜相匹配。為此，就要在有機太陽電池中添加光敏劑，以增加元件的吸光效率。

4.3 塑膠太陽電池元件

★ 4.3.1 元件結構[14]

人們設計了不同的元件結構以獲得較高的光電轉換效率，見圖 4-18。在理想狀態下電子施主材料（D）將同功函數較高的電極（如 ITO）連接，電子受主材料（A）同功函數較低的電極（如 Al）連接。

圖 4-18 中四種典型的太陽電池結構的優點和缺點如下。

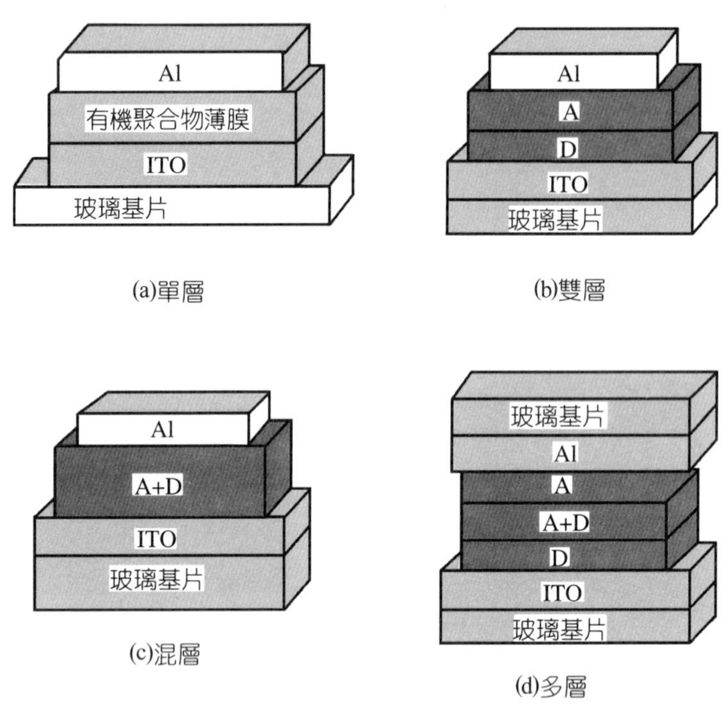

圖 4-18　四種典型的有機／聚合物太陽電池結構

⑴單層太陽電池

該結構的優點是加工方法簡單；缺點是一種材料的吸收很難覆蓋整個可見光波段，光作用的有源區很薄，因此很多光生電子和空穴在通過有機或聚合物層時複合損失。

⑵雙層太陽電池

該結構的優點是將內建場存在的結合面與金屬電極隔開，有機半導體與電極的接觸為歐姆接觸。形成異質結的 A/D 界面為激子的離解阱，避免了激子在電極上的失去活性。再者，由於有機半導體之間的化合鍵作用，A/D 界面的表面態減少，從而降低了表面態對載流子的陷阱作用。缺點是僅允許一定薄層內的激子到達並離解的 A/D 界面太小。

⑶摻混層（blend）太陽電池

該結構的優點是兩種材料充分混合在一起，增大了 A/D 接觸界面，使大多數激子都能到達 A/D 界面並在此離解。缺點是這種網狀結構中的兩種材料分別與相應的電極的連接有一定技術難度。

⑷多層太陽電池

該結構的長處是結合了⑵、⑶兩種結構的優點，在摻混（blend）層內激子離解而電子和空穴分別在各自相應的傳輸層內傳輸。缺點是形成摻混層的有機半導體材料要求具有一定的結構特性（如低的玻璃化溫度）。

★ 4.3.2 製作加工方法

有機光電器件的製作加工方法實際上是薄膜加工方法和表面處理技術，圖 4-19 是製作有機光電元件的加工方法流程。製作有機光電器件的關鍵技術包括製作有機高分子或小分子功能薄膜、金屬電極及 ITO 透明導電薄膜和保護膜的技術。製作有機功能薄膜的主要技術可以分為乾式加工方法和濕法加工方法兩種。在製作聚合物有機光電元件時，常常採用旋轉塗覆（spin coating）和噴墨印刷技術（ink-jet printing）的濕法工藝。

在有機光伏元件的製作過程中，ITO 薄膜具有相當重要的作用，通常要對 ITO 薄膜進行處理，以改變 ITO 的表面狀態，使得 ITO 的表面勢與空穴傳輸層的表面勢相匹配。現在常用的 ITO 處理方法有

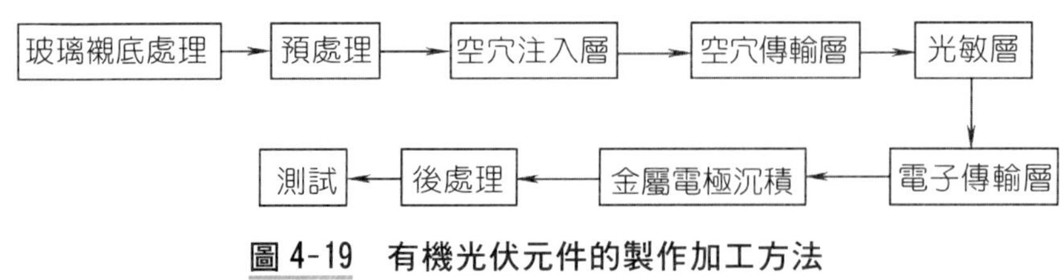

圖 4-19　有機光伏元件的製作加工方法

以下三種：①使用輝光放電來氧化ITO表面；②使用在臭氧氣氛中的紫外線來處理ITO表面；③應用等離子體產生氧分子自由基來氧化 ITO 表面。

在有機光電元件製作過程中的另一個關鍵技術就是，在最後封裝之前對器件的預封裝。一般採用無機材料，如SiO_2、MgF_2、In_2O_3等對器件進行預封裝。最後使用環氧樹脂和平板玻璃對器件進行最終的封裝。

4.3.3　電極材料

在有機光伏器件中，電極材料的功函數是非常重要的，因為它能根據半導體材料的 LUMD/HOMO 和費米能級確定電極是否與電子、空穴（價帶空穴、導帶電子）形成歐姆接觸或阻斷接觸。而且兩種電極材料的功函數的差值較大的話，可以增加開路電壓。元素的功函數值只對多晶材料有效。

4.3.3.1　陰極材料

為了提高電子的傳輸效率，要求選用功函數盡可能低的材料做陰極。實驗證明，有機光伏元件的效率、使用壽命與陰極的功函數有密切的聯繫。目前，有機光伏元件的陰極主要有以下幾種。

⑴ 單層金屬陰極

一般低功函數的金屬都可用作陰極材料，如 Ag、Mg、Al、Li、Ca、In 等。其中最常用的是 Al，這主要是考慮了穩定性和價格的因素。但在聚合物光伏器件中，常用 Ca 作為陰極，這是因為多數聚合物比小分子電子傳輸材料的電子親和勢低。但 Ca 極易被氧化，人們正設法避免形成 Ca 氧化膜。表 4-3 列出了幾種金屬的功函數。

表 4-3　一些金屬的功函數

金屬	Au	Al	Mg	In	Ag	Ca	Nd	Cr	Cu
功函數／eV	5.1	4.28	3.66	4.1～4.2	4.6	2.9	3.2	4.3～4.5	4.7

⑵合金陰極

由於低功函數的金屬化學性質活潑，它們在空氣中易於被氧化，對器件的穩定性不利。因此，常把低功函數的金屬和高功函且化學性能比較穩定的金屬一起蒸發形成合金陰極，如Mg：Ag (10：1)，Li：Al(0.6% Li)合金電極。其中，Li：Al 合金和 Mg：Ag(10：1)的功函數分別為 3.2eV 和 3.7eV，實驗證明，Li：Al 作陰極的器件壽命最長，Mg：Ag 其次，Al 的最短。現在最常使用的是Mg：Ag(10：1)。合金陰極的優點在於，它不僅可以提高器件量子效率和穩定性，還可以在有機膜上形成穩定堅固的金屬薄膜，另外，惰性金屬還可以填充單一金屬薄膜中的諸多缺陷，提高金屬多晶薄膜的穩定性。

⑶層狀陰極

這種陰極是由一層極薄的絕緣材料，如 LiF、Li_2O、

MgO、Al_2O_3和外面一層較厚的 Al 組成的雙層電極。層狀陰極的電子傳輸性能比純Al電極有很大的提高，可以得到更高的轉換效率和更好的I-V 特性曲線。

(4)摻雜複合型電極

將摻雜有低功函數金屬的有機層夾在陰極和聚合物光敏層之間，可以大大改善器件的性能。

4.3.3.2 陽極材料

為了提高空穴的傳輸效率，要求陽極的功函數盡可能高。對於太陽電池和LED來說，一個電極至少部分透明。蒸鍍的金屬電極其膜厚為15～20nm時半透明，膜厚大約50～100nm時不透明。這樣，薄層的表面電阻比50～100nm膜的表面電阻增加了，同時，太陽電池的串聯電阻也增加了。所以陽極一般採用高功函數的半透明金屬（如Au）、透明導電聚合物（如聚苯胺）和ITO（氧化銦錫，indium-tin oxide）導電玻璃。最普遍採用的陽極材料是 ITO，銦錫氧化物（ITO）由In_2O_3（90%）和 SnO_2（10%）的混合物組成，其帶隙3.7eV，費米能級在 4.5～4.9eV 之間，ITO 電極在實驗中被廣泛使用。因為 ITO 在400～1000nm 波長範圍內透過率達 80%以上，此外，在近紫外區也有很高的透過率。如果因為缺少氧而存在過剩的銦，則材料具有高電導，以至於銦成為n型摻雜劑，使100nm厚的ITO 膜的表面電阻很低。ITO 膜越厚，則 ITO 導電玻璃的表面電阻就越低。ITO膜太厚（幾百奈米甚至更厚）的話會增加表面粗糙度，從而引起有機層短路。另外，ITO 本身也能被用做減反射層，被用做有源半導體層。有機光伏元件的效率和壽命都與ITO表面狀況有密切關係，表面的污染不但會降低吸光效率，而且由於污染的 ITO

表面與有機膜間會形成不良接觸，從而導致ITO的界面勢壘增加。因此，ITO 表面的清潔和處理都很重要。ITO 的清潔過程包括去污粉水洗滌，去離子水及丙酮、乙醇等有機溶劑進行超音波清洗，經有機溶劑蒸氣脫脂處理後，再用去離子水多次沖洗。ITO 的表面處理方法主要有氧等離子體處理和紫外線臭氧處理。原子力顯微鏡（AFM）和歐階（Auger）電子能譜的實驗表明，氧等離子體處理降低了 ITO 表面的氧空位濃度，使 ITO 表面的功函數增加了0.1～0.3eV，從而增加了空穴的傳輸能力，另外，等離子體或臭氧處理還可以進一步清潔ITO表面，從而改善元件性能。

因為共軛聚合物在整個可見光範圍內都產生吸收，如果這些聚合物被摻雜，那麼其能級將深入帶隙，並且在可見光區域吸收最小。例如 PEDOT、PITN。PEDOT 的另一個優點是其可溶於水，因此容易旋塗，PEDOT 功函數為 5.2～5.3eV。

聚合物作陽極，可以避免ITO玻璃不能彎曲的特點而製作成柔性的聚合物光伏元件。這種陽極的製作方法包括在聚酯ITO膜上澆注一層 1.5nm 的聚苯胺膜作為空穴注入電極或採用摻雜式導電聚苯胺作陽極。

4.3.4 載流子傳輸材料

載流子傳輸材料可分為空穴傳輸層材料和電子傳輸層材料兩類。

4.3.4.1 空穴傳輸材料

大多數用於太陽電池的空穴傳輸材料均為芳香多胺類化合物，因為多級胺上的N原子具有很強的給電子能力而顯示出電正性，在電子不間斷地給出過程中表現出空穴的遷移特性，並且具有高的空穴遷移率（在10^{-3} cm · V^{-1} · s^{-1}數量級）。設計與合成新的空穴傳輸材料的重點應放在：①要有高的熱穩定性；②與陽極形成小的勢壘；③能真空蒸鍍形成無針孔的薄膜。最常用的空穴傳輸材料是*N*, *N'*—雙（3—甲基苯基）—*N*, *N'*—二苯基—1, 1'—二苯基—4, 4'—二胺（TPD）和*N*, *N'*—雙（1—萘基）—*N*, *N'*—二苯基—1, 1'—二苯基—4, 4'—二胺（NPD）（見圖 4-20）。

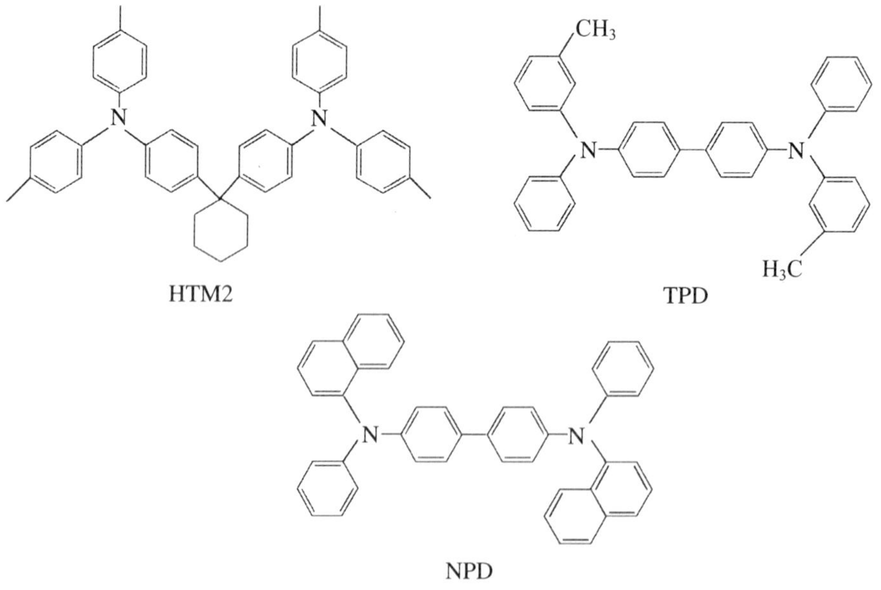

HTM2

TPD

NPD

圖 4-20　幾種空穴傳輸材料的分子結構

空穴傳輸材料的薄膜經長時間的放置，常有再結晶的傾向，這個問題被認為是導致有機光伏器件衰減的原因之一。例如蒸在 ITO 玻璃上的TPD在室溫和空氣中放置幾個小時後就可觀察到其結晶的現象，破壞了膜的均勻性。所以一般要採用高熔點和玻璃化溫度較高的空穴傳輸材料。表4-4列出了幾種空穴傳輸材料的玻璃化溫度。從分子設計的角度上看，設計不對稱的、空間位阻大的化合物，可以使分子與分子間的凝聚力減小，減少結晶的傾向。

表4-4 幾種空穴傳輸材料的玻璃化溫度

空穴傳輸材料	空穴傳輸材料玻璃化溫度/℃
HTM2	78
TPT	60
NPT	98

另一種分子設計是從電離能來考慮有機光伏元件中空穴傳輸層與陽極界面的勢壘，勢壘越小，元件的穩定性能越好。除了尋找與陽極形成小的勢壘的新空穴傳輸材料外，還可以在ITO電極與空穴傳輸層之間加入空穴傳輸層來降低界面的勢壘。空穴傳輸層還有增加空穴傳輸層與 ITO 電極的黏合程度、增大接觸等作用。酞菁銅（CuPc）（見圖4-21）是Kodak公司最早應用的空穴傳輸材料，它可以形成一個超分子體系的薄膜，具有各向異性的導電性，顯著地提高了元件的穩定性。日本Shirota合成了星狀爆炸物 *m*-TDATADK {4, 4′, 4″—三〔N—（3—甲基苯基）苯氨基〕三苯胺}，它的玻璃轉移溫度（Tg）高達200℃，也是一類重要的空穴傳輸的材料，Pioneer Electronics公司擁有這種星狀空穴注入材料的專利。Huang等將氧化物 Al_2O_3 放在陽極和空穴傳輸層之間，當厚度約為0.5～1nm時，元件的量子效率得到了明顯的改善。

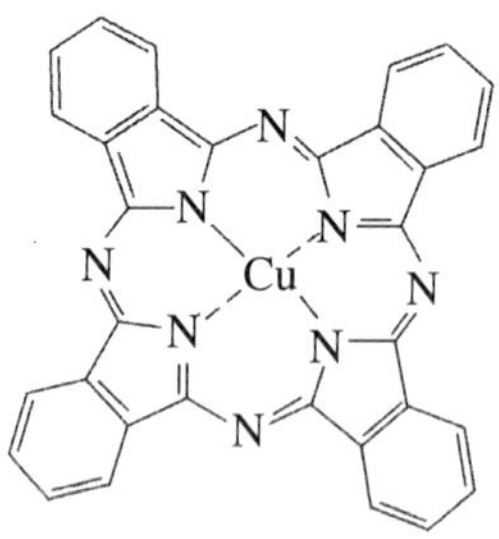

(a)CuPc 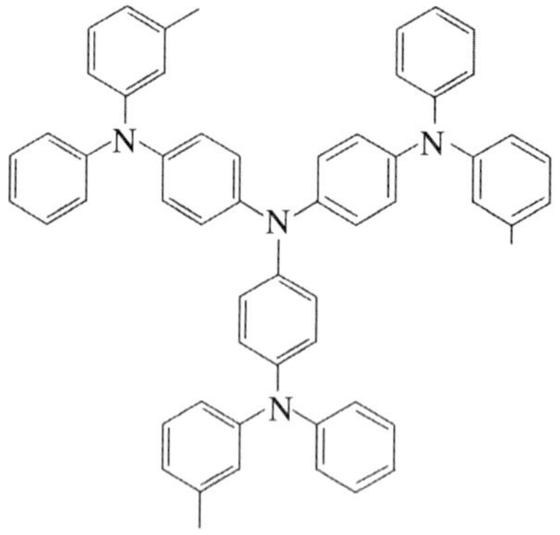　　(b)*m*-TDATA

圖 4-21　兩種空穴傳輸材料的化學結構

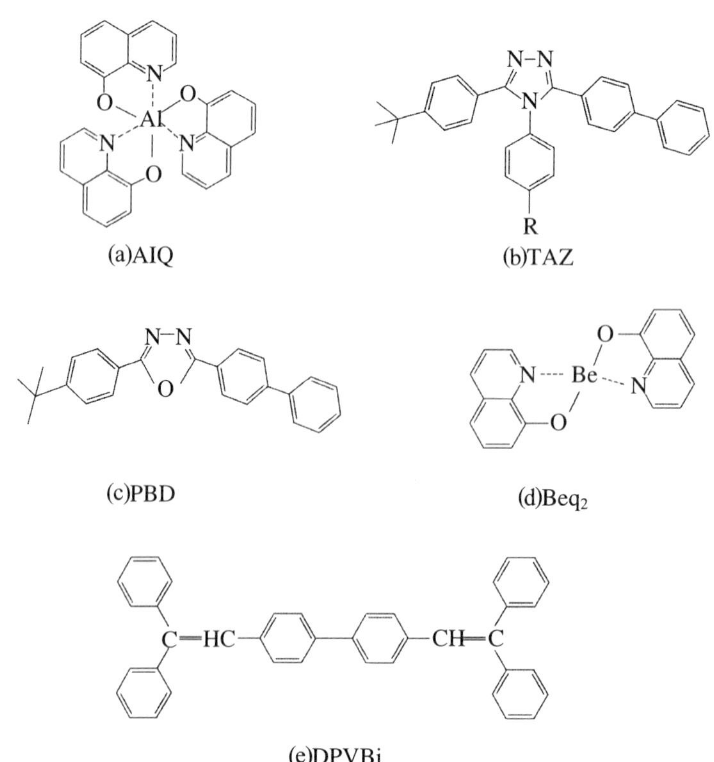

(a)AlQ　　(b)TAZ

(c)PBD　　(d)Beq_2

(e)DPVBi

圖 4-22　幾種電子傳輸材料的分子結構

4.3.4.2 電子傳輸材料

一般來說，電子傳輸材料都是具有大的共軛平面的芳香族化合物，它們大都有較好的接受電子能力，同時在一定正向偏壓下又可以有效地傳遞電子。從目前使用的電子傳輸材料來看，用得最多的還是8—羥基喹啉鋁（AlQ）、1, 2, 4—三唑衍生物（1, 2, 4—triazoles, TAZ）、PBD、Beq_2、DPVBi 等。總之，電子傳輸材料既要求有適當的傳輸電子能力，又要滿足薄膜器件工藝的要求，如成膜性、穩定性等。圖 4-22 列出一些常用的電子傳輸材料的化學結構。

4.4 塑膠太陽電池中的聚合物[20]

用於太陽電池的聚合物首先必須是光電導高分子。所謂光電導（Photo Conductivity），是指物質在受到光照時，其電子電導載流子數目比其熱平衡狀態時多的現象。換言之，當物質受光激發後產生電子、空穴等載流子，它們在外電場作用下移動而產生電流，電導率增大。這種現象稱為光電導（Photo Conductivity）。由光的激發而產生的電流稱為光電流。不少低分子有機化合物是優良的光電導性物質，如蒽及其電荷轉移複合物。許多高分子化合物，如聚苯乙烯、聚鹵代乙烯、聚醯胺、熱解聚丙烯腈、滌綸樹脂等，都被觀察到具有光電導性。在介紹光電導高分子之前，先簡單介紹一下光電導的基本知識。

前面曾經介紹過，當單體體積中載流子數為N，每個載流子所帶電荷量為q，載流子在外電場E作用下沿電場方向的運動速度為

v，遷移率為μ時，單位時間流過截面積為 S、長為l的長方體的電流為：

$$I = Nq\mu ES$$

電流密度則為：$J = Nq\mu E$

對光電導材料來說，必須考慮光激發產生的載流子的平均壽命，設單位時間光照後在單位體積內所生成的載流子數為n_0，載流子平均壽命為τ，則在穩定光的照射下，單位體積中的載流子數N為：

$$N = n_0\tau$$

因此，穩態光電流密度J_L為：

$$J_L = n_0\tau q\mu E$$

當入射光強為I_0（光量子／$cm^2 \cdot s$），樣品的光吸收係數為α（cm^{-1}），載流子生成的量子收率為ϕ，樣品的厚度為l（cm）時，n_0與入射光強I_0、吸收光強I_α之間有如下的關係：

$$n_0 = I_\alpha l\phi = lI_0(1 - e^{-\alpha l})\phi$$

因此，$J_L = lI_0(1 - e^{-\alpha l})\phi\tau q\mu E$

光電導材料通常以薄膜的形式出現，l很小，故上式可簡化為：

$$J_L = I_0\alpha\phi\tau q\mu E$$

由上式可見，材料的光電導性除了材料本身的性質外，還與入射光強和電場強度有關。

光電導包括三個基本過程，即光激發、載流子生成和載流子遷移。

對於光電導材料載流子產生的機理，曾提出過不少理論，其中最著名的是奧薩格（Onsager）離子對理論。該理論認為，材料在受光照後，首先形成距離僅為 r_0 的電子－空穴對（離子對），接著這個離子對在電場作用下熱解離生成載流子。而離子對的形成有兩種可能，一種是與從高能激發態向最低激發態的失活過程相競爭的自動離子化，這種方式產生載流子的量子收率較低。另一種是光激發所產生的最低單線激發態（或最低三線激發態）在固體中遷移到雜質附近，與雜質之間發生電子轉移。這種有雜質參與的載流子生成過程稱為外因過程，與此對應，與雜質無關的載流子生成過程稱為內因過程（Internal Process）。通常，在外因過程（External Process）中，雜質為電子給予體時，載流子是空穴；雜質為電子接受體時，載流子是電子。研究表明，酞菁類化合物和PVK類聚合物的光電導都是屬於外部過程。另一方面，光電導性材料中存在的雜質也可能成為陷阱而阻撓載流子的運動。陷阱因能級不同而有深淺。在淺陷阱能級時，被捕獲的載流子可被再激發而不影響遷移，但在深陷阱能級時，則對遷移無貢獻。

光電導高分子主要有以下幾類：線型π共軛高分子；平面型π共軛高分子；側鏈或主鏈含多環芳烴的高分子；側鏈或主鏈含雜環化合物的高分子；高分子電荷轉移複合物及其他等。圖 4-23 給出了一些光電導高分子的結構式。

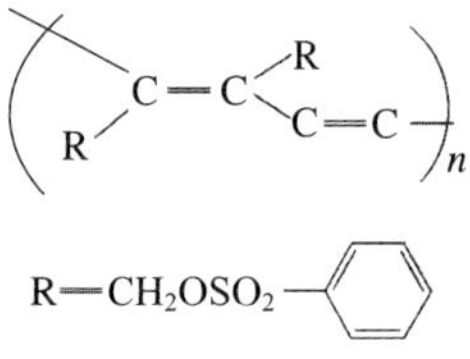

(a) 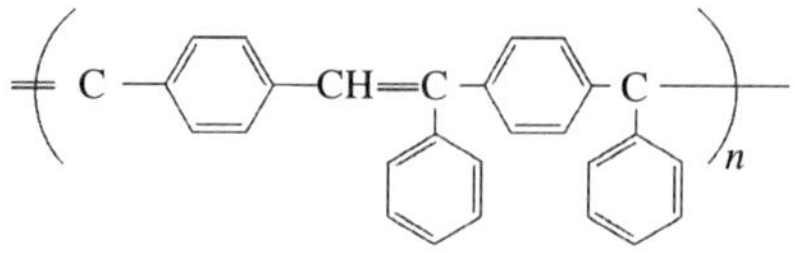 (b)

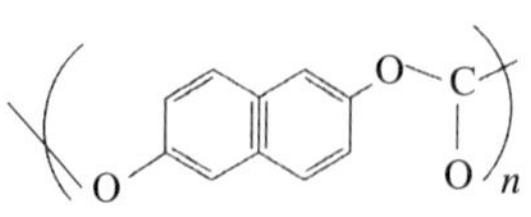

(c) 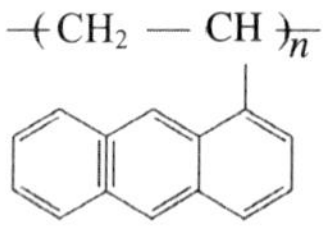 (d) 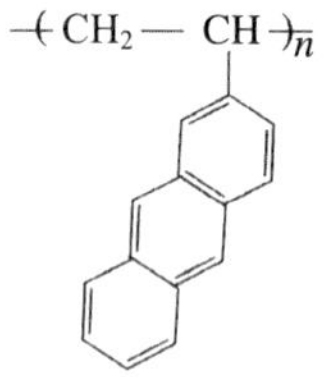 (e) 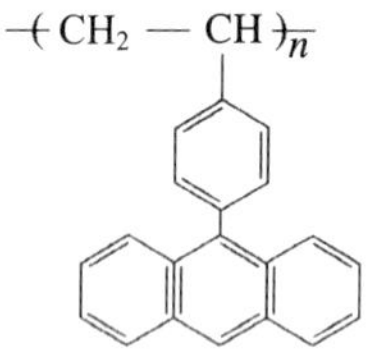 (f)

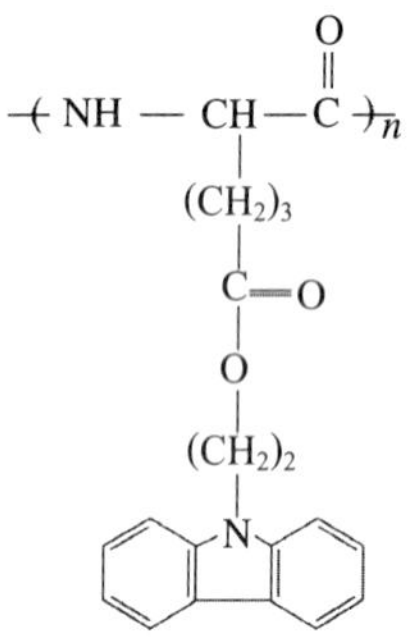

(g) 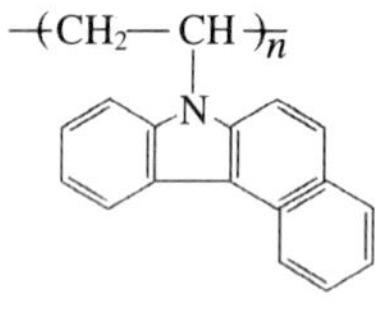 (h) 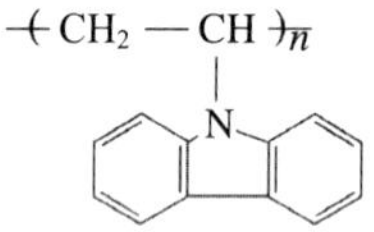 (i) 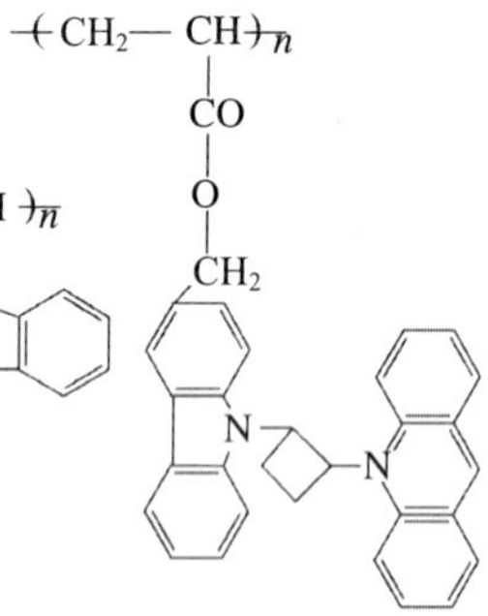 (j)

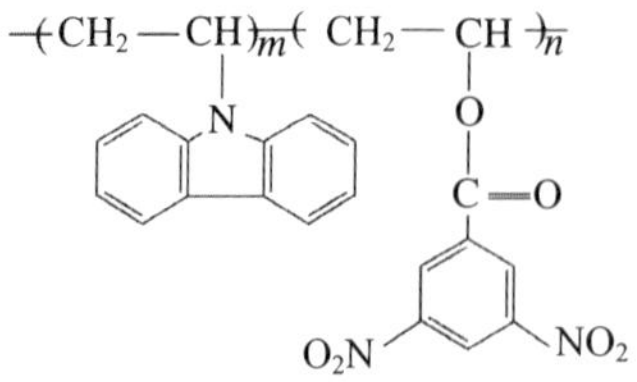

(k) 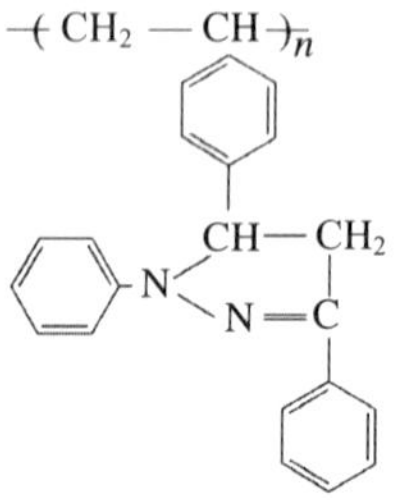 (l) 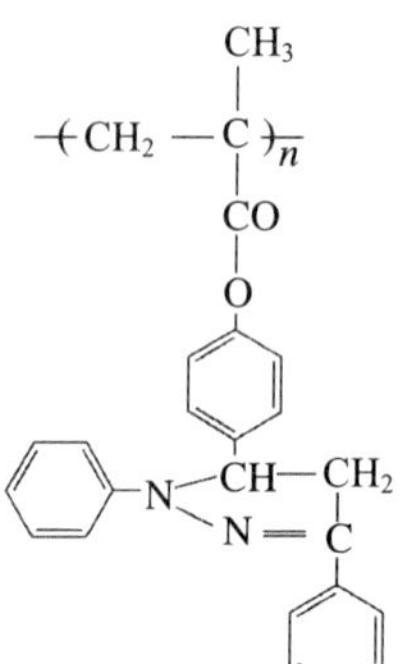 (m)

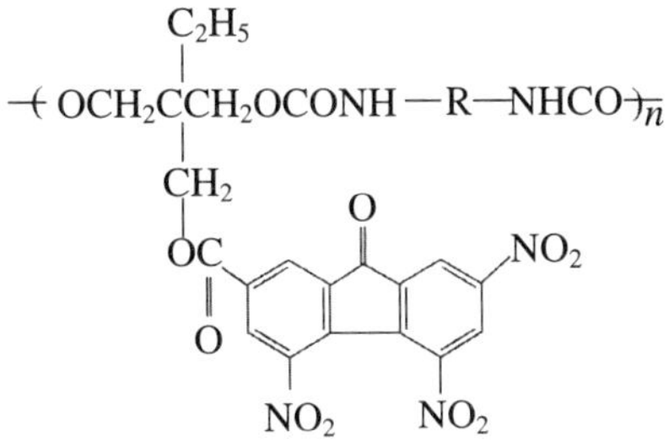

$-\!\!(OCH_2C(C_2H_5)(CH_2OC(=O)\text{-}Ar)CH_2OCONH-R-NHCO)\!\!-_n$

(n)

$-\!\!(O-CH_2-CH(CH_2OC(=O)\text{-}Ar))\!\!-_n$

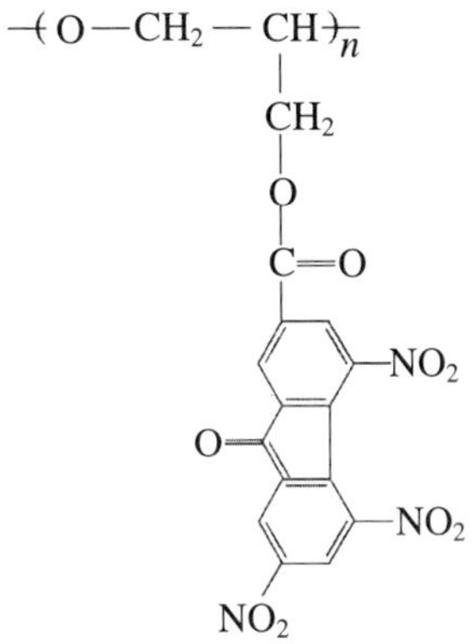

(o)

圖 4-23 一些光電導高分子的結構式

4.4.1 聚合物結構對光電性能的影響[21]

聚合物的微觀結構（Micro structure）（分子鏈）和宏觀結構（Macro structure）（結晶和形態）都對光電性能有影響。

4.4.1.1 微觀結構（Micro structure）

(1)分子鏈結構

光電導性聚合物的分子結構特徵是含有π電子共軛體系。一類是主鏈為飽和鍵構成，而垂吊下的側基帶有非定域化π電子的平面結構（例如PVK），另一類主鏈是發達的共軛體系構成（例如聚炔類）。

(2)分子量

分子量影響著共軛體系的程度。在PVK上，當相對分子質量達到約10^5時，對光電導就沒有影響了。在低分子量時，光導性的大小依賴於分子量，分子量不影響遷移率，而影響光生載流子的量子效率，因為所包含的末端基使激發的咔唑基團去活化。

⑶空間立構規整度效應

順式聚乙炔沒有光電效應，反式聚乙炔有光電效應。因為反式聚乙炔見光後能形成帶電的孤子，在分子鏈之間跳躍，在電場作用下有光電流。

4.4.1.2 宏觀結構（Macro structure, Macroscopic Structure）

凝聚狀態（Condensed State）（非晶和結晶）、結晶度、晶面取向和結晶形態都影響著光電流大小。PVK本身是無定形結構，但退火後可得到不同的結晶度，隨著結晶度增加，遷移率有微弱的增加，而量子效率增加較快，使光電流增加。

★ 4.4.2 聚乙烯基咔唑（PVK）[22]

在這些光電導性高分子中，聚乙烯基咔唑（PVK）的光電導特性及光電導機制研究得最充分。聚乙烯基咔唑側基上帶有大π電子共軛體系〔見圖 4-22(i)〕，是一種易結晶的聚合物，同一條分子鏈上存在全同立構的 $H3_1$ 螺旋與間同立構的 $H2_1$ 螺旋的嵌段結構，因此咔唑環的相互作用十分強烈，載流子正是通過咔唑環的π電子雲重疊而遷移的。PVK在暗處是絕緣體，而在紫外線照射下，電導率則可提高到 $5 \times 10^{-11} S \cdot cm^{-1}$。當這種高分子成薄膜時，相鄰的苯環互相靠近生成電荷轉移複合物，通過光激發，電子能夠自由地遷移。其反應機制如下：

$$PVK \xrightarrow{h\nu} [PVK^{+} + e^{-}]$$

即PVK吸收紫外線後處於激發態，在電場中離子化，產生正離子自由基PVK^{+}和電子e^{-}，PVK^{+}的作用如同電荷載流子，而電子則跳到空穴中：

$$[PVK^{+} + e^{-}] + 空穴 \rightarrow PVK^{+} + 空穴$$

PVK的光電性主要在紫外區域顯示，為了使其光電性擴展到可見光區域，則需在PVK中摻雜有機染料和電子受體，以形成電荷轉移複合物（CTC）。摻雜的電子受體稱為增感劑，常用的有I_2、Sb Cl_5、三硝基芴酮（TNF）、TCNQ、四氯苯醌、TCNE等。Tincent指出光電導性高的CTC在結構上需滿足下列兩個條件：其一是相鄰的電子給體或電子受體分子的π軌道必須相互重疊，以便離子對有效地分離，載流子能自由地遷移；其二是電子給體與電子受體分子相對取向時軌道的疊蓋應是微弱的，這可減弱從電荷轉移激發態向基態的衰減。

電子受體TCNQ的電子親和力很大，能滿足上述兩個條件。因此在PVK-TCNQ的CTC中，TCNQ的濃度僅百分之幾就使CTC具有全色光電性。在PVK-TCNQ的CTC中，光生載流子的形成機制與激基複合物的熱解離及激發子與陷阱電荷的相互作用相關聯。

CTC可以在高分子鏈與低分子之間形成，也可以在高分子電子給體與電子受體之間形成。也有在同一高分子鏈中同時存在電子給體和電子受體的鏈節出現電荷轉移現象，而顯示更佳的光電導性。例如在同一高分子鏈中，PVK 鏈節是電子給體，部分 PVK 鏈節經硝化後是電子受體，則易發生電荷轉移。部分硝化的PVK的光導電性優於PVK，因此可採用硝化的方法增加光電導高分子的光電導性能。類似地，聚乙烯基萘、聚苊烯等含有較大共軛基團的聚合物，都可進行硝化，以增加其光電導性。

在與電子受體形成電荷轉移複合物的增感中，基態的光電導體與增感劑之間生成的電荷轉移複合物吸收可見光，經過電荷轉移複合物的激發態，從電子給體向電子受體轉移而生成載流子。在這類增感的光電導高分子中，PVK與2, 4, 7—三硝基—9—芴酮(TNF)的電荷轉移複合物是最著名的。這種光電導性高分子是在PVK中加入幾乎等物質的量的TNF，TNF起著輸送電子載流子的作用。研究表明，當照射光的波長$\lambda > 500$nm時，載流子是由電荷轉移複合物引起的；而當$\lambda < 500$nm時，載流子的產生是由PVK和TNF共同貢獻的。

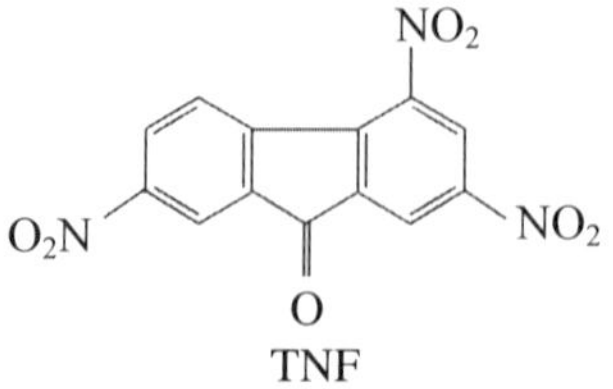

NO_2
O_2N NO_2
O
TNF

將作為光電導增感劑用的染料或色素以溶液的方式滴加到光電導高分子溶液中去，攪拌均勻之後再塗佈成膜，可以提高聚合物的光電導性能。在染料增感的情況下，染料增感劑吸收可見光而成為電子激發態，處於激發態的染料與基態的光電導體之間發生電子轉移，生成載流子。研究發現，染料增感的載流子是空穴，表明在這過程中，電子由PVK移動至染料分子，因此，染料也相當於起了電子受體的作用。

PVK隨壓力增加電導率增大證明其是電子電導。光導作用光譜與吸收光譜基本一致，光電導閾值在370nm。光生載流子主要是通過激子機制來產生。光量子產率依賴於電場強度。也可以通過光引發從電極注入載流子，PVK 的空穴遷移率在10^{-7}～$10^{-6}cm^2 \cdot V^{-1} \cdot s^{-1}$之間。

4.4.3 聚對苯乙烯（PPV）[23]

近年來，在光電轉化領域備受重視的高分子材料為聚對苯乙烯（PPV）（見圖 4-24），它也是在光電領域應用最廣泛的、目前製得元件效率最高材料。

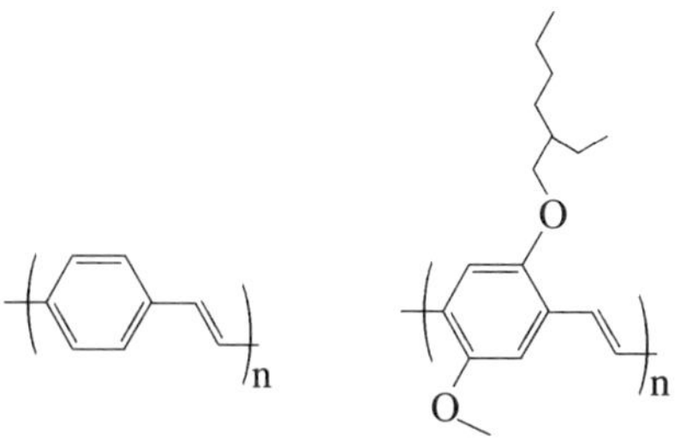

(a)PPV (b)MEH-PPV

圖 4-24 聚對苯乙烯（PPV）的結構式

由它製作的單層膜元件 ITO/PPV/Mg 和 ITO/PPV/Al 光電池的開路光電壓可達 1.2V，其光電轉換量子效率可達 1%。在 ITO/PPV/Ca

結構的光電池中，開路光電壓可達 1.7V。鑒於 PPV 具有如此優良的光電性能，PPV 的合成與修飾就成為科學家們所關注的目標。

4.4.3.1 PPV 的合成方法

PPV 聚合物材料不溶於任何溶劑，加工性能很差。而作為太陽電池元件，必須可形成高質量的透明薄膜，要達到這種要求，從技術手段上看只能通過溶液旋轉塗佈法來實現，即通過旋轉塗佈聚合物前驅體方法得到解決，通過硫酸鹽前驅體合成 PPV 的方法不僅可以用於合成 PPV 及其衍生物，而且也適用於 PPV 相關的衍生物，見圖 4-25。

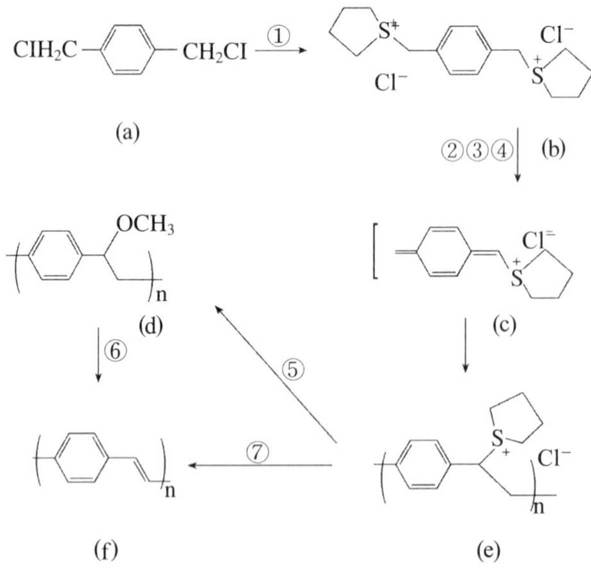

圖 4-25 PPV 的合成方法

①四氫噻吩，CH_3OH，65℃；② NaOH，CH_3OH/H_2O；③ HCl；④ 透析；⑤ CH_3OH，50℃；⑥ 220℃，HCl（g）/Ar，22h；⑦ 180～300℃，真空，12h

化合物(a)與四氫噻吩反應生成硫酸鹽(b)，其他硫醚也可使用（如二甲硫醚），但在後續反應中會發生副反應，故最好使用四氫噻吩；化合物(b)在鹼性中聚合，生成化合物(e)，反應溫度為0～5℃，鹼的摩爾比最好小於 1；如果鹼量大，那麼化合物(e)會發生部分消除反應，顏色加深，產生不溶物。聚合反應機制到目前還一直沒有定論，早期認為是陰離子聚合，現在發現在有自由基捕集（trapping）劑（如O_2）存在的條件下，聚合物分子量大大降低，由此認為機制是自由聚合。聚合最好在惰性氣體保護下進行，最後用鹽酸中和終止反應，前驅體(e)的聚合物溶液通過透析可除去鹽和小分子量雜質。因為前體是一種聚電解質，所以用GPC很難測定它的分子量，化合物(e)與甲醇回流可製得化合物(d)，它是一種中性物質，用GPC可測定它的分子量，Mn＞100000g / mL。

前驅體(e)旋轉塗佈法可製備高質量的透色薄膜，它在一定真空度（Pa）、一定溫度（180～300℃）下加熱12h，可以得到PPV(f)。在這種條件下，反應副產物氯化氫和四氫噻吩很容易除去。在這一步中，如果有微量的氧氣存在，那麼PPV膜的螢光量子效率將會降低，原因是聚合物被氧化形成羰基，從而猝滅螢光。目前常用惰性氣體有 N_2、H_2、Ar，例如在 Ar 保護下，溫度達 160℃，化合物 (e)已開始發生消除反應。而前體(e)的溴化物在 100℃時可發生消除反應，在較低溫度下製備PPV，使製備可塑性太陽電池元件成為可能。

通過化學蒸發沉積（chemical vapor deposition, CVD）方法也可以製備 PPV（見圖 4-26）。利用開環聚合 （ROMP）方法通過設計特定的單體，也可以得到 PPV（見圖 4-27）。

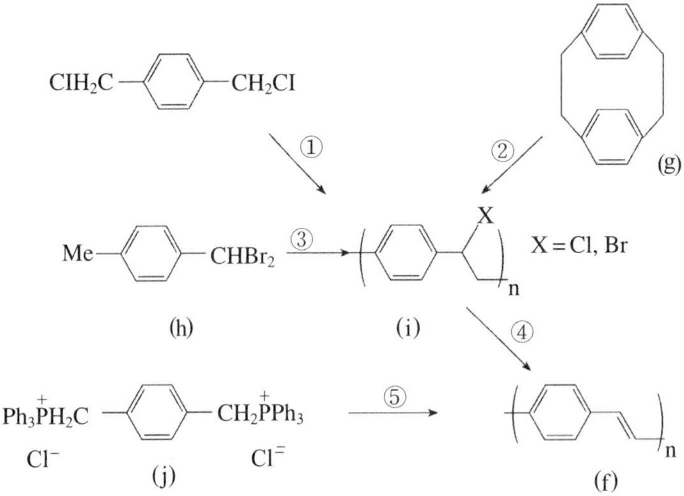

ClH$_2$C—CH$_2$Cl

①

②

(g)

Me—CHBr$_2$ ③

X

X＝Cl, Br

n

(h)

(i)

④

Ph$_3\overset{+}{P}$H$_2$C—CH$_2\overset{+}{P}$Ph$_3$

⑤

Cl$^-$

Cl$^=$

(j)

n

(f)

圖 4-26　CVD 法合成 PPV

①500～700℃，1Pa；②580℃，10Pa；③800～900℃，1Pa；60℃，10Pa；④200℃，真空；⑤ CH3CN，5.5V

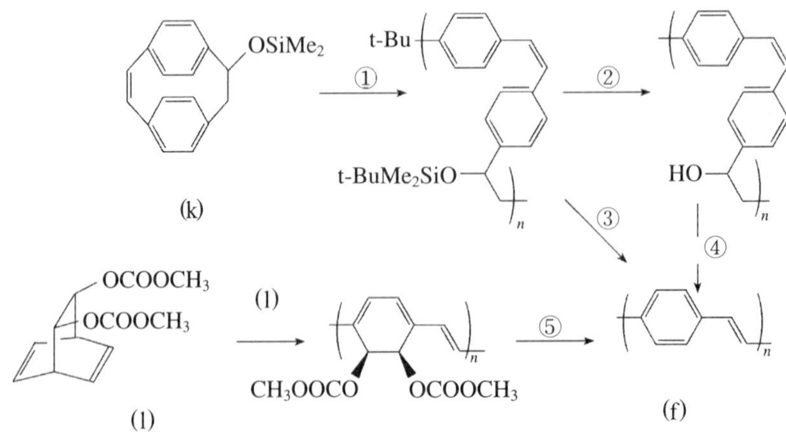

圖 4-27　ROMP 方法合成 PPV

① Mo(=NAr)(=CHCMe$_2$Ph)[OCCH3(CF$_3$)$_2$]$_2$；② Bu$_4$NF；
③ HCl(g)， 190℃；④ 105℃；⑤ 280℃

4.4.3.2 可溶性PPV的合成方法

Fleeger 和 Ohnishi 幾乎同時報導了可溶性聚對苯乙烯，它可直接在ITO導電玻璃上旋轉塗佈法，得到聚合物電致發光元件，克服了用PPV前驅體旋轉塗佈法需在高溫下處理的缺點，同時因為PPV在所有的溶劑中都不溶解，所以可溶性PPV材料為製備多層聚合物器件提供了新的方法。

MEH-PPV（見圖4-24）成為最引人注目並廣泛加以應用的PPV衍生物，MEH-PPV 具有較好的溶解性，使用方便。它的禁帶寬度大約為2.1eV，在Ca/MEH-PPV/ITO結構光電池中，24mW・cm^{-2}光照下觀察到了6μA・cm^{-2}的短路光電流和約1.6 V 的開路光電壓，外量子效率約為 1%。隨後研究發現，利用 C_{60} 作為增感劑摻雜的MEH-PPV 作為光活性物質，可以大幅改善光電池的感光靈敏度，提高了光電轉換性能（見圖4-28）。無外加偏壓時，ITO/MEH-PPV/C60/Ca 型結構的元件其感光靈敏度為5.5mA・W^{-1}，開路光電壓為0.8V，短路光電流為1.53 mA・cm^{-2}。與純MEH-PPV相比，其感光靈敏度增強了一個數量級以上。在用In或Al替代Ca作為電極的元件中也觀察到了上述類似的現象。這種光電池對溫度不敏感，從300K降溫至80K，其光敏感性只降低了一半。同時，這種光電池還有很好的穩定性，在惰性環境下，經500nm光（強度3mW・cm^{-2}）連續照射12h而沒有發生大的變化。C_{60}摻雜的MEH-PPV在光電轉換方面顯示出了驚人的潛力，但其存在著在大多數溶劑中 C_{60} 溶解度有限的缺點。利用C_{60}衍生物作為電子給體摻雜MEH-PPV能有效地促進電荷轉移。如利用 C_{60} 衍生物[6, 6]PCBM 作摻雜物質，當MEH-PPV和[6, 6]PCBM的質量比提高到1：4，則大約每一個MEH-

PPV 重複單元對應有一個受體分子，這時在 430nm，20 mW · cm^{-2} 光強照射下，其感光靈敏度為 100mA · W^{-1}，而光電轉換外量子效率為 29%。若提高光強，則光電轉化率量子效率還可進一步提高。

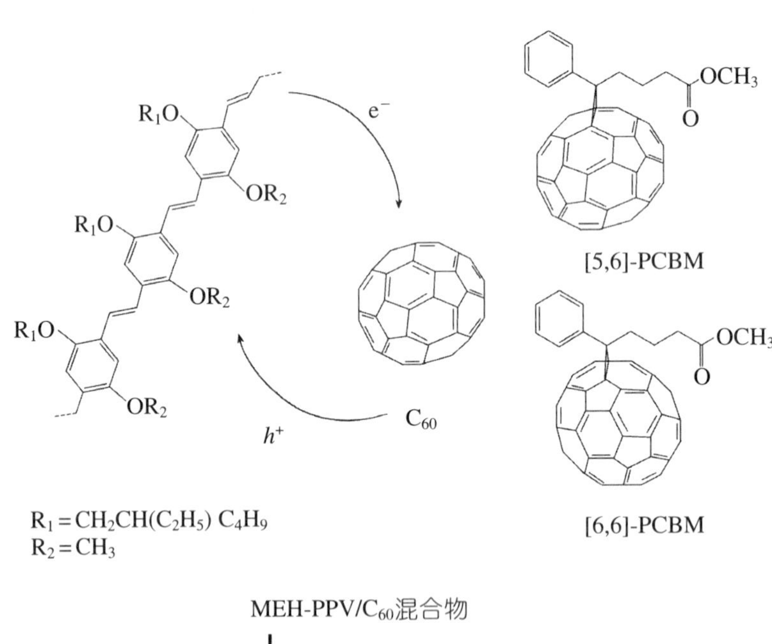

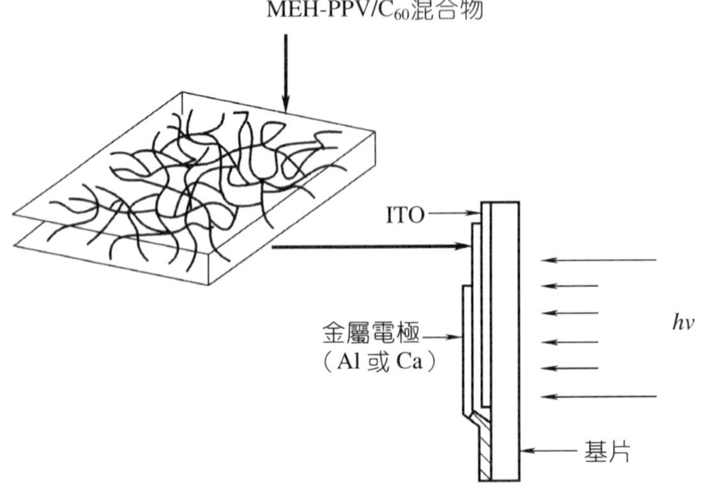

圖 4-28　MEH-PPV/C60 的光誘導電荷轉移示意圖

獲得可溶性PPV的方法是在苯環上引入至少一個長鏈烷烴，例如聚（2, 5—二烴氧基—1, 4—對亞苯基乙烯）烷烴碳個數至少大於6，它們可以溶解在很多有機溶劑中，如三氯甲烷、四氫呋喃等。連接烷氧基後的取代 PPV，當聚合物折射率為 1.4 左右時，最大發光波長與PPV 相比發生紅移（590nm 左右），此外，長鏈使共軛聚合物骨架相互分離，聚合物的螢光和量子效率有所提高；S.Doi 等研究了同類型取代基的鏈長對烷氧基取代的 PPV（ROPPV）的影響，他們發現，元件的光電性能先是隨著鏈長的增加而提高，當 R 基為 10 個碳的正烷基時最大，而後隨著鏈長的增加而降低。

雖然二烷氧基取代 PPV 可以通過硫酸鹽前體即 Wessling 方法製得，但Gilch用 2, 5-二烷氧基-1, 4-雙（二氯甲基）苯作為單體，在鹼性條件下聚合更有利。Gilch 方法通過兩步反應可製備出可溶性PPV，提高了反應產率，兩種方法獲得的聚合物分子量在同一數量級上。

圖 4-29 是聚〔2—甲氧基—5—（2′—乙基）己基對苯乙烯〕（MEH-PPV）的合成方法示意圖，雙（氯甲基）苯衍生物（m）是通過對甲氧基苯酚與氯代烴反應，然後再進行氯甲基化反應製得，化合物（m）在 *t*-Buok 存在的條件下聚合製得聚合物（n）。

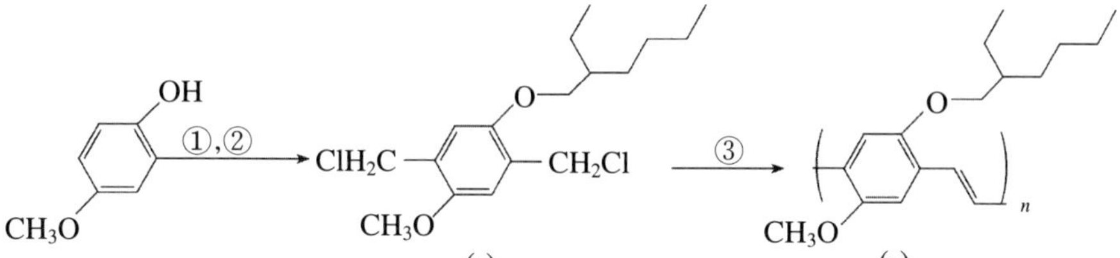

OH ①,② → ClH_2C — CH_2Cl ③ → n

CH_3O CH_3O (m) CH_3O (n)

圖 4-29 Gilch 法合成 MEH-PPV 衍生物

① 3—溴甲基庚烷，KOH，EtOH，回流，② HCHO，HCl，20%，18h；回流，4h；③ KO-t-Bu，THF，20℃，24h

在聚合時，必須嚴格控制反應單體的濃度，避免發生凝膠化，使得生成的聚合物不溶解。反應後，用甲醇反覆沉澱，可得到高純度的聚合物（n）（MEH-PPV）。

可溶性PPV衍生物也可以通過α-鹵代聚合物前驅體的方法製得（見圖4-30）。

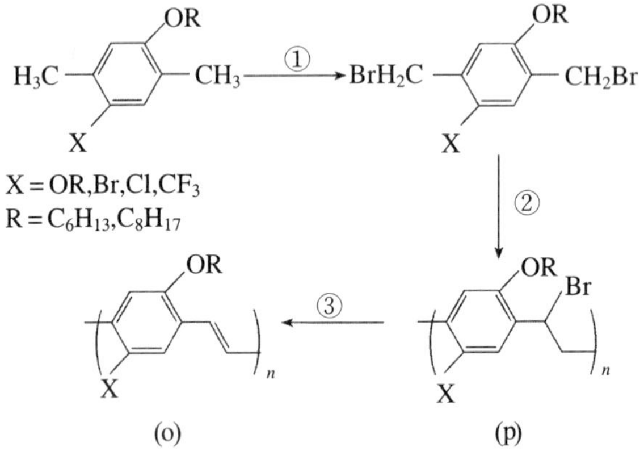

圖 4-30　通過鹵代前體合成可溶性 PPV

① NBS，CCl_4，*hv*；② KO-t-Bu，THF；③ 160～220℃，真空，4h

製備鹵代前體的方法與 Gilch 方法類似，僅僅是雙鹵代基苯衍生物與少於 1mol 的鹼反應，即可得到鹵代前驅體聚合物（p），再經過高溫消除 HCl，可得 PPV 衍生物（o）。研究發現，PPV 的取代基為支鏈時比相同碳數的直鏈烷烴的溶解度更好。

其他的縮合聚合方法也可以用於製備可溶性 PPV。例如，1, 4—對苯二甲醛與芳甲基雙磷葉立德反應可以製得交替共聚物（s）（見圖 4-31），它的最大發光波長為 585nm；同樣通過Heck反應，用 1, 4—二鹵代苯與二乙烯苯反應可製得交替共聚物。

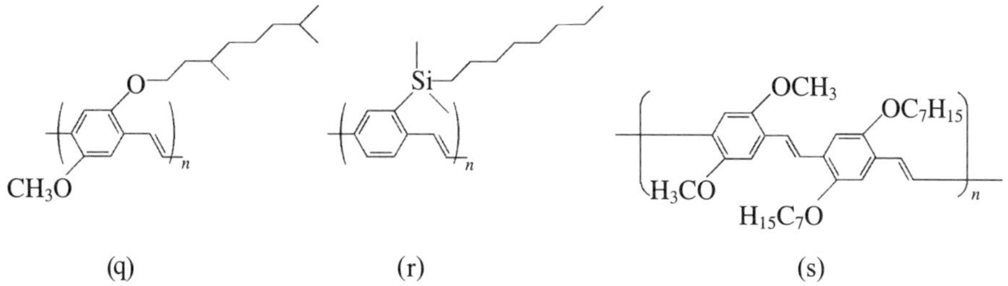

(q) (r) (s)

圖 4-31 可溶性 PPV 的結構

MEH-PPV 與另一個 PPV 的衍生物 CN-PPV 配合使用，組成 D-A 網絡結構的光電池，也取得了較好效果。由它們所組成的異質結光電池結構為 ITO/MEH-PPV/CN-PPV/Al（見圖 4-32），它的開路光電壓為 0.6V，在 0.15mW/cm^{-2} 的 550nm 單色光照下，零偏壓時光電轉換外量子效率可達 6%，若施加偏壓則可以進一步提高光電轉換量子效率，如 3V 時可達 15%，10V 時可達 40%。

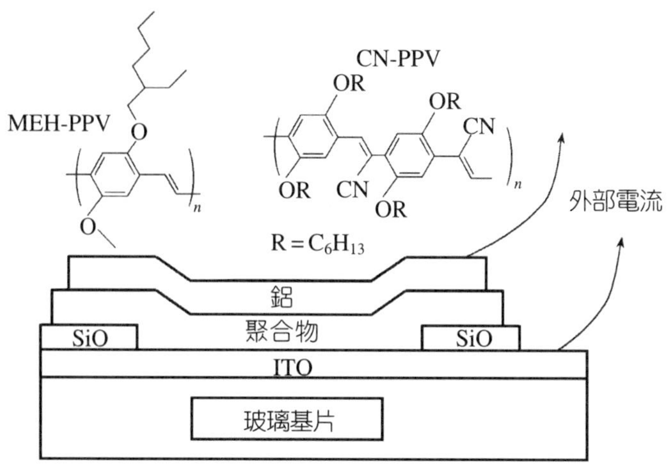

圖 4-32 ITO/MEH-PPV/CN-PPV/Al 光電池結構

★ 4.4.4 聚苯胺（PANI）[24]

聚苯胺（PANI）由於具有物理化學性能優良和摻雜機理獨特等優點而從眾多導電聚合物中脫穎而出，成為研究熱門題目。本質態聚苯胺的電導率只有 10^{-10} S · cm^{-1}，使它在光電元件方面的應用受到限制，摻雜是賦予 PANI 導電性的必然方法。

同時，聚苯胺不溶不熔是阻礙它得到實際應用的另一個難題。目前相繼發現的溶劑如*N*—甲基吡咯烷酮（NMP）、濃硫酸等具有強腐蝕性，且只能溶解本質態聚苯胺，而不能溶一般無機酸摻雜聚苯胺。另外，即使在這些可溶的溶劑中的溶解度也是有限的，本質態聚苯胺在NMP和*N*, *N*′二甲基丙烯尿素（DMPU）中濃度分別超過6%和12%就會發生凝膠現象，自從曹鏞等提出一價對陰離子（counter-ion）誘導摻雜的概念，聚苯胺的摻雜更加受到青睞。因為用功能化質子酸摻雜聚苯胺可以提高聚苯胺的電導率，改善它的溶解性能和穩定性。

導電聚苯胺的加工已取得突破性進展。由於導電聚苯胺具有共軛高聚物鏈的結構，而且具有強的剛性和強的鏈間相互作用，致使導電聚苯胺的溶解性極差，幾乎不溶於任何溶劑中，限制了它在技術上的廣泛應用。解決導電聚苯胺的溶解性是合成聚苯胺的決定因素，並且操作過程的繁簡、成本的高低、產率的大小也是形成工業化的關鍵問題。目前聚苯胺的聚合方法中被認為較好可行的幾種如下。

4.4.4.1 化學氧化聚合法

化學氧化聚合是在酸性介質中，採用合適的氧化劑將苯胺單體進行氧化聚合。主要的氧化劑有$(NH_4)_2S_2O_8$、$K_2Cr_2O_7$、$KMnO_4$、H_2O_2和KIO_3等，其中最常用的是$(NH_4)_2S_2O_8$。除氧化劑外，質子酸是影響苯胺聚合的另一個重要因素。一方面，質子酸提供反應所需要的酸度，並以摻雜劑形式進入聚苯胺鏈上，賦予聚苯胺一定的導電性。儘管聚合溫度對電導性影響不大，但較低溫度有利於分子量的提高。

操作步驟：在一定溫度下，將減壓蒸餾的分析純苯胺在酸性溶液中不斷攪拌，一般用過硫酸銨作氧化劑慢慢地滴加，冰浴反應數小時，所得聚苯胺的性質基本相同，反應開始後一般變成綠色，隨著反應的不斷進行，溶液的顏色漸漸加深變成藍色或黑色，依次用酸、無水乙醇、蒸餾水洗滌過濾，然後在真空乾燥箱中恆溫（85℃左右）約 20h。

此方法合成的聚苯胺的最大優點是室溫電導率較高，可達 $3\times 10^2 S\cdot cm^{-1}$，產率較好，而且方法比較成熟。

目前人們基於不同的應用需要，對聚苯胺化學氧化聚合方法進行了各種各樣的改進，以提高其電導率、可加工性、穩定性和其他一些特殊的性能。

較早研究的苯胺聚合是$(NH_4)_2S_2O_8+HCl$氧化體系，其產物的電導率在 $5\sim 10S\cdot cm^{-1}$ 範圍內。曾幸榮等以鹽酸－苯胺為原料，重鉻酸鉀為氧化劑，在鹽酸溶液中製備出電導率達 $25.6S\cdot cm^{-1}$、在空氣中穩定性良好的聚苯胺。

此方法的主要缺點是：合成步驟繁瑣，對酸的用量及操作條件要求苛刻，氧化物與酸的用量相當大，且需複雜的後處理過程以除去產物中過量的酸和有機過氧化物的分解物等，從而限制了大規模的實用化和工業化。

4.4.4.2 縮合聚合法

近年來，合成方面的主要進展是突破了傳統上人們對苯胺只能在酸性條件下進行聚合的侷限，Wudl等採用Schiff鹼路線合成了分子鏈規整的聚苯胺，摻雜後電導率為 $0.02 \sim 0.2 S \cdot cm^{-1}$。對反應產物的光學、磁學以及電化學等行為檢測發現，按此路線合成的聚苯胺與化學氧化聚合得到的聚苯胺具有相同的性質。

4.4.4.3 電化學聚合法

自 1980 年 Diaz 成功地用電化學氧化聚合製備出電活性的聚苯胺膜以來，關於聚苯胺的電化學合成方法已做了大量的工作。目前用於電化學合成聚苯胺的主要方法有：動電流掃描法、恆電流、恆電位、脈衝極化法、循環伏安法及多種手段的複合方法。恆電流、恆電位和循環伏安法分別是指在工作電極和對電極之間加一恆定的電流、恆定的電壓和以一定的掃描速度在特定的範圍內變化的電壓。實驗證明，聚合方法不僅影響薄膜的質量，而且也改變薄膜本身的物理性質。如循環伏安法得到的聚苯胺膜均勻，與電極的黏附性好，而恆電位法製得的薄膜卻不均勻、顆粒鬆散；恆電位得到的聚苯胺微觀形貌為纖維狀，而恆電流法為顆粒狀。電化學方法製備的聚苯胺一般是沉積在電極表面的膜或粉末。通常所用的電化學方式採用三電極法，即聚苯胺為工作電極，鉑金為對電極，標準甘汞電極（SCE）為參考電極。聚苯胺的形成是通過陽極偶合機理完成的，具體過程可由下式表示：

$$\text{C}_6\text{H}_5\text{NH}_2 \xrightarrow{-\text{H}^+} \text{C}_6\text{H}_5\text{N}^-\text{H} \longrightarrow \text{C}_6\text{H}_5=\text{NH}$$

$$2\text{C}_6\text{H}_5\text{N}^-\text{H} \longrightarrow \text{C}_6\text{H}_5\text{-NH-C}_6\text{H}_5\text{=NH} \longrightarrow \text{C}_6\text{H}_5\text{-NH-C}_6\text{H}_4\text{-NH}_2 \longrightarrow \text{聚合物}$$

聚苯胺鏈的形成是活性鏈端（$-NH_2$）反覆進行上述反應，不斷增長的結果。由於在酸性條件下，聚苯胺鏈具有導電性質，保證了電子能通過聚苯胺鏈傳導至陽極，使增長繼續。只有當前端的偶合反應發生，形成偶氮結構，才使得聚合停止。

影響苯胺電化學聚合的因素有：電解質溶液的酸度、溶液中陰離子種類、電極材料、苯胺濃度及其他電化學條件等。其中，電解質的 pH 值和陰離子種類是影響較大的因素，當溶液的 pH 值大於 3 時，在電極上所得的聚苯胺無光電活性，因而，聚苯胺的電化學聚合一般在 pH 值小於 3 的溶液中進行，陰離子的種類不但影響聚苯胺的陽極聚合速度，而且還會影響聚苯胺膜的形態。

電化學聚合的優點：①反應設備簡單而通用，反應條件溫和且易控制，電解液組成確定後，只要調節電壓或電流即可；②產品純度高，沒有由氧化劑引起的污染；③電化學聚合和電化學摻雜可以一步完成，產物的導電性能調節也很方便（控制 y 值即可）；④採用現場光譜循環伏安法等手段可以有效地考察電化學反應的動力學過程及結構形態的變化；⑤可製成結構複雜、尺寸精密的器件，利於開發應用。

雖然電化學合成方法簡便、易操作，但其物理、化學特性極大地依賴於製備方法和合成時的實驗參數，而且影響聚合的因素較多，難以成規模化生產，成本較高。

4.4.4.4 乳液聚合法

乳液聚合近年來備受關注，S. P. Armes 等報導了乳液聚合顯著提高聚苯胺的溶解性和加工性。乳液聚合的典型例子是 Osterholm 等報導的採用十二烷基苯磺酸（DBSA）作為摻雜劑和乳化劑，在水－二甲苯乳液體系中製備出摻雜的PANI（DBSA），再經溶劑溶解，即得到摻雜態聚苯胺溶液。

$$C_6H_5\text{-}NH_2 \xrightarrow[\text{DBSA／水、二甲苯}]{(NH_4)_2S_2O_8} \xrightarrow[\text{過濾、洗滌}]{\text{破乳}} \text{PANI(DBSA)粉末} \xrightarrow[\text{溶解}]{CHCl_3} \text{P}$$

這一方法不僅簡化了合成步驟，提高了耐熱性和特性黏度，而且製備出的聚苯胺具有較高的分子量和溶解性，特別是在二甲苯和間甲酚中的溶解率高達 87.9%（質量分數）。鄭裕東報導了相似結果，同時發現所得產物結晶性及耐熱性提高。L. M. Gan等採用反相微乳液聚合得到了 10～35nm 的球形聚苯胺顆粒，並可通過穩定劑來改變顆粒的微觀形貌，最高電導率可達數百 $S \cdot cm^{-1}$。

乳液聚合缺點主要是電導率有所下降，而且產率較低，並且需要大量的有機溶劑和沉澱劑，使 PANI 的製備成本提高。

4.4.4.5 沉澱聚合法

本方法在以二丁基萘磺酸（DBNSA）或十二烷基苯磺酸

（DBSA）為有機酸，水為主要反應介質的條件下，進行沉澱聚合直接製備有機酸摻雜的聚苯胺（PANI）。原料主要是用經二次減壓蒸餾後的苯胺和作為氧化劑的過硫酸胺，以及二甲苯、四氫呋喃、氯仿、甲苯和蒸餾後的丙酮等有機溶劑。聚合反應是在配有攪拌器的三頸瓶中進行，將過硫酸鐵置於三頸瓶中，加水和丙酮的混合溶劑，再加入 DBSA 或 DBNSA，待溫度平衡後，滴加苯胺，約 0.5h 滴完。反應過程中產物沉澱生成，反應 24h 後終止反應。以漏斗過濾，並用丙酮洗去低聚物後再用蒸餾水洗滌，直至濾液無色。產物經紅外燈和真空乾燥後得粉末樣品。

本方法所得 PANI 具有高電導率（$3.0S \cdot cm^{-1}$），並易溶於普通有機溶劑，產率也較高，約為 75%～80%，其中 PANI-DBNSA 在各方面較具優勢，適合於工業化。

4.4.4.6 其他方法

另外，在聚苯胺的合成上曾經嘗試了現場吸附聚合、磁場下聚合、光誘導聚合、低溫聚合等方法。

★ 4.4.5 聚吡咯（PPy）[25]

自從 1974 年 Shirakawa 等成功地合成了聚乙炔並對聚乙炔進行摻雜後，導電聚合物逐漸引起各國研究人員的興趣和重視。人們紛紛把目光轉向具有苯環或雜環結構的單體，於是有關聚苯胺、聚吡咯、聚噻吩等導電高聚物的報導日益增多。在這一族化合物中，十分引人注目的是聚吡咯。聚吡咯（PPy）除具有其他芳雜環導電聚合物所共有的特徵外，還兼有電導率高、易於製備及摻雜、穩定性好、電化學可逆性強等特點。這些優點都是其他眾多導電聚合物無法比擬的。

通過吡咯單體的化學或電化學氧化即可容易地製備聚吡咯膜，而且導電和絕緣狀態之間摻雜和脫摻雜很容易。1973 年，Gardini 合成出了黑色粉末形式的導電聚吡咯，1979 年，Diaz 和 Kanazawa 等人初次報道了以電化學方法合成優質導電聚吡咯膜，並對其電化學性質進行了研究。自此以後，人們便爭相研究這一具有「導電聚合物中最具吸引力和前途」美譽的新材料。

4.4.5.1 合成方法

吡咯單體的結構如下：

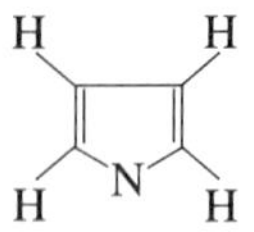

H H N H H

聚吡咯結構式為：

H N N N H H n

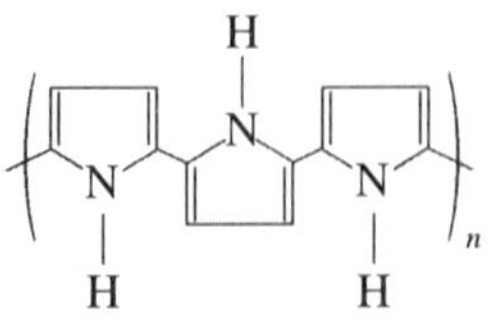

聚吡咯可以通過單體吡咯氧化聚合而成，化學方法和電化學方法均可以得到聚吡咯材料。PPy 膜的製備方法包括：化學法和電化學法。化學法是將吡咯單體溶液與含氧化劑的溶液混合，利用氧化劑的作用將吡咯單體氧化聚合成為聚吡咯。常用的氧化劑包括：

$FeCl_3$、$Na_2S_2O_8$ 和 $(NH_4)_2S_2O_8$ 等。電化學法是利用升高電極電位來使吡咯單體催化氧化並聚合在電極表面的方法。該方法包括動電位成膜法、靜電位成膜法和靜態電流成膜法。電化學成膜法具有成膜和摻雜過程同時完成的特點。

相比較而言，化學方法較為繁複，費時較長，但可以大面積沉積；而電化學方法通過使單體吡咯在鉑片上陽極聚合，可以快速得到黏附力強、不易破壞、有高導電性和很好電化學性質的聚吡咯膜。電化學方法聚合的PPy膜穩定性好，適合做有機物電極材料。電化學聚合可採用恆電位法、恆電流法、動電位等方法進行。恆電位法可以得到比較均一的薄膜，恆電流法則便於控制膜層的厚度。

4.4.5.2 聚吡咯導電性的提高

導電高分子在摻雜之後在其鏈結構上存在著自由基離子，物理上習慣於稱它們為單偶極子、雙偶極子或孤子。這類偶極子和孤子的存在與躍遷使其具有了導電性。而偶極子的分子鏈內躍遷要比分子鏈間躍遷容易得多。因此，高分子鏈越長，偶極子的分子鏈間躍遷的概率越小，其電導率也就越高。高分子量的導電高分子常常是在低溫條件下化學合成或低電壓電化學合成得到的。導電高分子的導電性還取決於分子結構對偶極子的穩定作用。一般吸電子基團的存在對聚合物的偶極子有穩定作用， 因此，雜環芳香族導電高分子的電導率常常高於非雜環芳香族導電高分子的電導率。高度結構規整性的導電高分子具有高的導電性和強的光學性能。

聚合物鏈取向程度的提高將大大提高其取向方向的電導率。採用模板技術製備高有序奈米聚吡咯材料也不失為一提高其電導率的好辦法，這是因為，利用該方法增強了聚吡咯材料結構的高度有序性，從而提高了其導電性。提高導電高分子導電性的另一個有效手段是改變材料的摻雜方式和摻雜程度。在一定範圍內提高導電高分子的摻雜程度能增加其分子鏈上偶極子的個數，從而能提高電導率。另一方面，導電高分子不能被無限地摻雜，一般摻雜度在50%以下（對離子與聚合物鏈重複單元的摩爾比）。因此，導電高分子的導電性只能用摻雜進行有限的調節。摻雜離子的親和能力、大小和形狀也會影響聚合物的導電性能。就對離子的形狀而言，可以劃分為平面形和球形兩類。球形中體積較大的對離子常常有利於得到高電導率的導電高分子材料。材料的摻雜方式對電導率的影響更為複雜。化學摻雜是將高分子材料浸入或暴露在含有摻雜離子的溶液或氣氛中。樣品形態以及摻雜時所用溶液或氣氛的濃度，暴露或浸泡的時間對材料的導電性都有影響，電導率隨氧化劑對單體濃度的比值的增加而增加。對於電化學聚合，外加電壓的大小對導電高分子導電性的影響也非常顯著。外加電壓的提高有利於聚合物的深度摻雜，從而能提高聚合物的電導率。但當外加電壓過高時，會導致聚合物鏈的降解和過氧化，其導電性下降。因此，每個導電高分子都有其最高電導率的電壓閾值。需要特別指出的是，上述關於摻雜對導電高分子導電性的影響的討論不適合於質子摻雜過程（如用酸摻雜聚苯胺）。因為摻雜過程不涉及電子得失，不能給高分子主鏈上帶來偶極子。從以上討論可以看出，通過適當降低合成溫度，提高化學合成法中氧化劑與吡咯單體濃度，提高電化學合成中的電位，提高聚吡咯材料的高度取向性和高度有序性都可以提高聚吡咯材料的電導率。

聚吡咯（PPy）與聚噻吩（PTh）類似，不熔不溶，也很難與其他聚合物共混，但用吸附聚合的方法可以製成PPy與其他高分子的複合物。基於「摻雜試劑誘導的溶解性」原理，用十二烷基磺酸鐵作氧化劑，化學聚合的PPy可溶解在普通溶劑（如氯仿）中，用溶液澆鑄或旋塗法成膜，或者與其他高分子材料溶液共混製成複合膜，進而製成 PPy 器件。Dhanabalan 等人製得了*N*－十二烷基吡咯與苯並硫代二唑共聚物（PDPB）〔見圖 4-33(t)〕，與 C_{60} 形成體相異質結電池，填充因子為 0.26，開路電壓為 0.8V，短路電流為 0.51mA/cm^2，能量轉換效率為 0.2%。Duren 等人用 PTPTB〔見圖 4-34(u)〕與 C_{60} 製得體相異質結電池，填充因子為 0.35，開路電壓為 0.7V，能量轉換效率為 0.34%。其禁帶寬度僅為 1.6eV，比 MDMO-PPV 小 0.5eV，而其開路電壓只比 MDMO-PPV/C_{60} 太陽電池低 0.1V。PTPTB 是首例與 C_{60} 產生光誘導電子轉移的低帶隙共軛聚合物，它的最大吸收波長在 608nm（2.04eV），且在 750nm 的近紅外區也有光吸收，是一類很有希望的新興材料。

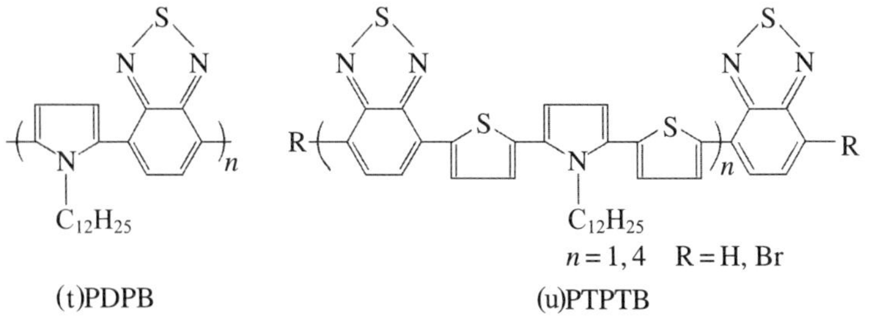

$C_{12}H_{25}$ n

(t)PDPB

R R $C_{12}H_{25}$ n

$n = 1, 4$　R = H, Br

(u)PTPTB

圖 4-33　PDPB 和 PTPTB 兩種物質的結構式

4.4.6 聚乙炔和聚二乙炔

4.4.6.1 聚乙炔（PA）

PA 是迄今為止實測電導率最高的電子聚合物。它的聚合方法主要有白川英樹法、Narrman 方法、Durham 方法和稀土催化體系。白川英樹採用高濃度的Ziegler-Natta催化劑，即$TiOBu_4$-$AlEt_3$，由氣相乙炔出發，直接製備出自支撐的具有金屬光澤的聚乙炔膜；在取向了的液晶基質上成膜，PA膜也高度取向。Narrman 方法的特點是對聚合催化劑「高溫陳化」，因而聚合物力學性質和穩定性有明顯改善。Durham 用可溶性前體法合成 PA，典型的反應過程為：

F_3C CF_3 F_3C CF_3 F_3C CF_3

(v) (w)PA

聚合物(v)溶解和溶液成膜後拉伸，可獲得高取向的 PA 膜(w)。稀土催化劑採用的方法也獲得了高性能的PA膜。在PA的可能的四種分子構型（反－反構型、順－反構型、反－順構型和順－順構型）中，反－反構型和順－反構型比較穩定。一般低溫聚合獲得的是順－反構型，但順－反異構化在常溫下即可發生。有人做成了SnO_2/ PA用碘液相摻雜的異質結電池，在 100mW/cm^2 的光照下，開路電壓為 54mV，填充因子為 0.35，能量效率為 2.83×10^{-6}。Kohler 等人用聚乙炔鉑與 C_{60} 構成體相異質結電池。儘管由於聚乙炔很不穩定，使它很難成為實用的材料，但它作為電子聚合物的模型，具有重大的理論價值。

4.4.6.2 聚二乙炔

聚二乙炔的分子結構見圖 4-34。它的結構特點是形成一個無限的一維 π 電子體系。由於鏈的僵硬性能夠得到纖維狀單晶，而且側基都在同一個平面內。在固體中沿著鏈的相互作用要比鏈之間的相互作用強 100 倍，因此有各向異性的電學性能出現。

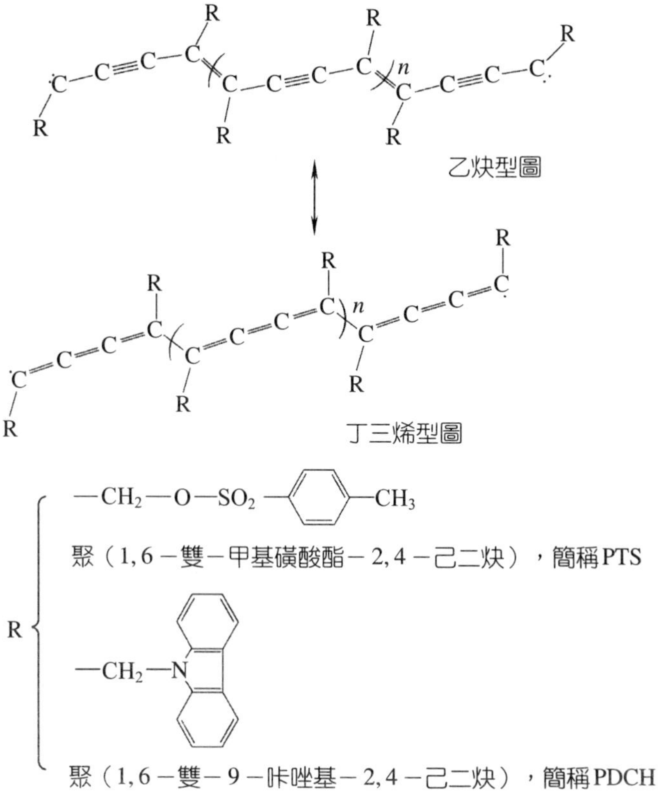

乙炔型圖

丁三烯型圖

R：

$-CH_2-O-SO_2-C_6H_4-CH_3$

聚（1,6－雙－甲基磺酸酯－2,4－己二炔），簡稱PTS

$-CH_2-N$（咔唑基）

聚（1,6－雙－9－咔唑基－2,4－己二炔），簡稱PDCH

圖 4-34　聚二乙炔的分子式圖

下面僅介紹聚（1, 6 －雙甲苯磺酸酯－ 2, 4 －己二炔）（簡稱PTS）和聚（1,6 －雙－ 9 －咔唑基－ 2,4 －己二炔）（簡稱PDCH）的光電性能。

⑴ PTS

用夾心池在單晶 PTS 上的測量結果為：當外加電場方向平行於分子鏈時，得到空穴遷移率μh =（4.8 ± 1.5）$cm^2 \cdot V^{-1} \cdot s^{-1}$，與溫度的關係$\mu h^{\propto T^{-0.5}}$，證明載流子輸送帶狀模型。多諾萬計算出沿 PTS 鏈方向的電子遷移率$\mu_e > 2 \times 10k^5 cm^2 \cdot V^{-1} \cdot s^{-1}$，並且漂移速度在場強為 $1V \cdot cm^{-1}$時就飽和，在載流子未捕獲之前就移動了 1mm，這結果與已得到的實驗結果相差很大。用表面池方法測出平行於鏈方向的光電流比垂直於鏈方向的光電流大 3 個數量級。在低電場強度下，勒安特性指數r為 1，到高場強r變為 0.5。平行和垂直於鏈的兩個方向的遷移率之比為$\mu_{//}/\mu_{\perp} = 800 \pm 300$。

⑵ PDCH

PDCH 單晶的光電性能在施加的電場方向與分子鏈平行的條件下，吸收光譜與光導作用光譜相似。勒安特性指數r為0.6。用夾心池在電場平行和垂直於分子鏈的情況下，都能得到不依賴電場強度的電子漂移速度，在 $2 \times 10^3 V \cdot cm^{-1}$場強下漂移速度為 $3.7m \cdot s^{-1}$。空穴漂移速度隨電場強度增加而降低，在大於一定場強時為恆定值。在這裡，遷移率的概念已不再能夠運用，是一類很有研究價值的特殊的電子輸運過程。

★ 4.4.7 聚噻吩（PTh）

聚噻吩（PTh）也是近年來在光電轉換領域較為熱門的一類材料，其中性能較好的是聚 3 －烷基噻吩（P3AT），一般含 6 個碳原子以上的烷基噻吩可溶解，但 10 碳以下的烷基取代物有部分為凝膠。與 PPV 不同，單烷基噻吩比 3, 4 －雙烷基噻吩具有更好的溶解性，主要是因為雙烷基取代噻吩位阻太大，降低了其有效共軛長度，提高了離子化電位。

PTh 的聚合方法主要有以下四種。① Lewis 酸催化聚合法。②電化學聚合法。③ Grignard 試劑偶聯反應法。在鎳催化下，用 3 －烷基 2, 5 －二碘噻吩和 3 －烷基單雙 Grignard 試劑的混合物製得。用該法合成的 PTh 分子量比方法①、②所得的產物小。④頭尾相連聚合法。以上三方法合成的 PTh 主鏈都是區域無序（Random）的，其中頭尾相連的比例占 52%～80%，對於芳基噻吩，通過控制聚合條件，可以得到 94% 頭尾相連的聚合物。Mccullongh 和 Rirkr 發現了合成有序聚（3 －烷基噻吩）的新方法，即頭尾相連法。用此法合成有序的 PTh，必須用高純度單體，才能製得高分子量的聚合物。紫外可見光譜證明，有序的 PTh 有更長的共軛鏈和更高的量子效率。用 3 －辛基噻吩（P3OT）與 C_{60} 構成的體相異質結電池 ITO/P3OT：C_{60}/Al，在 10mW/cm^2，488nm 光照下電荷收集率為 20%，能量轉換效率為 1.5%，與 ITO/MDMO-PPV/C_{60}/Al 體相異質結電池性能相當。除了用 C_{60} 摻雜，近來對 C_{60} 和寡聚噻吩的加合物的光電性能進行了研究。另外，Wendy 等人用 CdSe 奈米材料與 3 －已基噻吩（P3HT）製得 ITO/CdSe/P3 － HT/Al 太陽電池，在 0.1mW/cm^2，

550nm 光照下外量子效率超過 54%，能量轉換效率為 6.9%。與 PPV 相比，聚噻吩主鏈上有吸電子能力較強的硫原子，最大吸收峰在 600nm 附近，較 PPV 紅移約 100nm。與太陽光譜更匹配。

聚噻吩類化合物一般有良好的溶解性，使其可以形成光電功能薄膜。也可通過簡單的主鏈上的取代反應來修飾聚合物，從而改變聚合物的光電性能，使其帶隙值降低。低帶隙值使聚合物的吸收近紅外區，與太陽光譜相匹配。與其他聚合物相比，聚噻吩類化合物有較高的光化學穩定性，這對光電轉化是比較有利的。

作為電子給體和空穴傳輸體的共軛聚合物，聚噻吩類衍生物具有較高的空穴遷移率，因此在有機太陽能材料方面應用很多。圖 4-35 是一些常見的用於有機太陽電池材料的噻吩聚合物。

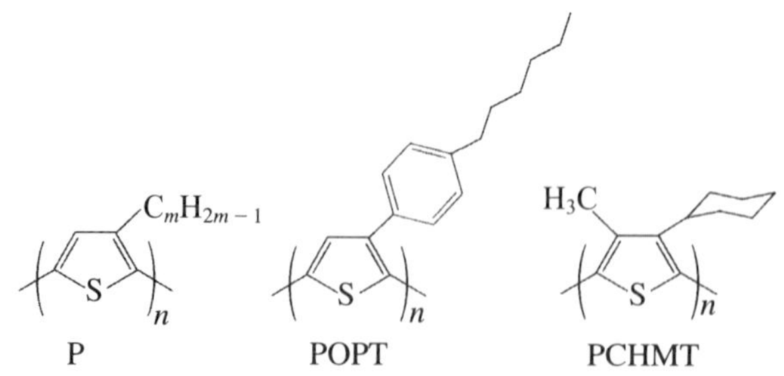

圖 4-35 聚噻吩及其衍生物

雖然噻吩類聚合物有良好的電荷傳輸性能，但是由於光誘導電荷分離性較差，使其能量轉換效率較低。為了改善這種狀況，L. S. Roman 等報導一些新型的噻吩聚合物與 C_{60} 摻雜的有機太陽電池，摻雜 C_{60} 形成 D-A 複合體系，促進電荷的有效分離，來提高光電轉換效率。其中，POMeOPT：PTOPT/ C_{60} = 1：1：2 體系中 IPCE 值已達到 15%（15mW/m^2 光照射下）。其噻吩聚合物結構見圖 4-36。

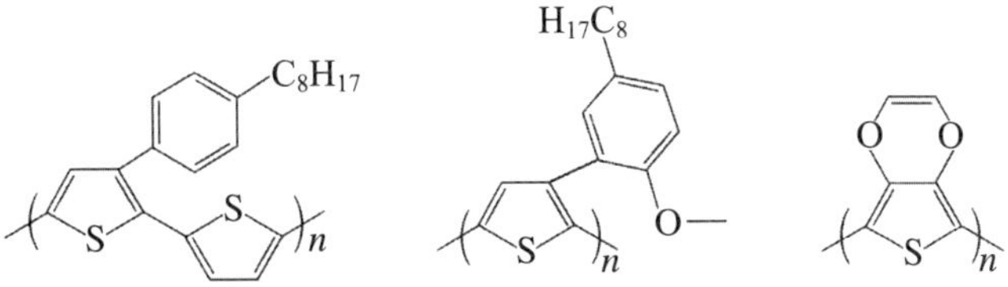

(a)PTOPT　(b)POMeOPT　(c)PEDOT

圖 4-36　某些聚噻吩結構

★ 4.4.8 其他聚合物

除了以上介紹的幾類聚合物外，還有一些聚合物也可以作為有機太陽電池材料，它們包括：聚對苯（PPP）衍生物、聚喹啉、聚乙烯基吡啶（P2VP）及聚萘乙炔等其他類高分子材料（見圖4-37）。

(a)　(b)PPD　(c)P2VP　(d)PCVZ　(e)F8BT

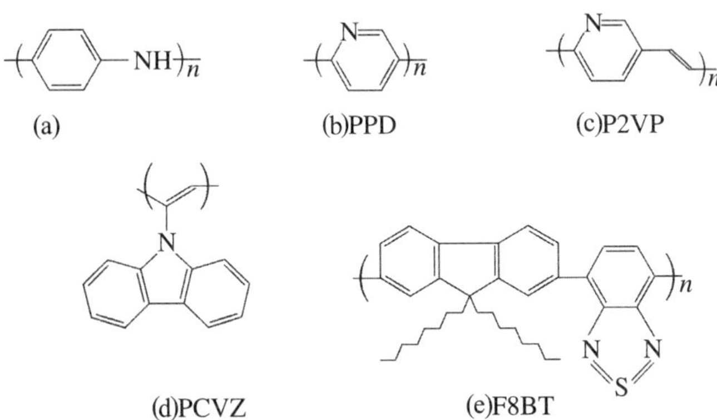

圖 4-37　其他用於有機太陽電池的聚合物材料

4.5 聚合物／C_{60} 複合體系太陽電池[26]

1985 年，Kroto Smalley 與 Curl 三人與等發現富勒烯（Fullesene）C_{60} 擁有像足球一樣的結構，直徑 7.1Å（1Å＝0.1nm）。在單晶中，相鄰球體間大約為 10Å 的間距。每個球體由 12 個五邊形和 20 個六邊形組成的對稱體。該發現打開了一個全新的化學分支。Kroto 加 Smalley 與 Curl 三人也因而獲得 1996 年諾貝爾化學獎。然而直到 1990 年，Kratschmer 等報導了生產大量富勒烯的方法之後，科學家們才能真正研究富勒烯家族的物理和化學特性，同時富勒烯也才被用於化學合成的試劑。由於獨特的結構，富勒烯擁有光、電、超導、磁以及生物等方面的特性。最近十年研究表明，富勒烯及其衍生物也同樣展現出相同特性。產生這種特性是由於其具有獨特的分子結構，與共軛聚合物類似，富勒烯上的π電子在整個富勒烯球體上離域。由於以上的這些特性，因而當富勒烯用在聚合物太陽電池上時，表現出獨特的性能。

1992 年，Sariciftci 等人發現，聚〔2－甲氧基－5（2'－乙基己氧基）－對苯乙烯〕（MEH-PPV）與 C_{60} 複合體系中存在著光誘導電子轉移現象，引起了人們的極大興趣，隨之共軛聚合物／C_{60} 體系在太陽電池中的應用也得到了迅速的發展。文獻中介紹的用於聚合物太陽電池的 C_{60} 衍生物主要是 C_{60} 和 PCBM，如圖 4-38 所示。

★ 4.5.1 C_{60} 的發現和物理性質

長期以來，人們普遍認為金剛石和石墨是自然界中碳元素僅有

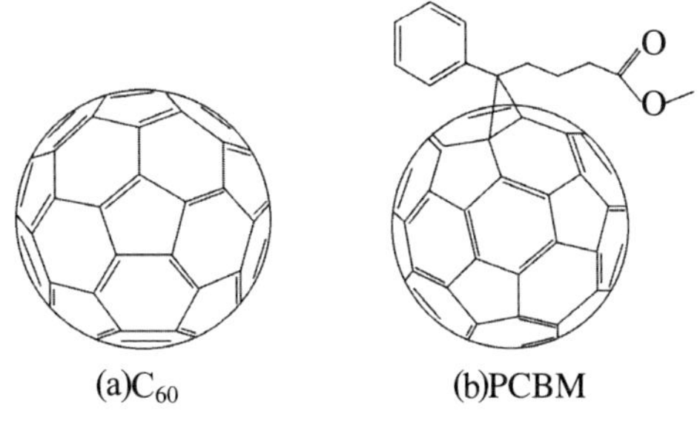

圖 4-38　C_{60} 和 PCBM 的化學結構

的兩種同素異形體。然而，1984 年，美國化學家 R. E. Smalley，R. F. Curl 和英國物理學家 H. W. Kroto 意外地發現了元素的第三種穩定的同素異形體—以 C_{60} 為代表的富勒烯家族。在隨後的理論計算和實驗不斷發現富勒烯家族中的其他成員：各類球形、洋蔥形和管形的全碳籠形分子。1990 年，德國科學家 Kraschmer 和美國科學家 Huffman 採用電弧法成功地製備和分離出宏觀量的 C_{60} 和 C_{70}，從而為 C_{60} 的進一步研究奠定了充分的物質基礎。用苯火焰燃燒碳與含氬氣的氧混合物，從 1000g 苯中可以得到 3gC_{60} 和 C_{70} 的混合物煙灰，製備技術上的突破為 Fullerenes 的研究提供了基礎。C_{60} 是由 50 個碳原子組成的球形 32 面體，包括 12 個五邊形和 20 個六邊形，五邊形彼此不連接，只與六邊形相鄰。^{13}C NMR 譜上只有一個吸收峰（142.68），這證明了 C_{60} 分子中所有的碳原子都是等效的，處於同樣的環境之中。C_{60} 具有高度的對稱結構，是一個直徑為 1nm 的圓球，內有 0.36nm 空腔可容納多種原子，有分子滾珠的美稱，是迄今發現的最具圓狀的分子。每個碳原子都處於兩個六元環和一個五元環的結合點上，以 $sp^{2.28}$ 雜化軌道和相鄰三個碳原子形成 σ 鍵，剩餘的 p 電子軌道垂直於 C_{60} 分子的外圍和內腔形成 π 鍵。雙鍵有定域性和非平面特性，垂直於球面，含 s 成分 10%，p 成分 90%。共軛性弱於苯。整個球面上的 30 個碳碳雙鍵鍵長 0.140nm，碳碳單鍵鍵長 0.146nm。1996 年，H. W. Kroto、R. P. Curl 和 R. E. Smalley 因對富勒烯研究的杰出貢獻榮獲諾貝爾化學獎。C_{60} 的發現使碳的立體化學從鏈狀、環狀、層狀、網狀擴展到球狀。球狀結構的特點決定了它異常的電子結構，產生出獨特的性能。

C_{60} 是一種芥末褐色的固體，在 100℃左右溫度下測得 C_{60} 分子間距離為 0.3nm，分子間作用力很弱，是典型的分子晶體。

C_{60} 分子完美的結構對稱性、三維共軛、活潑的化學反應性及很強的電子親和力和還原性，吸引了眾多科學家的興趣，成為自 20 世紀 90 年代以來世界科學的研究熱點之一。從 C_{60} 被發現的短短十多年來，富勒烯的研究發展已經廣泛地影響到物理、化學、材料科學、生命及醫藥科學等領域，極大地豐富和提高了科學理論，同時也顯示出巨大潛在的應用前景。

C_{60} 熔點很高，密度 1.70g/cm^3，小於石墨（2.25g/cm^3）和金剛石（3.51g/cm^3）。主要物理性質見表 4-5。

表 4-5　C_{60} 晶體的物理常數

物理量	數值
Fcc 晶格常數	14.17Å
C_{60}-C_{60} 距離	10.02Å
C_{60}-C_{60} 內聚能	1.6eV
四面體填隙位置半徑	1.12Å
八面體填隙位置半徑	2.07Å
質量密度	1.729g/cm^3
壓縮係數（$-\mathrm{dln}V/\mathrm{d}P$）	6.9×10^{-12}(dyn/cm^2)$^{-1}$
體積模量	6.8、8.8GPa

物理量	數值
楊氏模量	15.9GPa
轉變溫度（T_{01}）	261K
dT_{01}/dp	11K/kbar
熱膨脹係數	6.1×10^{-5}/K
光學吸收邊帶	1.7eV
功函	（4.7±0.1）eV
德拜溫度	185K
熱導率（300K）	0.4W/mK
電導率（300K）	1.7×10^{-7}S/cm
聲子平均自由程	50Å
靜態介電常數	4.0～4.5
熔化溫度	1180℃
昇華溫度	434℃
昇華熱	40.1kcal/mol
潛熱	1.65eV/C_{60}
離子化勢	7.61eV
電子親和勢	2.56eV

注：1Å＝0.1nm；1dyn/cm^2＝0.1Pa；1bar＝10^5Pa；1cal＝4.184J。

C_{60} 不溶於水和一般的有機溶劑，但可溶於苯、甲苯和二硫化碳等溶劑，形成洋紅色的溶液。但溶解過程很慢，反映出晶體中分子組合是非常緊密的。有關 C_{60} 的溶解性見表 4-6。

表 4-6　C_{60} 的溶解性①

溶劑	δ②/[(cal③/cm^3)$^{1/2}$]	溶解性／（mg/mL）
異辛烷④	6.8	0.026
正戊烷	7.0	0.005
正己烷	7.3	0.043
正辛烷④	7.4	0.025
癸烷④	7.6	0.070

溶劑	δ②/[(cal③/cm^3)$^{1/2}$]	溶解性／（mg/mL）
十氫化萘	8.8	4.6
十二烷④	7.8	0.091
十四烷④	7.8	0.126
環己烷	8.2	0.036
四氯化碳	8.6	0.32
三氯乙烯	9.2	1.4
四氯乙烯	9.3	1.2
1, 1, 2, 2－四氯乙烷	9.7	5.3
二氯乙烷④	9.7	0.254
甲醇	14.5	0.0
乙醇	12.7	0.001
N－甲基－2－吡咯烷酮	11.3	0.89
苯	9.2	1.7
甲苯	8.9	2.8
二甲苯	8.8	5.2
均三甲苯	8.8	1.5
1, 2, 3, 4-四氫化萘	9.0	16.0
溴苯	9.5	3.3
苯甲醚	9.5	3.6
氯苯	9.2	7.0
1, 2-二氯苯	10.0	27.0
1, 2, 4-三氯苯	9.3	8.5
1－甲基萘	9.9	33.0
1－苯基萘	10.0	50.0
1－氯萘	9.8	51.0
二硫化碳	10.0	7.9
四氫呋喃	9.1	0.0
2－甲基噻吩	9.6	6.8
吡啶	10.7	0.89
二氧六環④	7.6	0.041

①如無特別指明，數據為 295K 測量值；

② δ 為 Hildebrand 溶解度指數；

③ 1cal＝4.184J。

④數據為 303K 測量值。

C_{60}的電子吸收光譜研究表明，在190～410nm之間具有較強的吸收，而在可見區無明顯吸收。C_{60}由於60個碳原子的化學環境相同，使其^{13}C NMR 在142.68ppm 處呈現單峰。雖然C_{60}具有174種振動模式，但只有四種具有t_{iu}對稱性而對紅外光譜有所貢獻，其特徵吸收峰分別位於527、577、1182和1428cm^{-1}處。

★ 4.5.2 C_{60}的化學性質及幾種重要改性方法的介紹[27]

C_{60}雖然和苯的芳香性不同，但也帶有典型的有張力的芳香化合物的性。C_{60}能發生氫化、氯化、氧化、還原、重氮化、傅－克反應、環加成等反應。由於C_{60}分子完全由碳原子組成，因而不能進行取代反應。在加成產物中，衍生化的碳原子的雜化方式由原先的三角錐型sp^2變為四面體型sp^3，從而減小了籠張力。這被認為是C_{60}能夠進行加成反應的主要原因之一。它有很高的電子親和性，化學行為類似於缺電子烯烴和芳烴，很容易從鹼金屬中接受電子，產生一個新的金屬相巴基球（Buckide）鹽。

某些化學物種可以被C_{60}的碳原子籠所包圍，如將石墨用LaCl水溶液處理後，可以得到包有La原子的C_{60}，記為La@ C_{60}，@表示這物質完全被Fullerene籠所包圍。

經過十多年的研究和試驗，C_{60}化學改性的方法基本上已研究得很透徹，雖然各種各樣的化學方法名目繁多，由於反應產率以及原材料來源的難易不同，有些化學改性的方法也僅是曇花一現，並不具有運用於製備C_{60}衍生物以用於聚合物太陽電池電子受體實際應用的價值。下面，將從各種反應中挑選出幾種產率高、被應用次數多的C_{60}改性方法加以介紹。

4.5.2.1　親核加成反應

C_{60}具有缺電子烯烴性質，它能夠與有機金屬試劑如烷基鋰、格氏試劑、葉立德試劑、胺類化合物、氰負離子、氫氧化物等親核試劑進行加成反應。

C_{60}還可以通過碳負離子的親核進攻，然後再失去一個負離子，從而得到亞甲基富勒烯（methanofullerene）的衍生物，產率較高，可達60%以上，這就是著名的Bingel's reaction（見圖4-39）。後來該方法經Hirsch等人的改進，使之更為簡單。使用丙二酸酯、四溴化碳和DBU（1, 8－二氮雜雙環〔5. 4. 0〕十一碳－7－烯）溶於甲苯中，室溫攪拌若干小時即可得到較高的產率。

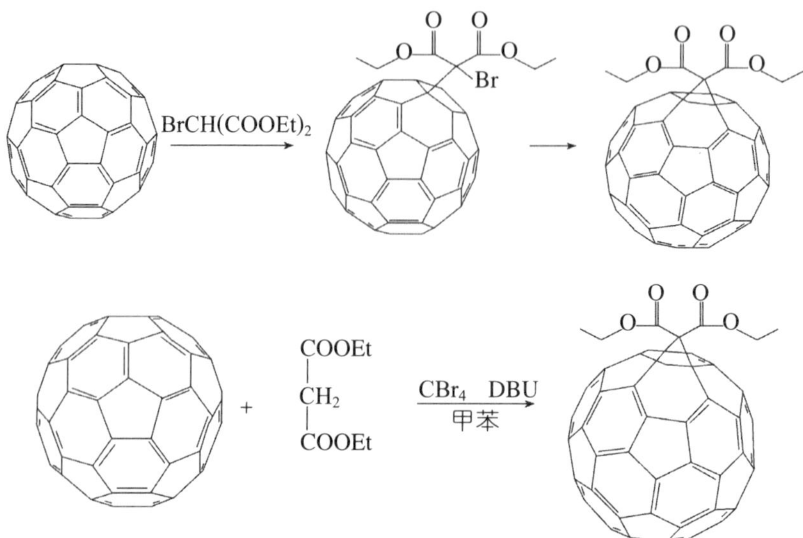

圖4-39　Bingel反應合成C_{60}的衍生物路線

4.5.2.2 環加成反應

(1)〔4+2〕環加成反應

親二烯體與二烯體易於發生〔4+2〕環加成，即 Diels-Alder反應。這一反應是合成環己基類衍生物的有效方法。富勒烯 C_{60} 具有缺電子烯烴的性質，是一個親二烯體，可以和 1, 3 －丁二烯體、環丁二烯、環戊二烯、多環芳香化合物、環庚二烯類似物、喹啉並二甲烷等二烯體發生〔4+2〕環加成反應，反應專一地發生在 6-6 鍵上。

為得到穩定的加成產物，喹啉並二甲烷是應用最多的二烯體之一。喹啉並二甲烷的前體多種多樣（見圖 4-40），苯環部分還可以是各種各樣的芳香雜環化合物，用這種方法可以在富勒烯表面引進多種官能團，在溫和的條件下得到喹啉並二甲烷，方便地與 C_{60} 反應得到〔4+2〕環加成產物。

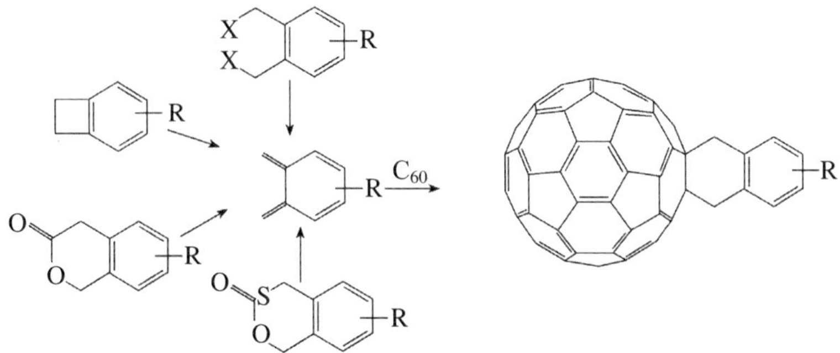

圖 4-40 〔4+2〕環加成反應合成 C_{60} 衍生物路線

(2)〔3+2〕環加成反應（1, 3 －偶極環加成反應）

1, 3 －偶極子種類多樣，如葉立德類化合物，重氮化合物以及其他 1, 3 －偶極子。偶極子既可以事先製備，也可原位產生，方法簡便，一般反應和產率都較高。原則上任何 1, 3 －偶極子均可與 C_{60} 進行 1, 3 －偶極環加成反應。其中比較重要的是亞胺葉立德、重氮化合物以及疊氮化合物與 C_{60} 的反應。

亞胺葉立德可以由 *N*－甲基甘氨酸和醛或酮加熱縮合脫羧形成偶氮亞甲基葉立德，且具有較好的反應性，與 C_{60} 反應後生成 C_{60} 吡咯烷衍生物，反應條件簡單，產率較高。圖 4-41 為 Prato 反應合成 C_{60} 衍生物路線。

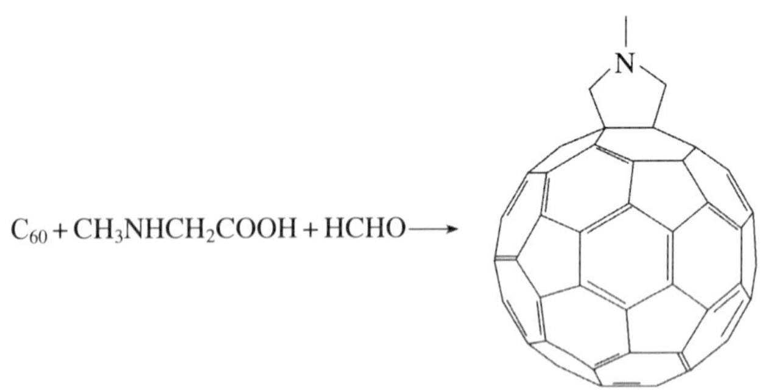

圖 4-41　Prato 反應合成 C_{60} 衍生物路線

重氮化合物與 C_{60} 加成先生成中間體吡唑啉，然後在加熱或光照的條件下失去 N_2，得到〔6, 6〕閉環產物或〔6, 5〕開環產物，此類 C_{60} 衍生物稱為亞甲基富勒烯（methanofullerenes），其中，〔6, 5〕開環化合物可以在紫外燈或加熱條件下轉化為〔6, 6〕閉環化合物。見圖 4-42。

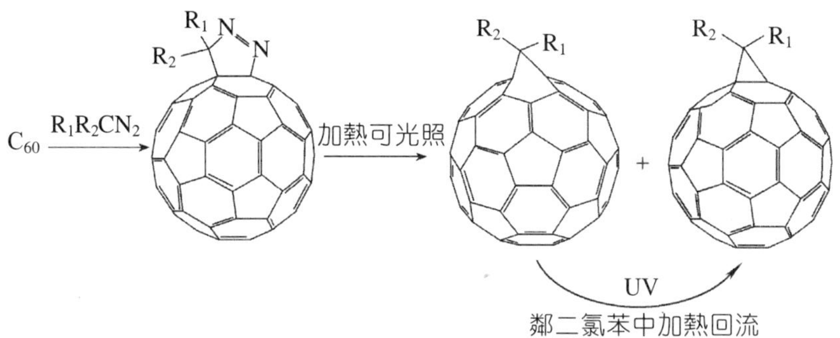

圖 4-42　重氮烷烴環加成反應合成 C_{60} 的衍生物路線

有機疊氮化合物也可以作為 1, 3 －偶極子與 C_{60} 進行環加成反應。C_{60} 和適量疊氮化合物在氯苯中加熱回流 16h，得到的產物以〔6, 6〕閉環產物為主，然後再在氯苯中回流 4h 以上或在 180℃下真空加熱幾分鐘，主要產物為 1, 5 －氮雜橋環的開環產物。見圖 4-43。

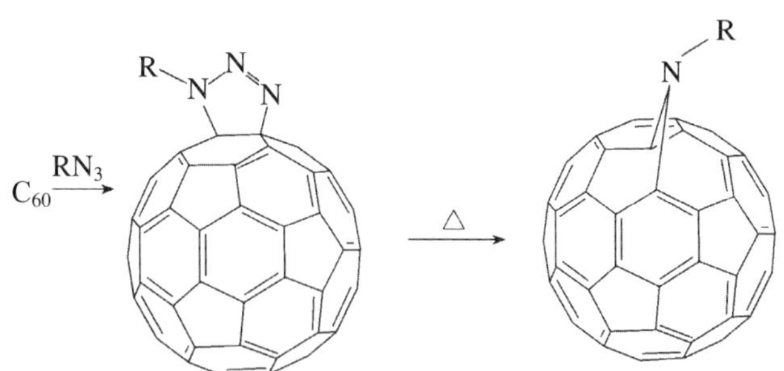

圖 4-43　疊氮烷烴環加成反應合成 C_{60} 衍生物路線

⑶[2+2]環加成反應

C_{60} 可以與炔胺、苯胺、烯酮等富電子烯烴發生[2+2]環加成反應，反應也發生在 6-6 鍵上，目前這類反應的報導較少見。

(4)[2+1]環加成反應

C_{60}與卡賓的[2+1]環加成反應也有報導。反應的結果是生成亞甲基C_{60}衍生物。利用這一反應，Diederich 得到了單糖加成的C_{60}產物。見圖 4-44。

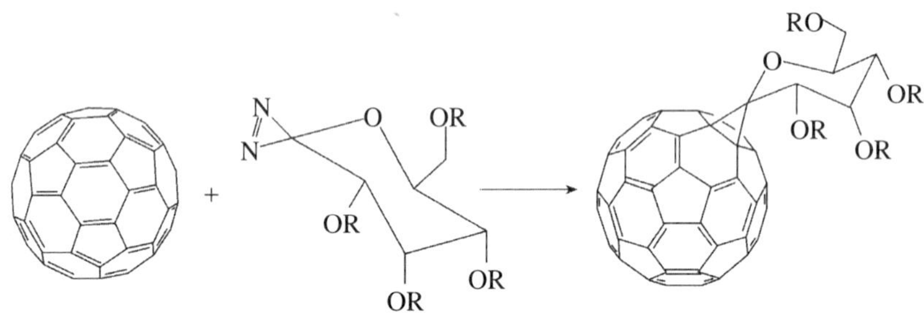

圖 4-44 〔2+1〕環加成反應合成 C_{60} 衍生物路線

4.5.3 聚合物／C_{60}體系的光誘導電子轉移[28]

Hochstrasser 等人發現，二烷基苯胺和C_{60}混合體系中存在著快速光誘導電荷轉移現象，他們認為是富勒烯吸收光能產生激子，發生了C_{60}向苯胺的空穴轉移。

Wang 發現C_{60}的加入可以提高聚乙烯咔唑的光電導，他們認為光電導增加的原因是由於給體和受體之間發生了部分電荷轉移（$\delta<1$）形成了電荷轉移複合物。

Heeger小組在對MEH-PPV/C_{60}複合體系的研究中發現，二者在基態沒有相互作用，但是C_{60}對MEH-PPV的螢光卻有很強的猝滅作用，並提出體系中存在如圖 4-45 所示的光誘導電子轉移過程：

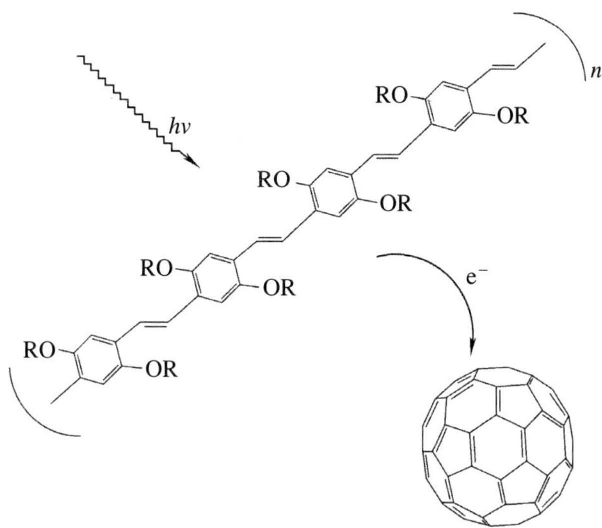

圖 4-45　聚合物向 C_{60} 光誘導電子轉移示意圖

上述電子轉移的過程可具體描述如下：

給體激發：$D + A \longrightarrow {}^{1,3}D^* + A$

激發態給體與受體形成激基複合物：${}^{1,3}D^* + A \longrightarrow {}^{1,3}(D + A)^*$

引發電荷轉移：${}^{1,3}(D + A) \longrightarrow {}^{1,3}(D^{\delta +} + A^{\delta -})^*$

離子自由基對的形成：${}^{1,3}(D^{\delta +} + A^{\delta -})^* \longrightarrow {}^{1,3}(D^+ + A^-)$

電荷分離：${}^{1,3}(D^+ + A^-) \longrightarrow D^+ + A^-$

當共軛聚合物吸收與其能級匹配的光能時，產生π-π^*躍遷，即電子由價帶激發至導帶。由於聚合物的導帶能級高於C_{60}的最低空軌道能級，聚合物導帶上的電子將會進一步躍遷到C_{60}的最低空軌道。共軛聚合物C_{60}體系的光誘導電子轉移理論提出以後，引起了科學工作者的極大興趣，他們採用多種實驗方法，對不同的複合體系進行深入研究，證明了光誘導電子轉移的存在。

Sariciftci 等人研究了 MEH-PPV/C_{60} 以及二者複合物的吸收光譜。發現複合體系的吸收是MEH-PPV和 C_{60} 吸收光譜的線性疊加，表明它們在基態時沒有相互作用。但是 C_{60} 的加入對MEH-PPV的螢光卻有著強烈的猝滅作用，具體表現為螢光強度大大降低，壽命由 $\tau_0 \approx 550ps$ 減小至 $\tau_{rad} \ll 60ps$，猝滅常數大於 10^3，電荷轉移速率 1/τ CT $\approx 10^{12}s^{-1}$，即電荷轉移時間約為皮秒級。Morita等人在實驗中發現 C_{60} 對聚 3 －辛基噻吩（P3OT）的螢光有較強的猝滅作用。Smilowitz 又研究了 C_{60} 的衍生物 PCBCa（結構見圖 4-46）與 P3OT 的複合體系，結果同樣表明，基態時二者沒有相互作用，而 PCBCa 對 P3OT 的激發態有強烈的猝滅作用。

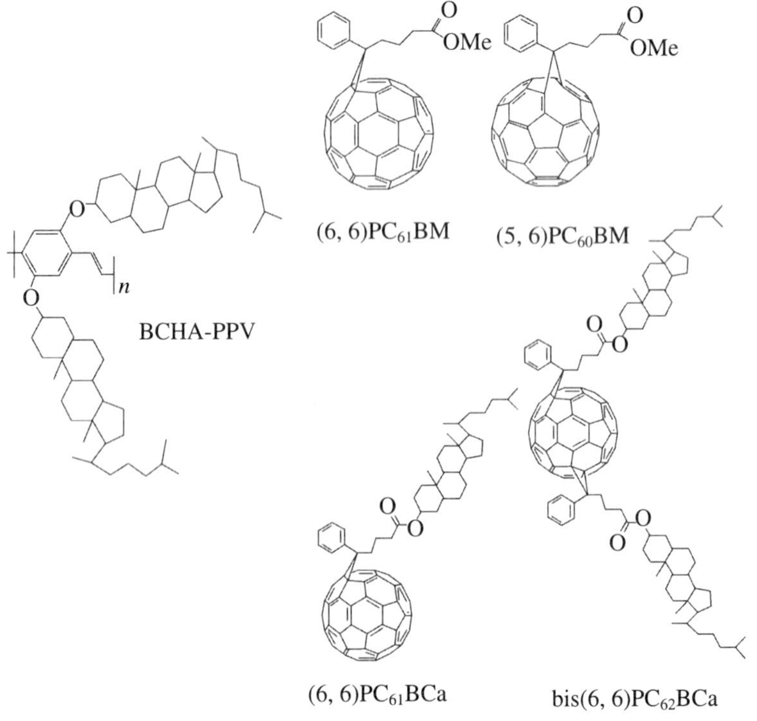

圖 4-46　部分聚合物和 C_{60} 衍生物的分子結構

Lee 發現，1% C_{60}的加入就可使 P3OT 的光電流提高一個數量級，認為光誘導電子轉移不僅增加了載流子的數目，而且提高了電荷分離態的穩定性，減少了複合概率。

光誘導磁共振吸收（photo-induced absorption detected magnetic resonance）實驗發現，MEH-PPV在未加入C_{60}時，激發態主要為「中性」三重激發態，C_{60}加入後，三重態信號被完全猝滅，而隨之出現的是MEH-PPV^{+*}和C_{60}^{-*}的強順磁信號。這表明光誘導電子轉移進行得非常快，足以抑制單重態向三重態的隙間竄躍。

MEH-PPV / P3OT / BCHA-PPV（結構見圖 4-46）與C_{60}衍生物複合體系的亞皮秒（Pico Second 10^{-12}秒）光誘導吸收實驗結果表明，電子轉移在 1ps（Pico Second）內就已經完成，電荷分離狀態可持續在毫秒級的時間間隔。紅外光譜的研究表明，P3OT與C_{60}在基態沒有相互作用，但是激發態IRAV（infrared activated）振動模式吸收強度大大提高，並且觀察到了C_{60}^{-}的振動吸收。

LESR（light-induced electron spin resonance）為電荷分離態的存在提供了有力的證據。在 P3OT 與C_{60}的複合體系中，檢測到了$g = 1.99$和$g = 2.00$兩個信號，它們分別歸屬於C_{60}陰離子和 P3OT 陽離子自由基。聚〔2－甲氧基－5－（3′,7′－二甲基辛氧基）－對苯乙烯〕（MDMO-PPV/C_{60}）體系中也檢測到$g = 1.9995$ 和$g = 2.0025$兩個信號，同樣分別歸屬於C_{60}陰離子和MDMO-PPV陽離子自由基。

上述實驗結果表明，複合體系中存在著聚合物向C_{60}的光誘導電子轉移，轉移的過程在1ps 內就可完成。電子轉移的結果形成了C_{60}陰離子和聚合物陽離子自由基，且能夠比較穩定地存在。

★ 4.5.4 基於共軛聚合物／C_{60} 複合體系的太陽電池[29]

有機半導體在光照下產生電子－空穴對，它在具有不同電子親和勢和電離勢的材料界面上發生分離。在電場作用下，電子－空穴分別遷移到不同功函電極上進行收集，產生光電效應。在共軛聚合物／C_{60} 的複合體系中，由於共軛聚合物和 C_{60} 之間的超快光誘導電子轉移，其速率比激發態的輻射及非輻射躍遷過程快 10^3 倍，使得電荷分離的效率接近 100%，且電荷分離態比較穩定，壽命較長，這對於減少電子與空穴的複合概率，提高有機太陽電池的效率具有重要意義。

伴隨著共軛聚合物和 C_{60} 之間的光誘導電子轉移的現象發現及理論研究，科學工作者利用太陽能，積極探索了複合體系在光電元件中的應用研究。

1993 年，Yamashita 以四硫富瓦烯（TTF）為電子給體，C_{60} 為受體製得雙層結構的元件，其結構如圖 4-47 所示。

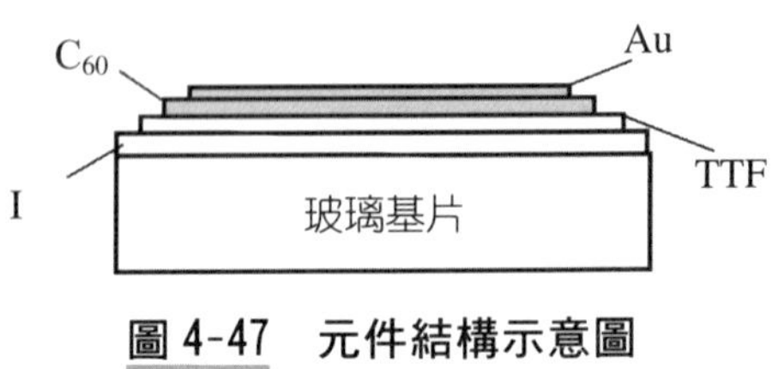

圖 4-47　元件結構示意圖

研究發現，Au／C_{60}／TTF／Au／ITO／C_{60}／TTF／Au 光電二極管在暗處沒有整流效應，但在光照條件下卻能夠表現出較大的整流比和光電流。

Yoshino 研究了 P3OT / C_{60} 雙層異質結的性能，並且進一步對元件進行改進，提出了一個 3 層的結構：D / M / A。其中，D 為電子給體，A 為電子受體，M 為吸光層。他們認為這種結構對電子轉移更為有利，被稱為 PDB（polarization double barrier），結構見圖 4-48。

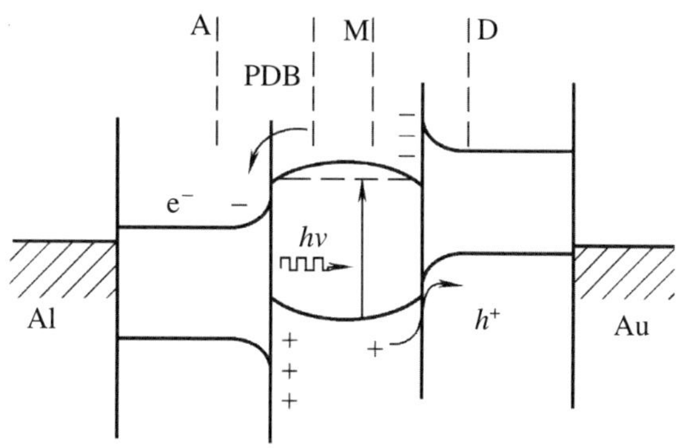

圖 4-48 PDB 結構示意圖

Kallinger 在共軛聚合物梯形聚對苯（LPPP）和 C_{60} 間加入聚鹽酸烯丙胺（PAHDK）／聚磺酸苯乙烯（SPS）作為空間層，發現空間層厚度越大，聚合物的螢光就越強。這是由於激子的擴散距離只有十幾奈米，隨著空間層厚度的增加，激子越來越難以擴散到異質結進行解離，因而導致 C_{60} 對聚合物螢光的猝滅作用減弱。

Sariciftci 對 ITO / MEH-PPV / C_{60} / Au 元件的光電性能進行了深入的研究，發現其整流比最大可達 10^4，並且證明了器件的整流效應來自 C_{60} 和共軛聚合物界面的異質結。得到光電池的 $V_{oc} = 0.44$V，$I_{sc} = 2.08 \times 10^{-6}$A/cm^2，FF = 0.48，能量轉換效率為 0.04%。

激子在異質結處發生電荷分離的效率接近於 100%，但是目前雙層或多層結構光電池的效率仍然遠遠小於 1。Heeger 認為，限制效率提高的因素主要有兩個方面：一是激子擴散的限制。激子只有在電子給體和受體的界面即異質結處才能發生電荷分離，而其擴散距離往往只有幾到十幾奈米，因此光照層產生的激子大多在未到達異質結之前就已經複合。二是分離電荷必須在電極上被收集才有效，即能量轉換效率還要受到載流子收集效率的限制，這種雙層或多層膜結構不利於載流子的傳輸與收集，因此光電效率比較低。基於上述原因，他們採用了一種新的互穿網絡（interpenetrating network）結構，其結構如圖 4-49 所示。

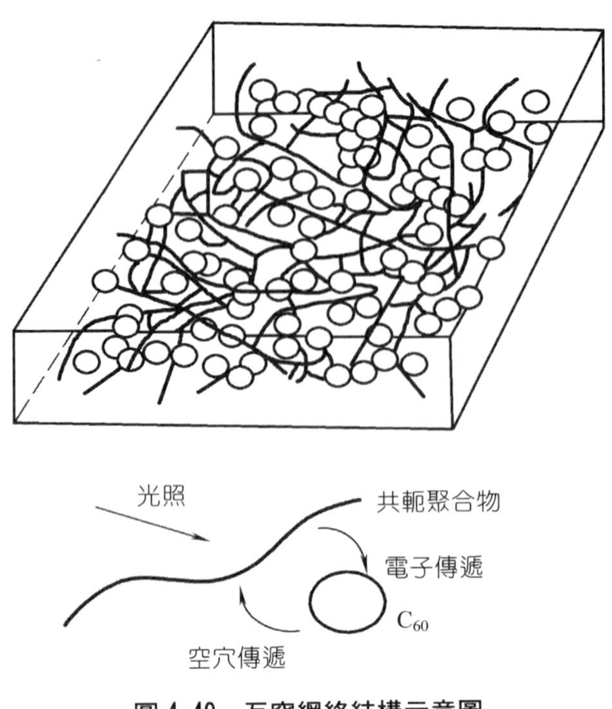

圖 4-49　互穿網絡結構示意圖

這種結構增大了給體－受體界面，使異質結更加分散，減小了激子的擴散距離，更多的激子得以到達界面進行電荷分離，這種異質結被稱作體相異質結（bulk heterojunction）。另外，在這種互穿網絡中，空穴可以通過供體網絡傳輸到高功函的電極（如 ITO、Au），電子通過受體網絡傳輸到低功函的電極（如 Al、Mg 等），更有利於載流子的傳輸與收集。1995 年，Yu 製得 MEH-PPV / C_{60}互穿網結構的太陽電池，電荷收集效率達 29%，能量轉換效率為 2.9%，二指標均較雙層或多層膜結構有了大幅度提高。

近年來，Brabec 等人用 PET 取代玻璃製作大面積柔性太陽電池，發現元件的效率並沒有降低，複合體系中摻入適量（約 10%）其他聚合物，如聚苯乙烯（PS）、聚乙烯基咔唑（PVK）、聚氯代苯乙烯（PVBC）、聚碳酸酯（PC），也可在不影響器件效率的條件下改善其成膜性能。他們發現，通過將共軛聚合物／C_{60} 體系摻雜於其他聚合物中，可以減小共軛聚合物的鏈間作用，增強穩定性，改善其加工性能，調節體系成膜後的形貌，並可利用主體聚合物來改善體系電荷傳輸性能。

★ 4.5.5 鏈上含有 C_{60} 的共軛聚合物太陽電池[30]

雖然共軛聚合物與 C_{60} 摻雜的塑膠太陽電池取得了一定進展，但是在這些有機太陽電池的摻雜過程中，共軛聚合物與 C_{60} 的兼容性一直是一個難解決的問題，會出現相分離及 C_{60} 的團簇現象，減少有效的給體／受體間的接觸面積，進而會大大影響電荷的傳輸，降低光電轉化效率。因此，人們想到了合成單個內部含有電子給體單元和電子受體單元的化合物，稱為兩極聚合物（double cable polymer），這樣就能使電子和空穴傳輸得到兼容，減少相分離。設計和合成p型共軛聚合物骨架並使其直接連接電子受體基團C_{60}，有效地避免給體與受體之間的相分離。同時，通過改變聚合物骨架的結構來改善共軛聚合物與電子受體之間的作用。這類化合物要滿足以下幾點要求。

①聚合物給體骨架與受體C_{60}都應該避免互相之間的影響，保持原來各自的基本電子性質。

②光誘導電子從給體骨架轉移到受體部分必須形成亞穩態（Metastable）長壽命的電荷狀態，這樣才能保證自由載流子的生成。

③聚合物要有一定的溶解性。

Ferraris 等人通過功能性可溶共軛聚合物直接與C_{60}的反應合成了聚二噻吩－C_{60}聚合物（見圖 4-50）。通過紫外吸收譜圖和氧化還原電位的測定，表明這類直接連接C_{60}的聚合物能有效避免給體與受體間的相分離和各自電子性能的互相干擾，同時聚合物還有比較好的溶解性。

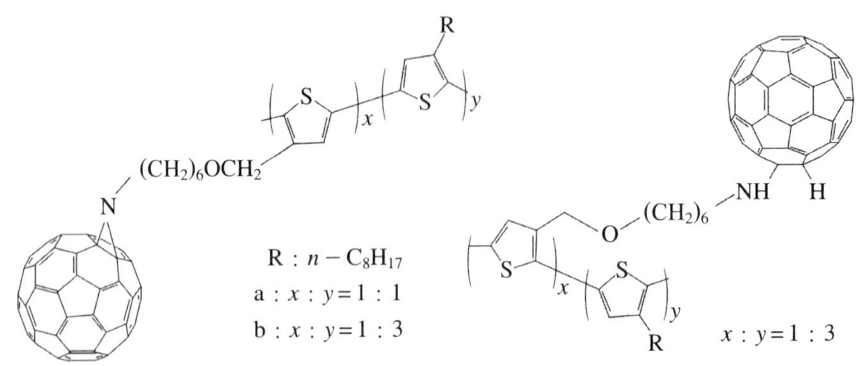

圖 4-50　含有C_{60}的聚二噻吩聚合物

2001 年，A. K. Ramos 等人運用直接聚合含有 C_{60} 的單體和被設計能改善溶解性的單體的方法合成了一類含有 C_{60} 的 PPV 聚合物（見圖 4-51），並首次將該化合物運用到有機太陽電池器件中。

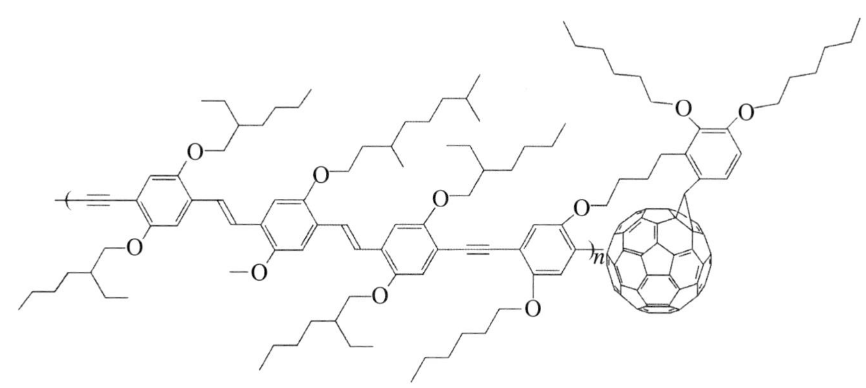

圖 4-51　含有 C_{60} 的 PPV 聚合物

此類聚合物在甲苯溶劑中的螢光猝滅比不含 C_{60} 的聚合物高出兩個數量級。固體薄膜也發生了螢光猝滅現象，這就表明在聚合物分子內發生了光誘導電子遷移現象。其元件的測試為：短路光流密度（Jsc）為 $0.42mA \cdot cm^{-2}$，開路電壓階（V_{oc}）為 830mV，填充因子（FF）為 0.29，IPCE 值在 480mm 時的最高值為 6%，雖然 IPCE 值與其他類有機太陽電池相比較低，但是要看到這類聚合物中 C_{60} 的含量只有 31.5%，比其他摻雜類有機太陽電池（一般均為 75%左右，質量分數）要低得多。

圖 4-52 為含有 C_{60} 的聚噻吩衍生物。

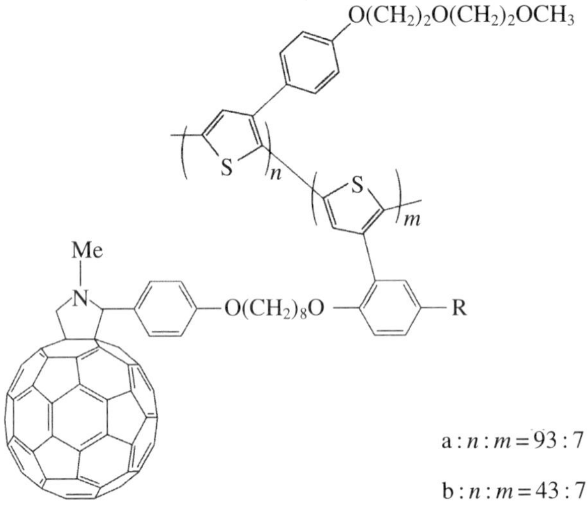

O(CH2)2O(CH2)2OCH3
S n S m
Me N O(CH2)8O R
a : n : m = 93 : 7
b : n : m = 43 : 7

圖 4-52　含有 C_{60} 的聚噻吩衍生物

為了能準確地了解 C_{60} 的含量對聚合物的光電性能的影響，F. Zhang 等報導合成兩種含不同量 C_{60} 的聚合物。其中，通過計算可得 a 和 b 的 C_{60} 含量分別為 14.5%和 24.2%（質量分數），實驗表明，增加含量能有效地促進電荷的分離和轉移，但是增加 C_{60} 的含量同時會降低聚合物的溶解性，這也是含有 C_{60} 的聚合物需要解決的一個重要問題。

在這兩個聚合物中也發現了不含 C_{60} 的此類聚合物在三氯甲烷蒸汽條件下顏色由橙色變為藍色的現象，這就能使聚合物覆蓋太陽光譜更寬的領域，形成寬電子吸收帶，這對有機太陽電池而言是非常有利的。其元件測試結果表明，這兩種聚合物的 IPCE 值都有所增加，且 b 比 a 高出兩倍之多。填充因子（FF）值為 0.25，能量轉移效率為 0.6%，開路光電壓達到 750mV，比 PEOT 與 C_{60} 摻雜體系高得多。

另一類利用咔唑良好的電子傳輸和光化學性質合成的含有 C_{60} 聚合物也應用於有機太陽電池中。見圖 4-53。

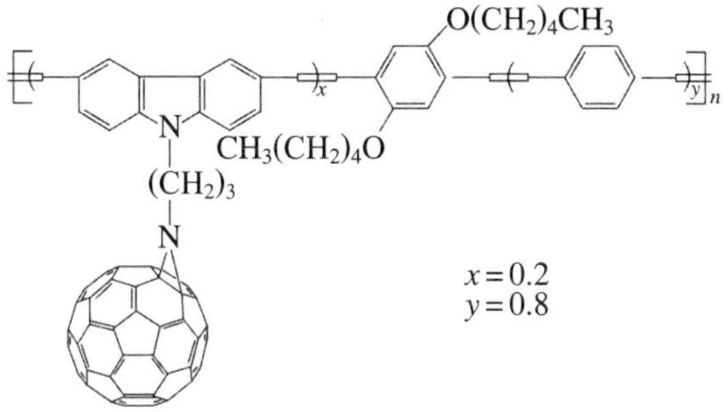

$O(CH_2)_4CH_3$
$CH_3(CH_2)_4O$
$(CH_2)_3$
N
N
$x=0.2$
$y=0.8$

(a)

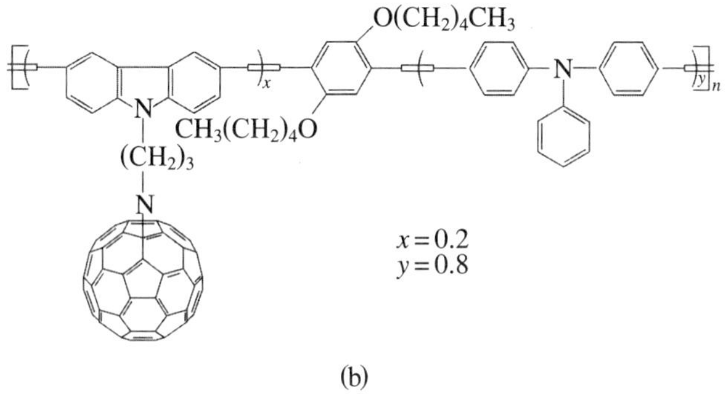

$O(CH_2)_4CH_3$
$CH_3(CH_2)_4O$
$(CH_2)_3$
N
N
N
$x=0.2$
$y=0.8$

(b)

$O(CH_2)_4CH_3$
CH=CH
CH=CH
$CH_3(CH_2)_4O$
$(CH_2)_3$
N
N

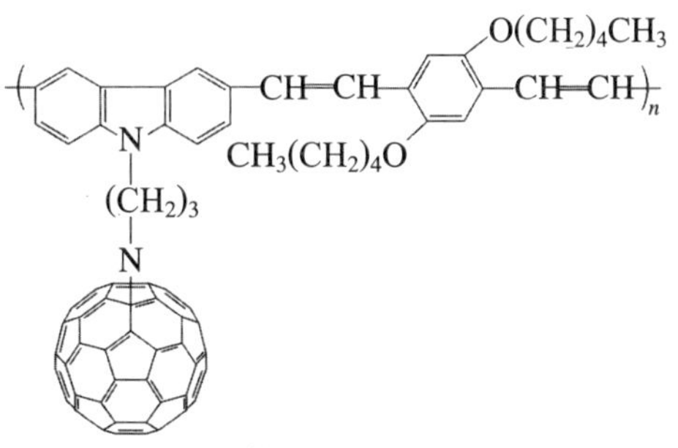

(c)

圖 4-53　含有 C_{60} 的咔唑類聚合物

這些聚合物的C_{60}含量分別為，化合物 a：19.9%；化合物 b：21%；化合物 c：57%（均為質量分數），特別是第三種聚合物的C_{60}含量已經基本接近聚合物／C_{60}摻雜體系的含量。通過熱重量分析，這些聚合物均具有較高的穩定性（分解溫度在380～460℃），在三氯甲烷溶液中測定的螢光猝滅現象顯示聚合物內有光電子轉移發生，能產生較高的光電轉換效率。

近年來，這種以共價鍵將C_{60}直接連接到共軛聚合物中的設計思路引起越來越多的科學家的注意，但如何解決增加C_{60}含量與聚合物溶解性之間矛盾，避免共軛聚合物與C_{60}受體之間的相互干擾作用和提高光電轉換效率仍是關鍵。其中，改善聚合物的溶解性，主要可以採取以下兩種途徑：通過使功能性可溶共軛聚合物直接與C_{60}反應生成可溶性聚合物；或直接聚合含有C_{60}的單體和被設計改善溶解性的單體以形成有較好溶解性的聚合物。

★ 4.5.6 有關材料的研究現狀及展望

在研究複合體系結構對器件性能影響的同時，化學工作者也從材料的角度出發，探索不同的共軛聚合物和C_{60}衍生物在器件中的應用，以求獲得綜合性能良好的光電元件。

(1)共軛聚合物

共軛聚合物可以通過摻雜使其電導率在絕緣體－半導體－金屬範圍內變化，具有金屬和半導體的電學性質與光學性質，此外還具有高分子的分子結構多樣化，易於加工以及密度小等優點。因此，在製作大面積柔性太陽電池方面，共軛聚合物具有非常好的應用前景。

TTF 與C_{60}的複合體系較早被用於光電器件的研究，在光照條件下，表現出較大的整流效應和光電流。聚苯胺是一類性能優良的導電高分子，它們與C_{60}的複合體系也被用於光電轉換的研究，但利用這些體系都沒有得到令人滿意的效率。PPV 具有較好的空穴傳輸性能，它與C_{60}的複合體系得到了廣泛的研究，光電效率較高，但是由於其溶解性差，限制了它在大面積光電元件中的應用。其衍生物MDMO-PPV、MEH-PPV 等在普通溶劑中具有較好的溶解性，並且易於成膜，更適於元件的製作。其中，MEH-PPV/C_{60}之間的光誘導電子轉移現象較早被發現並在光電池中得到應用，其光電轉換效率為 2.9%，是效率最高的有機太陽電池之一；利用MDMO-PPV/C_{60}體系製作的大面積柔性太陽電池的電荷收集效率達 20%，能量轉換效率超過 1%。聚噻吩及其衍生物也是近年來在有機太陽電池中研究較多的一類共軛聚合物，其中研究較多且性能好的有聚 3 －烷基噻吩（P3AT）等。它與C_{60}複合體系元件的能量轉換效率達 1.5%，在不同的聚噻吩衍生物中，P3OT比雙烷氧基取代的衍生物，如聚－ 3, 4 －二己基噻吩（PDHT），具有更強的給電子能力和更高的光電效率。

作為一種好的有機太陽電池材料，除了具有良好的溶解性和加工性能以外，還應當有以下的特點：這類聚合物有較寬的π-π^*帶隙，在基態是弱的電子給體，但激發態容易發生向受體的電子轉移；生成的陽離子自由基能夠在共軛聚合物鏈上離域，可以較穩定地存在；具有高的載流子遷移率；吸收光譜範圍寬，吸收係數大。這些特點對於充分吸收太陽能，提高光電轉移效率具有重要的意義。從共軛聚合物材料的角度考慮，如何通過結構修飾（衍生物、接枝、共聚等）來調節其鏈結構及能級，以得到性能更加優良的有機半導體光電材料，是對材料化學工作者提出的一個挑戰。

⑵ C_{60} 及其衍生物[31]

Tang用兩種不同的有機化合物作為電子給體和受體，研究了其複合體系的光電器件，發現能量轉換效率較單一有機半導體光電器件有很大的提高。但是有機半導體接受電子的能力不強，且電子傳輸能力較差，因而限制了元件效率的進一步提高。C_{60} 具有三維共軛結構完美的對稱性和小的重組能，以其獨特的結構和性能引起了光電科學工作者的極大興趣。作為一個好的電子受體，它最多可以接受六個電子。C_{60} 相對於共軛聚合物有高的電子親和勢和電離勢，以及較好的電子傳輸能力，因此它作為電子受體與共軛聚合物複合可以使有機太陽電池的效率更高。1992 年，Sariciftci 將 C_{60} 作為電子受體與共軛聚合物電子給體複合，大大提高了光伏打電池的電荷分離和能量轉換效率。但是由於 C_{60} 在常用有機溶劑中的溶解度較小，其應用受到很大限制。Gao 發現 1, 2 －二氯苯對 C_{60} 具有較好的溶解性，可得到較高的 C_{60} ／聚合物濃度比。總的來講，由於 C_{60} 在有機溶劑中的溶解性差，成膜過程中易結晶，難以實現高的摻雜濃度，因此限制了其加工性能和光電轉換效率的進一步提高。Sariciftci 等人採用了不同的 C_{60} 衍生物，如 1-（3 －甲氧基羧基）－丙基－ 1 －苯基－（6, 6）C_{61}（PCBM）（結構見圖 4-54）等，發現它們具有較好的溶解性，在聚合物中的摻雜濃度大大提高，甚至可達 80%，更加易於成膜，且使兩組分混合均勻，減小了單組分的聚集和相分離，有利於互穿網結構即體相異質結的形成，提高了光電轉換的效率。Fromherz 研究了 C_{60} 及其不同衍生物對元件性能的影響，在 C_{60}、PCBM 單加成及多加成產物與 MDMO-PPV 的複合體系中，元件的開路電壓均為 0.72V，但 PCBM 單加成產物在三者中卻具有最大的短路電流，其次為 C_{60}，多加成產物最小。另外，Feldrapp 等將 C_{60} 做成樹枝狀結構以改善其溶解性能，也得到了較好的結果。

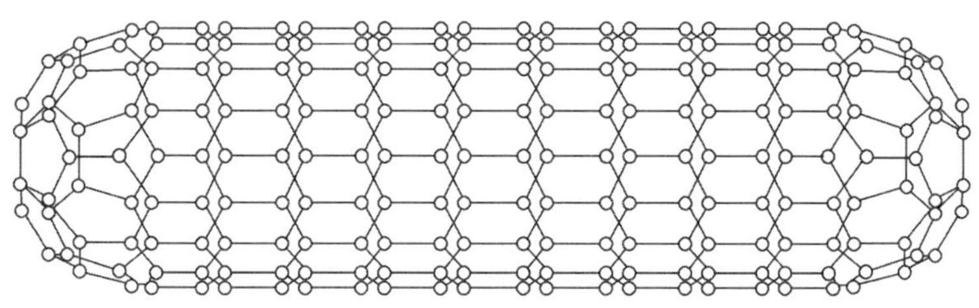

圖 4-54　碳奈米管的結構示意圖

4.6 碳奈米管在塑膠太陽電池中的應用[32]

除了 C_{60} 及其衍生物以外，科學工作者也在不斷探索其他的電子受體，近年來，已經有人將碳奈米管與聚合物的複合體系用於光電轉換的研究〔33〕。

碳奈米管又稱巴基管（Buckytube），屬富勒烯系，它可以被看成徑向尺寸很小的無縫碳管。管壁由碳原子通過 sp^2 雜化與周圍三個碳原子完全鍵合而成的六邊形碳環構成。其平面六角晶胞邊長為 2.46Å，最短的 C-C 鍵長為 1.24Å。在由石墨片卷曲形成碳奈米管時，一些五邊形碳環和七邊形碳環對存在於碳奈米管的彎曲部位。

當六邊形逐漸延伸出現五邊形或七邊形時，由張力的作用而分別導致奈米管凸出或凹進。如果五邊形正好出現在碳奈米管的頂端，即形成碳奈米管的封口。

碳奈米管可以分為兩類。第一類為多壁碳奈米管。其層間距約為 0.34nm，稍大於單晶石墨的層間距 0.335nm。且層與層之間的排列是無序的，不具有石墨嚴格的ABAB堆垛結構。一般認為，多壁碳奈米管是由多個同心的圓柱面圍成的一種中空的圓形結構，但有人認為，多壁碳奈米管具有六角形的斷面結構或卷曲（scroll）結構。另一類碳奈米管為單壁碳奈米管，其結構接近於理想的富勒烯，在兩端之間由單層圓柱面封閉。

★ 4.6.1 碳奈米管的製備[34]

目前碳奈米管的製備有多種方法，其中最主要的有以下三種：電弧法（arc-discharge），又稱為火花放電法；激光熔蝕法（laser ablabion）和化學氣相沉積法（CVD, chemical vapor deposition），又名熱解碳氫化合物法。另外還有用石墨電極電解金屬鹽溶液法、固體酸催化裂解法和微孔模板法等。下面我們分別對上述主要的三種製備碳奈米管的方法進行簡單的介紹。

4.6.1.1 電弧法

1991 年，日本 NEC 公司的 Sumio Iijima 在對利用電弧法製備的富勒烯進行觀察研究時發現了碳奈米管，從此，電弧法成為製備碳奈米管的一種廣泛使用的方法。電弧法的原理是石墨電極在電弧產生的高溫下蒸發，在陰極上沉積而形成碳奈米管。其具體做法是在一真空反應室中充以一定壓力的惰性氣體，採用面積較大的石墨棒（直徑為20mm）作為陰極，面積較小的石墨棒（直徑為10mm）為陽極，合上電閘，石墨棒之間產生 70～200A 的電弧使石墨氣化，在電弧放電的過程中，兩石墨電極間總保持 1mm 的間隙，陽極石墨棒不斷被消耗，在陰極沉積出含有碳奈米管、富勒烯、石墨微粒、無定形碳和其他形式的炭灰。用這種方法製備的碳奈米管一般都是多壁碳奈米管，而且尺寸比較小（長度 $< 1\mu m$）。電弧法關鍵的工藝參數有：電弧電流和電壓、惰性氣體的種類和壓力以及電極的冷卻速度等。催化劑的擇優催化作用也有利於提高碳奈米管的產量和純度。電弧的電流一般為70～200A，放電電壓20～40V不等。若電弧電流低，有利於碳奈米管的生成，但電弧不穩定；若電弧電流高，碳奈米管與其他的奈米微粒融洽在一起，給以後的純化處理帶來困難。惰性氣體一般用氦氣、氬氣和氮氣，最佳氣體是氦氣，其最佳壓力為66661Pa，如果壓力低於13332Pa，則幾乎無碳奈米管生成，即高氣壓低電流有利於生成碳奈米管。經過不斷地改進和優化製備條件，陰極沉積物中碳奈米管的含量目前可達60%。

在上述電弧法製備碳奈米管的基礎上，又發展起來一種複合電極電弧催化法，這種方法簡單易行，並且具有普遍應用性。該方法基本上與電弧法相同，只是在直徑為20mm的陰極棒的中心填塞金屬粉末。研究發現，在電弧放電所形成的高溫條件下，沉積在空室頂部壁上的煙灰中含有單壁碳奈米管，而在陰極的沉積物中生成的是多壁碳奈米管。盡管用電弧法製備碳奈米管有些不足，但到目前為止，它仍是製備多壁碳奈米管的主要方法，因為電弧過程中能很方便地產生製備碳奈米管所需要的高溫。

4.6.1.2 激光蒸發沉積熔蝕法

激光蒸發沉積法又名激光轟擊法，具體做法是利用激光器聚焦成脈衝的或連續的紫外光、可見激光光束照射到石墨靶（其中有的含有金屬催化劑）上，激光在計算機的控制下，平和定量地維持石墨蒸發，蒸發的煙灰被氬氣（或其他的惰性氣體）從爐體中帶走，然後沉積在爐外的水冷銅收集器表面，從而製得碳奈米管。一般認為，在較高的氣體溫度條件下，當過渡金屬催化劑與碳一起被激光蒸發出來時，碳與過渡金屬形成均勻的液滴，當這些液滴離開靶時，因溫度的下降而聚集成團簇，碳在團簇中呈過飽和狀態。若此時團簇的尺寸為 1～2nm，催化劑的催化作用體現出來，碳從團簇中離析出來而形成碳奈米管。影響激光蒸發沉積法合成碳奈米管的因素主要有激光束的強度、環境溫度、惰性氣體的種類及流速、脈衝的頻率及間隔時間等。

Bandow 及其合作者在氬氣流中用雙脈衝激光蒸發含有 Fe/Ni 或（Co/Ni）碳靶的方法製備出了直徑分布範圍在 0.81～1.51nm的單壁碳奈米管。並研究了單壁碳奈米管的直徑與其生長溫度之間的關係，發現隨著生長溫度（850～1050℃）的升高，碳奈米管的直徑增大。Thess 等用類似的方法製備出了高純度的單壁碳奈米管，基本不需純化就可用於一般研究。A. C. Dillon 及其合作者利用激光法製備碳奈米管的研究表明，單壁碳奈米管的直徑可通過調節激光脈衝功率的大小來控制。他們得到的一般規律為：碳奈米管的直徑隨著激光脈衝功率的增大而減小。該法設備複雜，能耗大，投資高，所以不是今後商業生產的好方法。

4.6.1.3 化學氣相沉積法

化學氣相沉積法，簡稱 CVD 法，通常是以少量的過渡金屬顆粒做催化劑，將含有一定比例的碳氫化合物的混合氣體（大部分為甲烷、乙炔、乙烯和苯與氫氣）或一氧化碳，在高溫條件下熱解來製備碳奈米管。在用化學氣相沉積法合成碳奈米管的過程中，碳氫化合物在較高溫時裂解為碳原子和氫原子，碳原子在過渡金屬的催化作用下形成碳奈米管。過渡金屬如鐵、鈷、鎳的催化作用主要體現在它們能與碳形成介穩的碳化物，並且碳原子能在這些金屬中很快地滲透，因此沉積在過渡金屬奈米顆粒某一面上的碳原子滲透到顆粒的另一面而形成碳奈米管。利用化學氣相沉積法合成碳奈米管時，碳源的種類、流量、催化劑的種類及粒度大小、反應溫度、氣體壓強以及基板材料等都會對碳奈米管的結構、純度、產量產生影響。相對於電弧法和激光蒸發沉積法而言，化學氣相沉積法合成溫度低，產量高，生產成本低，並且能用於定向碳奈米管的合成，可以在基板上製備出排列良好的碳奈米管陣列，具有前兩種方法無可比擬的優點。因此用化學氣相沉積法製備碳奈米管陣列，並研究該陣列的場發射效應成為當前研究製備碳奈米管的一個熱點。

中國科學院物理研究所的研究人員，用獨特的化學氣相沉積法，以包含奈米鐵微粒的中介多孔 SiO_2 為基質，通入含有 9%乙炔的氮氣，獲得高純度、大面積、高取向的離散奈米管陣列，其長度可達 90μm，被國際同行認為是一種全新的製備方法。後來，他們對奈米管生長的基質進行了改進，用表面均勻分布著奈米 Fe/SiO_2 顆粒的薄 SiO_2 基底代替了嵌有奈米 Fe 顆粒的介孔 SiO_2 基底，成功地製備出長達 2mm 的超長定向碳奈米管陣列。二茂鐵與碳氫化合物甲烷、乙炔或丁烷的混合物熱分解也能製備碳奈米管陣列。關於現製現用的金屬奈米粒子的作用，研究者認為，過渡金屬的微小粒子不但對奈米管的形成有作用，而且使它們排列整齊，而磁性是使碳奈米管排成陣列的原因。將甲烷和氫氣按 9：1 混合，以 50mL/min 的流速，選用鎳作為催化劑，在立式石英管中控制溫度範圍在 500～700℃之間，也可生成碳奈米管。由上可知，在不同的碳奈米管的製備方法中所用的催化劑不同，這是由於催化劑的種類與碳奈米管的直徑有重要的關係，許多科研人員對此進行了研究，現將總結的結果列於表 4-7 中。

表 4-7　碳奈米管的直徑和製備時所用催化劑的關係

催化元素	Fe	Co	Ni	Co+S	Y	Co+Pt	Cu
碳奈米管直徑/nm	0.7～1.6	0.9～2.4	1.2～1.5	1.0～6.0	1.1～1.7	0.7～4.0	1.0～4.0

目前，碳奈米管的製備已經取得了很大的進展，可以進行批量生產。由於最初製備出來的碳奈米管上附著有一些雜質和無定形碳，需要進行進一步的純化，因此，碳奈米管的純化也是許多科學家們研究的主要課題之一。要使碳奈米管真正投入使用，其生產必須工業化，因此，在今後一段時間內，對碳奈米管的製備、純化和擴大的研究仍然很重要。

★ 4.6.2　碳奈米管的性能

研究表明，碳奈米管的彈性和結實程度依賴於它的直徑和管壁的層數，碳奈米管的性能與其內外徑的大小有一定關係，直徑大的管子能將外力傳向較大的面積，導致大面積的變形，從而抵擋較大的衝擊力，同理，層數少的管子易變形，不少實驗對碳奈米管的電子性質也進行了研究。

關於碳奈米管理論研究，目前最常用的計算方法是緊束縛分子力學和一級原理的方法，對碳奈米管的導電性、能帶寬度、態密度、填充金屬原子後的性質等進行研究，採用量子化學方法，對碳奈米管進行理論化學的研究正處於起步階段。

碳奈米管是由石墨演化而來，因而仍有大量未成對電子沿管壁游動，按常理而言，碳管應該具有理想的導電性，事實上，碳管既具有金屬導電性，也具有半導體性能。這主要與它的直徑及螺旋結構有關。直徑與螺旋結構主要由手性（對掌型）矢量（n, m）所決定，n, m 為整數。理論計算認為：當 $n-m$ 為3的整數倍時，單壁管呈金屬導電性，否則呈半導體的導電性。當然，由於某些特別的缺陷，也可能導致同一碳管既具有金屬的性質，又具有半導體的性質。Zettl就發現一種雜合的碳管，碳管的一端具有金屬導電性，而另一端具有半導體性能。這種管子是一種實際意義上的分子二極管，電流可以沿著管子由半導體到金屬的方向流動，而反向則沒有電流。Saito對兩個相連碳奈米管的測量與計算表明兩個相連碳奈米管之間存在明顯的隧道效應，其特徵由它們的手性因子所決定，同時這種裝置可以用作奈米尺寸的半導體異質結。Chico 繼而通過在單個碳奈米管上引入缺陷，改變碳奈米管的手性，製成了第一個碳奈米管的異質結。通過調整缺陷在碳奈米管上的位置，可以在很大範圍內改變碳奈米管的電性能。如果在奈米碳管內鄰近異質結的地方引入第三電極，則能形成柵極控制的導電溝道。據此原理，Dekker採用兩探針與四探針相比較的方法測量了柵極電壓對異質結碳奈米管電流的影響，發現這種缺陷的碳奈米管可以看作許多一維量子線的串聯，庫侖阻塞效應決定了碳奈米管的電流傳輸性質。採用相似的結構，他們進一步製成了第一個碳奈米管的晶體管，這種晶體管可以在室溫下進行操作，並且具有很高的開關速度，通過調節柵極電壓，奈米管的電阻可以從導體到絕緣體這樣一個很寬的範圍內變動。這種三電極的單分子晶體管的發現是分子電子學的一個重大進步。

另外，De Heer 等用碳奈米管製成的電子槍與傳統的電子槍相比，不但具有在空氣中穩定、小而易於製作的優點，而且具有較低的工作電壓和大的發射電流，適於製作大的平面顯示器。De Heer教授預計，利用這種電子槍做成平面彩電的日子為期不遠。Yahachi Satio 和他的同事則用碳奈米管製成了第一個發光裝置，Satio 希望在 21 世紀初，這種用碳奈米管作為電子槍的平面顯示器能投入商業應用。此外，其他一些化學工作者則希望用碳奈米管作為儲存的中間媒體，例如氫燃料電池和液體電解質電池的儲存媒體等。

碳奈米管不僅具有優異的電性能，而且具有特殊的機械性能，初步估算，碳奈米管的強度大概是鋼的100倍。Lieber教授運用STM技術測試了碳管的彎曲強度，證明它具有理想的彈性和很高的硬度。Treacy也發現，這種無縫的石墨管狀結構具有很高的楊氏模量。這種理想的力學性能使碳奈米管具有許多潛在的應用價值，例如用作 SPM 的針尖。1996 年，Smalley 的研究小組用一個碳奈米管修飾的針尖，觀察到了原子縫隙底部的情況。Lieber 用這個方法來研究生物大分子，成功地解決了許多用普通 STM 針尖所無法解決的問題，其分辨率也更高。他們進一步在針尖上多壁碳奈米管的另一端修飾上不同的基團，這些基團可以用來識別一些特種原子，這就使

STM 等成像儀不僅能夠表征一般的形貌，而且能夠識別實際的分子。Niu 認為，如果裝上一個針尖陣列，完全能夠對整個表面的分子進行識別，這對於研究生物薄膜和細胞結構是非常有意義的。

★ 4.6.3 碳奈米管在光電方面的應用[35]

利用碳奈米管獨特的光電學性能，還可以製備新型的碳奈米管／JP 聚合物光電材料。碳奈米管側壁碳原子的 sp^2 雜化形成大量離域的π電子，這些電子可以被用來與含有π電子的共軛聚合物通過π-π 非共價鍵作用相結合，製備碳奈米管／聚合物功能複合材料[36]。Curran 等製備了 MWNT/PmPV 間苯乙烯共聚－2, 5 －二辛氧基對苯乙烯功能複合材料。研究表明，其導電性可比 PmPV 增大 8～10 個數量級。該小組還研究了 PPV 聚對苯乙烯及其衍生物與碳奈米管複合材料的光致發光性質和非線性光學性能等。Musa 等製備了 MWNT 和聚 3 －辛基噻吩組成的複合材料，電導率提高了 5 個數量級。Ago 等用 SWNT/PPV 複合材料製備了聚合物光電器件，其量子效率比標準 ITO 提高了 2 倍。Kymakis 等研究了 SWNT ／聚 3 －辛基噻吩功能複合材料，用此材料製備的二極管短路電流增加了 2 個數量級。Tang 等利用原位聚合反應得到了 MWNT ／聚苯乙炔複合材料。中科院的萬梅香等也通過在碳奈米管上進行原位聚合反應，製備了碳奈米管／聚吡咯（PPy ）複合材料，並對其電、磁、熱學性能進行了研究。Dai Liming 研究小組合成了碳奈米管陣列／聚合物（如聚吡咯、聚苯胺等）功能複合材料。

Mao[37]等人將具有電活性的多環芳香染料亞甲基藍（MB）吸附到單壁碳奈米管上，形成具有電化學活性的功能化奈米結構及多層的奈米複合物。並且觀察到 MB 與 SWNT 之間存在電荷轉移現象，可能是MB充當電子受體而SWNT為電子給體。它們形成的多層奈米複合物由於具有優良的電化學活性和穩定性，有可能用於製作光伏打電池。

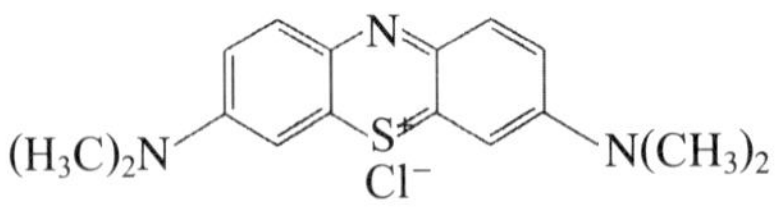

N

$(H_3C)_2N$ S^+ $N(CH_3)_2$

Cl^-

Guldi[38]利用單壁碳奈米管吸附芘的衍生物（pyrene$^+$）與帶 8 個負電荷的鋅卟啉（ZnP^{8-}）一起構建了光電化學能量轉換裝置：SWNT/pyrene$^+$/ ZnP^{8-} 電池。其中鋅卟啉作為光活性物質吸收可見光，產生電子－空穴對並傳遞給碳奈米結構，得到了電子的碳奈米管（吸附有pyrene$^+$），又將電子傳遞到ITO電極上，而抗壞血酸鹽作為還原劑用於電子給體 ZnP 的還原，從而產生光電流。迄今為止，這種裝置的內量子轉換效率最大可達 8.5%（AM1.5）。

Baskaran[39]等利用共價鍵將卟啉連接到表面羧基化的單壁和多壁碳奈米管上形成超分子給體－受體複合物。這種複合物的光譜響應顯示碳奈米管可以作為一種有效的電子受體；各種卟啉功能化的碳奈米管可望用於新型光伏打裝置中。

Kamat[40]等利用電泳方法將單壁碳奈米管沉積到光學透明的電極上，發現其具有光電化學活性，在可見光的照射下可以產生光電流，超快瞬間吸收光譜證實了在碳奈米管中存在電荷分離現象，並測得光電轉換效率為 0.15%。效率低下的原因可能是光激發所產生的載流子大部分複合而損失掉了。他們認為，如果能夠盡量消除奈米管之間的相互影響，其光電化學性能還可以得到提高。用這種方

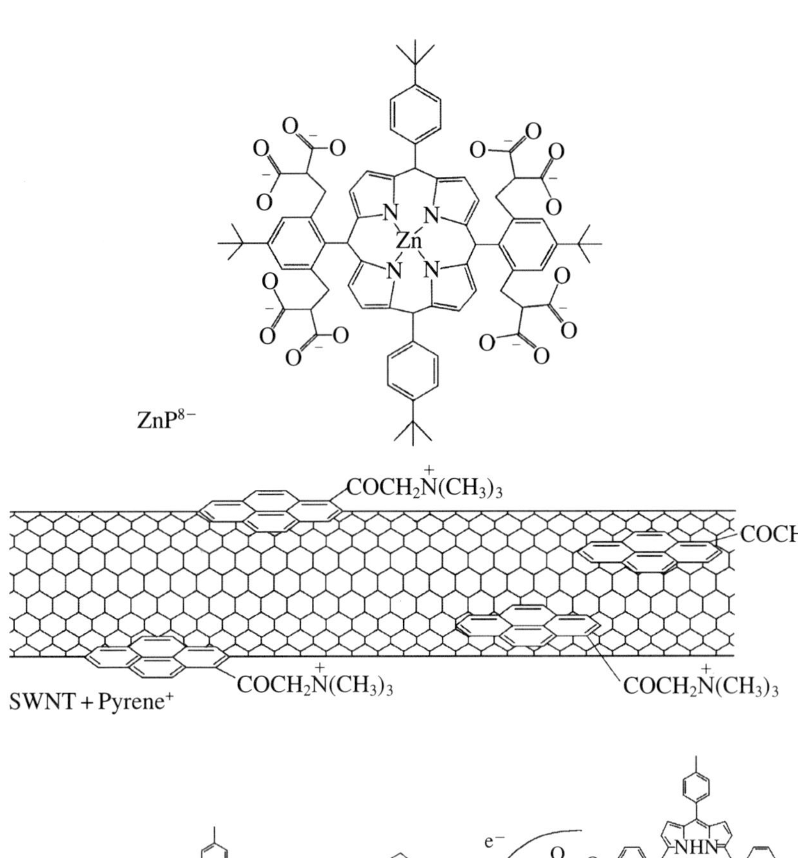
Zn
ZnP^{8-}
$COCH_2\overset{+}{N}(CH_3)_3$
$COCH_2\overset{+}{N}(CH_3)$
$COCH_2\overset{+}{N}(CH_3)_3$
$COCH_2\overset{+}{N}(CH_3)_3$
SWNT + Pyrene$^+$

e$^-$
NHN
$\lambda_{ex} = 550nm$

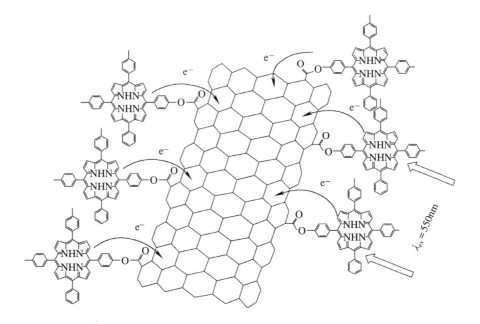

法沉積的單壁碳奈米管也可以作為支撐物錨定其他的半導體奈米材料（如CdS和CdSe），以提高複合薄膜的光誘導電荷分離和電荷傳導。

Kovtyukhova[41]等將經過氧化處理過的單壁碳奈米管與PAN（聚苯胺）、PEI（聚乙烯亞胺）進行複合得到有序的導電性薄膜，薄膜中奈米管的壁厚為11～32nm。該薄膜在導電方面顯示出很強的各向異性，在沿著奈米管徑向和奈米管之間橫向的電荷傳導率相差上千倍；並且複合薄膜的傳導率比純聚合物薄膜的傳導率大幾個數量級。這種性質使得該薄膜有可能在光電分子元件和傳感器方面的應用。

Mcleskey[42]等合成出一種水溶性的聚噻吩，並將其與單壁碳奈米管複合成膜，利用電場對碳奈米管取向製作了結構為SnO_2/Polymer-SWNT/Al 的光伏打裝置。測得裝置的開路光電壓 V_{oc} 為 3.1mV，稍大於 SWNT 未取向裝置（3.0mV），是不含 SWNT 裝置的 3 倍（0.9mV）；短路電流 I_{sc} 為 14.5μA/cm^2，大於 SWNT 未取向裝置（8.1μA/cm^2）和不含 SWNT 的裝置（5.7μA/cm^2）。

Collier[43]等也利用水溶性的卟啉與 SWNT 複合成膜，並能在聚二甲基矽氧烷（PDMS）表面整齊排列。顯示了在光伏打方面的潛在用途。

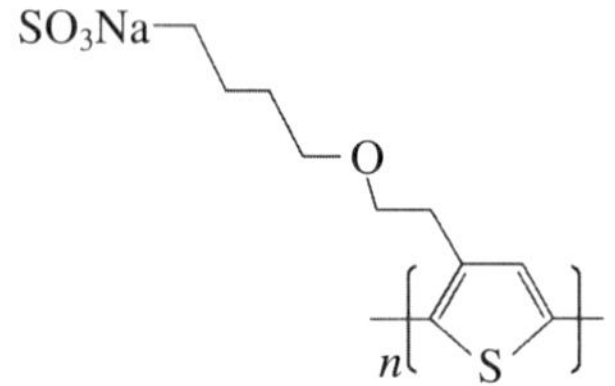

Guo[44]等利用親核反應合成了聚乙烯基咔唑（PVK）和聚丁二

烯（PB）改性的單壁碳奈米管，在 PVK-SWNT 中觀察到了光誘導電子轉移，可以作為光伏打裝置等有意義的候選材料。

Amaratunga[45]等研究了染料N-（1-芘基）馬來酰亞胺（PM）功能化的 SWNT 與共軛聚合物 P3OT 共混複合物的光伏打性能。元件結構為 Al/SWNT+PM-polymer/ITO，開路電壓 V_{oc} 為 0.6～0.7V，短路電流 I_{sc} 為 0.18mA/cm^2，能量轉換效率η為 0.036%，填充因子 FF 為 0.35 （AM1.5，100mW/cm^2）。如果 SWNT 沒有用染料改性，則器件開路電壓 V_{oc}為 0.5V，短路電流 I_{sc}為 5.5μA/cm^2，能量轉換效率η為 7.5×10^{-4}%，填充因子 FF 為 0.28。

碳奈米管在太陽電池的應用研究正處於起步階段，但是正如加州伯克利 Alex Zettl 教授所說，如果就應用前景把 C_{60}和碳奈米管作一個全面比較的話，C_{60}可以用一頁紙進行概括，而碳奈米管則需要用一本書來完成，這種變化是指數級的變化。相信在不久的將來，隨著人們對其研究的深入開展，碳奈米管必然有一個美好的應用前景。

參考文獻

1. 趙富鑫，魏彥章主編.太陽電池及其應用。北京：國防工業出版社，1985
2. 桑野幸德著。太陽電池及其應用。北京：科學出版社，1990
3. 易新建。太陽電池原理與設計。武漢：華中理工大學出版社，1989
4. Richard J Komp 著，實用光伏技術.喬紡筠譯。北京：航空工業出版社，1988
5. 漢斯 S 勞申巴赫著。太陽電池陣設計手冊。張金熹，廖春發，傅

德棣等譯。北京：宇航出版社，1987

6. 安其霖，曹國琛，李國欣等編。太陽電池原理與工藝。上海：上海科學技術出版社，1984

7. Christoph J Brabec, Serdar N Sariciftci. Recent Developments in Conjugated Polymer Based Plastic Solar Cells. Monatshefte fÜr Chemie, 2001, (132): 421～431

8. Jean Michel Nunzi. Organic Photovoltaic Materials and Devices. C. R. Physique, 2002, (3): 523～542

9. 徐明生，季振國，闕端麟。有機太陽能電池研究進展。材料科學與工程，2000, v18(3): 92～100

10. Kevin M Coakley, Michael D McGehee. Conjugated Polymer Photovoltaic Cells. Chem. Mater. , 2004, v16(23): 4533～4542

11. Holger Spanggaard, Frederik C Krebs. Abrief history of the development of organic and polymeric photovoltaics. Solar Energy Materials & Solar Cells. , 2004, 83: 125～146

12. 劉恩科等編著。光電池及其應用。北京：科學出版社，1989

13. 康錫惠，劉梅清編著。光化學原理及應用。天津：天津大學出版社，1995

14. 黃春輝，李富友，黃岩誼.光電功能超薄膜。北京：北京大學出版社，2001

15. 史錦珊，鄭繩楦編著。光電子學及其應用。北京：機械工業出版社，1991

16. 姜月順，李鐵津等著。光化學。北京：化學工業出版社，2005

17. 游效曾著。分子材料—光電功能化合物。上海：上海科學技術出版社，2001

18. 宋心琦。太陽能光伏打電池離我們還有多遠。技術評述，2001, (10): 26～29

19. 張華西，李瑛，黃艷等。聚合物太陽能電池材料研究進展。化學研究與應用，2004, v16(2): 143～148

20. 白鳳蓮。電子聚合物的基礎與應用研究。石化技術與應用，2003, v21(3): 159～161

21. 馬建標主編。功能高分子材料。北京：化學工業出版社，2000

22. 藍立文主編。功能高分子材料。西安：西北工業大學出版社，1995

23. 馬光輝，蘇志國主編.新型高分子材料。北京：化學工業出版社，2003

24. 趙文元，王亦軍編著。功能高分子材料化學。北京：化學工業出版社，1996

25. 王國建，王公善主編。功能高分子。上海：同濟大學出版社，1996

26. 黃維垣，聞建勛主編。高技術有機高分子材料進展。北京：化學工業出版社，1994

27. 王國建編著。高分子合成新技術。北京：化學工業出版社，2004

28. 黃紅敏，賀慶國，藺洪振等。共軛聚合物 C(60)複合體系及其在光伏打電池中的應用。感光科學與光化學，2002, 20(10); 69～77

29. Jenny Nelson. Organic Photovoltaic Films. Current Opinion in Solid State and Materials Science, 2002,(6): 87～95

30. 黃紅敏，賀慶國，藺洪振等。有機半導體光伏打電池—共軛聚合物及其與 C(60)的複合體系。物理學和高新技術，2003, v32(1): 32～35

31. Changchun Wang, Zhi Xin Guo, Shoukuan Fu, et al. Polymers Containing Fullerene or Carbon Nanotube Structures. Prog. Polym. Sci. , 2004,

(29): 1079～1141

32. Serdar Sariciftci N. Polymeric Photovoltaic Materials. Current Opinion in Solid State and Matenals Science, 1999, (4): 373～378

33. 張玉龍，高樹理主編。奈米改性劑。北京：國防工業出版社，2004

34. 劉吉平，孫洪強編著。碳奈米材料。北京：科學出版社，2004

35. 李學鋒，官文超，閆焓。聚合物／碳奈米管的研究進展。合成材料老化與應用，2003, v32(2): 19～24

36. 王彪，王賢保，胡平安等。碳奈米管／聚合物奈米複合材料研究進展。高分子通報，2002, 6: 8～12

37. DKYiming Yan, Meining Zhang, Kuanping Gong,et al. Adsorption of Methylene Blue Dye onto Carbon Nanotubes A Route to an Electrochemically Functional Nanostructure and Its Layer-by-Layer Assembled Nanocomposite. Chem. Mater. , 2005, v17(13): 3457～3463

38. Dirk M Guldi. Biomimetic Assemblies of Carbon Nanostructures for Photochemical Energy Conversion. J. Phys. Chem. B, 2005, v109(23): 11432～11441

39. Durairaj Baskaran, Jimmy W Mays, X Peter Zhang, et al. Carbon NanotHJubes with Covalently Linked JP2Porphyrin Antennae Photoinduced Electron Transfer. J. Am. Chem. Soc. , 2005, 127: 6916～6917

40. Said Barazzouk, Surat Hotchandani, K Vinodgopal, et al. Single-Wall Carbon Nanotube Films for Photocurrent Generation. A Prompt Response to Visible-Light Irradiation. J. Phys. Chem. B, 2004, v108: 17015～17018

41. Nina I Kovtyukhova, Thomas E Mallouk. Ultrathin Anisotropic Films Assembled from Individual Single-Walled Carbon Nanotubes and Ami-

ne Polymers. J. Phys. Chem. B, 2005, v109: 2540～2545

42. Rud J A, Lovell L S, Senn J W, et al. Water soluble polymercarbon nanotube bulk heterojunction solar cells. J. Mater. Sci. , 2005, 40: 1455～1458

43. Jinyu Chen, C Patrick Collier. Noncovalent Functionalization of Single-Walled Carbon Nanotubes with Water-Soluble Porphyrins. J. Phys. Chem. B, 2005, v109: 7605～7609

44. Wei Wu, Shuang Zhang, Yong Li, et al. PVK-Modified Single-Walled Carbon Nanotubes with Effective Photoinduced Electron Transfer. Macromolecules, 2003, 36: 6286～6288

45. Bhattacharyya S, Kymakis E, Amaratunga G A J. Photovoltaic Properties of Dye Functionalized Single-Wall Carbon Nanotube Conjugated Polymer Devices. Chem. Mater. , 2004, 16: 4819～4823

國家圖書館出版品預行編目資料

有機與塑膠太陽能電池／張正華等編著.
--初版.--臺北市：五南, 2007 [民96]
面； 公分
ISBN 978-957-11-4804-5（平裝）
1.太陽能電池
337.421 96011286

5D94

有機與塑膠太陽能電池

編　　著 — 張正華　李陵嵐　葉楚平　楊平華
校　　訂 — 馬振基
發 行 人 — 楊榮川
總 編 輯 — 龐君豪
主　　編 — 穆文娟
責任編輯 — 蔡曉雯
文字編輯 — 林心馨
封面設計 — 鄭依依
出 版 者 — 五南圖書出版股份有限公司
地　　址：106台北市大安區和平東路二段339號4樓
電　　話：(02)2705-5066　傳　　真：(02)2706-6100
網　　址：http://www.wunan.com.tw
電子郵件：wunan@wunan.com.tw
劃撥帳號：01068953
戶　　名：五南圖書出版股份有限公司

台中市駐區辦公室/台中市中區中山路6號
電　　話：(04)2223-0891　傳　　真：(04)2223-3549
高雄市駐區辦公室/高雄市新興區中山一路290號
電　　話：(07)2358-702　傳　　真：(07)2350-236

法律顧問　元貞聯合法律事務所　張澤平律師

出版日期　2007年 8 月初版一刷
　　　　　2011年11月初版三刷
定　　價　新臺幣520元